新一代智能终端操作系统丛书

丛书主编：李毅

U0176867

鸿蒙操作系统
设计原理与架构

李　毅　任革林　著

人民邮电出版社

北京

图书在版编目（CIP）数据

鸿蒙操作系统设计原理与架构 / 李毅，任革林著
. — 北京：人民邮电出版社，2024.7
（新一代智能终端操作系统丛书）
ISBN 978-7-115-64446-6

Ⅰ. ①鸿… Ⅱ. ①李… ②任… Ⅲ. ①移动终端—应
用程序—程序设计 Ⅳ. ①TN929.53

中国国家版本馆CIP数据核字(2024)第101185号

内 容 提 要

本书重点介绍了鸿蒙操作系统的设计背景、设计理念和设计原则，同时对鸿蒙操作系统的整体架构、关键子系统的技术架构和主要设计思路进行了详细的解析。第 1 章～第 3 章对鸿蒙操作系统进行整体概述，重点介绍操作系统的发展和鸿蒙操作系统诞生的技术背景、试图解决的主要技术问题，同时介绍了鸿蒙操作系统的设计理念、主要技术特征，以及部件化架构原理解析。第 4 章～第 16 章介绍关键子系统，分门别类地阐述鸿蒙操作系统关键子系统的技术架构和主要设计思路，包括统一内核、驱动子系统、分布式技术、方舟编译运行时子系统、UI 框架、图形子系统、多媒体子系统、安全子系统、DFX 框架和文件管理的架构设计思路。

本书适合对操作系统感兴趣的开发者、鸿蒙操作系统生态的参与者、相关领域的研究人员，以及相关专业的高校师生阅读和学习。

◆ 著　　　　　李　毅　任革林
　　责任编辑　　邓昱洲
　　责任印制　　马振武

◆ 人民邮电出版社出版发行　　北京市丰台区成寿寺路 11 号
　　邮编　100164　　电子邮件　315@ptpress.com.cn
　　网址　https://www.ptpress.com.cn
　　固安县铭成印刷有限公司印刷

◆ 开本：720×960　1/16
　　印张：36　　　　　　　　　　2024 年 7 月第 1 版
　　字数：643 千字　　　　　　　2024 年 11 月河北第 5 次印刷

定价：84.50 元

读者服务热线：**(010)81055410**　印装质量热线：**(010)81055316**
反盗版热线：**(010)81055315**
广告经营许可证：京东市监广登字 20170147 号

新一代智能终端操作系统丛书

丛 书 编 委 会

主　　编：李　毅

编　　委：龚　体　高　泉　李世军　陈晓晨

　　　　　朱　洲　朱　爽　柳晓见　杨开封

　　　　　于小歧　陈　健　王长亮　戴志成

　　　　　鲜余强　黄　然　任革林　万承臻

　　　　　陶　铭　李　锋　陈秋林　李高峰

本书编委会

主　　任：任革林

编　　者：
李　毅	李世军	万承臻	强　波	余枝强
付天福	孙冰心	黄　然	李　煜	李　刚
杜明亮	龚阿世	李勇彪	赵文华	张　亮
易　见	王根良	李家欣	张勇智	朱佳鑫
黄节两	袁　博	陈　风	马尔利	徐　超
张　创	丁　浩	张　斌	黄慧进	黄海涛
孙　斐	王　雷	崔　坤	孟　坤	史豪君
李自勉	金俊文	高红亮	杜小强	方习文
闫永杰	李　煜	姚满海	张智伟	冒晶晶

注：编者中有两位李煜，分别是来自不同领域的专家。

2023 年 2 月，习近平总书记在中共中央政治局第三次集体学习时强调，"要打好科技仪器设备、操作系统和基础软件国产化攻坚战"。操作系统作为数字基础设施的底座，在信息技术体系中起着整合上层软件和底层硬件资源的重要作用。多年来，我国主要操作系统（包括桌面操作系统、服务器操作系统、移动终端操作系统、工控操作系统等）的市场一直被跨国巨头所垄断，相应的产业生态也受到严重的制约。在这种形势下，鸿蒙操作系统突破重围，脱颖而出，面向智能终端这一新兴领域，打造既不受制于人又面向未来技术发展趋势，既能应对复杂国际环境竞争又能服务于我国数字经济发展底座的国产智能终端操作系统，在操作系统和基础软件国产化攻坚战中走在前列，得到业界越来越多的关注和认可。

2023 年 CSDN 发布的《2022—2023 中国操作系统开发者调查报告》显示，鸿蒙操作系统是最具有代表性和市场影响力的操作系统之一，有接近 90% 的开发者了解鸿蒙操作系统，这一调查结果体现了鸿蒙操作系统在国内的主导地位和业界对华为公司的关注。鸿蒙操作系统在国家建设科技强国的关键历史时期应运而生，为我国的软件产业生态发展提供了机遇。早年，华为公司将技术保底扎根于操作系统，这是极有远见的。因为操作系统是软硬件资源的分配者，它下接终端、上承应用，是信息时代不可或缺的根技术。人们应该还记得，20 世纪 80 年代末，日本开源架构的 PC 系统 TRON 刚一露头就遭美国遏制，韩国和欧洲各国也因各种原因错过了本土操作系统的发展时机。过去，我国信息技术领域存在"重硬轻软"的倾向，我们错过了早期与发达国家同赛道竞争的时机。而今，国产操作系统整体的研发、推广环境，遇到的境况与当时的 TRON 相比，还多了生态支撑不足这一问题。可见，要攻下操作系统这一难关，不仅需要足够的远见，更需要不问结局、不计输赢的无畏实干。

"新一代智能终端操作系统丛书"由长期从事鸿蒙操作系统设计和研发的团队核心成员编写，他们是鸿蒙操作系统的缔造者和培育者。丛书以操作系统发展的历史规律和产业需求为导向，讲述鸿蒙操作系统的设计原理及设计思路，并介绍北向应用开发和南向智能设备开发。本丛书重点介绍鸿蒙操作系统关键技术的运作原理及相关的架构设计，适合对鸿蒙操作系统感兴趣的科研人员、软件架构师、软件工程师、高校教师和学生阅读。鸿蒙操作系统的诞生对我国科技强国建设具有特殊的意义，本丛书也将记录这其中的一分努力。

再好的种子，要成长为参天大树，也需要大众无微不至的关心与呵护。2022 年 9 月，习近平总书记在中央全面深化改革委员会第二十七次会议中强调，"健全关键核心技术攻关新型举国体制，要把政府、市场、社会有机结合起来，科学统筹、集中力量、优化机制、协同攻关"。鸿蒙操作系统经过多年的深耕，已经具备构建我国信息技术领域根技术和数字经济技术底座的能力，现在是厚积薄发、开拓市场的时候了。希望通过本丛书的出版和传播，各界能更加重视鸿蒙操作系统，对其给予更多的认同和支持；希望通过鸿蒙操作系统的开源，全球开发者和广大伙伴能更踊跃地协同共建 OpenHarmony 社区，促进鸿蒙生态枝繁叶茂；希望高校和科研院所能做好鸿蒙操作系统的人才培养，为国产操作系统及其生态的可持续发展提供坚实的支撑。

中国工程院院士　倪光南

2024 年 5 月

操作系统伴随着计算机技术的发展而不断演进。当前，人类正从信息社会迈向智能社会，在背后支撑这一巨大转变的是计算机软硬件技术的快速发展，这也为下一代操作系统的诞生创造了条件，同时也提出了新的要求。

操作系统是连接计算机硬件和软件的桥梁，在计算机系统中处于非常重要的位置。在计算机世界里，硬件资源之间、软件资源之间，以及硬件资源和软件资源之间的基本交互逻辑，需要依靠操作系统进行定义和抽象。同时，人和计算机之间、计算机和计算机之间的基本交互逻辑也需要依靠操作系统进行定义和抽象。计算机硬件厂商需要按照操作系统定义和抽象的接口来设计与操作系统的交互，从而完成与其他计算机硬件和软件之间的交互。同理，计算机软件也需要按照操作系统定义的 API（Application Program Interface，应用程序接口）完成与操作系统的交互，从而达成与计算机硬件及其他软件之间的交互。

2019 年 8 月 9 日，华为开发者大会正式发布鸿蒙操作系统（HarmonyOS）。鸿蒙操作系统被定位为面向全场景、全连接、全智能时代的下一代智能终端操作系统。

操作系统诞生以来，基于丰富的应用经验，已形成了一套较完备的理论体系。鸿蒙操作系统在该理论体系的基础上，结合我国多年的产业化经验，参考学术界的最新研究成果，完成了基础架构设计。鸿蒙操作系统通过架构解耦，可弹性部署在不同形态的设备上；通过极简开发与一次开发、多端部署，为用户提供多种终端设备上的一致使用体验；面对多设备场景，支持应用在不同的设备之间自由流转，提供智慧协同的全新体验。可以看出，鸿蒙操作系统在设计理念上突破了传统单设备操作系统的设计假设和约束，是万物互联时代智能终端操作系统领域的一次大胆探索。

2020 年 9 月，开放原子开源基金会接受华为贡献的智能终端操作系统基础能力相关代码，随后进行开源，并根据命名规则将该开源项目命名为 OpenAtom OpenHarmony（简称 OpenHarmony）。

OpenHarmony 开源以来，国内外众多芯片厂商、设备厂商积极对其进行适配，发布各种开发板、操作系统发行版和设备，厂商们需要更深入地理解鸿蒙操作系统的设计逻辑。当前，我国已有 200 多所高校开设或正在筹划开设鸿蒙操作系统相关课程或实验，高校教师需要一套系统的参考资料用于编写鸿蒙操作系统相关教材。另外，众多应用开发者在各种论坛探讨鸿蒙操作系统的相关技术，互相解答问题。学术界和工业界均希望鸿蒙操作系统设计团队能提供一套详细论述鸿蒙操作系统设计理念的图书，作为教学和讨论的基础。

本书重点介绍鸿蒙操作系统的设计原理与架构，适合对鸿蒙操作系统实现原理感兴趣的专业人员阅读。本书不是操作系统入门参考书，不会着重展现技术实现细节，建议读者对操作系统基础知识有一定了解后再阅读本书。

鸿蒙操作系统不是一成不变的，会根据开发者的反馈进行持续优化，建议读者参考 OpenHarmony 社区资料和代码以加深对鸿蒙操作系统架构的理解，并及时跟踪鸿蒙操作系统的演进。

本书由鸿蒙操作系统设计团队的核心成员集体创作，主要贡献者如下：李毅、任革林、李世军、万承臻、强波、余枝强、付天福、孙冰心、黄然、李煜、李刚、杜明亮、龚阿世、李勇彪、赵文华、张亮、易见、王根良、李家欣、张勇智、朱佳鑫、黄节两、袁博、陈风、马尔利、徐超、张创、丁浩、张斌、黄慧进、黄海涛、孙斐、王雷、崔坤、孟坤、史豪君、李自勉、金俊文、高红亮、杜小强、方习文、闫永杰、李煜、姚满海、张智伟、冒晶晶。感谢各位作者、专家的辛苦付出。

非常感谢以下专家为本书提供非常专业的评审建议：龚体、陈海波、高泉、于小歧、陈健、王长亮、戴志成、鲜余强、高涵一、张明修、张栋、赵金勇、杨妮、代育红、陶铭、李红前、黄湘媛、沈芬、张志军、任晗、凌铭、时睿、吴昊、周英玉、白海丽、段夕超、黄海涛、鲁志军、兰守忍、周耀颖、谭景盟、赵志山、廖智琪、王再尚、刘斌、闫夙丹、耿晓东、崔坤、林洪亮、周杰、胡笑鸣、吴江铮等。

对于为本书做出贡献但没有列出名字的专家，在此一并表示感谢。由于编者水平有限，本书内容可能存在值得商榷之处，欢迎读者批评指正。

目录

I

Chapter 1 / 第 1 章

操作系统的发展史和演进

本章回顾了操作系统的发展史和演进，基于操作系统应用的产业场景和解决的主要问题将其划分为三代。当前，计算机硬件和用户程序越来越复杂，业界正在逐步构筑新的计算机体系结构。同时，IoT（Internet of Things，物联网）发展进入了一个新的历史阶段，万物互联时代将出现诸多挑战，这为新一代操作系统的诞生创造了条件。本章最后介绍下一代操作系统的关键特征，例如模块化、虚拟化、多模态交互、分布式、智能化和安全等。

1.1 操作系统概述

计算机系统由软件和硬件组成，其中软件由一系列按照特定顺序组织的数据和指令构成，而硬件一般由芯片、器件及电路等组成。软件需要运行在硬件上，硬件需要有可运行的软件才能发挥其功能，软件和硬件只有互相协作才能完成实际的工作。在计算机科学中，软件是指计算机系统处理的所有信息，包括程序和数据。

计算机软件可以进一步划分为用户程序、系统软件（System Software）和介于两者之间的中间件。用户程序一般针对某一特定业务提供特定功能，系统软件一般为计算机提供最基本的通用功能，包括操作系统、数据库管理系统、编译器、解释器等面向开发者的软件。常见的系统软件分类如表 1-1 所示。

表 1-1　常见的系统软件分类

系统软件分类	描述
OS（Operating System，操作系统）	负责控制与管理计算机硬件、软件资源，提供通过用户操作接口与计算机硬件交互的计算机程序；计算机软件必须在操作系统的支持下才能运行。常见的操作系统如 Linux、Windows、Android 等
DBMS（Database Management System，数据库管理系统）	DBMS 支持以一定方式将数据存储在一起，支持多个用户共享，具有尽可能小的冗余度，与用户程序彼此独立。常见的数据库管理软件如 SQL、Oracle 等
编译器（Compiler）	将"一种语言"（通常为高级语言）翻译为"另一种语言"（通常为低级语言）的程序。例如 GCC（GNU Compiler Collection，GNU 编译器套件）、Clang 等
解释器（Interpreter）	能够边解释边执行解释型语言，不需要编译就可以运行程序
链接器（Linker）	将编译器或汇编器（Assembler）产生的目标文件和外部程序库链接为一个可执行文件
加载器（Loader）	负责将程序加载到存储器中，并配置相关参数，使其能够运行
驱动程序（Driver）	负责让计算机和设备进行通信的程序，操作系统一般通过驱动程序来控制硬件设备

操作系统作为系统软件的集大成者，一般会内嵌数据库和语言运行时（解释器、加载器），同时提供驱动程序和用户程序的开发工具，包括驱动程序 / 用户程序开发环境、编译器、链接器等。

操作系统在其早期阶段主要表现为批处理系统，每类设备都需要定制化的操作系统。计算机科学家通过对 ISA（Instruction Set Architecture，指令集体系结构）的定义，首次将计算机处理器架构与实现解耦，与此同时，也将操作系统与 CPU（Central Processing Unit，中央处理器）等硬件解耦，这为操作系统从专用走向通用奠定了技术基础。在大型机时代，首先需要解决的问题是多个用户如何同时操作同一台计算机。为解决此问题，操作系统引入了分时、多任务、文件系统、动态链接等概念。操作系统对计算机的快速发展和普及做出了不可磨灭的贡献，经过多年的探索和实践，其基础理论和技术已经基本成熟，但仍在不断发展和持续演进中。

1.2　操作系统的发展史

从某种意义上说，操作系统的发展史就是计算机硬件和软件的发展史，它的发展与计算机硬件体系结构、软件技术的发展密不可分。特别是几次产业浪潮，极大地促进了操作系统的快速发展和普及。

ENIAC（Electronic Numerical Integrator And Computer，电子数字积分计算机）被认为是世界上第一台通用计算机。它基于二进制的真空管技术，可编程并执行复杂的操作序列（操作序列中可以包含循环、分支和子程序）。实际上，早期的计算机是没有操作系统的，经过培训的计算机操作员通过记录程序和数据的卡片来操作机器，这通常需要花费几个星期的时间。随着硬件和用户程序越来越复杂，对计算机的操作变得更加复杂。后来，用每个程序都需要的输入和输出等公共操作组成了统一的代码库，这也被认为是操作系统的雏形。1956 年，美国通用汽车公司和北美航空公司推出世界上第一个可用的操作系统 GM—NAA I/O，在随后几十年间，操作系统跟随计算机技术的蓬勃发展而不断演进，多次推动信息产业浪潮的发展，如图 1-1 所示。

1. 第一代计算机阶段（1945—1955 年）：真空管

在这个阶段，汇编语言还没有出现，所有的程序设计都用机器语言直接操控硬件，还没有形成操作系统的概念。程序通过打孔的形式被记录在卡片上，计算机通过读取这些卡片来处理计算任务，输出的数据也通过卡片呈现。对于一些复杂的任务，卡片的数量高达数百万张，可以想象，操作第一代计算机是一件非常费时费力的事情。

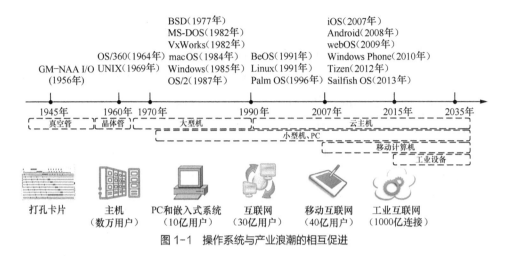

图 1-1　操作系统与产业浪潮的相互促进

2. 第二代计算机阶段（1956—1965 年）：晶体管

晶体管的发明使计算机的可靠性获得了极大的提升，计算机第一次可以做到长时间无故障运行。1957 年，IBM 公司开发出 Fortran 语言，它是世界上第一个被正式采用并流传至今的高级编程语言，我们常说的编译、链接、函数库等计算机基础概念在这个阶段已经被提出并实现。程序员负责写程序，编码员负责在卡片上打孔，操作员负责把卡片输入计算机。为了减少计算机输入和输出时间，工程师们设计出一种用于专门处理卡片输入和输出且造价较低的计算机。它的处理思路是先用一台计算机从卡片中读取数据输入磁带；然后操作员通过一个批处理系统读取磁带中要处理的任务，并运行该任务；任务完成后将结果输出到另一个磁带中；接下来读取并运行下一个任务、输出任务结果，如此循环往复。这里提到的批处理系统就是操作系统的雏形，然而它还不是真正意义上的操作系统。

批处理系统的主要设计思想浓缩进了被称为监控程序（Monitor Program）的软件中。批处理系统的工作过程如下。

第 1 步，计算机的控制权由监控程序掌握。

第 2 步，监控程序从输入设备中读取一个任务，然后把任务放置在用户程序区域，并把控制权交给用户程序。

第 3 步，执行用户程序，当用户程序执行完成后，监控程序再次获取计算机的控制权，返回第 2 步执行下一个任务。

相比操作员而言，监控程序可以"无等待"地读取任务、执行任务，再读取任务、执行任务，计算机的利用率得到有效提升。

看到这里，也许您会心存疑问：当用户程序运行完成后，监控程序通过什么可以再次获取计算机的控制权？如果用户程序是一个恶意程序或存在 bug，长时间无法运行完成，或者不主动释放控制权，监控程序如何才能获取控制权？

实际上，仅靠软件本身是无法确保监控程序总是可以获取控制权的。在计算机的世界里，当软件无法解决问题时，我们还可以依靠硬件来解决，操作系统更需要硬件的帮助。在第二代计算机阶段，计算机硬件厂商为操作系统提供如下重要功能。

内存保护（Memory Protection）：监控程序的内存空间受硬件保护，一旦检测到用户程序试图更改监控程序的内存空间——不管是有意的还是无意的，CPU 的控制权直接转移给监控程序。内存保护一般采用内存分段（Segmentation）的方式，物理内存被系统分割成许多小的分段，操作系统对需要保护的分段进行特殊标记。

定时器（Timer）：用户程序接管控制权后，定时器会自动启动。如果定时器时间到了而用户程序仍未运行完成，控制权会被强行交还给监控程序，监控程序会强行终止用户程序。

特权指令（Privileged Instruction）：只能由监控程序执行、不允许用户程序直接执行的指令会被系统设置为特权指令，例如 I/O（Input/Output，输入输出）指令。如果用户程序想要执行特权指令，可以请求监控程序为自己执行这个指令。特权指令就是为监控程序而设计的，毕竟，只有拥有较高权限的一方才能管控拥有较低权限的一方。

从现代操作系统的角度来讲，批处理系统已经具备基本的任务调度能力，它可为计算机系统提供一个自动任务处理序列。从用户的角度来看，批处理系统已经把 CPU 的处理时间完全占满；但从 CPU 的角度来看，CPU 经常"忙里偷闲"。因为访问 I/O 设备仍然需要较长时间，其间，CPU 长期处于空闲状态。I/O 访问的速度相对于 CPU 的处理速度要慢很多，CPU 需要完成 I/O 操作，才能接着执行其他指令。因此，如何更充分地利用 CPU 就是操作系统要解决的问题，我们常说操作系统的发展史就是对 CPU 的"压榨史"，这不无道理。在这个阶段，有一件事情不得不提，1963 年，康威定律的提出者康威博士发表论文"A Multiprocessor System Design"，正式提出 fork 思想，从而实现多处理器并行。从那之后，操作系统的设计大都采用了该思想。

从操作系统发展的角度来看，这个阶段的计算机硬件成本很高，编程语言尚处于雏形期，操作系统与硬件深度耦合，其主要目标是追求较高的硬件使用效率。

3. 第三代计算机阶段（1966—1990 年）：大型机、小型机

使用集成电路使计算机硬件技术产生了质的飞跃，低成本、小型化、专业化的计算机层出不穷。与这些计算机对应的操作系统也各种各样，每一个操作系统都有自己的操作过程和调试工具。设备厂商每生产一类新的机器都会配备一套新的操作系统。20 世纪 60 年代 IBM 开发出 System/360 系列计算机，与前面介绍的设备不同，这些计算机拥有统一的操作系统——OS/360。

前面提到，I/O 访问常常需要占用较长的时间，对于批处理系统，在这段等待时间里，CPU 只能"无所事事"。如何让 CPU 忙起来？多道批处理系统就是计算机科学家的一种尝试。一旦有一个任务需要等待 I/O 访问，多道批处理系统就立刻切换到另一个不需要等待 I/O 访问的任务，I/O 访问结束后，再切换回原来的任务继续处理。多道批处理系统也叫多道程序设计（Multiprogramming）或多任务处理（Multitasking），其核心思想是尽可能让更多的任务运行起来，竭力不让 CPU 闲着。您可能会问，控制权已经交给另一个任务，当 I/O 访问结束后怎么切换回原来的任务？像批处理系统一样，多道批处理系统也必须依赖计算机硬件功能，具体来说，就是支持 I/O 中断（Interrupt）。当 I/O 访问结束后，一个中断信号会被发送给 CPU，且该信号有较高的权限，CPU 收到后必须暂停当前正在运行的任务，转而处理该任务。在多道批处理系统里，这表现为 CPU 控制权被转移给多道批处理系统的中断处理程序。可以说，没有中断就没有现代操作系统。

多道批处理系统已经具备现代操作系统的一些基本思想，在批任务处理场景中可获得较高的 CPU 利用率。随着需要处理的任务越来越多，以及不同的用户需要同时处理不同的任务，小型机应运而生。和大型机使用多道批处理系统不同，多个用户需要频繁地和小型机进行交互，CPU 等待的时间主要花费在与用户的交互上。如何更好地处理与用户的交互问题是操作系统首先需要解决的问题，为了解决这个问题，交互式操作系统诞生了。交互式操作系统问题的解决思路是"分时"，即操作系统控制每个用户程序以很短的时间为单位交替执行。人类的反应速度主要取决于人的感官（如眼睛、耳朵、皮肤等），以及中枢神经系统与肌肉之间的协调关系。没有受过专门训练的人的反应时间通常为 $0.2 \sim 0.3$ s，而一个训练有素的运动员的反应时间通常为 $0.1 \sim 0.2$ s。因此，只要将用户程序对每个用户当前交互操作的响应时长控制在 0.1 s 以内，几乎所有用户就会感觉自己独占了这一台计算机。分时操作系统通过时钟中断切换用户程序，例如每 10 ms 向 CPU 发出一次中断信号，要求系统调度用户程序。

在第三代计算机阶段,具有现实意义的操作系统的概念被首次提出,多道批处理系统、分时操作系统、MULTICS(Multiplexed Information and Computing Service,多路信息与计算服务)等概念被操作系统的先驱们一一探索。MULTICS 属于分时多任务操作系统,它帮助程序员调试程序。当然,受限于当时计算机的硬件能力和高昂的价格,相关产品无法大规模商用落地,但商业上的失败并不能掩盖 MULTICS 对操作系统演进的巨大贡献。20 世纪 70 年代,继承了 MULTICS 关键思想的 UNIX 操作系统诞生了。

UNIX 操作系统是一个强大的多用户、多任务操作系统,可支持多种处理器架构。从操作系统的分类上说,UNIX 操作系统属于分时操作系统。UNIX 简洁至上的设计原则,也被称为 KISS(Keep It Simple, Stupid,在设计中应当注重简约)原则,UNIX 提供机制而非策略的设计理念吸引了一大批计算机软件技术人员。这些设计原则和设计理念对后续操作系统及大型软件系统的设计产生了持续和深远的影响。

操作系统的繁荣发展催生了 UNIX 的多个变种(如 BSD 和 System V)。为了使用户程序能够在不同版本的 UNIX 上运行,POSIX(Portable Operating System Interface,可移植操作系统接口)诞生了。它定义了操作系统必须支持的一组系统调用接口,于 1985 年由 IEEE(Institute of Electrical and Electronics Engineers,电气电子工程师学会)首次提出,目前已被大多数操作系统支持。

第三代计算机出现的时代是计算机技术发展的第一个黄金时代,硬件层面出现了集成电路,软件层面创造了操作系统。操作系统的时代已来临,这一阶段的主流操作系统被称为第一代操作系统。

需要指出的是,这个阶段的操作系统的目标人群仍是有一定计算机基础的技术人员,人机交互方式也不够友好,如何提升技术人员工作效率和解决特定领域的技术问题是彼时操作系统需要重点解决的。

从操作系统技术发展的角度来看,计算机硬件成本逐渐降低,编程语言快速发展,操作系统的设计目标主要是与硬件解耦,并逐渐形成独立的理论体系。进程、调度、任务管理、内存管理、虚拟地址、多用户、并发等操作系统的核心概念都是在这个阶段提出并不断得以实践的。通用、可靠、稳定和安全是这个阶段的操作系统的主要研究方向。现代操作系统理论的基本框架在这个阶段基本奠定,为后续操作系统的快速发展打下了坚实基础。

4. 第四代计算机阶段(1991 年至今):PC 及云主机

随着集成电路集成度的大幅度提升,计算机微型化从理论变成现实,计算机迎来了第一个大繁荣时代——PC 时代。

第四代计算机阶段的代表操作系统有 MS-DOS、Windows、macOS 和 Linux。和第一代操作系统相比，它们具备更好的用户交互接口，通过引入 GUI（Graphical User Interface，图形用户界面）和鼠标，极大降低了计算机操作的复杂性。计算机由此大规模进入商业公司、政府部门和千家万户。1985 年，微软公司推出了以 GUI 为主的 Windows 操作系统，并最终获得了 PC 操作系统的主导地位。20 世纪末互联网的兴起使 PC 迅速在全球范围内普及。2005 年，全球使用互联网的人数创下纪录，达到 10 亿。梅特卡夫定律指出，一个网络的价值等于该网络内的节点数的平方，而且该网络的价值与联网的用户数的平方成正比。也就是说，一个网络的节点数和使用该网络的用户数越多，整个网络和该网络内的每台计算机的价值就越大。PC 进入千行百业，催生了操作系统更多的应用场景，操作系统因此在多个领域有了长足的发展，下面列举几个主要领域做简要说明。

● 计算机图形学（Computer Graphics）。计算机图形学主要研究在计算机世界中表示图形、存储图形、处理图形和显示图形的相关原理与算法。利用计算机绘制出与现实世界接近的图像，以给人视觉上更加逼真的感受，是计算机图形学一直努力的方向。自计算机图形学创立以来，各种图形技术层出不穷，如 GUI、坐标转换与光线跟踪、材质贴图、顶点混合、纹理压缩和凹凸映射贴图、3D 渲染引擎等。图形处理涉及大量的图形计算任务，专为通用计算和逻辑处理而设计的 CPU 对此显得力不从心，GPU（Graphics Processing Unit，图形处理单元）应运而生。GPU 是一种特殊类型的处理器，具有数百个、数千个甚至更多的内核，通过并行运行内核来处理大量计算任务。在进行三维绘图时，GPU 的工作比 CPU 更高效。计算机图形学在计算机发展史中的地位不管怎么浓墨重彩地描述都不为过。可以说，没有计算机图形学，就没有现代计算机，也没有互联网和电影特效，计算机也不会进入普通人的生活。

● 计算机存储系统（Computer Storage System）。计算机存储系统的核心是存储器。存储器是用来存储程序和数据的设备。现代计算机系统中常采用由寄存器、高速缓存、主存、外存等组成的多级存储架构。采用多级存储架构的主要目的是让存取速度、存取容量、存储器成本和易失性等多种因素之间取得平衡。操作系统需要设计适当的算法，利用数据访问的局部性原理，在不同层级访问速度存在数量级差异的情况下达到存取性能和成本的最佳平衡。在操作系统中，通常把需要持久化的一组数据抽象为一个文件，操作系统提供打开文件、关闭文件和读写文件等基本接口。对文件进行操作时，用户程序不需要关心数据存储在存储器上的具体物理位置，数据在存储器上的存储位置由操作系统的文件系统统一管理；操作系统也不用理解数据的具体格式，数据的具体格式由用户程序定义和解析。计算机存储系统在云服务器领域被称为 DFS（Distributed File System，分布式文件系统），它通过计算机网络技术，将分散在多台机器上的存储资源组成一个虚拟的存储设备。通常，DFS 的元数据非常多，元数据的存取性能是整个分布式文件系统性能的关键所在。

● 计算机网络（Computer Network）。计算机网络是指计算机设备通过有线或无线的传输介质，通过节点之间的链路连接互相交换数据和分享数据的数字通信网络。计算机网络把孤立的计算机连接在一起，使单台计算机可访问的数据范围被极大地扩大。连接在互联网上的计算机变为一个可访问海量信息的客户端，通过该客户端，人们可以进行信息共享、软件共享和硬件共享。

● 分布式系统（Distributed System）。分布式系统是指将物理上独立的一组计算机通过计算机网络连接在一起工作的软件系统。该软件系统支持管理所有节点的软硬件系统资源，能够控制分布式程序的运行和状态共享，并可以执行并发操作。

除上述领域外，编程语言、运行时和媒体处理等被引入操作系统并迅速发展壮大。另外，GPU 和其他硬件加速器的出现，使原本以 CPU 为核心的操作系统不得不做出改变。

在这个阶段，Windows 和 macOS 在桌面操作系统中占有统治地位，它们较好地解决了用户通过鼠标与计算机设备进行图形交互的问题，同时也解决了个人用户在计算机中使用相关的图形、多媒体、网络和 Web 等的技术问题。Linux 在嵌入式设备、超级计算机，尤其在服务器领域确定了其不可挑战的地位，它是一种自由和开放源码的类 UNIX 操作系统。从技术角度来看，Linux 实现了系统与网络通信一体化，并因其低廉的使用成本及对大量硬件的适配支持而"独步江湖"。

这个阶段的操作系统被称为第二代操作系统，和第一代操作系统相比，使用鼠标等更自然的交互方式被引入，同时 TCP/IP（Transmission Control Protocol/Internet Protocol，传输控制协议 / 互联网协议）等通信技术也被预置到操作系统中。操作系统的交互性更加友好，为办公数字化、个人娱乐和互联网技术的发展做出了重要贡献。操作系统的目标人群不再局限于计算机相关的技术人员，经过简单培训的普通人员也可以操作计算机。操作系统交互性的提升促进了用户程序生态的丰富，用户程序生态的丰富则推动了 PC 更大范围的普及。办公软件、影音娱乐、游戏、浏览器、工业软件、企业管理软件、数据库软件等加速了各行各业的数字化改造进程。用户程序的传播方式非常灵活，譬如可通过光盘、网络下载、磁盘复制等进行传播，但第二代操作系统缺少对用户程序的统一管理，仿冒、安全木马、盗版等各种问题层出不穷。

从操作系统技术发展的角度来看，操作系统进入快速发展期，相关理论基本完善，PC 成为市场的主角，人机交互、网络技术、安全、兼容性等成为操作系统追求的主要目标。

5. 第五代计算机阶段（2007 年至今）：移动计算机

移动通信在近 30 年蓬勃发展，给人们的工作、生活和学习带来了极大的便利。特别是 3G、4G 数据业务速率的不断提高，使互联网从桌面设备拓展到移动设备。美国苹果公司准确预判了移动互联网可能带来的巨大的发展机会，于 2007 年推出轰动一时的 iPhone 手机，该手机搭载 iOS 系统，给用户带来了前所未有的交互体验。用户不再需要通过触控笔和传统键盘的输入方式来操控移动设备，而是可以通过更自然的方式来操控，譬如通过手指触摸的方式在显示屏幕上（实际上是在触摸屏上）做出点击、滑动、多指触控等动作；也可以通过摇一摇、旋转设备等来跟系统交互。紧随其后，美国谷歌公司推出了开源的 Android 系统，微软公司也推出了 Windows Phone 系统。

更自然的交互方式大幅降低了操作系统的使用门槛，极大拓展了移动设备使用人群的范围，几乎人人都可以操作移动设备。庞大的移动设备用户群体也促进了应用生态从桌面计算机向移动设备的大规模迁移。移动设备集成了更多的传感器，应用开发者通过丰富的传感信息创造出形形色色的、更有创意的应用程序。

第五代计算机阶段的操作系统的典型代表是 iOS 和 Android，人们通过移动设备不仅可以浏览网页和阅读电子书，还可以体验移动商务、移动视听、即时通信、手机游戏和移动支付等业务，移动终端操作系统深刻地改变了信息时代人们的生活方式和工作方式。这个阶段的操作系统被称为第三代操作系统。从技术上讲，这个阶段的操作系统更强调用户的交互体验，引入了更多的外围设备和传感器；为了使移动设备有更长的续航时间，操作系统提供了强大的功耗管理能力；随着移动设备上承载的用户数据的增加，操作系统在安全和隐私保护方面进行了进一步加强；为了方便用户安全地下载第三方应用，集中式应用生态分发体系诞生了。当然，这些都离不开移动设备计算能力的大幅提升和功耗的下降，以及通信技术的快速发展和传感器技术的逐步成熟。

从操作系统技术发展的角度来看，操作系统理论日益完善。操作系统设计中与硬件相关的部分比重越来越小，其设计重心从南向硬件生态逐步向北向应用生态迁移。操作系统可以独立支撑起一个庞大的软件产业，并从单纯地追求高性能逐渐发展到追求更高能效比，UX（User Experience，用户体验）在操作系统设计中的权重越来越大。

1.3 下一代计算机体系结构

回顾计算机技术的发展历程，可以发现计算机体系结构和计算机硬件依赖的半导体技术是推动计算机技术快速发展的动力。

20 世纪 60 年代，最大的磁存储系统只能存储 1 MB 的信息，该存储系统不仅像机房那样庞大，而且访问速度慢、功耗高。1966 年秋天的一个晚上，34 岁的 IBM 电气工程师鲍勃·登纳德灵光乍现，他想用一个晶体管来存储 1 bit 的数据。如果这个想法成为现实，只需要使用极少的电量反复刷新晶体管就能够留住电荷，从而维持数据的存储。现在，我们知道登纳德发明了计算机存储系统中的 DRAM（Dynamic Random Access Memory，动态随机存储器）。1974 年，登纳德提出了著名的登纳德缩放（Dennard Scaling）定律，该定律指出，随着晶体管密度的增加，每个晶体管的功耗会下降，因此他预言每平方毫米硅的功耗几乎是恒定的。在很长的时间里，某代半导体产品的工作频率会比上一代产品提高 40%，而同样空间可容纳的晶体管数量会比上一代产品增加一倍。计算机体系结构使用各种创新技术来利用快速增长的晶体管资源，提高了 CPU 的性能，减小了内存访问速度和 CPU 处理速度之间的差异给系统带来的性能损失。在过去几十年里，摩尔定律一直发挥着作用，在不增加成本的情况下，计算机性能呈指数增长。正如登纳德所言，"缩放终究会结束，但是，创造力永无止境"。登纳德缩放定律从 2007 年开始逐渐失效，工艺提升不再能保证功耗不增加，2012 年该定律基本被终结。计算机体系结构的对比如表 1-2 所示。

表 1-2 计算机体系结构的对比

对比项	2010 年前的体系结构	2010 年后的体系结构
登纳德缩放定律	单芯片功耗几乎是恒定的	工艺提升不再能保证功耗不增加，业界无法接受芯片功耗随芯片晶体管数量增加而增加
摩尔定律	每 18 个月晶体管数量提高一倍，成本基本不变	进入"后摩尔定律时代"，预计 2030 年左右摩尔定律将面临终结
可靠性	晶体管较可靠，具备纠错机制如 ECC（Error Checking and Correction，差错校验和纠正）机制	晶体管可靠性下降，ECC 机制在某些场景下不再有效
计算能力	单核计算能力不断提升	计算能力通过多核和异构多核实现。核之间、芯片之间、设备之间的驱动全局总线能力提升缓慢

续表

对比项	2010 年前的体系结构	2010 年后的体系结构
体系结构	使用通用计算平台，一次性投入大，可通过海量用户分摊成本	不同领域具备不同体系结构，软硬件协同设计、能效提升明显。下一代计算机体系结构的重心更接近物理层，譬如模拟计算、量子计算、DNA 计算、超导逻辑、碳纳米管处理器均依赖物理层的技术革新
虚拟化技术	虚拟化技术处于起步阶段	软件不感知硬件的替换，较低的价格使用户可以超额认购资源
垂直化技术	逻辑处理和数据存储分离	内存与高性能逻辑处理功能集成在一起，譬如 NDC（Near Data Computing，近数据计算）和 PIM（Processing-In-Memory，存储器内嵌处理器）架构

体系结构作为计算机系统的基础架构，正在经历从独立计算到分布式部署的上下文计算的转变。这种转变要求通信和计算并重，性能、隐私与安全、可用性和能耗并重。并行性、专用化及跨层次设计成为"能量优先时代"的关键原则。

长期以来，用户程序开发人员不需要关注底层技术就能轻易获得计算机体系结构革新等给应用软件开发带来的各种好处。一方面，计算机提供更高的性能，使实现那些有更多计算需求的用户程序（如 AI、AR、VR 等）变得可能；另一方面，通过支持更高层的编程抽象（如脚本语言、编程框架），使那些对性能要求不高的用户程序更容易开发。随着下一代体系结构的重心更接近物理层，可能必须要求一部分用户程序具备感知底层硬件的能力，这对下一代计算机体系结构提出了如下新的要求。

新的系统资源管理方式：以前的操作系统更强调系统资源对用户程序的透明性，对部分性能要求不高的用户程序而言，这种处理方式是合理的；但对另一部分性能要求较高的用户程序而言，可感知系统资源的具体差异更有助于用户程序以更好的方式使用硬件资源。

新的用户程序开发方法和编程模型：当前的用户程序开发以 CPU 为核心，编程模型以同步编程模型为主。随着多核、异构多核设备的普及，需要提供让用户程序在多形态设备上可以并行运行的方案，譬如感知底层领域体系结构的新的特定编程模型。

异构计算、异构存储：因为散热和能耗的原因，通过提升 CPU 时钟频率和内核数量来大幅提高计算能力的传统方式遇到瓶颈。针对不同的计算类型，CPU、GPU、NPU（Neural network Processing Unit，神经网络处理器）、TPU（Tensor Processing Unit，张量处理器）、IPU（Image Processing Unit，图像处理器）、DSP（Digital Signal

Processor，数字信号处理器）、ASIC（Application Specific Integrated Circuit，专用集成电路）、FPGA（Field Programmable Gate Array，现场可编程门阵列）等用于特定领域的加速器不断涌现。这些异构计算单元要求操作系统能够基于算力、性能、功耗、并发等多种因素提供综合调度能力。因 NVRAM（Non-Volatile Random Access Memory，非易失性随机访问存储器）、SCM（Storage Class Memory，存储级内存）、PIM 等新存储架构的出现，传统分层存储体系的部分存储层级关系变得模糊，这要求操作系统能够更好地支持新型异构存储，提升存取性能。

支持多种指令集：不同的计算单元可能使用不同的指令集，这需要操作系统运行时能够针对不同计算节点编译出不同指令集的二进制代码。

并行计算对操作系统的要求是既要考虑用户程序的具体特征，又不能过分"迎合"用户程序的需求。下一代计算机体系结构在并行计算方面的核心问题如下。

并行类型：并行计算中，有两种并行类型，即任务并行（Task Parallelism）和数据并行（Data Parallelism）。任务并行就是对多个待解决的问题进行任务分割，不同的任务分布在不同的处理单元上执行。数据并行就是对任务依赖的数据进行分割，将分割好的数据放在一个或多个处理单元上执行，每一个处理单元对这些数据都进行类似的操作。

处理单元的组织结构：处理单元的组织结构包括单设备上独立的核、多核、协处理器和加速器，以及多设备之间独立的核、多核、协处理器和加速器。

同步和通信：通过底层通信机制解决数据在多个核之间或设备之间的同步问题。特别是设备之间的数据同步，由于通信带宽的限制，需要做到按需同步，仅同步业务必需的数据。

总体而言，我们需要打破现有的计算机软硬件抽象层次，提出一套新的机制和策略来实现局部性和并发性；提供可编程、高性能和高能效的软硬件协同平台；能够高效地支持同步、通信和调度；开发真正易于使用的并行编程的模型、框架和系统。

随着万物互联时代计算机体系结构的不断演进，操作系统必然要能够同步演进。同时，操作系统需要高效地使能体系结构的新变化，充分发挥软件和硬件的协同作用。

1.4 万物互联时代面临的挑战

人类文明先后经历了农耕时代、工业时代和信息时代。诞生于 20 世纪 60 年代的互联网极大地推动了信息时代的发展，无数计算机通过网络连接在一起。人们打破了距离和语言的限制，通过网络可以浏览信息、分享数据、发送电子邮件等。互联网的兴起使人们获取信息的广度和深度发生了深刻的变化，尤其是移动互联网的普及，使全球移动用户数量得以快速增长。

一般而言，智能终端（Smart Terminal）是一类嵌入式计算机系统设备，其典型特征是包含可编程芯片、处于计算机网络的末梢，存在人—机、物—机交互界面。

IoT 通过网络，特别是无线网络，将智能终端相互连接起来，实现任何时间、任何地点，人—机、机—机的互联互通。IoT 的概念最早可以追溯到 20 世纪 80 年代初，但多年来 IoT 一直处于概念期，并没有真正地快速发展起来。根据使用场合，IoT 终端可分为固定终端、移动终端和手持终端；根据功能的扩展性，则可分为单一功能终端（专用智能终端）和通用智能终端；根据应用的行业，则主要分为工业设施 IoT 终端、农业设施 IoT 终端、物流识别 IoT 终端、电力系统 IoT 终端、安防监测 IoT 终端等，需要说明的是该分类随着行业的增加和细分而变化。传统观点认为，智能手机、平板计算机、笔记本计算机、台式计算机和固定电话等传统智能终端属于非 IoT 终端，而 IoT 终端（狭义）是指非 IoT 终端之外的智能终端设备，如网关设备、传感器设备和 NFC（Near Field Communication，近场通信）设备等短距通信设备。近年来，随着 IoT 实践的不断深入，越来越多的观点认为智能手机等智能设备也属于 IoT 终端。如果不做特殊说明，本书中提到的 IoT 设备默认包含手机等智能终端。

近 10 年来，智能终端的发展一直处于"快车道"中，无论是设备数量还是设备种类，都发生了巨大变化。IoT 终端在多个领域中逐步落地，特别是智能家居、工业 IoT、车联网、智慧城市等领域，目前正处在快速发展中，万物互联时代到来了。

1.4.1 万物互联时代已来临

回顾移动互联网发展历程，2011 年年底，全球智能手机出货量首次超过了 PC 出货量，这标志着移动互联网时代的来临。IoT 研究机构 IoT Analytics 2020 年发布的 IoT 跟踪报告显示，那之前 10 年，全球所有 IoT 终端（不包含智能手机）连接数年的复合增长率达到 10%。报告指出，2020 年全球 IoT 的连接数约为 117 亿，IoT 发展进入一个新的历史阶段，报告同时预测，2025 年智能设备的数量将达到 300 亿部。

与计算机体系结构不断发展一样，IoT 硬件技术也在快速发展中，举例说明如下。

计算单元：从通用计算走向领域计算，CPU、GPU、TPU、NPU、IPU 不断发展，以支撑 AI、图形处理、并行运算等强算力需求。

存储单元：智能存储、存算一体、SCM、非易失性内存等存储单元会逐步规模应用，易失存储与持久存储逐步走向融合，边界不再清晰。

通信单元：无线通信技术不仅提供通信能力，也提供无线传感技术和增强型无线位置追踪等能力。同时，5G 大连接、低时延、高可靠性使新型高吞吐量、低时延广域计算成为可能。

智能驾驶：智能驾驶汽车包含完整的传感器、网络互联、计算单元等，是新一代移动数据中心的主要载体。

智能家庭：家居越来越智能化，无缝连接、自然交互等可支撑良好的用户体验。新型 IoT 设备硬件技术发展需要操作系统提供新的抽象与设计来充分简化编程、快速互联、释放算力，以支持构建异构新老硬件混合异构环境，实现新型硬件技术与现有硬件技术的完美融合。

当前，智能终端操作系统主要解决的是人和单设备的交互问题，交互的方式取决于单设备的硬件支持哪些交互能力。针对用户如何通过一台设备和另一台设备进行交互的问题，当前多个智能终端操作系统做了一定的尝试。譬如，打通 App 在两个设备之间的消息通道，优化了用户在特定场景下的操作体验等。未来的操作体验将会围绕万物互联的全场景展开，大量设备如何动态接入网络？如何互相通信？用户与多设备的交互方式如何体现以人为中心？这些都是迫切需要在系统层面解决的问题。

1.4.2 改善终端用户体验的诉求

在 20 世纪大型机时代，终端通常指的是与集中式处理计算主机系统交互的，由显示器、键盘等 I/O 设备组成的操作台设备。后来，终端的处理能力越来越强大，"终端"这个词已经约等于计算机系统，也就是我们常说的微型机或 PC。21 世纪，随着移动系统（包括软件和硬件）技术的发展，人们所说的终端，更多的是指笔记本计算机、智能手机、平板计算机等设备。并且，随着消费电子设备的发展，智能电视、智能眼镜、智能手表、智能手环等设备也已经加入终端的行列。

近年来，智能终端的概念在各种媒体中常被提及。从概念上讲，智能终端是相对于非智能终端而言的。21 世纪之前，面向消费市场的终端产品由于软硬件能力的限制，大多属于非智能终端。随着嵌入式软硬件技术和操作系统技术的发展及硬件成本的不断降低，智能终端迅速发展并快速取代非智能终端，成为市场主流。智能终端的"智能"主要体现在功能的可扩展性方面，智能终端跟具体应用软件的结合可以看作某一场景的非智能终端。譬如，智能终端安装了学习软件后就变成了学习机；智能终端安装了 K 歌软件后，则变成了 KTV 点唱机；智能终端安装了导航软件后就变成了导航仪。用户通过安装各种各样的软件，可以很方便地使智能终端变成融合了无数个非智能终端功能的综合体。

经过十多年的快速发展，越来越多种类的新型智能终端大规模进入了普通人的生活，并深刻地改变了人们的生活方式和工作方式。智能终端未来的发展趋势体现在以下层面上。

● 在硬件层面上体现为新型硬件器件的引入、更高的硬件集成度和智能终端设备范围的拓展，一些原本非智能终端随着硬件的升级变为智能终端。

● 在操作系统层面上体现为对新型硬件和较低性能非智能终端的支持，与其他智能终端更高效地协同，交互更人性化、更智能，体验更好。

● 在应用层面上体现为用户程序种类更丰富，用户程序之间的协同更方便、更普遍。

可以看出，智能终端的硬件能力只有在丰富的生态应用下才能充分发挥其"智能"，智能终端丰富的应用程序则可以极大地扩展其功能。软件通过组合使用各项智能硬件功能，结合网络接入功能，可以把更多的内容引入智能终端。这也同时要求智能终端使用开放操作系统。

需要注意，开放操作系统和开源操作系统是两个不同的概念。开放操作系统是相对封闭操作系统而言的，开放操作系统是指操作系统的应用生态是开放的，一般通过开放的 API、配套的 SDK（Software Development Kit，软件开发包）和 IDE（Integrated Development Environment，集成开发环境）支持第三方开发者进行应用程序的开发。而开源操作系统是指操作系统的源码是开源的，开源操作系统不一定是开放操作系统。

综上所述，智能终端繁荣发展的核心是使用新一代开放操作系统，它从本质上决定了应用的快捷开发程度，以及应用使用智能终端设备软硬件资源的能力。

在万物互联时代，人和各种不同设备之间的交互会更加频繁，设备和设备之间的交互也会常态化。但是，人和设备之间的交互及设备和设备之间的交互要做到以人为中心，更好地为人服务，就需要重新设计人—机和机—机交互体系。我们可以畅想一下，万物互联的智能世界跟当前世界相比会发生根本的变化：具备联网能力、存储能力和一定计算能力的智能设备数量迅速增加；在大多数场景下，每个人的周围几乎随时同时存在多台智能设备，这些智能设备通过网络连接在一起，互相协同，用户可以通过任一设备控制另一设备，而不管这台设备当前所处的具体位置；用户也可以通过一台设备访问其他设备上的资源，这些资源可能存在于本地的另一台设备上，或者存在于远端的另一台设备上，但对用户而言，这些资源就好像永远在其身边一样可随时随地使用。若想将这些畅想变为事实，需要解决当前存在的如下四大痛点。

体验不一致：譬如，手机上丰富的应用无法在其他终端上使用。

体验不连续：譬如，视频播放无法跨设备迁移，播放进度不同步。

硬件互割裂：譬如，手机无法使用车机上的 GPS（Global Positioning System，全球定位系统）进行辅助定位。

内容不协同：譬如，手机上的地图信息无法与车机上的地图协同使用。

1.4.3　开发者面临的挑战

庞大的开发者群体是软件生态繁荣的基础，操作系统的设计必须了解开发者面临的挑战，并能够在系统层面上重点帮助开发者应对挑战。

相关调研数据显示，在移动终端开发者中，63% 的开发者反馈他们开发一个应用需要适配多个操作系统。虽然当前有多款支持跨平台的开发框架，如 Web 开发框架和 Flutter 开发框架等，但对于一些较复杂的应用程序，开发者仍需要针对不同的操作系统分别进行开发，这是开发者面临的最大挑战。不同的操作系统对外提供的平台 API 能力范围也不尽相同，通过跨平台的开发框架很难解决由操作系统本身差异导致的各种深层次问题。在当前 IoT 领域，操作系统种类繁多，百花齐放，给设备开发者带来便利，同时也给应用开发者带来了适配更多操作系统的繁重工作量。

排在第二位的挑战是开发者必须面对类型众多的智能设备。即使这些设备使用同一个操作系统，应用开发者也不得不针对不同类型的设备开发不同的应用，以提供更好的业务体验。譬如，不同设备屏幕大小不同、分辨率也不同，如何为这些设备设计更好的 UI（User Interface，用户界面）？一种常见的做法是为不同的设备设计不同的布局和资源，开发者会将大量精力耗费在 UI 的设计和调整上。另外，这些设备能够提供的交互方式也千差万别，有的提供触控交互，有的提供键盘和鼠标交互，有的提供遥控器交互，开发者需要针对这些不同的交互方式开发不同的业务处理逻辑。

调研数据同时显示，大多数应用使用了多语言的混合开发模式。这需要开发者掌握多门开发语言，对大多数开发者而言，这是一项较高的要求。熟练掌握一门开发语言需要花费大量的学习成本，开发者不但要熟悉开发语言的语法知识，还要通过不断实践来掌握该语言常用的开发模式。另外，开发者还需要能够熟练使用该语言配套的工具链，对常用的第三方库也要有足够的了解。还有一点需要指出，开发语言版本的升级迭代也给开发者带来了更多的学习成本。

另外，适配不同的操作系统、适配不同的设备、使用多种语言开发，必然导致代码库的维护更加复杂。许多开发者将大量精力投入架构优化，希望通过一个架构支持不同的操作系统和不同的设备。一种常见的思路是提取更多的公共组件，这些公共组件通常进行了跨平台的设计，对于无法跨平台的组件，采用分别实现的方式。多组件不仅带来了维护成本的提高，也带来了功能的不一致性和接口兼容性等方面的技术问题。

1.5　下一代操作系统的关键特征

从一般意义上说，操作系统是对计算机硬件实现的抽象，并为用户程序提供一个较理想化的抽象模型。在前面回顾的操作系统发展史中，我们可以看到每一代操作系统都有不同的关键特征。现代操作系统经过多年的发展，基本概念和功能已经成熟，当前发布的操作系统新版本主要涉及功能增强、性能优化和对新硬件的适配。在万物互联时代，产业环境、消费者和开发者都对操作系统有不同于以往的诉求，如果把可满足这些诉求的操作系统称为下一代操作系统，那么这个操作系统应该具备哪些关键特征呢？

我们知道现代操作系统的规模越来越大、功能越来越复杂。据统计，1975 年发布的 UNIX V6 代码约 1 万行，1991 年发布的 Linux 0.01 代码约 8000 行，2003 年发布的 Linux 2.6.0 代码约 593 万行，2021 年发布的 Linux 5.12 版本的代码约 2880 万行，Linux 每年新增代码约 200 万行。设备开发者从一个如此庞大的操作系统的源码中裁剪出自己设备可用的精简操作系统是一件非常困难的事情，原因之一是操作系统内部实现没有进行充分解耦，虽然也进行了一定的模块化设计，但不同特性的代码盘根错节地耦合在一起，各个模块间的依赖非常复杂。在万物互联时代，设备种类异常丰富，设备开发者需要一种能够灵活定制的操作系统。也就是说，系统构建者不但需要从操作系统中获得更多的通用性，还需要更多的灵活性来定制他们的特定软件运行环境，而且这种灵活性不会引入破坏标准组件的复杂性。因此，我们认为下一代操作系统的一个关键特征是完全按照模块化方法构建，以与正在构建的下一代硬件相适应，它具有高度抽象和模块化的特点，系统构建者可以从现有组件货架中快速组装。

虚拟化（Virtualization）技术起源于 20 世纪 60 年代末，是计算机的一种资源管理技术。它的基本原理是通过将计算机的各种物理资源（如 CPU、内存、磁盘、网络适配器等）予以抽象和转换，对外呈现出一种可分割、可组合的配置环境，从而打破物理资源不可切割的壁垒,并提供一种更好的方式来使用这些物理资源。根据不同抽象层次,虚拟化技术可以分为硬件抽象层(Hardware Abstract Layer,HAL)虚拟化、指令集层虚拟化、OS层虚拟化、编程语言层虚拟化、库函数层虚拟化、应用层虚拟化等。当前虚拟化技术的一个基本特征是基于同一物理设备进行分层虚拟化。在万物互联时代,多台不同物理设备之间能否进行跨设备虚拟化?答案是肯定的。譬如,电视把门铃的摄像头虚拟化到电视中,这样可以方便地让电视使用门铃的摄像头获取视频流。虚拟化技术打破了单一硬件的物理限制,通过对多台设备的硬件资源进行统一虚拟池化,可为用户提供更多的服务和功能,实现更好的跨设备协同特性,带来前所未有的跨端体验。我们认为,下一代操作系统的一个关键特征是具备细粒度的跨设备虚拟化。譬如,可以创建一个从网络获取而不是从USB(Universal Serial Bus,通用串行总线)端口获取坐标数据的虚拟鼠标,在物理上该鼠标属于另一台本地或远端物理设备。当然,也可以在一台智能终端上启动另一台智能终端上的用户程序。

交互式操作系统允许用户频繁地与计算机对话,对话的方式包括键盘和鼠标的输入、触摸输入、屏幕的输出等。在万物互联时代,更多更自然的交互方式将被引入计算机世界中。在某些场景下,语音交互可能是一种更便捷、更安全、更合适的交互方式。譬如,与无屏智能音箱交互,或者在驾驶过程中通过语音交互更改车机上运行的导航软件所设置的目的地。在万物互联场景下,设备形态的多样性对交互的多样性提出了更高的要求,人们甚至不用刻意发出指令,设备也会自动捕捉用户可能的潜在意图。想象这样一个场景,司机长时间驾驶车辆在高速上行驶,有点困意,车机会及时感知到司机的身体状态,如果司机继续驾驶可能存在安全隐患,车机会通过高频音提醒司机需要休息。我们认为,下一代操作系统的一个关键特征是提供多模态交互,人们与设备的交互方式不能仅局限于传统的交互方式。多模态交互技术会提供更自然、更高效、多样化的其他交互方式,同时各种交互方式互相叠加,主动交互与被动交互协同,给人们带来前所未有的交互体验。

分布式操作系统是指分布在不同计算机物理设备上的操作系统组件通过通信网络进行数据交换和协同的软件系统,不同组件共同对外提供服务,这对用户来说,就像是一台计算机在提供服务一样。在万物互联时代,分布式操作系统如何与形形色色的IoT设备结合使用?这又会带给人们什么样的用户体验?能否实现用户只使用任意IoT设备,例如键盘、鼠标、智能手表、智能音箱、摄像头、智能手机、电视、汽车或任何电子设备,将其作为一个"接入点",操作系统就能够将用户所拥有的设备与用户数据连接在一起,从而让用户获得一致的交互体验?答案是肯定的。譬如,用户购买了一部新的手机，只需要对其进行授权，它就会加入"我的设备"。又如，用户在行驶的汽车里使用笔记本计算机工作，若笔记本计算机的处理器能力不足，操作系统会将一部分计算需求转移到车机的处理器进行协同处理。操作系统的文件存储能力会进一步增强，用户不用关心文件存储位置，甚至不再担心文件备份问题。我们认为，下一代操作系统的一个关键特征是具备异构分布式能力，分布式能力不再是服务器的专属能力。

从用户程序开发者的角度来看，开发者可调用的能力不再只来自操作系统本身，它可能来自当前设备中的其他程序，或者其他设备中的程序。开发者不必关心它来自哪里，只需要关心自己需要什么。所有开发者开发的用户程序都可以为其他用户程序提供能力，操作系统提供一套全新的开发模型和开发框架，以满足操作系统快速组装、细粒度的跨设备虚拟化和异构分布式对用户程序的开发要求。

众所周知，AI 经过多年的发展，近几年在深度学习领域有了实质性的突破，在某些特定方面智能接近或已超过人类。近期基于大语言模型的各种应用层出不穷，一次次带来超出预期的体验。与当前操作系统相比，下一代操作系统将原生支持 AI，包括 AI 基础能力和利用 AI 自主改造的能力。AI 基础能力主要包括对 AI 硬件的管理、内置 AI 开发框架和 AI 推理模型等，方便用户程序高效利用系统的 AI 资源。操作系统利用 AI 自主改造的能力主要体现在利用预置的 AI 能力进一步提升当前操作系统智能化水平。譬如通过周边环境感知、运行上下文感知等 AI 技术让系统资源的管理更加高效；通过语音识别，机器视觉，用户操作习惯学习等 AI 能力，让交互操作个性化、更自然；通过 AI 能力将传统 UI 控件改造为智能 UI 控件，支持智能抠图、图像分割、图像理解、文字提取、文本朗读和智能纠错等；通过 AI 对分布式能力进行改造，提供智能搜索和智能协同等体验。操作系统和 AI 的结合将对现代操作系统带来深刻的影响。

安全是操作系统运行的基础，特别是在万物互联时代，大量的设备连接在一起，它们协同工作，使数据在多台设备之间不断流转。万物互联带给用户便利的同时，也暴露了更多的攻击面，让黑客有机可乘，每一台设备都可能成为被攻击的入口，每一次成功的攻击都可能威胁到用户的所有设备。随着用户对个人数据越来越关注，必须有效保障用户的知情权和隐私权，做到让用户对自己的个人数据可知、可控。我们认为，下一代操作系统的一个关键特征是更加安全，即通过信任管理、访问控制、数据加密、可信计算、差分隐私、数据脱敏等技术，构建集采集、传输、存储、访问、更新、生命周期管理于一体的数据安全体系。

Chapter 2 / 第 2 章

HarmonyOS 设计理念

本章首先介绍智能终端在万物互联时代将面临的问题，基于这些问题提出 HarmonyOS 基本设计理念：一切从体验入手，为用户提供超级终端的操控体验；为用户程序开发者提供"一次开发，多端部署"的用户程序开发体验；为设备开发者提供积木化拼装的设备开发体验。然后，本章从系统设计的角度说明 HarmonyOS 具体要达成的目标，包括 HarmonyOS 架构的设计，以及为了提供关键系统能力，系统应该遵守的核心设计原则。

2.1　HarmonyOS 底层设计理念

设计理念就是设计重心，是在设计时主要考虑的因素，也是当不同设计方案发生冲突时的取舍原则。设计理念决定了系统最终的走向。在进行系统设计时，设计理念必须是清晰无歧义的，而且在整个设计过程中，设计者必须毫不妥协地遵守设计理念。

在 1.2 节中，我们提到"用户"和"生态"在操作系统的设计中占有举足轻重的地位。对智能终端操作系统技术来讲，用户的本质要求是交互体验，生态的本质要求是开发体验。HarmonyOS 的设计目标是从用户和开发者角度出发，开发一款面向万物互联时代的智能终端操作系统。因此，HarmonyOS 的底层设计理念有如下两条。

用户体验最佳原则：在终端硬件形态多样化的趋势下，保证用户分布式多设备协同体验一致性。

开发者代价最小原则：像开发单设备用户程序一样开发分布式用户程序，一次开发，多端部署，实现多终端生态一体化。

2.2　HarmonyOS 试图解决的问题

从操作系统发展史回顾中，我们可以看到，每一个成功的操作系统在其诞生时，都能够解决彼时在某些特定领域困扰使用者的重要问题。这些问题林林总总，有的操作系统解决了高效使用硬件的问题，有的操作系统解决了操作系统碎片化的问题，有的操作系统解决了跟用户高效交互的问题，还有的操作系统通过开源的方式解决了操作系统使用成本过高的问题。

HarmonyOS 是面向智能终端的新一代操作系统，智能终端在万物互联时代面临的问题就是 HarmonyOS 需要解决的问题。在万物互联时代，智能终端将面临各种各样的问题，这些问题并非全然属于操作系统的范畴，而是需要操作系统设计者和生态合作伙伴一起努力才能解决。对于操作系统，我们认为需要解决的主要问题如下。

1. 用户程序生态割裂问题

用户程序生态割裂问题主要表现为用户程序与某类设备进行捆绑，即设备 A 的用户程序在设备 B 上无法安装或运行。当前智能终端的用户程序生态基本都是割裂的，手机上的用户程序无法安装或运行在电视或车机上，反之亦然。这种生态割裂严重影响了用户的体验，为了弥补这种体验缺憾，当前的一种解决方案是开发者为不同设备开发不同的 App，这浪费了开发人力。更严重的是，非智能终端由于其操作系统的限制，基本无应用生态可言，开发者即使愿意开发多个 App 也无能为力。这就需要操作系统支持将智能终端生态引入更多的 IoT 非智能设备，包括将某一类智能终端的生态引入另一类智能终端设备。

2. 用户数据割裂问题

用户数据割裂问题主要表现为用户数据和单台物理设备进行捆绑，即存储在设备 A 上的数据很难被设备 B 访问。当前，智能终端的用户数据基本是割裂的，用户手机上的用户程序无法或者很难访问另一台设备上同一用户程序的数据，这里提到的另一台设备可能是智能手机、平板计算机或其他智能设备。为了一定程度地弥补用户数据割裂的缺憾，业界设计了一些支持数据互通的方案。譬如，通过云服务转存的方式支持照片、通讯录等数据在多台端侧设备之间同步；通过数据克隆的方式把一台智能终端的数据恢复到另一台设备上；通过磁盘映射的方式进行访问；还有一些应用级的跨设备同步方案。这些方案可以在一定程度上解决数据互通的问题，但这些方案对用户并不友好，需要用户付出额外的成本，如云侧的存储成本，或者需要用户对计算机技术有一定的了解，而且手动操作步骤烦琐，难以做到让用户无感知地操作。大量的用户数据存储在不同的设备上给用户带来的另一个困扰是，用户需要记录数据和设备的对应关系，否则可能无法获取需要的数据。这就需要在操作系统层面能够彻底解决智能终端间的用户数据割裂问题，用户无须关注数据存储的具体物理位置，系统支持跨设备的数据访问、存储、搜索和权限控制，给用户带来无感的、一致的数据访问体验。

3. 软硬件能力割裂问题

软硬件能力割裂问题主要表现为软硬件能力和单台物理设备绑定，即设备 A 无法使用设备 B 的软硬件能力。当前，智能终端操作系统的设计逻辑是仅管理单一设备的软硬件资源，在万物互联时代，这种"只关注个体，不关注整体"的设计理念在个人智能设备越来越多的趋势下将造成用户体验的割裂。小型设备无法容纳更多的硬件，自身能力有限；其他设备的大量硬件资源无法复用，难以达成"以用户为中心"的体验目标。这就需要操作系统能够跨设备管理软硬件资源，用户可以将其中一台设备作为入口，便捷地使用其他设备的软硬件资源，达成"1+1+1+… > N"的效果。

4. 多设备交互割裂问题

多设备交互割裂问题主要表现为试图用单设备的交互逻辑来解决多设备的交互问题，对用户而言，交互逻辑不是统一的、一致的，而是割裂的。这种交互给用户带来更多的是不解和困扰，以及无所适从。传统单设备的交互方式基本满足用户的交互需求，如何让用户像操作单设备一样简单地使用多设备？除了鼠标、触摸屏等传统的交互方式，能否让一台设备作为另一台设备的输入工具，如手机作为空中鼠标，或者设备之间相对位置的变化作为交互的一种输入？如何使用更自然的交互方式？如何减少多设备之间重复的提醒和通知？诸如此类问题，都是要在操作系统层面上解决的问题。

5. 其他需要解决的问题

除了上述提到的 4 个割裂问题，如何实现设备之间的安全认证和数据保护、如何向用户程序开发者提供一套支持跨设备的开发框架等，都是需要解决的问题。

2.3 HarmonyOS 基本设计理念

和当前智能终端操作系统以单设备为主的设计理念不同，HarmonyOS 的设计理念是在设备多样的场景下，突破单设备的能力局限，加速信息在设备之间顺畅地流动，为用户提供完整、一致和便捷的分布式体验。为了方便描述，我们引入了一个新的抽象概念——超级终端。超级终端是指用户在不同场景下使用的各种智能终端通过 HarmonyOS 自动协同组成的逻辑终端。超级终端包含各种类型的智能终端，是 HarmonyOS 管理的抽象终端，对用户而言，它就像一个终端。HarmonyOS 的设计理念，是一切从体验入手，为用户提供超级终端的操控体验；为用户程序开发者提供"一次开发，多端部署"的用户程序开发体验；为设备开发者提供积木化拼装的设备开发体验。

2.3.1 超级终端的用户体验

传统的单机操作系统提供了对插接在物理主板上的硬件设备进行管理的能力，而超级终端系统不再依赖于物理接口的连接，其管理的是通过无线 / 有线网络连接在一起的多台物理设备。超级终端具有如下特征。

第一，超级终端是一个逻辑集合，单一类型的多台设备或者不同类型的多台设备都可以组成超级终端，例如两部手机，一部手机与一台平板计算机，或者一个智能手表、一台车机和两部手机，等等。接入超级终端的具体形态是多样的，系统并不要求有某个特定类型设备的存在。

第二，超级终端打破了单台物理设备的边界，将组成超级终端的所有设备的软硬件资源（包括 CPU、内存、存储、网络、显示器、传感器等硬件资源，以及文件、数据、系统服务、用户程序等软件资源）进行整合，形成一个统一的资源池，提供给系统服务和用户程序使用，软件可使用简单归一的访问方式访问不同物理设备上的硬件资源。

第三，超级终端的硬件能力是动态变化的，并非一成不变。组成超级终端的物理设备在不同的时间和空间可能存在不同的硬件组合。譬如，某一时刻，某一物理设备掉电或离开当前网络后，超级终端会失去某些硬件能力；另一时刻，某一物理设备加入超级终端，超级终端会得到某些硬件能力。

超级终端并非物理设备的简单叠加，它既利用了每台设备的特征，又屏蔽了设备之间的差异，它是从系统底层开始，自下而上地进行逻辑和业务的整合。

1. 超级终端涉及的典型设备

基于 HarmonyOS 构成的超级终端本质上是分布式系统，并无真正的中心设备，只是随用户操作的场景不同，存在逻辑上的临时中心设备。每种类型的 HarmonyOS 设备都具备一些独有特征，在不同场景下，在超级终端中承担不同的职责。几种典型设备说明如下。

智能手机 / 平板计算机： 具有较强的计算能力和较高的便携性，可存储大量的用户数据。智能手机通常（但并非必须）是超级终端的中心设备，而具有更大屏幕的平板计算机，通常在阅读、影音娱乐及轻办公场景下处于中心地位。

PC： 主要用于办公领域，其便携性弱于平板计算机，支持较复杂的软件操作，在办公等复杂场景中处于中心地位。典型产品如便携式计算机等。

可穿戴设备： 可提供时间和用户健康信息数据，比手机具有更高的用户触达时效性，常在运动、健康场景中处于中心地位。典型产品如智能手表、智能手环等。

车机设备： 可满足用户出行、驾驶过程中的信息获取和娱乐需求，电源供应更持久，常在出行场景中处于中心地位。

XR 设备： 从消费电子产品的角度来看，通常是娱乐设备，也可用于工业与医疗行业。典型产品如 AR/VR 产品。

智能电视： 具备较强的智慧化能力和媒体处理能力、超大的显示屏幕及持久在线能力，常在家庭娱乐场景中处于中心地位。

音频设备： 分为音频输入设备和音频输出设备，可提供与用户的语音交互能力和影音娱乐的音频播放能力。典型产品如耳机、智能音箱等。

网络设备： 具有强大的网络接入能力、较强的计算能力和持久在线能力，部分网络设备（如部分型号的家用路由器）还具备大容量的存储能力。

智能家电： 可提供家用设备的自动控制功能，部分智能家电可提供远程控制或跨端控制能力。典型产品如智能电冰箱、智能空调、智能窗帘、智能门锁、智能灯具、智能摄像头、智能烤箱、智能油烟机、智能电饭煲、体脂秤等。

需要说明的是，超级终端包含的设备不是固定不变的，随着生态发展，会有更多类型的设备添加到超级终端中。

2. 超级终端典型交互方式

回顾人机交互的发展史，可以看到，随着终端设备的演进，其交互方式也经历了革命性的变化。几个关键的转变是：1868 年，打字机键盘出现，字母和数字的输入逐步被键盘输入取代，键盘输入成为计算机的主要输入与操作方式；1968 年，世界上的第一个鼠标诞生于美国斯坦福大学，开启了计算机世界图形人机交互方式的新纪元；1993 年，IBM 发布了全球第一款触摸操作的"智能手机"——IBM Simon。2007 年以后，越来越多的智能手机开始采用触摸屏，典型的例子如 iPhone，因其支持多点触控操作而名震一时。

然而，以上几种交互方式都只能解决单设备的问题。超级终端是跨越多台物理设备的系统，面临更加复杂的场景，以前的单机交互方式无法满足超级终端场景下的交互诉求。如果继续沿用各自单设备的交互方式，当业务在多台设备之间流转时，用户可能会感到无所适从，用户需要不断切换交互方式，满足设备的交互要求。这种交互方式是以设备为主的，不是以用户为中心的，因此在超级终端场景下，需要构建一套全新的交互方式，我们称其为"基于多设备的人—机和机—机交互"，该交互方式的核心特征如下。

一致性（Consistence）： 一致性要求可跨越多台不同类型的设备，其交互方式内在是一致的，不会给用户带来困扰或理解困难。

连续性（Continuity）： 连续性要求用户的交互体验可以从一台设备延续到另外一

台设备，不出现中断。

互补性（Complementarity）：互补性是指借助多种设备的自身优势，彼此互补，共同完成交互任务。

简单性（Concision）：消费者可像使用单设备一样简单地使用超级终端，低学习成本是用户体验的基础。

公共性（Communality）：公共性是指可能被多人分时使用的设备要处理好在多用户间共同使用的场景。

协作性（Collaboration）：协作性解决的是多用户同时使用某台公共设备的交互问题。

对于单人多设备的交互，超级终端下的用户交互问题可以抽象为以下几个操作。

拉起：拉起是指运行于物理设备 A 上的用户程序通过软件指令，使某用户程序在物理设备 B 上开始执行。

迁移：迁移是指将一个处于运行态的软件实体从一台物理设备上转移到另外一台物理设备上，并且转移后能够维持其运行的上下文环境。

协同：协同是指运行在两台物理设备上的软件实体通过交互协作的方式完成用户任务。

多人多设备的交互包括多个超级终端间的交互和一个超级终端下不同用户间的交互。

多个超级终端间的交互需要先建立不同用户设备的业务和设备互信，然后在此业务和设备互信范围内进行多人、多设备的交互，例如跨用户的数据共享、业务迁移或协同，如图 2-1 所示。设备互信仅支持当前业务，不允许扩大到其他业务。超级终端间的设备互信具有存续周期，例如业务结束后立即取消互信，或者业务结束并等待某一固定时间后取消互信。

一个超级终端下不同用户间的交互一般采用系统"多用户"的方式。多用户提供两种并发方式，一种是一个时间段内只允许激活一个用户，另一种是可以同时激活多个用户。同时激活多个用户也存在两种方式，一种是一次只允许一个用户在前台激活，另一种是同时允许多个用户在前台激活。多用户模式下激活用户的交互方式与单人多设备的交互方式相同，此处不赘述。

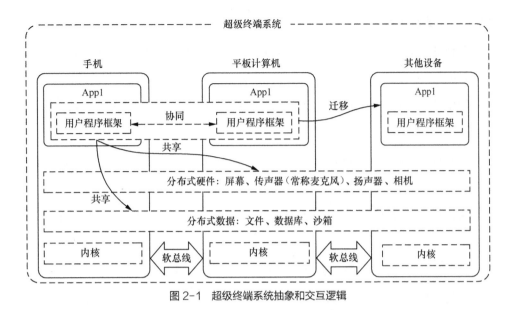

图 2-1 超级终端系统抽象和交互逻辑

迁移主要解决用户在多设备之间交互的连续性问题。

当用户拥有多台物理设备时，由于其活动范围的变化，具体交互的物理设备也可能发生变化。例如，用户起初在书房用手机观看视频，随后又希望转移到客厅用电视继续观看。对操作系统而言，支持迁移需要在技术上维护软件实体的上下文环境，包括用户程序访问的数据、文件、硬件及用户程序的运行状态等。对用户来说，迁移操作应当是统一的、便捷的、高效的、无不良影响的。对于连续迁移或迁回场景，操作系统都能够确保软件实体始终维持其状态，用户进行迁移操作不应该有任何额外的操作或心理负担。

为了简化迁移过程，需要同时支持不同指令集平台间的迁移。HarmonyOS 并不支持用户程序在任意执行时刻的上下文环境转移。它采用一种有限状态可重入的方式实现迁移。具体的可重入的状态及确定每个状态的数据模型集合必须由用户程序开发者定义。例如，音乐播放器的状态是由正在播放的音频文件和当前播放时长决定的，其数据模型集合是音频文件的名称和保存路径，以及当前播放时长。HarmonyOS 提供封装的 API，方便开发者轻松地定义、管理数据模型，并完成迁移操作。

为了保证用户交互的一致性，迁移的入口由操作系统统一提供。对于用户程序迁移后的一致性，由开发者和系统共同维护。例如，当用户程序从手机迁移到电视之后，其控件、样式、布局等应当尽可能与迁移前的状态保持一致。"一致"并不意味着"一样"，针对智能手机、平板计算机或电视屏幕的特征，其 UI 也应当进行相应的适配。

协同是指通过多台物理设备完成一项任务的操作，这种操作通常利用设备的互补能力。不同类型的设备，由于其算力、尺寸、便携性、外围设备能力不一样，具有不同的特点和适用的领域。利用设备的互补能力，可提升终端能力和用户体验。协同操作一定是涉及多台设备的，下面以人们常见的设备组合来举例介绍协同可以完成的功能。

智能手机 + 智能手表：当用户在室外的时候，可能不方便拿出智能手机，但智能手表是随时触手可及的，这时候智能手表就可以利用智能手机的强大计算和通信能力来完成一些任务，例如付款、查看地图、回复消息等。

智能手机 / 平板计算机 + 智慧屏：智慧屏具有更大的屏幕，通常会有多人同时观看。传统电视存在一个较大的痛点，即需要一个特定的设备来进行遥控操作。一方面，遥控器很容易丢失；另一方面，遥控器的按钮控制方式灵活度不够，已经远远落后于时代。借助超级终端的能力，可以利用智能手机或平板计算机这类更易交互的设备来完成对电视的遥控。智能手机和平板计算机还可以充当电视的副屏，为用户展示一些辅助或互动信息。

为简单起见，这里我们仅描述了两台设备组合的协同。实际上，协同完全可以发生在更多的设备之间，也未必需要两台不同类型的设备。

协同所产生的价值远超两台设备所具有的价值的简单组合。下面以典型的场景为例，介绍超级终端的具体应用，以便读者更好地理解，同时为开发者提供更多的想象空间。

教育关怀：目前，网课已经成为 K12 教育主流的居家学习手段。然而，据教育部统计，使用平板计算机作为网课的教学工具使中小学生近视率上升。借助超级终端可以通过智能手机 / 平板计算机 + 智慧屏的协同，在智慧屏上播放老师的视频课程，师生互动则利用智能手机 / 平板计算机进行操作，并搭配智慧屏的摄像头对学生的学习情况进行人像采集、AI 计算等。这种协同一方面降低了学生近视率，另一方面提高了学生的学习效率。

智慧办公：随着移动生态的发展，用户对移动办公和轻办公的诉求越来越强烈；智能手机逐渐成为个人的数据中心，平板计算机因其屏幕的优势，开始部分取代 PC，智慧屏则具有多人共享的特点。例如，办公类软件可以结合对用户的理解，在用户进行生产创作时，提供"智慧屏 + 平板计算机 + 智能手机"的协同方式，智慧屏用于查看，平板计算机用于文字输入，智能手机则辅助进行页面切换、备注等。又如，在视频会议场景下，可以利用平板计算机进行内容共享，利用智能手机进行内容选择等控制操作，方便共享数据的同时，也可以保护用户隐私。

运动健康：越来越多的运动爱好者选择在家运动，譬如用户使用跑步机跑步时，智能手表可实时采集用户的心率等健康信息，智能手机/智慧屏等设备可提供科学健身指导与社交分享功能。

3. 超级终端的管理方式

（1）账号

超级终端以所属者（即自然人）为中心，软件系统通过账号来描述自然人。超级终端建立在账号的基础上，同一个账号的多台设备属于同一个自然人，因此这些设备彼此间是默认互信的。但不同人的设备因为所属账号不同，将被互相隔离，以确保每个人的个人数据、隐私和资产的安全。考虑到不同用户之间也存在交换数据的需求，系统需要提供相应机制以进行跨账号的授权。在授权完成之后，账号不同的设备也可以进行信息交换，甚至完成迁移和协同操作。

（2）用户程序管理

若用户程序支持多设备安装，系统会自动同步用户程序图标到超级终端内其他设备的桌面上。若该用户程序在某设备上无法运行，则该设备的桌面上不会出现该用户程序的图标。若用户在超级终端上卸载某用户程序，用户程序会从超级终端内全局卸载，超级终端内所有设备的桌面都不会再显示该用户程序图标。

（3）外围设备管理

为了更好地管理超级终端内的外围设备资源，系统提供统一的外围设备管理入口——多设备控制中心。用户可以在多设备控制中心中查看和操作超级终端内的所有外围设备，如屏幕、摄像头、麦克风、扬声器等。用户在使用外围设备时，可在多设备控制中心进行相关的外围设备切换操作。例如，用户正在使用手机和家人视频聊天，通过多设备控制中心可以从手机摄像头切换到电视摄像头，这样对方就可以看到用户使用电视摄像头所拍摄到的画面；用户也可在多设备控制中心里选择其他设备的屏幕，这样可以将当前的屏幕画面投射到选择的屏幕上。

（4）数据管理

用户数据不再与单一物理设备绑定，在超级终端中，用户数据可跨设备实时同步，用户所创建的资料、图像、视频、音频等都会被保存到用户数据目录中。在超级终端中，用户程序可随时随地保存数据，在超级终端的任意终端上再次调用时都可以恢复到最后一次操作的状态。用户程序被卸载时，用户程序数据会随用户程序的卸载从超级终端中被删除，且不可被恢复。

4. 超级终端的用户程序形态：原子化服务

操作系统的核心功能之一是提供用户程序的运行环境。用户程序一般指由业务开发者开发的软件实体，该实体可运行在操作系统平台上，并为最终用户提供特定服务。而用户程序一般需要基于操作系统对外开放的能力开发。作为新一代操作系统的 HarmonyOS 必然需要定义匹配其目标的新的用户程序框架。根据 HarmonyOS 的设计理念，我们试图通过理解消费者和开发者在万物互联场景下的诉求，寻找其用户程序框架的需求和输入。

（1）服务随人走，无缝在多设备上迁移

设想一个持续导航的场景，用户首先在家通过手机提前规划好出行路线；当用户来到停车场，启动车机后，导航任务自动从手机迁移到车机上；导航过程中，通知智能手表关键导航事件信息（譬如左转、右转等），智能手表通过震动提示用户；用户下车后继续使用步行或骑行导航，导航任务又自动从车机切换回到智能手机或智能手表，用户可以通过智能手机或智能手表继续使用导航服务。通过该业务场景，我们可以提炼出以下服务诉求。

服务可调度：根据实际场景中的设备能力和策略，调度服务在合适的设备上运行；服务功能单一；服务可运行在多种设备上；服务可独立加载 / 运行；用户程序体积应尽可能小，以适应多种设备。

服务可组合：服务支持和其他服务运行在同一设备或在不同设备上，通过协同为最终用户提供业务服务；服务的程序接口规范化。

服务可重入：用户程序可在多种设备之间无缝迁移。

（2）服务找人

设想一个基于场景进行服务推荐的业务场景，用户在抵达景区或加油站时，系统根据用户的偏好自动向用户推荐景区信息服务或根据汽车油箱状态推荐加油服务。通过该业务场景，我们可以提炼出以下服务诉求。

服务免安装：服务不用事先安装，用完不用卸载，即用即走。

服务可直达：可一步直达具体业务，免去用户多步操作。

服务易更新：用户体验到的是服务的最新版本。

现有智能终端操作系统提供的 App 主要存在一个问题：一个 App 包含太多功能，由众多功能组合成所谓的"超级 App"，超级 App 功能繁杂、体积庞大，需要先下载、安装后才能使用，安装后会占用用户设备较大的存储空间，但对于大多数功能，用户极少甚至从未使用，且用户难以发现服务入口。这种现状无法实现万物互联场景下的服务随人走、按需下载、在多设备上无缝迁移、服务一步直达等关键业务体验。为了改变现状，HarmonyOS 提出原子化服务这一新的用户程序设计和开发理念。

HarmonyOS 用户程序由一组原子化服务组成。原子化服务是 HarmonyOS 用户程序的基本组成部分，具备以下关键特征。

实现单一功能：原子化服务中的"原子"强调单一且对用户有使用价值的功能，不特别关注是否可拆分。

可被第三方调用：原子化服务可被其他开发者在运行态调用。

系统统一调度：原子化服务是系统调度的基本单元，譬如业务跨设备迁移基于原子化服务能力实现。

支持跨端运行：原子化服务可以在不同类型的设备之间迁移，这就要求原子化服务必须支持在多个终端上运行。

可即点即用、即用即走：满足一定体积要求的原子化服务不用事先安装，可按需下载，支持单独加载、运行，用完后不必手动卸载。

支持一步直达：原子化服务对外暴露业务入口，调用时可一步直达具体业务，免去用户进入主入口后的多步操作。

对外接口规范：原子化服务的接口满足系统定义的接口规范，方便被不同的第三方调用，对外接口支持跨版本兼容。

包占用空间小：原子化服务可独立打包，包占用空间小，这样才能做到按需快速下载，给用户流畅的业务体验。

通过原子化服务的用户程序，HarmonyOS 可为用户提供全新的多端融合体验，实现服务随人走；通过多终端协同实现复杂的多端融合体验，使多终端能力互助成为现实。

在用户使用层面，HarmonyOS 上运行的用户程序有两种：传统方式的需要安装的用户程序（称作 HarmonyOS 应用），提供特定功能、免安装的用户程序（称作原子化服务）。

在用户程序的实现层面，能力（Ability）是 HarmonyOS 技术体系中对用户程序中每一个对用户有使用意义的单一特性功能集合的抽象，也称为 HA（Harmony Ability，鸿蒙能力）。HA 是鸿蒙用户程序的基本组成结构。鸿蒙用户程序包以 App Pack（Application Package）形式发布，它由一个或多个 HAP（Harmony Ability Package，鸿蒙能力程序包）及描述每个 HAP 属性的配置文件组成。HAP 是 HA 的部署包。一个用户程序可以包含一个或多个 HA，一个 HA 的代码实现中可以包含多个 Ability 类的实例。

HA 的开发模型在所有设备上都是统一的，HA 能够在不同设备上运行。HA 在运行过程中通过运行上下文来获取当前设备的运行环境，包括系统服务的能力集、设备硬件规格（如屏幕分辨率和大小等）、设备系统属性（如主题、字体、深色模式等）。开发者通过对业务的"原子化"设计，抽象出不同的原子化服务，分别实现独立的 HA，再通过"搭积木"的方式来实现具体的业务功能。

5. 超级终端的分布式体验

HarmonyOS 为了给用户提供完整的超级终端体验，除了在硬件层进行多端互助之外，还需在软件层通过分布式技术进行多端协同。一般意义上的分布式系统通常具备以下关键特征。

伸缩性：随着负载的变化而变化，根据需要向网络添加或移除处理节点。

并发性：多实例同时运行，多任务同时处理。

可用性：一般采用去中心化设计，故障节点的业务可以转移到其他节点而不受影响。

透明性：对开发者或最终用户屏蔽底层信息，向其提供抽象的逻辑单元。

一致性：支持信息共享和消息传递，确保数据的一致性，以提高容错性、可靠性和可访问性。

传统的分布式系统需要应对海量并发业务，追求业务的高性能和高可靠性。HarmonyOS 的分布式特性可为特定用户提供超级终端体验，更强调"业务随人走"的能力。

从通信角度来看，传统的分布式系统采用专有光通信网络，能够为分布式网络提供高可靠、高吞吐量的通信能力；而 HarmonyOS 的分布式特性基于 WiFi、蓝牙或无线网络，通信环境复杂，吞吐量受限，通信链路可靠性也难以保障。

从业务类型角度来看，传统的分布式网络基于计算节点、通信节点、存储节点等，基本用于数据的处理和存储；而 HarmonyOS 的分布式网络还涉及用户交互事件处理等。

从电源供应角度来看，传统分布式网络有持续、稳定的电源供应，一般采用业务和性能优先原则；HarmonyOS 的分布式网络中的部分设备节点为移动终端设备，需要充分考虑业务、性能和功耗的平衡。

从分布式网络构成角度来看，传统分布式网络通常使用同构对称的计算节点矩阵；

HarmonyOS 分布式网络连接手机、平板计算机、可穿戴设备、智能家电等异构设备，同时受限于不同设备的通信能力，是非对称式的，即 HarmonyOS 支持的是异构非对称的分布式。

HarmonyOS 的分布式特性和传统的分布式特性的主要差异表现在"人"的因素对分布式系统的影响上。

HarmonyOS 分布式采用分层设计，各层能力相互解耦，下层向上层提供能力，稳定的层间接口确保任一层实现的变动都不会对相邻层产生影响。HarmonyOS 分布式分层架构如图 2-2 所示。

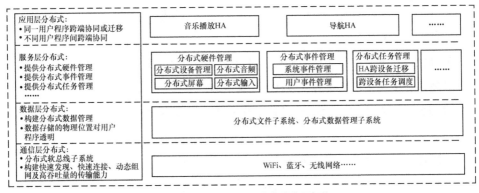

图 2-2 HarmonyOS 分布式分层架构

通信层分布式：为了实现各终端设备的互相访问，需要通过通信协议把多台设备连接起来。当有新设备加入或现有设备离开时，HarmonyOS 能够及时发现，并动态重构分布式网络。在 HarmonyOS 里，由分布式软总线子系统提供该能力。分布式软总线子系统的基本功能是发现（Discovery）、连接（Connection）、组网（Networking）和传输（Transmission）。软总线对基础通信能力（如 WiFi、蓝牙、无线网络的基础数据通信能力等）提供统一组织和统筹管理服务，其本身不具备基础通信能力。软总线提供多业务并发时的优先级控制及资源冲突决策，以分级提供资源，根据可用网络资源实时调整业务质量、动态 QoS（Quality of Service，服务质量）调度等能力，从而构建快速发现、快速连接、动态组网及高吞吐量的传输能力，实现设备快速接入。

数据层分布式：通过软总线技术，数据可以在多台设备之间有序流动和同步，这些数据包括设备的 Profile 数据、分布式文件系统元数据，以及与用户和用户程序相关的分布式数据。通过数据层分布式，实现文件、数据跨端访问，以及用户程序之间的跨端共享等，这样的能力由 HarmonyOS 的分布式数据管理子系统和分布式文件子系统提供。为用户提供多设备之间数据的一致性体验，是分布式数据管理面临的核心挑战。用户在不同设备上通过用户程序可以访问同一用户数据，而不感知数据具体存储在哪台设备上，系统向开发者和用户呈现全局唯一的数据视图，开发者像访问本地数据一样访问跨设备的数据，达到"数据随人走"的超级终端体验目标。

服务层分布式：服务层分布式对超级终端中的系统资源进行统一管理，形成一个逻辑软硬件资源池，为上层用户程序提供统一的调用接口，对开发者屏蔽具体的内部实现细节。分布式任务管理支持跨设备任务调度、HA 跨设备迁移和多设备协同能力。通过分布式硬件管理，完成硬件的跨设备发现、接入、硬件资源池化、全局硬件资源能力调用、业务数据与硬件资源的映射，以及多流数据同步等，达成硬件能力互助。分布式事件管理提供跨设备的系统事件和应用事件通知能力。

应用层分布式：系统为用户程序开发提供高效的分布式用户程序开发框架，基于此框架的用户程序可最终为用户提供形形色色的超级终端体验。分布式用户程序开发框架提供数据同步和业务迁移能力：开发者只需要定义分布式对象，系统即可自动进行用户数据跨设备同步，保证设备之间数据的一致性；开发者只需要完成几个接口的回调处理，即可支持业务任务从一台设备迁移到另一台设备，高效满足超级终端的"连续性"要求。分布式用户程序开发框架还提供多端协同能力，让用户可以同时与多台设备进行协作交互，并支持将其中一台设备作为另一台设备的输入。系统还为用户程序提供基本的分布式接口调用，如跨设备拉起服务、跨设备拉起第三方 HA（如音乐播放 HA、导航 HA）和跨设备进行跨用户程序接口调用等。

6. 超级终端的硬件互助

前文提到了如何向用户提供多设备的协同体验，也就是通过多台物理设备共同完成一项任务，多设备的能力可互补，能够极大地提升单一终端的能力和用户体验。协同体验分为硬件互助和软件协同，这里我们重点讲解硬件互助。

传统操作系统中的设备彼此独立，操作系统只管理单设备的硬件资源，其他设备的硬件资源对当前设备不可见。能否打破单设备硬件的限制，联合其他设备的硬件来实现一个新的设备组合？如图 2-3 所示，手机作为中心设备，与电视 4K 屏幕、无人机外部摄像头和车载 GPS 组成一台虚拟设备。这台虚拟设备打破了原有手机的硬件限制，它有两个屏幕（一个是电视 4K 屏幕，一个是手机屏幕），除手机自身的摄像头外，还增加了一个可大范围移动的外部摄像头；支持定位能力的设备增加到两个。操作系统通过软件技术整合了 4 台设备，给上层用户程序提供更强大的系统能力，App 可用的系统能力得到极大的扩展。譬如，用户在驾驶房车旅行途中，利用无人机提供沿途风景的俯视视角，通过房车电视 4K 屏幕观看无人机拍摄的实时视频，同时分享视频给远方的朋友、家人。通过手机屏幕，用户可以和朋友、家人聊天，以及对摄像头进行姿态控制，通过车载 GPS 可以获得比手机 GPS 更精准的定位服务。多台硬件设备通过能力互助，发挥各自设备的优势，为用户提供了"1+1 > 2"的业务体验。

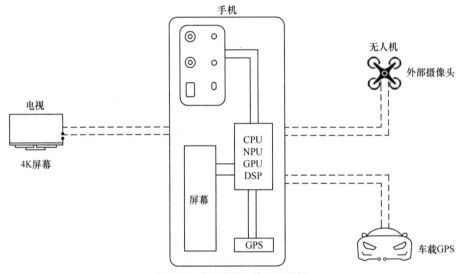

图 2-3　超级终端硬件互助示意

HarmonyOS 通过软件技术将相关硬件元素抽象为不同类型的驱动文件，硬件元素包括手机处理器、电视 4K 屏幕、车载 GPS、无人机外部摄像头，还有其他硬件设备。抽象后再将硬件元素通过虚拟化技术放入硬件资源池中进行统一管理，这样就用软件完全定义了一个全新的硬件系统，这个硬件系统是柔性的、动态变化的。一个消费者 ID（账号）下的所有硬件可以组成一个超级终端，HarmonyOS 统一管理放入硬件资源池中的所有硬件，并为运行在 HarmonyOS 上的用户程序提供可以调用这个超级终端硬件资源池中所有硬件的能力。如图 2-4 所示，在多摄像头直播场景下，直播 App 可以同时访问多个摄像头，这些摄像头分别来自手机、平板计算机和手持摄像机。用户程序就像访问本地摄像头一样访问了 3 台设备的摄像头，操作系统把 3 台设备的摄像头拼装在一起，形成一个有多个摄像头的新设备。

HarmonyOS 的设计理念是要构建全场景、多设备的超级终端分布式体验，这就要求打破传统物理硬件的边界，由操作系统把相关硬件动态组合拼装，定义一个新的产品形态，用户仿佛拥有一个支持全场景的超级终端设备。从操作系统技术层面讲，实现上述设计理念的技术属于虚拟化技术，和通常的虚拟化技术相比，其虚拟化粒度更细，可达到单个数据结构和外围设备功能的粒度；而且它是跨设备的动态虚拟化。

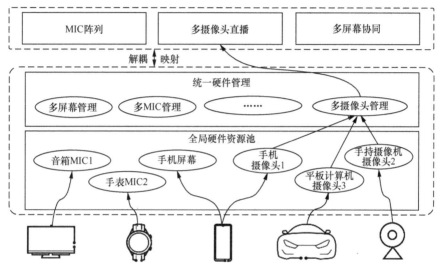

图 2-4　HarmonyOS 软件定义分布式硬件

2.3.2　"一次开发，多端部署"的用户程序开发体验

原子化服务的一个关键特征是跨端运行，但不同终端之间的差异很大，如系统能力不同导致 API 集合不同，屏幕尺寸不一致，屏幕分辨率和纵横比有较大差异，内存大小及 CPU 处理能力都不尽相同。如何实现跨端运行原子化服务？如果让用户程序开发者自己完成跨端能力的开发，即使对于高级用户程序开发者也显得过于苛刻，更不必说对于大多数普通开发者了。所以，HarmonyOS 在系统层面提供了一套开发和运行环境，让用户程序开发者很方便地就能开发出跨端运行的原子化服务，这就显得非常迫切和必要。

为了实现"一次开发，多端部署"，系统至少需要解决 3 个问题。

● 第一个问题是 GUI 的自适应问题，即超百种不同分辨率和不同尺寸的屏幕的适配问题，以及横屏、竖屏、刘海屏、圆形屏、折叠屏等各种异形屏幕的适配问题。

● 第二个问题是统一交互问题。不同终端的输入方式通常差异很大，譬如可能通过语音、触摸、表冠、键盘、鼠标、手写笔等输入，需要系统对不同输入方式进行统一处理。

● 第三个问题是不同设备的软硬件能力差异问题。

要解决这些问题，最核心的方案就是要实现用户程序与具体设备的解耦，把具体设备和用户程序结构抽象化，"一次开发，多端部署"的实现原理如图 2-5 所示。对 GUI 来讲，系统需要对物理屏幕和 GUI 信息结构分别进行抽象；对统一输入来讲，系统需要对设备的输入事件进行归一化抽象；对硬件能力的差异来讲，系统需要对硬件的能力集进行抽象。需要强调的一点是，原子化服务不管运行的物理设备的 GUI 如何变化，它要完成的核心业务能力是一致的，不会随GUI 的变化而变化。而且前文提到用户在不同设备上通过用户程序可以访问同一用户数据，而不感知数据具体存储在哪台设备上，这就要求 HarmonyOS 的原子化服务的基本设计逻辑必须实现"GUI—业务逻辑—数据"的 3 层解耦。

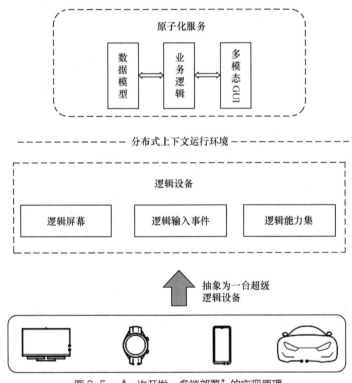

图 2-5 "一次开发，多端部署"的实现原理

1. 多设备显示差异

武术家李小龙曾说过："当你把水倒入杯子的时候，水就变成了杯子的样子；当

你把水倒入瓶子的时候，水就变成了瓶子的样子；当你把水倒入茶壶的时候，水就变成了茶壶的样子。"自适应布局就是要我们把要显示的信息想象成水，把屏幕想象成一个玻璃容器。如果要显示的信息只有大小一致的文字，它就像水一样，可以很好地填满各种尺寸的屏幕。如果要显示的信息的文字大小不一致，或者包含图像、表格等其他非文字信息，该如何布局呢？HarmonyOS 的解决方案是在 GUI 设计和开发层面提供多种响应式布局方案，即通过对屏幕进行栅格化抽象来提供不同屏幕的界面适配能力。不同设备屏幕的栅格化如图 2-6 所示。

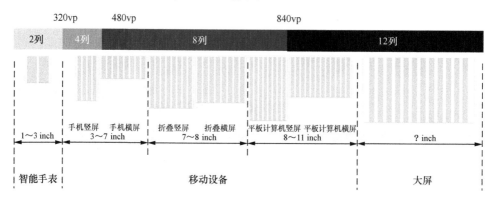

注：1 inch=2.54 cm；vp 即 virtual pixel，虚拟像素。

图 2-6　不同设备屏幕的栅格化

图 2-7 给出了设备屏幕栅格化后的 GUI 布局示例。

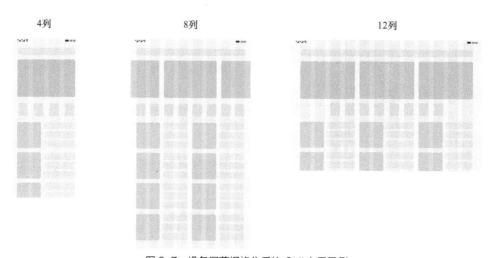

图 2-7　设备屏幕栅格化后的 GUI 布局示例

可以通过改变元素的相对位置来适应环境的变化。图 2-8 列举了改变相对位置的 5 种自适应布局能力。

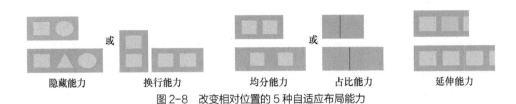

隐藏能力　　　换行能力　　　均分能力　　　占比能力　　　延伸能力

图2-8　改变相对位置的5种自适应布局能力

也可以通过改变元素自身尺寸来适应环境的变化。图2-9列举了改变自身尺寸的2种自适应布局能力。

拉伸能力　　　　　　　　　　　　　缩放能力

图2-9　改变自身尺寸的2种自适应布局能力

通过上述布局能力的组合，可以屏蔽不同设备屏幕的显示差异，带给开发者统一的GUI设计体验。下面通过一个具体的例子来展现如何综合运用上述布局能力实现自适应布局，如图2-10所示。

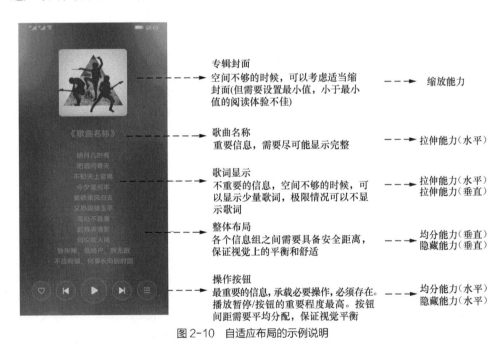

图2-10　自适应布局的示例说明

2. 多设备交互差异

如何对多设备的输入事件进行归一化？以缩放交互为例，在单设备场景下，

譬如在手机触摸屏上，用户通过多指触控完成缩放动作，而在分布式场景下，缩放
交互有多种不同的输入方式，那么，如何让用户程序更好地支持这些交互？

首先需要完成缩放交互的规则设计，如表 2-1 所示。

表 2-1　缩放交互的规则设计

操作方式	上报事件规则
触摸屏双指张合	触摸屏双指张合事件
键盘 Ctrl 键 + 鼠标滚轮	按键 + 滚轮组合事件
键盘 Ctrl 键 + "+/−" 键	按键 + 点击组合事件
触控板双指张合	触控板双指张合事件
表冠旋转	表冠旋转事件

然后通过构建的交互事件归一化框架，提炼出"缩放"这一抽象事件。缩放
控件只处理缩放事件，不再对鼠标、键盘、触摸屏等设备上发生的物理事件进行处
理。缩放控件的处理流程如图 2-11 所示。

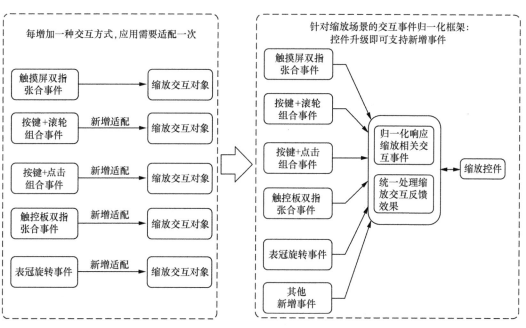

图 2-11　缩放控件的处理流程

最后建立交互事件归一化框架，完成事件归一化处理，如图 2-12 所示。

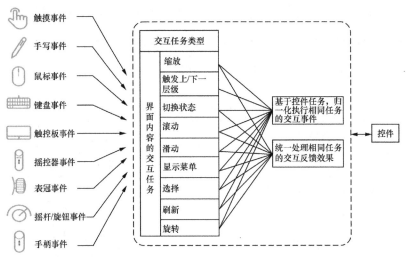

图 2-12　交互事件归一化框架原理

3. 多设备能力差异

多设备能力差异主要表现为设备内存、主频差异大，硬件平台能力差异大。操作系统为了适配不同设备，需要对能力进行裁剪，无法确保所有设备的系统能力一致，用户程序开发难以实现统一开发、统一运行。为了解决这个问题，HarmonyOS 提供应用层统一的开发范式，如图 2-13 所示，支持用户程序在不同内存设备上部署运行。

需要指出的是，如果用户程序依赖差异化能力，

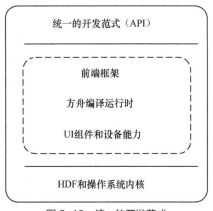

图 2-13　统一的开发范式

用户程序需要感知当前运行的设备的具体能力，这就要求用户程序能够根据当前设备的特定能力进行相关的业务分支处理。例如，当某一设备具备 GPS 精准定位能力时，用户程序可以按照用户当前所处的具体位置为用户推荐业务；当该设备不具备 GPS 精准定位能力，而具备粗粒度的网络定位能力时，用户程序可以按距离用户位置的远近为用户推荐业务；当该设备不具备定位能力时，则不向用户推荐业务。HarmonyOS 通过 SystemCapability 对设备能力进行抽象描述，用户程序可以通过相关 API 来查询当前设备是否支持某一能力，如图 2-14 所示。

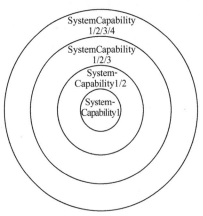

图 2-14　通过 SystemCapability 对设备能力进行抽象描述

2.3.3　积木化拼装的设备开发体验

和传统操作系统不同，HarmonyOS 支持积木化拼装。也就是说，HarmonyOS 提供一套"积木"，开发者可以根据自己的设备能力、产品特征和业务需求等自主拼装一个操作系统。需要特别指出的是，拼装基于一定的规则，不是随心所欲的。换句话说，不管开发者如何天马行空，拼装后的结果仍然是一个可运行的操作系统。"统一 OS，弹性部署"是 HarmonyOS 区别于其他操作系统的关键特征。业界也有个别操作系统支持对部分系统能力的裁剪，但裁剪难度很大，很多"积木"间由于耦合度高，往往牵一发而动全身，基本难以达成理想的目标。HarmonyOS 的目标是为用户带来超级终端的统一体验，这就要求必须为开发者提供"一次开发，多端部署"的用户程序开发体验，不同类型的设备必须使用统一操作系统。否则，超级终端的统一体验便无从谈起。

为了支持"统一 OS，弹性部署"，HarmonyOS 参考机械装配领域零部件的概念，在软件架构设计中引入部件（part）的概念。部件是指在部署视图中具有相对独立性、能完成一定功能、可独立交付，但是不能独立部署的软件实体。HarmonyOS 采用完全部件化的架构设计，并尽可能地减少部件间的耦合，除了基本的核心部件之外，大多数部件均可裁剪。为了支持在不同类型的设备上部署 HarmonyOS，并使这些设备能够组成一个超级终端，HarmonyOS 定义了 BCG（Basic Components Group，基础部件组）和 OCG（Optional Components Group，可选部件组）。BCG 是不可裁剪的，以确保设备的基础系统能力可用性和跨设备的互操作性。OCG 是可裁剪的，以弥补设备能力的差异性。

为了确保用户程序在不同设备之间流转和迁移，要求高级别的设备能够完整地支持低设备的 BCG，也就是说低级别设备的 BCG 是高级别设备 BCG 的真子集。

为了进一步降低设备开发者的拼装难度，HarmonyOS 还为开发者提供了一套工具链——HPM（HarmonyOS Package Manager，HarmonyOS 包管理器）。开发者只需要输入特性名称、关键特征或部件名称等信息，HPM 就会自动获取相关部件的代码仓及其依赖的代码仓，并下载这些代码仓，完成编译构建等操作。拼装完成后，系统自动完成当前设备的系统能力抽象，这极大降低了开发者的装配难度。

2.4　HarmonyOS 的目标

前文介绍了 HarmonyOS 希望给最终用户带来的业务体验目标，以及为开发者带来的开发体验目标，同时也介绍了为了实现这些体验目标，系统需要提供哪些关键能力。本节从系统设计的角度说明 HarmonyOS 具体要达成的目标。只有在技术上遵守这些设计原则，系统才有可能提供关键系统能力；只有基于这些系统能力，才能给最终用户和开发者带来期望的体验。

2.4.1　业务目标

HarmonyOS 的定位是面向万物互联的操作系统，支撑万物互联场景下的多种设备和业务诉求，并随同相关技术而不断演进。HarmonyOS 具有以下两个业务目标。

第一，构建可与"5G+AI"技术相协同、具备跨代特征的多端分布式智慧化操作系统，为万物互联时代的终端生态建设奠定技术基础。

第二，支撑万物互联，在终端硬件形态多样化的趋势下，保证多终端体验的连续性和一致性，实现多终端生态一体化。

2.4.2　架构目标

HarmonyOS 要成为支持异构非对称、多端分布式的智能终端操作系统，从技术架构层面来看，需要满足以下目标。

弹性：Harmony 架构要支持高度部件化，各子系统、功能模块、子功能模块都需要实现独立编译。可适应从高端手机到智能手环、IoT 模块等硬件配置差异巨大的多种终端，以及未来 8 ~ 10 年可能出现的新终端类型。

可演进性：可适应未来 8 ~ 10 年可能出现的新技术带来的新业务模式，可实现旧特性的逐步淘汰和新特性的平滑上线。

生态友好性：可高效支持第三方开发用户程序和硬件设备，并允许第三方设备厂商开发扩展能力以获得足够的商业利益，同时确保系统生态的完整性和一致性。

可重构性：支持系统架构可局部重构。从项目基本需求考虑，由于存在生态环境变化、产品业务策略变化、业界技术趋势变化等诸多不确定因素，需要系统架构支持随时发生局部重构的可能性。

可用性：可用性是指系统处在可工作状态的时间的比例。单设备系统异常每千小时不多于 0.2 次，分布式系统异常每千小时不多于 2 次。

流畅性：HarmonyOS 最终目标是向用户提供流畅的业务体验，用户交互设计在架构上需要保障处理时长可控。

安全性：构建用户隐私数据保护的安全体系与分级、隔离的安全防御体系。

2.4.3　架构设计原则

HarmonyOS 遵循以下原则进行架构设计。

分层抽象构建原则：严格按照内核层、系统服务层、框架层、应用层的 4 层分层架构，只允许直接相邻的层级存在接口依赖，不允许跨层依赖。

积木化拼装原则：构建服务化、部件化架构，具备按需组合的能力。通过抽象建模，构建业务数据与业务逻辑解耦、软件和硬件解耦、层级间解耦、平台和设备解耦、子系统间解耦，以及各部件间解耦的积木式架构。

用户体验优先原则：用户交互相关服务优先获取足够的系统资源、软件资源或硬件资源，确保用户体验的高流畅性。

隐私保护与安全原则：构建最小权限、最小公共化、权限分离、不轻信、完全仲裁、失效安全、保护薄弱环节、安全机制经济性、加强隐私保护的纵深防御安全体系，确保系统、网络和数据的机密性、完整性、可用性及可追溯性。在各项设计目标发生冲突的情况下，必须优先满足隐私保护的需求。

生态开放原则：构建开放的芯片平台、中间件和用户程序生态，支持简单、高效的系统能力扩展机制。

分布式架构原则：采用非集中式架构，在同一分布式系统下的多个终端上形成非对称的分布式能力，如分布式硬件、分布式数据、分布式服务和分布式用户程序开发框架。支持设备之间能力互相调用及协同，保持业务体验一致，用户和开发者尽可能无感。

接口隔离及兼容性原则：通过接口隐藏服务 / 部件的实现细节，服务 / 部件间只能通过接口进行交互，接口契约化、标准化，跨版本和跨设备兼容；热点服务 / 部件长期支持独立演进、独立发布、独立升级；服务或部件自治，可管、可控、可测、可维，关键服务 / 部件要求故障可自愈。

高效开发原则：创建支持迭代、增量、持续交付的架构，支持部件独立开发、自动化编译构建、测试、集成验证，并易于高效修改和持续优化；支持开发组织小型化、扁平化，支持小团队独立高效地并行开发。

开源引用原则：充分利用业界优秀的开源实践，不重复造轮子。

需要进一步说明的是，遵守每一个架构设计原则都要付出一定的代价，也会带来相应的收益，甚至部分原则间存在不可避免的冲突和矛盾。上述架构设计原则需要综合考虑、整体权衡，不可孤立地强调一个而忽视另一个。

2.5　HarmonyOS 架构设计

HarmonyOS 架构如图 2-15 所示。HarmonyOS 采用分层架构，从下到上依次分为内核层、系统服务层、框架层和应用层。

图 2-15　HarmonyOS 架构

1. 内核层

内核层主要提供硬件资源抽象和常用软件资源，包括进程 / 线程管理、内存管理、文件系统和 IPC（Interprocess Communication，进程间通信）等。

内核子系统：采用多内核（如 Linux 内核或 LiteOS 等）设计，支持针对不同资源受限设备选用合适的内核。KAL（Kernel Abstract Layer，内核抽象层）通过屏蔽多内核差异，为上层提供内核的统一基础能力，包括进程 / 线程管理、内存管理、文件系统、网络管理和外围设备管理等。

驱动子系统：HDF 是系统硬件生态开放的基础，提供统一的外围设备访问能力和驱动开发、管理框架。

2. 系统服务层

系统服务层是 HarmonyOS 的核心能力集，该层包含以下几个部分。

系统基本能力子系统集：为分布式用户程序在 HarmonyOS 多设备上的运行、调度、迁移等操作提供基础能力。该子系统集由分布式软总线、分布式数据管理、分布式任务调度，以及公共基础库、多模输入、图形、安全、AI、方舟编译运行时等子系统组成。

基础软件服务子系统集：提供公共通用的软件服务，由事件通知、电话、多媒体、DFX、MSDP（Multimodal Sensor Data Platform，多模态传感数据平台）等子系统组成。

增强软件服务子系统集：提供针对不同设备的、差异化的能力增强型软件服务，由智慧屏专有业务、穿戴专有业务、IoT 专有业务等子系统组成。

硬件服务子系统集：提供硬件服务，由位置服务、IAM（Identity and Access Management，身份和访问管理）、穿戴专有硬件服务、IoT 专有硬件服务等子系统组成。

3. 框架层

框架层是用户程序和系统交互的桥梁，为用户程序开发提供 JavaScript、C、C++ 等多语言的用户程序开发框架，以及 UI 框架、Ability 框架等同时为系统服务层的软硬件服务提供对外开放的多语言框架 API。

4. 应用层

应用层包括基础用户程序和第三方用户程序，基础用户程序作为系统的一部分，以用户程序的形式向用户和第三方用户程序提供系统服务能力。第三方用户程序是 HarmonyOS 生态丰富的基础，HarmonyOS 用户程序通常由一个或多个 HA 组成，支持跨设备的调度与分发，为用户提供一致、高效的体验。

2.6　HarmonyOS 关键技术

HarmonyOS 引入多项关键技术来达成其业务目标。这些技术包括分布式、用户程序平滑迁移、GUI 自适应、部件化拼装、语言统一运行时、按需启停、多模态交互、可动态挂载的 HDF 驱动框架和原生智能等。

1. 分布式

分布式技术包括分布式计算、分布式存储、分布式调度、分布式软总线、分布式安全、分布式硬件等。

分布式计算：HarmonyOS 分布式计算，是指单个用户程序可以分解为多个可执行实体，多个可执行实体分布在多个终端设备上分别执行，最终协同完成整体任务。此处的分布式计算与以实现超算为目的的并行计算和以弹性任务部署为目的的云系统中的分布式计算定义有所不同。为了区别它们，把此处的分布式计算定义为"异构多端非对称分布式计算"，而把后面两种定义为"同构多端对称分布式计算"。可执行实体不是简单的一组指令，在 HarmonyOS 中一般以 HA 为单位。

分布式存储：分布式存储（Distributed Storage）是指系统的各种存储（如文件、数据库等）接口可以跨越不同的设备，文件的物理存储位置由系统自动选择，用户程序不感知，用户程序感知的是经过系统映射的逻辑存储位置。相对于单端文件系统，分布式文件系统是允许文件通过网络在多台主机上分享的文件系统。对于文件访问，单端文件系统一般直接访问底层的数据存储区块，而分布式文件系统则以特定的通信协议和其他设备的存储服务一起访问。分布式文件系统一般基于文件 ACL（Access Control List，访问控制列表）或用户授权等方式实现对文件系统的访问控制。CAP 定理（CAP Theorem）又称布鲁尔定理（Brewer's Theorem）指出，对一个分布式系统来说，数据的一致性、可用性和分区容错性（Partition Tolerance）无法兼具，最多只能具备两种。在 HarmonyOS 中，可用性优先级一般高于一致性优先级。

分布式调度： 分布式调度（Distributed Schedule）是指对分布在不同设备上的软件实体和系统服务进行统一调度。其中，对软件实体的分布式调度，是指对可分解为多个可执行实体的单个用户程序，操作系统将各个可执行实体分布在多个终端设备上执行，最终协同完成整体任务，其分布式调度过程由操作系统根据系统动态配置的业务和调度策略自动判别实施，用户程序自身不能主动实施。

分布式软总线： 支持处于同一分布式系统下的设备之间自发现、自连接、自组网及处于不同分布式系统下的设备之间发现和业务按需互联的能力；在各种复杂环境里，最大程度地提高空口利用率，保证多设备、多业务并发时高优先级业务的用户体验。

分布式安全： HarmonyOS 提出一套基于分级安全理论体系的安全架构，围绕"正确的人，通过正确的设备，正确地访问数据"，来构建一套新的、纯净的用户程序和有序透明的生态秩序，为用户和开发者带来安全分布式协同、严格隐私保护与数据安全的全新体验。HarmonyOS 安全能力根植于硬件实现的 3 个可信根，即启动、存储、计算，以基础安全工程能力为依托，重点围绕设备完整性保护、数据机密性保护、漏洞攻防对抗构建相关的安全技术和能力。

分布式硬件： 一种虚拟化技术，包括虚拟外围设备和虚拟服务两种。虚拟外围设备支持将处于同一分布式系统下的其他物理终端上的外围设备，映射为本地物理设备的虚拟外围设备，从而使用户程序可以无感知地使用处于同一分布式系统下的其他物理终端上的外围设备。虚拟服务支持将处于同一分布式系统下的其他物理终端上的服务，包括系统服务和用户程序提供的服务，映射为本地物理设备的虚拟服务，从而使用户程序可以无感知地使用处于同一分布式系统下的其他物理终端上的服务。

2. 用户程序平滑迁移

在分布式系统中存在多个物理终端的情况下，用户程序可平滑地在不同终端上迁

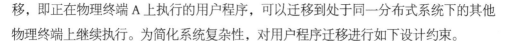

移，即正在物理终端 A 上执行的用户程序，可以迁移到处于同一分布式系统下的其他物理终端上继续执行。为简化系统复杂性，对用户程序迁移进行如下设计约束。

第一，仅支持有限度的状态恢复，暂不考虑任意状态下的完全恢复。

第二，只有采用 HarmonyOS 分布式开发框架开发的用户程序才能实现平滑迁移。

第三，可迁移的用户程序需设计多状态可重入入口，即用户程序需要设计 $1 \sim N$ 个状态，并且每个状态都有直达入口。例如，用户程序 A 存在 5 个状态 A ～ E，该程序在物理终端 A 上执行到状态 B 时发生迁移，在迁移到目标设备上时，用户程序 A 将从状态 B 的初始阶段而非状态 B 的当前阶段开始执行。

第四，每个可迁移的用户程序执行实体均会在编译时生成系统资源需求 Profile，只有满足系统资源需求的物理终端才能作为迁移的目标终端。识别匹配迁移目标终端的过程由操作系统自动完成，用户程序不能主动干预。IDE 需要提供典型可迁移目标终端的仿真结果，并在用户程序开发过程中让开发者理解其所开发的用户程序具备怎样的可迁移能力，以及可迁移到哪些类型的物理终端上。

3. GUI 自适应

前文讲到 HarmonyOS 支持让 GUI 自动适配各种尺寸、各种形状的屏幕，实现用户一次编程就可在多种设备上运行的目标。事实上，操作系统无法确保对任意 GUI 的自动适配都能提供令人满意的视觉体验，譬如，由于可能出现如图像过度缩放导致图像不美观甚至难以识别，要显示的文字信息太多而在较小屏幕上无法有效显示等问题，HarmonyOS 自适应布局技术对开发者的 GUI 设计存在一定的技术约束。为了让开发者直观了解其所开发的 GUI 在不同物理终端上的自适应布局效果，并能够进行针对性设计，指示系统在某些条件下进行何种自适应处理，HarmonyOS IDE 提供在开发过程中对各种典型终端的仿真能力。当然，用户程序开发者也可以指定某些类型的物理终端作为用户程序运行的目标终端。

4. 部件化拼装

HarmonyOS 支持高度部件化，通过编译配置构建不同的部件，再通过 HPM 将其拼装为可运行在目标终端上的系统镜像包。需要指出的是，用于描述设备 SystemCapability 的 Profile 文件也会在编译构建过程中自动生成，并最终打包在系统镜像包中。对于无法通过功能解耦方式裁剪到目标大小的部件，则需要提供多种部件形态供 HPM 选择。譬如，由于 Linux 内核无法裁剪到 10 KB 级别，HarmonyOS 内核部件组可提供 Linux 内核、LiteOS-A 内核和 LiteOS-M 内核 3 种部件形态。对于涉及多个部件形态的情况，HarmonyOS 要求各部件接口集合必须满足真子集包含关系。譬如，对于内核部件要求 LiteOS-M 接口集合为 LiteOS-A 接口集合的真子集，则 LiteOS-A 接口集合必须为 Linux 内核接口集合的真子集。

5. 语言统一运行时

HarmonyOS 支持多范式多编程语言的用户程序开发，支持的编程语言包括 ArkTS（华为在 TypeScript 基础上扩展定义的一种语言超集）、JavaScript、仓颉（华为自研编程语言）、C/C++ 等，用户需要相应的工具链和运行时来支撑这些高级编程语言的高效开发和运行。Ark Compiler 作为 HarmonyOS 的统一编程平台，包含编译器、工具链、运行时等关键部件，支持多种编程语言、多种芯片平台的联合编译与运行，通过插件化和模块化机制提供对不同编程语言和不同运行设备场景的支持。

语言支持插件化使得语言接入可配置，例如在轻量设备上，可配置为 JavaScript 单一语言运行时。运行时系统支持模块化按需组合，其中执行引擎包括解释器、JIT（Just-In-Time，即时）编译器、AOT（Ahead Of Time，预先）编译器等，内存管理包括多种分配器和垃圾回收器。例如在轻量设备上，可选择纯解释器执行引擎方案。

6. 按需启停

与传统操作系统不同，HarmonyOS 的内核线程和驱动不会在内核启动时完全启动。启动的时机因不同的产品形态或不同的场景而不尽相同，总的原则是按需加载和启动。譬如，在车机快速启动场景下，内核只会启动与倒车影像等特性相关的部件。从用户态进程来看，系统服务分为常驻服务和按需加载服务。常驻服务在系统启动时启动，按需加载服务根据业务需要由系统动态加载，在业务结束后系统动态关闭。同理，系统核心基础用户程序在系统启动时加载，其他基础用户程序及第三方用户程序按业务需要由系统动态加载。系统服务或用户程序出现故障时，系统需要根据故障服务的类型对相关服务进行恢复，确保提供更好的用户体验。

7. 多模态交互

多模态交互是指整合或融合两种及两种以上的交互方式，给用户提供更便捷、更人性化的体验。交互方式包括键盘/鼠标或触控方式的 GUI、语音控制方式的 VUI（Voice User Interface，语音用户界面）、手势/姿态控制的 CVUI（Computer Vision User Interface，计算机视觉用户界面）和 GeUI（Gesture User Interface，手势用户界面），以及基于设备之间相对位置变化的交互等。多模态交互是下一代操作系统的重要交互方式，是支持多设备和全场景的关键能力，是 AI 交互能力向开发者开放的关键路径。在原子化服务的时代，多模态交互是服务和用户之间的纽带，是多种设备统一交互的关键技术，需要在操作系统层面构建。

8. 可动态挂载的 HDF 驱动框架

HarmonyOS 采用全新设计的 HDF 驱动框架，实现驱动与系统完全解耦，以及可在运行态动态挂载，使得驱动可以极低成本重用，突破了传统驱动重用代价大、无法动态扩展硬件、安全风险高的瓶颈。HDF 驱动框架采用面向对象编程模型方式进行构建，通过硬件抽象、内核解耦等方式，实现兼容不同内核部署的目的，从而帮助开发者实现驱动"一次开发，多端部署"的效果。

9. 原生智能

原生智能包括 HarmonyOS 内置 AI 基础能力和利用 AI 自主改造的能力。AI 基础能力主要包括对 AI 硬件的管理、内置 AI 开发框架及 AI 推理和训练模型等，方便用户程序和操作系统的其他子系统高效利用系统的 AI 资源。操作系统利用 AI 自主改造的能力主要体现在利用预置的 AI 能力进一步提升操作系统中其他子系统的智能化水平。

Chapter 3 / 第 3 章

部件化架构原理解析

本章首先介绍 HarmonyOS 基本特征，包括基于用户体验的"硬件互助，资源共享"、基于应用开发者体验的"一次开发，多端部署"，以及基于设备开发者体验的"统一 OS，弹性部署"；然后重点介绍 HarmonyOS 的部件化架构设计；最后对部件化架构原理进行详细解析。

3.1 部件化架构

HarmonyOS 在模块化的基础上，引入部件化架构的软件工程方法，以支撑操作系统在不同规格、不同形态、不同类型的设备上的弹性部署。本节将重点介绍架构设计、HarmonyOS 的部件化架构设计等内容。

3.1.1 架构设计

1. 分层架构设计

分层架构是指整个软件系统自上而下划分成不同的软件层次，对每一层的能力和特定行为进行抽象，明确层间单向依赖关系，上层软件使用下层软件的各种服务，而下层软件对上层软件不感知，每一层都在为自己的上层提供接口的同时隐藏内部实现细节。大家熟知的网络协议模型就是典型的分层架构设计。

针对中小规模系统，基于软件分层可以较好地解决系统架构耦合和跨团队协作问题，每一层提供一定的业务功能，可以由不同的小团队负责每一层不同的业务交付。然而，针对像操作系统这么庞大的软件系统，只有架构分层是远远不够的，因为每一层的软件都足够复杂。如果同一层内的不同模块之间相互依赖、无序调用，则会给软件工程和项目管理带来巨大的灾难。不同规模软件系统的分层架构比较如图 3-1 所示。

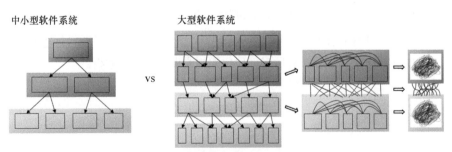

图 3-1 不同规模软件系统的分层架构比较

2. 部件化架构设计

在计算机硬件领域，众所周知的摩尔定律指出，"集成电路芯片上可容纳的晶体管数目，每隔 18～24 个月就翻一番"，这意味着微处理器每隔 18～24 个月性能提升一倍，并且价格下降一半。与此同时，在计算机软件领域同样存在着安迪－比尔定律，即 "Andy gives, Bill takes away（安迪提供什么，比尔拿走什么）"，安迪是指英特尔前 CEO（Chief Executive Officer，首席执行官）安迪·格罗夫，比尔是指微软前 CEO 比尔·盖茨，意思是硬件提高的性能很快就会被更新的软件消耗掉。随着操作系统和用户程序越来越复杂，软件架构师多年来的主要工作就是模型抽象、架构解耦、分而治之。

模块化是常用的架构解耦手段。关于什么是模块化，业界没有标准的定义，不同软件系统中有不同的定义。HarmonyOS 参考机械装配领域零部件的概念，在软件架构设计中引入部件的概念，如图 3-2 所示。模块（Module）是一个泛化的概念，主要指在逻辑架构视图中的功能模块，模块化强调的是代码级复用。部件是指在部署视图中可独立加载和运行的二进制软件实体，强调封装和二进制级复用，可独立交付，但不能独立部署。

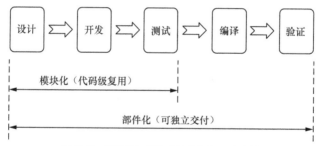

图 3-2 模块化与部件化软件复用程度比较

模块通常会定义接口，由于模块是代码级复用的，通常不保证接口的稳定，且不同模块相互耦合，不便于跨团队交付。部件化可有效支撑各子领域软件分而治之、多团队快速迭代交付。为了达成对部分频繁更改部件的二进制独立部署，要求这些部件的外部接口能够支持跨版本二进制兼容，其演进和维护代价相对也较大；在软件端到端交付过程中，模块化、部件化具备不同层次的软件复用能力。

3.1.2 HarmonyOS 部件化架构设计

HarmonyOS 在架构分层的基础上设计了部件化架构，HarmonyOS 的部件相互解耦，通过对部件依赖的管理，可以满足系统架构解耦，各功能部件相对独立地演进，同时支持部件相互协作。HarmonyOS 通过部件的积木化拼装支持轻量、小型、标准、大型等不同规格操作系统的弹性部署。

1. 架构分层与部件化

架构解耦的关键是接口位置的选择及接口设计。HarmonyOS 支持架构分层，定义了层间接口，可以对操作系统进行大颗粒解构。不同的生态参与方既可以相对独立地开发，又可以相互协作，共同构建形形色色的智能终端设备和丰富的用户程序，为用户带来全场景智慧服务体验。HarmonyOS 架构分层与部件化设计如图 3-3 所示。

应用：由用户程序开发者交付，向最终用户提供 UI 接口，对用户体验负责。应用层向下仅依赖于框架层提供的 API，用户程序开发依赖于操作系统发布的 SDK。每个系统用户程序对应一个部件。

OS 基础平台：具体包括框架层、系统服务层和内核层，由系统开发者交付，面向北向应用生态提供 API 和 SDK，面向南向设备生态提供驱动接口和 DDK（Driver Develop Kit，驱动程序开发套件）。内核层向上提供 KAL［支持 POSIX 和 CMSIS（Common Microcontroller Software Interface Standard，通用微控制器软件接口标准）两种标准接口］和 HDI（Hardware Drvier Interface，硬件驱动接口），内核层每种内核形态对应一个部件。框架层和系统服务层中每一个特定技术对应一个部件。HarmonyOS 中绝大多数部件集中在这两层。

驱动：由设备开发者交付，向操作系统提供设备驱动的实现。驱动层仅依赖于驱动框架提供的驱动接口，驱动开发仅依赖于操作系统发布的 DDK。每一个驱动程序对应一个部件。

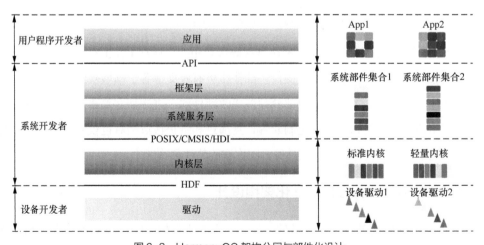

图 3-3 HarmonyOS 架构分层与部件化设计

2. OS 基础平台部件化

（1）内核层

内核层包括内核部件和 HDF 驱动框架部件。当前已提供 LiteOS-M、LiteOS-A、Linux 和 UniProton 这 4 种内核部件，未来还可增加更多类型的内核部件。LiteOS、Linux 内核部件可以按需部署在不同设备之上，内核层向系统服务层提供 POSIX/CMSIS 接口，用于屏蔽不同的内核实现差异。同时向系统服务提供标准化的 HDI，屏蔽不同厂商驱动的实现差异。内核层的部件化设计如图 3-4 所示。

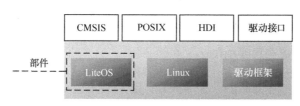

图 3-4　内核层的部件化设计

（2）系统服务层和框架层

HarmonyOS 架构分层根据功能定位区分了系统服务层和框架层，系统服务层是所有系统服务的汇总，通过框架层向用户程序暴露 API。单个系统能力实现通常分布在系统服务层和框架层，考虑到系统服务和框架紧密耦合，在 HarmonyOS 中未统一定义系统服务层和框架层的层间接口，针对同一个功能实现的系统服务和框架组合在一起形成一个个独立的"部件"，部件提供一定的系统能力和对应的 API 能力。

注意，有的部件不对外提供对应的 API 能力。部件之间基于 InnerSDK 完成解耦，支持独立代码下载、独立编译、独立验证、部件拼装。系统服务层和框架层的部件化设计如图 3-5 所示。

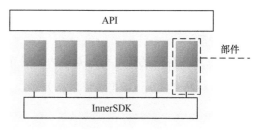

图 3-5　系统服务层和框架层的部件化设计

3. HarmonyOS 部件化拼装

HarmonyOS 是一款面向全场景、全连接、全智能时代的开源操作系统，采用部件化设计，支持在多规格内存资源的设备上运行，设备开发者可基于目标硬件能力选择系统部件进行集成。为了保证在不同硬件设备上易集成，同时又具有北向接口（HarmonyOS 与用户程序之间）、南向接口（HarmonyOS 与硬件之间），以及东西向接口（HarmonyOS 设备之间或 HarmonyOS 实例之间）的兼容性，HarmonyOS 定义了

4 种规格的系统，参考定义如下。

（1）轻量系统（Mini System）

轻量系统面向使用 MCU（Microcontroller Unit，微控制单元）类处理器的设备，硬件资源极其有限，支持的设备最小内存为 128 KB，可以提供多种轻量级网络协议、轻量级的图形框架，以及丰富的外围设备控制能力等。可支撑的产品如智能家居领域的连接类模组、传感器设备、可穿戴设备等。

（2）小型系统（Small System）

小型系统面向使用应用处理器的设备，硬件资源相对有限，支持的设备最小内存为 1 MB，最大不超过 128 MB，可以提供更高的安全能力、支持多窗口的图形框架，具备视频编解码的多媒体能力。可支撑的产品如智能家居领域的网络摄像机、电子猫眼、路由器及行车记录仪等。

（3）标准系统（Standard System）

标准系统面向使用应用处理器的设备，支持的设备最小内存为 128 MB，可以提供增强的交互能力、GPU 及硬件合成能力、更多控件，以及动效更丰富的图形能力、完整的应用框架等。可支撑的产品如带屏 IoT 设备、轻智能手机等。

（4）大型系统（Large System）

大型系统面向使用应用处理器的设备，支持的设备最小内存为 1 GB，提供多模交互能力、GPU 和硬件合成能力、控件及动效更丰富的图形能力，以及完整的应用框架等。可支撑的产品如智能手机、平板计算机、智能手表等。

> 📖 **说明**
>
> 以上几种系统所支持的最小内存的单位分别为 KB（轻量系统）、MB（小型系统和标准系统）、GB（大型系统）等。

HarmonyOS 针对不同的系统规格，定义了 BCG 和 OCG，设备开发者可按需配置，以支撑其特色功能的扩展或定制开发。同时，HarmonyOS 也支撑设备厂商扩展私有的系统能力，打造设备差异化竞争力。

BCG 是指针对不同系统规格定义的最小系统能力集。BCG 只有 4 种，分别对应轻量、小型、标准和大型这 4 种系统规格。任何 HarmonyOS 设备必须包含 4 种 BCG 之一。OCG 是指针对不同系统规格定义的可选系统能力集。OCG 可以根据设备实际情况较自由地组合而成。PCG（Privated Components Group，私有部件组）是指设备厂商的私有扩展系统能力集。

　　同一系统规格的设备具有相同的 BCG，设备厂商可按需选择 OCG、PCG。
BCG、OCG 与 PCG 的关系如图 3-6 所示。

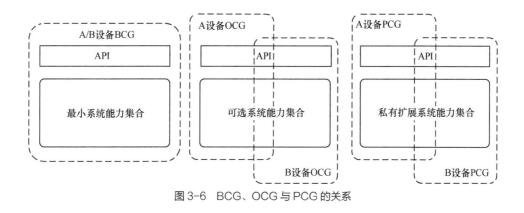

图 3-6　BCG、OCG 与 PCG 的关系

3.2　原理解析

　　部件是指 HarmonyOS 拼装的一个个零部件。每个部件都提供一定的系统能力，
一些部件还涉及为用户程序暴露 API，不同部件可组合部署到特定设备上，为用户程
序提供的 API 必然存在差异。本节首先介绍部件的基本特征、能力定义和依赖关系，
随后介绍部件能力集的核心概念，最后介绍设备开发者如何拼装系统和应用开发者如
何适配不同尺寸系统的关键技术。

3.2.1　部件管理

　　部件的基本特征包括部件之间相对独立、与依赖的部件一起部署、可对外提
供一定的系统软硬件能力、二进制代码的交付及使用，从而可以支持基于部件的
HarmonyOS 积木化拼装。

1. 部件之间相对独立

　　HarmonyOS 支持不同规格的系统，不同设备之上仅部署特定范围的部件集合，
部件之间相对独立是保持 HarmonyOS 敏捷的基本要求。

　　部件之间相对独立，包括代码可独立下载，即部件的代码仓独立管理，面向设备
开发时，以部件为粒度进行代码下载，避免代码冗余；可独立编译构建，即部件之间

不允许在编译时存在代码依赖，部件之间在编译时通过 InnerSDK 完成依赖隔离，被依赖的部件发布 InnerSDK 给依赖的部件；可独立测试验证，即借助测试框架，部件代码修改后可独立进行基本的功能测试验证。

2. 部件的依赖管理

HPM 是 HarmonyOS 部件包的管理和分发工具。面向设备开发时，HPM 用于获取 / 定制 HarmonyOS 部件源码，执行安装、编译、打包等操作，最终构建特定产品的 OS 软件包。面向多设备部署时，如果部件之间存在功能依赖，则要求与依赖的部件一起部署，如图 3-7 所示。

在 HPM 中，每个部件都有

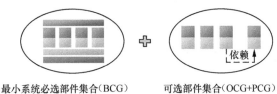

最小系统必选部件集合（BCG）　　可选部件集合（OCG+PCG）

图 3-7　部件部署与依赖管理

一个配置文件 bundle.json。bundle.json 文件是对当前部件的元数据描述。HPM 基于 bundle.json 中的 dependencies 来管理部件之间的依赖。HPM 系统界面如图 3-8 所示。

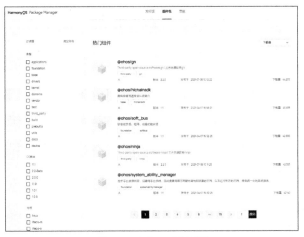

图 3-8　HPM 系统界面

部件的配置文件 bundle.json 包括的主要信息如下。

name：定义部件的名称，以 @ 开头，用 / 分割，如 @ohos/mybundle。

version：定义部件版本号，如 1.0.0，须满足 server 的标准。

description：用一句话对部件进行简要的描述。

dependencies：定义部件的依赖。

3. 部件的特性定义

HarmonyOS 使用 SystemCapability（SysCap）定义每个部件对外提供的系统软硬

件能力。设备开发人员可以基于 SysCap 组合进行产品定制，SysCap 与 API 的关系如
图 3-9 所示。

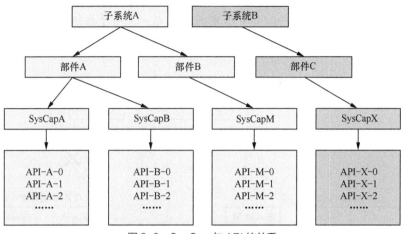

图 3-9　SysCap 与 API 的关系

SysCap 格式为 SystemCapability.Cat.Feature.[SubFeature]。其中，SystemCapability 作为
固定前缀，Cat 代表系统能力分类，Feature 代表特性名称，SubFeature 代表子特性名称。

Feature 与 SubFeature 需要满足以下要求。

第一，所有涉及外部 API 的可选部件必须定义 SysCap。

第二，Feature 和 SubFeature 之间不是包含关系，而是叠加关系。SubFeature 是
Feature 的扩展和增强，默认 SubFeature 依赖于 Feature，SubFeature 的部署必须与其依
赖的 Feature 同时部署。

第三，不同 Feature 之间或不同 SubFeature 之间也不是包含关系，而是并列关系，
无隐式的依赖关系（允许部件之间显式定义依赖关系）。

3.2.2　SysCap 机制

1. SysCap 与 API

SysCap 指操作系统中相对独立的特性，如蓝牙、WiFi、NFC、摄像头等。每个系
统能力对应多个 API，这些 API 绑定在一起，会随着目标设备是否支持该系统能力而存
在或消失，也会随着 DevEco Studio（HarmonyOS 用户程序的 IDE）一起提供给开发者。
当开发者开发应用时，DevEco Studio 会自动根据系统能力提示该 API 是否支持该应用。

2. 支持能力集、要求能力集与联想能力集

要求能力集与支持能力集的关系如图 3-10 所示。

支持能力集：HarmonyOS 设备的属性之一，描述的是设备可支持的能力。

要求能力集：HarmonyOS 用户程序的属性之一，描述的是应用运行时需要的设备能力。例如包含用户程序需要使用的 SysCap 的 API，不包括 canIUse 判断需要使用的 API。

联想能力集：DevEco Studio 中工程的属性之一，用于描述应用在开发态时，DevEco Studio 可以为开发者联想的全部 API 所在的 SysCap 的集合。

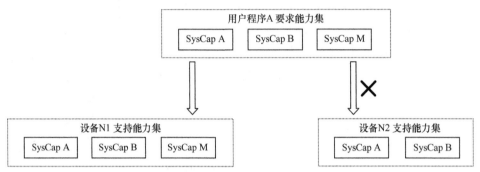

图 3-10　要求能力集与支持能力集的关系

3. 设备与支持能力集

每个设备根据其硬件能力，拥有不同的支持能力集。SDK 将设备分为两组：典型设备和自定义设备。典型设备的支持能力集由 OpenHarmony 社区定义，自定义设备的支持能力集由设备厂商给出，如图 3-11 所示。

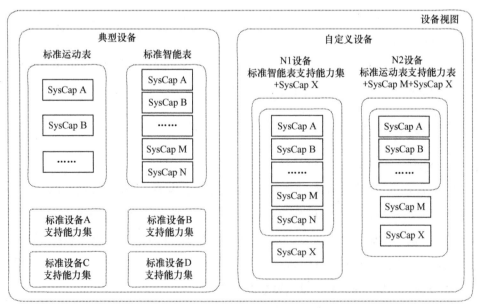

图 3-11　典型设备和自定义设备的支持能力集

4. 设备与 SDK 能力的对应

SDK 向 DevEco Studio 提供全量的 API，通过开发者的项目支持的设备，找到该设备的支持能力集，筛选支持能力集包含的 API 提供给开发者。

5. SysCap 整体设计

SysCap 整体设计步骤如图 3-12 所示。

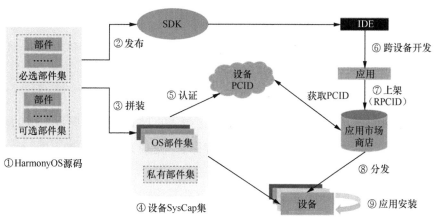

图 3-12　SysCap 整体设计步骤

SysCap 整体设计步骤说明如下。

① HarmonyOS 源码由可选部件集和必选部件集组成，将部件提供的系统能力定义为 SysCap。

② 基于一套源码发布归一化的 SDK，其中每个 API 都拥有 SysCap 属性，以及定义常见设备类型的 SysCap 集。

③ 设备厂商可按需拼装形成 OS 部件集，也可根据常见设备类型的需求进行 OS 拼装。

④ 设备厂商可定义私有部件集，将它与 OS 部件集组成完整的设备 SysCap 集。

⑤ 将设备 SysCap 集转换为 PCID（Product Compatibility ID，产品兼容性标识），认证后存储在云侧，并提供查询 / 下载功能。

⑥ 应用开发者基于 SDK 进行跨设备的应用开发，IDE 可按设备类型提示可用的 API。

⑦ 应用开发时定义应用的 RPCID（Required Product Compatibility ID，要求的产品兼容性标识），即应用运行所需的系统能力集，在应用上架时提供。

⑧ 应用市场 / 商店在分发应用时，将应用的 RPCID 与设备的 PCID 进行匹配，

若RPCID的值小于等于PCID即符合分发条件。对于同一个部件在不同设备上的差异，通过应用配置中的distributefilter字段进行分发。

⑨ 应用安装时，BMS（Bundle Manager Service，包管理服务）解析应用的RPCID，与PCID进行匹配，确保应用可在设备上正常运行。

3.2.3 SysCap 使用指南

1. PCID 获取

PCID 包含当前设备支持的 SysCap 信息。用于获取所有设备的 PCID 的认证中心正在建设中，目前用户需要找设备厂商获取对应设备的 PCID。

2. PCID 导入

DevEco Studio 工程支持 PCID 文件的导入。导入的 PCID 文件解码后输出的 SysCap 会写入 syscap.json 文件。用鼠标右键单击工程目录，选择 Import Product Compatibility ID，即可上传 PCID 文件并将其导入 syscap.json。

3. 配置联想能力集和要求能力集

DevEco Studio 会根据创建的工程所支持的设置自动配置联想能力集和要求能力集，开发者也可以自行修改。对于联想能力集，开发者可以通过添加更多的系统能力，在 IDE 中使用更多的 API，但要注意，这些 API 可能在某些设备上不可用，使用前需要判断。对于要求能力集，开发者在修改时要十分谨慎，修改不当会导致应用无法分发到目标设备上。

下列配置文件描述如下场景。

设备的支持能力集：包括 car 和 default 设备能力集的交集，以及设备厂家扩展的能力集。

联想能力集：包括设备支持能力集和开发者新增的 Location.Lite 能力集。

要求能力集：car 和 default 两个设备能力集的交集，加上 addedSysCaps，再移除 removedSysCaps。

```
// syscap.json
{
    "devices": {
        "general": [          // 每个典型设备对应一个 SysCap 支持能力集, 可配置多个典型设备
          "default",
          "car"
        ],
```

```
    "custom": [            // 厂商自定义设备
      {
        "某自定义设备": [
            "SystemCapability.Communication.SoftBus.Core"
        ]
      }
    ]
  },
  "development": {
// addedSysCaps 内的 SysCap 与 devices 中配置的各设备支持的 SysCap 的并集共同构成联想
// 能力集
    "addedSysCaps": [
        "SystemCapability.Location.Location.Lite"
    ]
  },
  "production": {           // 用于生成 RPCID，谨慎添加，可能导致应用无法分发到目标设备上
    "addedSysCaps": [],
// devices 中配置的各设备支持的 SysCap 的交集，添加 addedSysCaps 再移除 removedSysCaps
// 共同构成要求能力集
    "removedSysCaps": []
// 当该要求能力集为某设备的要求能力集的子集时，应用才可被分发到该设备上
  }
}
```

4. 单设备用户程序开发

用户程序默认的要求能力集和设备的支持能力集相当，开发者修改要求能力集时需要慎重，如图 3-13 所示。另外，用户程序默认的联想能力集也和设备的支持能力集相当。

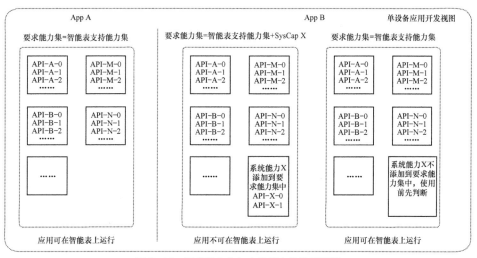

图 3-13　要求能力集与支持能力集关系示例

5. 跨设备应用开发

应用的联想能力集默认是多个设备的支持能力集的并集，要求能力集则是支持能力集的交集。如图 3-14 所示，运动表支持能力集+SysCap M 和运动表支持能力集+SysCap X 的交集就是运动表要求能力集。

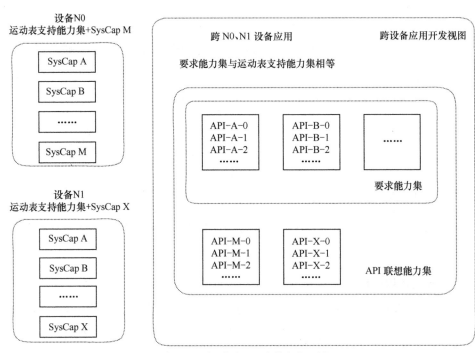

图 3-14　跨设备应用开发能力集示例

6. 判断 API 是否可用

下面以 ArtTS API 和 Native API 为例，说明如何判断某个 API 是否可用。

（1）ArkTS API

方法 1：OpenHarmony 定义了 API canIUse，开发者可用其来判断设备是否支持某个特定的 SysCap。

```
if (canIUse("SystemCapability.ArkUI.ArkUI.Full")) {
  console.log("该设备支持 SystemCapability.ArkUI.ArkUI.Full");
} else {
  console.log("该设备不支持 SystemCapability.ArkUI.ArkUI.Full");
}
```

方法 2：开发者可通过 import 的方式导入某个模块，若当前设备不支持该模块，import 的结果为 undefined，开发者在使用该模块 API 时，需要判断该模块是否存在。

```
import geolocation from '@ohos.geolocation';

if (geolocation) {
    geolocation.getCurrentLocation((location) => {
        console.log(location.latitude, location.longitude);});
    } else {
    console.log('该设备不支持提供位置信息');
}
```

（2）Native API

OpenHarmony 定义了 Native API canIUse，帮助开发者判断该设备是否支持某个特定的 SysCap。

```
#include <stdio.h>
#include <stdlib.h>
#include "syscap_ndk.h"

char syscap[] = "SystemCapability.ArkUI.ArkUI.Full";
bool result = canIUse(syscap);
if (result) {
    printf("SysCap: %s is supported!\n", syscap);
} else {
    printf("SysCap: %s is not supported!\n", syscap);
}
```

开发者可以通过 API 参考文档查询 API 所属的 SysCap。

7. 不同设备同种能力的差异检查

即使是同一种 SysCap，在不同的设备下也会有差异。例如对于摄像头能力，平板计算机设备优于智能可穿戴设备。又如用户身份认证能力，某些设备可能不支持相应的能力，这需要应用提前检查设备是否支持该能力，并根据情况进行相应的业务处理。

```
import userAuth from '@ohos.userIAM.userAuth';

const authenticator = userAuth.getAuthenticator();
const result = authenticator.checkAbility('FACE_ONLY', 'S1');

if (result == authenticator.CheckAvailabilityResult.AUTH_NOT_SUPPORT) {
console.log('该设备不支持人脸识别');
}
// 强行调用不支持的 API 会返回错误信息，但不会出现语法错误
authenticator.execute('FACE_ONLY', 'S1', (err, result) => {
if (err) {
console.log(err.message);
return;
}
})
```

设备的 SysCap 因产品解决方案厂商拼装的部件组合不同而不同。设备之间的 SysCap 差异产生过程如图 3-15 所示。

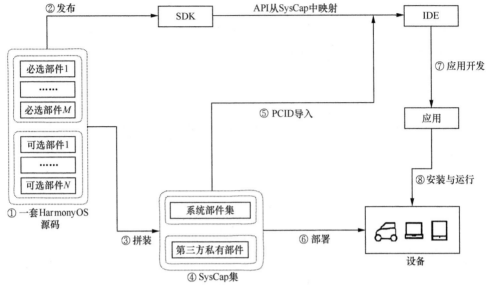

图 3-15 设备之间的 SysCap 差异产生过程

设备之间的 SysCap 差异产生过程说明如下。

① 一套 HarmonyOS 源码由可选部件集和必选部件集组成，不同部件的 SysCap 不同，即部件与 SysCap 的映射关系不同。

② 发布归一化的 SDK，API 与 SysCap 之间存在映射关系。

③ 产品解决方案厂商按硬件能力和产品诉求拼装部件。

④ 产品配置的部件可以是系统部件集，也可以是第三方私有部件，由于部件与 SysCap 间存在映射，所有部件拼装后即可得到产品的 SysCap 集。

⑤ 将 SysCap 集编码生成 PCID，应用开发者可将 PCID 导入 IDE 并解码成 SysCap，开发时对设备的 SysCap 差异做兼容性处理。

⑥ 部署到设备上的系统参数中包含 SysCap 集，系统提供原生接口和应用接口，可供系统内的部件和应用查询某个 SysCap 是否存在。

⑦ 应用开发过程中，应用必要的 SysCap 将被编码成 RPCID，并写入应用安装包。

⑧ 应用市场根据应用声明的 RPCID 和设备的 PCID，分发该应用到满足要求的设备上。应用安装时，包管理器解码 RPCID 得到应用需要的 SysCap，与设备当前具备的 SysCap 进行比较，若应用要求的 SysCap 都被满足，则安装成功。应用运行时，可通过 canIUse 接口查询设备的 SysCap，以获得在不同设备上的兼容性信息。

Chapter 4 / 第 4 章

统一内核原理解析

本章首先介绍什么是内核，然后从内核的实现原理和功能模块入手，详细介绍 HarmoyOS 针对不同量级的系统使用的 LiteOS 内核和 Linux 内核。

4.1 内核子系统

实际上，用户常见的操作系统界面只是操作系统最外面的一层。操作系统的核心功能包括管理硬件设备、分配系统资源等。而业界一般把实现这些核心功能的操作系统模块称为操作系统内核。

图 4-1 可以比较清楚地说明操作系统和内核之间的关系。操作系统是位于应用和硬件之间的系统软件，向上提供易用的程序接口和运行环境，向下管理硬件资源的并发。内核位于操作系统的下层，为操作系统上层的程序框架提供硬件资源的并发管理。

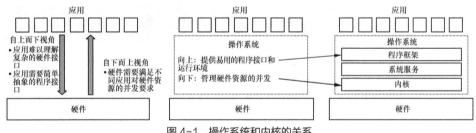

图 4-1 操作系统和内核的关系

需要特别介绍的是，由于 HarmonyOS 面向多种不同类型的设备，这些设备有着不同的 CPU 能力、存储容量等。为了更好地适配不同类型的设备，HarmonyOS 内核子系统支持针对不同资源量级设备选用合适的操作系统内核，通过 KAL 隔离内核间差异，为上层提供基础的内核能力。

HarmonyOS 针对不同量级设备使用 LiteOS 和 Linux 内核。LiteOS 内核又分为 LiteOS-M 内核和 LiteOS-A 内核，如表 4-1 所示。

表 4-1 内核支持的系统

内核	支持的系统
LiteOS-M	轻量系统

续表

内核	支持的系统
LiteOS-A	小型系统
Linux	小型系统、标准系统、大型系统

业界使用的内核有很多。内核包含以下几个重要的组成单元：负责持久化数据，让应用程序能够方便地访问持久化数据的文件系统；负责管理进程地址空间的内存管理；负责管理多个进程的进程管理或任务管理；负责本机操作系统与另一个设备的操作系统通信的网络。

HarmonyOS 采用包含 Linux、LiteOS-A、LiteOS-M 在内的多内核部件，这些内核均具备以上功能，只是实现方式有所不同。多个内核通过 KAL，向上提供统一的标准接口。

4.2　HarmonyOS LiteOS-M 内核

HarmonyOS 轻量级内核是基于轻量级 IoT 操作系统 Huawei LiteOS 内核演进的新一代内核，包含 LiteOS-M 和 LiteOS-A 两类内核。LiteOS-M 内核主要应用于轻量系统，适合具有几百 KB 内存的 MCU，可支持 MPU（Memory Protection Unit，内存保护单元）隔离；LiteOS-A 内核主要应用于小型系统，适合具备 MB 级内存的设备，可支持 MMU（Memory Management Unit，内存管理单元）隔离。

4.2.1　LiteOS-M 内核概述

LiteOS-M 内核是面向 IoT 领域构建的轻量级 IoT 操作系统内核，具有小体积、低功耗、高性能的特点。它的代码结构简单，主要包括内核最小功能集、KAL、可选模块及工程目录等。LiteOS-M 内核架构包含硬件相关层及硬件无关层，如图 4-2 所示。硬件架构模块属于硬件相关层，硬件架构模块按不同编译工具链、芯片架构分类，提供统一的硬件接口，提升了硬件适配性，满足 IoT 类型硬件和编译工具链的拓展；其他模块属于硬件无关层，其中基础内核模块提供基础能力，扩展模块提供网络模块、文件系统等能力，还提供功耗、调测等功能；KAL 模块提供统一的标准接口。

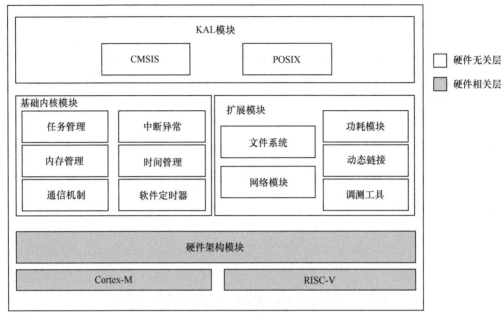

图 4-2 LiteOS-M 内核架构

操作系统内核为了适配不同 CPU 体系架构，分为通用体系架构定义和特定体系架构定义两部分，如表 4-2 所示。通用体系架构定义为 CPU 体系架构都需要支持和实现的接口，特定体系架构定义为特定 CPU 体系架构特有的部分。在新增一种 CPU 体系架构的时候，必须提供通用体系架构定义，如果该 CPU 体系架构还有特有的功能，可以在特定体系架构定义中实现。LiteOS-M 支持 ARM Cortex-M3、ARM Cortex-M4、ARM Cortex-M7、ARM Cortex-M33、RISC-V 等主流体系架构。

表 4-2 操作系统内核对不同 CPU 体系架构的适配规则

规则项	通用体系架构定义	特定体系架构定义
头文件位置	kernel/arch/include	kernel/arch/<arch>/<arch>/<toolchain>/
头文件命名	los_<function>.h	los_arch_<function>.h
函数命名	Halxxxx	Halxxxx

内核启动流程如图 4-3 所示。在开发板工程根目录下的配置文件 target_config.h 中可以配置系统时钟、每秒 Tick 数等，可以对任务、内存、IPC、异常处理模块进行裁剪配置。系统启动时，根据配置进行指定模块的初始化。

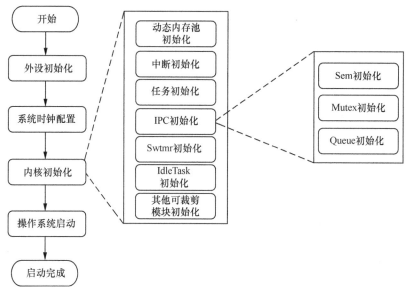

图 4-3　内核启动流程

4.2.2　任务管理

任务是 LiteOS-M 系统调度的最小单元。任务可以使用 CPU、使用内存等系统资源，并独立运行。LiteOS-M 的任务模块可以为用户提供多个任务，实现任务切换，帮助用户管理业务程序流程。任务模块支持多任务和抢占式调度机制，高优先级任务可打断低优先级任务，低优先级任务必须在高优先级任务阻塞或结束后才能得到调度。相同优先级的任务支持时间片轮转调度方式。任务共有 32 个优先级，即 0 ～ 31，最高优先级为 0，最低优先级为 31。

任务有多种状态。系统初始化完成后，任务就可以在系统中竞争一定的资源，由内核进行调度。任务状态通常分为以下 4 种。

就绪态（Ready）：任务在就绪队列中，只等待 CPU。

运行态（Running）：正在执行任务。

阻塞态（Blocked）：任务不在就绪队列中。阻塞态包含任务被挂起（Suspend 状态），任务被延时（Delay 状态），任务正在等待信号量、读写队列或等待事件等。

退出态（Dead）：任务结束，等待系统回收资源。

任务状态迁移关系如图 4-4 所示。

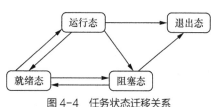

图 4-4　任务状态迁移关系

（1）就绪态→运行态

任务创建后进入就绪态，发生任务切换时，执行就绪队列中最高优先级的任务，进入运行态，同时从就绪队列中删除该任务。

（2）运行态→阻塞态

正在运行的任务发生阻塞（如挂起、延时、等待信号量等）时，从就绪队列中删除该任务，任务状态由运行态变为阻塞态，然后发生任务切换，执行就绪队列中优先级最高的任务。

（3）阻塞态→就绪态

阻塞的任务被恢复（如任务恢复、延时时间超时、等待信号量超时或读到信号量等）后，被恢复的任务会被加入就绪队列，从而由阻塞态变为就绪态；如果被恢复任务的优先级高于正在执行任务的优先级，则会发生任务切换，被恢复的任务由就绪态变为运行态。

（4）就绪态→阻塞态

任务也有可能在就绪态时被阻塞（挂起），此时任务状态由就绪态变为阻塞态，从就绪队列中删除该任务，不参与任务调度，直到该任务被恢复。

（5）运行态→就绪态

更高优先级任务被创建或者恢复后，会发生任务调度，此时就绪队列中优先级最高的任务变为运行态，原先运行的任务由运行态变为就绪态，依然在就绪队列中。

（6）运行态→退出态

执行中的任务结束，任务状态由运行态变为退出态。退出态包含任务结束的正常退出状态及 Invalid 状态。例如，任务结束但是没有自删除，对外呈现的就是 Invalid 状态，即退出态。

（7）阻塞态→退出态

被阻塞的任务调用删除接口，任务状态由阻塞态变为退出态。

用户创建任务时，系统会初始化任务栈，预置上下文。此外，系统还会将"任务入口函数"地址放在相应位置，这样任务在第一次启动并进入运行态时，会执行"任务入口函数"。任务创建后，内核可以执行锁任务调度、解锁任务调度、挂起、恢复、延时等操作，同时也可以设置任务优先级、获取任务优先级。

4.2.3 内存管理

内存管理模块管理系统的内存资源，是操作系统的核心模块之一，主要管理内存的初始化、分配及释放。在系统运行过程中，内存管理模块通过对内存的申请 / 释放来管理用户和操作系统对内存的使用，使内存的利用率和使用效率达到最优，同时最大限度地解决系统的内存碎片问题。LiteOS-M 内核的内存管理分为静态内存管理和动态内存管理，提供内存初始化、分配、释放等功能。

1. 静态内存管理

静态内存实质上是一个静态数组，静态内存池内的块大小在初始化时设定，初始化后块大小不可变更。如图 4-5 所示，静态内存池由一个控制块 LOS_MEMBOX_INFO 和若干相同大小的内存块 LOS_MEMBOX_NODE+ 数据域构成。控制块位于内存池头部，用于管理内存块，包含内存块大小 uwBlkSize、内存块数量 uwBlkNum、已分配使用的内存块数目 uwBlkCnt 和空闲内存块链表 stFreeList。内存块的申请和释放以块大小为粒度，每个内存块包含指向下一个内存块的指针 pstNext。

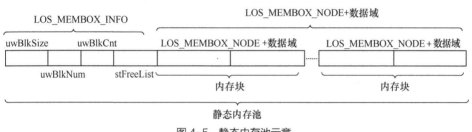

图 4-5　静态内存池示意

静态内存管理在静态内存池中分配用户初始化时预设（固定）大小的内存块，分配和释放效率高，静态内存池中无碎片。它的缺点是只能申请到初始化时预设大小的内存块，不能按需申请。

2. 动态内存管理

动态内存管理，即在内存资源充足的情况下，根据用户需求，从系统配置的一块比较大的连续内存（又称内存池、堆内存）中分配任意大小的内存块。用户不需要该内存块时，可将其释放回系统供下一次使用。

动态内存管理在动态内存池中分配用户指定大小的内存块，支持按需分配。它的缺点是动态内存池中可能出现碎片。

LiteOS-M 内核的动态内存在 TLSF（Two-Level Segregated Fit，两级分割适应）算法的基础上，对区间的划分进行优化，获得更优的性能，降低了碎片率。动态内存核心算法如图 4-6 所示。根据空闲内存块的大小，使用多个空闲链表进行管理。根据空闲内存块（单位为 B）大小将其分为两个部分——[4, 127] 和 $[2^7, 2^{31}-1]$，如图 4-6

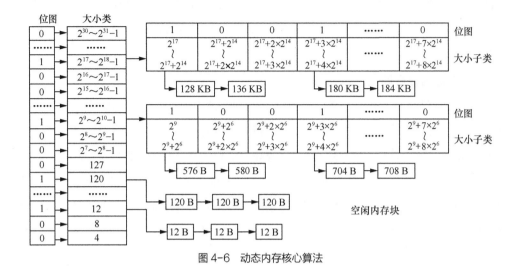

中大小类（Size Class）所示。

图 4-6　动态内存核心算法

对 [4,127] 区间的内存进行等分，如图 4-6 中下半部分所示，分为 31 个小区间，每个小区间对应的内存块大小为 4 B 的倍数。每个小区间对应一个空闲链表和用于标记对应空闲链表是否为空的 1 bit 数据，该数据值为 1 时，表示空闲链表非空。[4,127]的 31 个小区间对应 31 bit。

大于 127 B 的空闲内存块，按照 2 的次幂划分区间管理空闲链表，共分为 24 个小区间，每个小区间又等分为 8 个二级小区间，如图 4-6 中上半部分的大小类（Size Class）和大小子类（Size Subclass）部分所示。每个二级小区间对应一个空闲链表和用于标记对应空闲链表是否为空的 1 bit 数据。共 24×8=192 个二级小区间，对应 192 个空闲链表和用于标记空闲链表是否为空的 192 bit 数据。

例如，当有 40 B 的空闲内存需要插入空闲链表时，对应小区间 [40,43]、第 10 个空闲链表、位图标记的第 10 bit。把 40 B 的空闲内存挂载到第 10 个空闲链表上，并判断是否需要更新位图标记。当需要申请 40 B 的内存时，根据位图标记获取存在满足申请大小的内存块的空闲链表，从空闲链表上获取空闲内存节点。如果分配的节点大小大于需要申请的内存大小，就进行分割节点操作，将剩余的内存重新挂载到相应的空闲链表上。当有 580 B 的空闲内存需要插入空闲链表时，对应二级小区间 $[2^9, 2^9+2^6]$、第 31+2×8=47 个空闲链表，使用位图的第 47 bit 来标记空闲链表是否为空。把 580 B 的空闲内存挂载到第 47 个空闲链表上，并判断是否需要更新位图标记。当需要申请 580 B 的内存时，根据位图标记获取存在满足申请大小的内存块的空闲链表，从空闲链表上获取空闲内存节点。如果对应的空闲链表为空，则在更大的内存区间上查询是否有满足条件的空闲链表，实际计算时，会一次性查找到存在满足申请大小的内存块的空闲链表。

动态内存池结构如图 4-7 所示，包含内存池池头和若干内存池节点。

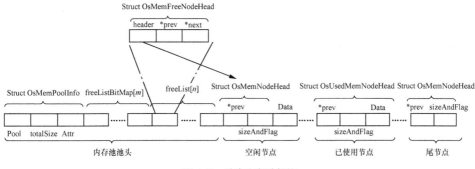

图 4-7　动态内存池结构

（1）内存池池头

内存池池头部分包含内存池信息（Struct OsMemPoolInfo）、位图标记数组（freeListBitMap）和空闲链表数组（freeList）。内存池信息包含内存池起始地址（Pool）、堆区域总大小（totalSize）、内存池属性（Attr）。位图标记数组由 7 个 32 bit 无符号整数组成，每个标记对应的空闲链表是否挂载了空闲节点。空闲链表数组包含 223 个空闲头节点信息，每个空闲头节点信息包含内存头节点（header）和空闲链表的前序（*prev）、后继（*next）空闲节点。

（2）内存池节点

内存池节点包含 3 种类型节点：空闲节点、已使用节点和尾节点。每个内存节点维护一个前序指针（指向内存池中上一个内存节点），还维护内存节点的大小和使用标记。空闲节点和已使用内存节点后面的内存区域是数据域（Data），尾节点没有数据域。

4.2.4　内核通信机制

LiteOS-M 内核提供事件、互斥锁、消息队列、信号量等多种通信机制，本节介绍这些通信机制的运行原理。

1. 事件

事件（Event）是一种任务间的通信机制，可用于任务间的同步操作。事件只做任务间同步，不传输具体数据。任务间的事件同步可以是一对多的，也可以是多对多的。一对多表示一个任务可以等待多个事件，多对多表示多个任务可以等待多个事件，但是一次写事件最多触发一个任务从阻塞中醒来。事件模块支持事件读超时机制，并对外提供用于事件初始化、事件读写、事件清零、事件销毁等的接口。

事件初始化时会创建一个事件控制块，该事件控制块用于维护一个已处理的事件集合，以及等待特定事件的任务链表。当发生写事件时，会向事件控制块写入指定的事件，事件控制块更新事件集合，并遍历任务链表，根据任务等待具体事件的情况，决定是否唤醒相关任务。当发生读事件时，如果读取的事件已存在，会直接同步并返回结果。其他情况会根据超时时间以及事件触发情况来决定返回结果的时机：等待的事件在超时时间耗尽之前到达，阻塞任务会被直接唤醒，否则待超时时间耗尽，该任务才会被唤醒。读事件条件满足与否取决于入参 eventMask 和 mode，eventMask 表示需要关注的事件类型掩码，mode 表示具体处理方式，分为以下 3 种模式。

LOS_WAITMODE_AND：逻辑与，基于接口传入的事件类型掩码 eventMask 进行处理，只有所有事件都已经发生才能读取成功，否则任务将被阻塞或返回错误码。

LOS_WAITMODE_OR：逻辑或，基于接口传入的事件类型掩码 eventMask 进行处理，只要任一事件发生就可以读取成功，否则任务将被阻塞或返回错误码。

LOS_WAITMODE_CLR：这是一种附加读取模式，需要与所有事件模式或任一事件模式结合使用（如 LOS_WAITMODE_AND | LOS_WAITMODE_CLR 或 LOS_WAITMODE_OR | LOS_WAITMODE_CLR）。在这种模式下，当设置的所有事件模式或任一事件模式读取成功后，会自动清除事件控制块中对应的事件类型掩码。

事件清零是指根据指定事件类型掩码对事件控制块中的事件集合进行清零操作。当事件类型掩码为 0 时，表示将事件集合全部清零。当事件类型掩码为 0xFFFF 时，表示不清除任何事件，保持事件集合原状。当事件销毁时，销毁指定的事件控制块。事件运作原理如图 4-8 所示。

2. 互斥锁

互斥锁又称互斥型信号量，是一种特殊的二值信号量，用于实现对公共资源的独占式处理。任意时刻互斥锁的状态只有两种：开锁或闭锁。当任务持有互斥锁时，互斥锁处于闭锁状态，这个任务获得该互斥锁的所有权；当该任务释放它时，该互斥锁被开锁，任务失去该互斥锁的所有权。当一个任务持有互斥锁时，其他任务将不能对该互斥锁进行开锁或持有。

多任务环境下往往存在多个任务竞争同一公共资源的应用场景，互斥锁可被用于对公共资源进行保护，从而实现独占式访问。另外，互斥锁可以解决信号量存在的优先级翻转问题。

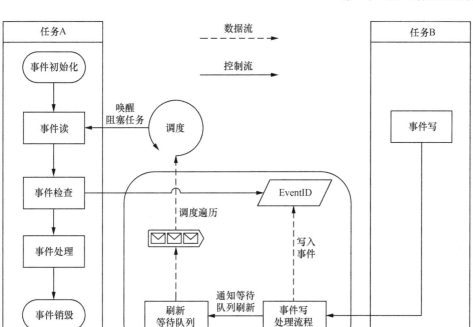

图 4-8 事件运作原理

多任务环境下会存在多个任务访问同一公共资源的场景，而有些公共资源需要任务进行独占式处理。如何使用互斥锁处理公共资源的同步访问呢？用互斥锁处理公共资源的同步访问时，如果某个任务访问该公共资源，则互斥锁为闭锁状态。此时，其他任务如果想访问该公共资源，则会被阻塞，直到互斥锁被持有它的任务释放后，其他任务才能重新访问该公共资源，此时互斥锁再次上锁，以确保同一时刻只有一个任务正在访问该公共资源，这保证了公共资源操作的完整性，如图 4-9 所示。

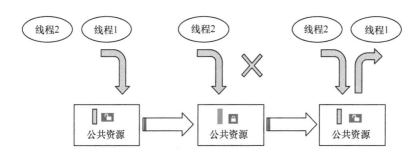

图 4-9 互斥锁运作示意

3. 消息队列

消息队列又称队列,是一种常用于任务间通信的数据结构。队列接收来自任务或中断的不固定长度消息,并根据不同的接口确定是否将传递的消息存放在队列空间中。

任务能够从队列里面读取消息,当队列中的消息为空时,挂起读取任务;当队列中有新消息时,挂起的读取任务被唤醒并处理新消息。任务也能够往队列里写入消息,当队列写满消息时,挂起写入任务;当队列中有空闲消息节点时,挂起的写入任务被唤醒并写入消息。

可以通过调整读队列和写队列的超时时间来调整读写接口的阻塞模式,如果将读队列和写队列的超时时间设置为 0,就不会挂起任务,接口会直接返回结果,这就是非阻塞模式。如果将读队列和写队列的超时时间设置为大于 0,任务就会以阻塞模式运行。

消息队列提供异步处理机制,允许将一个消息放入队列,但不立即处理。同时队列还可起到缓冲消息的作用,可以使用队列实现任务异步通信,队列具有如下特性:消息以 FIFO(First In First Out,先进先出)的方式排队,支持异步读写;读队列和写队列都支持超时机制;每读取一条消息,就会将该消息节点设置为空闲;发送消息的类型由通信双方约定,可以允许发送不同长度(不超过队列的消息节点大小)的消息;一个任务能够通过任意一个消息队列接收和发送消息;多个任务能够通过同一个消息队列接收和发送消息;队列接口内部支持自行动态申请创建队列时所需的队列内存空间。

图 4-10 所示为读写队列数据操作示意,图中只展示了在尾节点写入消息,没有展示在头节点写入消息,两者是类似的。创建队列时,若成功则会返回队列 ID。队列控制块维护着一个消息头节点位置 Head 和一个消息尾节点位置 Tail,用于表示当前队列中消息的存储情况。Head 表示队列中被占用的消息节点的起始位置。Tail 表示被占用的消息节点的结束位置,也就是空闲消息节点的起始位置。队列刚创建时,Head 和 Tail 均指向队列起始位置。写队列时,根据 readWriteableCnt[1] 判断队列是否可以写入,不能对已满(readWriteableCnt[1] 为 0)的队列进行写操作。写队列支持两种写入方式:向队列尾节点写入和向队列头节点写入。向队列尾节点写入时,根据 Tail 找到起始空闲消息节点作为数据写入对象,如果 Tail 指向队列结束位置,则采用回卷方式。向队列头节点写入时,将 Head 的前一个节点作为数据写入对象,如果 Head 指向队列起始位置,则采用回卷方式。读队列时,根据 readWriteableCnt[0] 判断队列中是

否有消息需要读取，对全部空闲（readWriteableCnt[0] 为 0）的队列进行读操作会导致任务挂起。如果队列中有消息，则根据 Head 找到最先写入队列的消息节点进行读取。如果 Head 已经指向队列结束位置则采用回卷方式。删除队列时，根据队列 ID 找到对应队列，把队列置为未使用状态，把队列控制块置为初始状态，并释放队列所占内存。

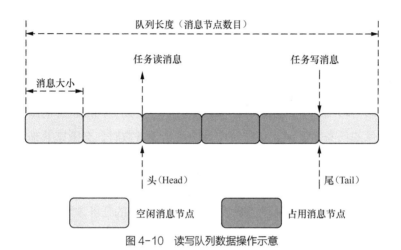

图 4-10　读写队列数据操作示意

4. 信号量

信号量（Semaphore）是一种实现任务间通信的机制，可以用于实现任务间同步或公共资源的互斥访问。在一个信号量的数据结构中，通常有一个计数值，用于对有效资源计数，表示剩下的可被使用的公共资源数，其值有两种：0，表示该信号量当前不可获取，可能存在正在等待该信号量的任务；正值，表示该信号量当前可被获取。

用于同步的信号量和用于互斥的信号量在使用上有如下不同。

用于互斥时，初始信号量计数值不为 0，表示可用的公共资源数。在需要使用公共资源前，先获取信号量，然后使用一个公共资源，使用完毕后释放信号量。这样在公共资源被取完，即信号量计数值为 0 时，其他需要获取信号量的任务将被阻塞，从而保证了公共资源的互斥访问。另外，当公共资源数为 1 时，建议使用二值信号量（一种类似于互斥锁的机制）。

用于同步时，初始信号量计数值为 0。任务 1 因信号量计数值为 0 而被阻塞，直到任务 2 或者某中断操作释放信号量，任务 1 才得以变为就绪态或运行态，从而实现任务间的同步。

信号量初始化时，为配置的 N 个信号量申请内存（N 值可以由用户自行配置，通过 LOSCFG_BASE_IPC_SEM_LIMIT 宏定义），把所有信号量初始化成未使用状态，并将其加入未使用的信号量链表供系统使用。创建信号量时，从未使用的信号量链表中获取一个信号量，并设定初始值。申请信号量时，若其计数器的值大于 0，则直接减 1 并返回成功的消息，否则任务被阻塞，等待其他任务释放该信号量，等待的超时时间可自定义。当任务被一个信号量阻塞时，将该任务挂到信号量等待任务队列的队尾。释放信号量时，若没有任务等待该信号量，则直接将计数器的值加 1 并返回更新的计数值，否则唤醒该信号量等待任务队列上的第一个任务。删除信号量时，将正在使用的信号量置为未使用状态，并挂到未使用的信号量链表中。信号量允许多个任务在同一时刻访问公共资源，但会限制同一时刻访问此资源的最大任务数。当访问信号量的任务数达到该信号量允许的最大任务数时，会阻塞其他试图获取该信号量的任务，直到有任务释放该信号量。信号量运行如图 4-11 所示，多个任务线程访问公共资源时，每个任务获取一个资源后，计数器的值减 1。当没有可用的信号量时，任务被阻塞，直至其他任务释放信号量，被阻塞的任务才能获取信号量。

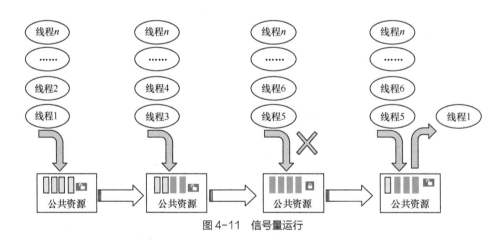

图 4-11　信号量运行

4.3　HarmonyOS LiteOS-A 内核

LiteOS-A 内核主要应用于小型系统，面向的设备一般有 MB 级内存，可支持 MMU 隔离。为适应 IoT 产业的高速发展，LiteOS-A 内核不断优化和扩展，能够带给应用开发者友好的开发体验和统一开放的生态系统能力。相对于 LiteOS-M 内核，

LiteOS-A 内核增加更丰富的内核机制，包括虚拟内存、系统调用、多核、轻量级 IPC、DAC（Discretionary Access Control，自主访问控制）等机制；LiteOS-A 内核支持多进程，使应用之间内存隔离、相互不影响，提升系统的健壮性；LiteOS-A 内核还引入了统一驱动框架——HDF，统一驱动标准，为设备厂商提供更统一的接入方式，使驱动更加容易移植，实现"一次开发，多端部署"；LiteOS-A 内核支持 1200 多个标准 POSIX 接口，使应用软件易于开发和移植，给应用开发者提供更友好的开发体验；LiteOS-A 内核支持内核和硬件高度解耦，应用于已适配 CPU 的新单板时，无须为新外围设备修改内核代码。

4.3.1　LiteOS-A 内核概述

　　LiteOS-A 内核主要由基础内核、文件系统、网络协议、HDF、扩展能力组成。LiteOS-A 内核的文件系统、网络协议等扩展功能不像微内核那样运行在用户态，而是运行在内核空间，这种设计主要考虑模块之间的直接函数调用比 IPC 或 RPC（Remote Procedure Call，远程过程调用）快得多。LiteOS-A 内核架构如图 4-12 所示。其中，基础内核主要涉及内核的基础机制，HDF 是外围设备驱动的统一标准框架。

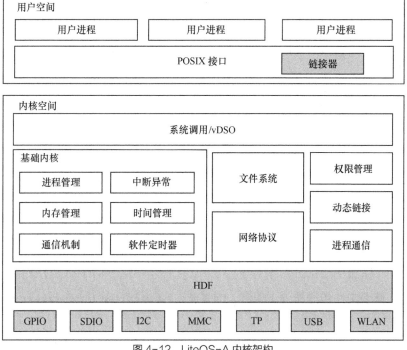

图 4-12　LiteOS-A 内核架构

1. 基础内核

基础内核的功能精简，主要包括内核的基础机制，如进程管理、内存管理、中断异常、通信机制等。

2. 文件系统

LiteOS-A 内核支持 FAT（File Allocation Table，文件分配表）、JFFS2（Journalling Flash File System Version 2，日志记录闪存文件系统第 2 版）、NFS（Network File System，网络文件系统）、ramfs、procfs 等众多文件系统，并对外提供完整的符合 POSIX 标准的操作接口，功能非常强大；内部使用 VFS（Virtual File System，虚拟文件系统）作为统一的适配层框架，以便移植新的文件系统，各个文件系统也能自动利用 VFS 提供的丰富功能。

文件系统主要特性如下：支持完整的 POSIX 接口；具备文件级缓存（PageCache）、磁盘级缓存（BCache）、目录缓存（PathCache）；具备 DAC 能力；支持嵌套挂载及文件系统堆叠等；支持特性的裁剪和资源占用的灵活配置。

3. 网络协议

LiteOS-A 内核网络协议基于开源 LwIP——一种轻量级开源 TCP/IP 协议栈构建，对 LwIP 的 RAM 占用进行优化，同时提高 LwIP 的传输性能。

LiteOS-A 内核支持的协议包括 IP、IPv6、ICMP（Internet Control Message Protocol，互联网控制报文协议）、ND、MLD（Multicast Listener Discovery，多播接收方发现）、UDP（User Datagram Protocol，用户数据报协议）、TCP、IGMP（Internet Group Management Protocol，互联网组管理协议）、ARP（Address Resolution Protocol，地址解析协议）、PPPoS、PPPoE（Point-to-Point Protocol Over Ethernet，以太网点对点协议）。

LiteOS-A 内核支持 Socket API。其扩展特性包括多网络接口 IP 转发、TCP 拥塞控制、RTT（Round Trip Time，往返路程时间）估计和快速恢复 / 快速重传。

LiteOS-A 内核支持的应用程序包括 HTTP（Hypertext Transfer Protocol，超文本传送协议）服务、SNTP（Simple Network Time Protocol，简单网络时间协议）客户端、SMTP（Simple Mail Transfer Protocol，简单邮件传送协议）客户端、ping 工具、NetBIOS 名称服务、mDNS 响应程序、MQTT 客户端、TFTP（Trival File Transfer Protocol，简易文件传送协议）服务、DHCP（Dynamic Host Configuration Protocol，

动态主机配置协议）客户端、DNS（Domain Name System，域名系统）客户端、AutoIP/APIPA（零配置）、SNMP（Simple Network Management Protocol，简单网络管理协议）代理。

4. HDF

LiteOS-A 内核集成 HDF，HDF 旨在为开发者提供更精准、更高效的开发环境，支持实现"一次开发，多端部署"。HDF 的具体特性包括：支持多内核平台；支持用户态驱动；可配置部件化驱动模型；支持基于消息的驱动接口模型；支持基于对象的驱动、设备管理；支持 HDI 统一硬件接口；支持电源管理、即插即用。

5. 扩展能力

LiteOS-A 内核支持以下重要的扩展能力（可选）。

动态链接：支持标准 ELF（Executable and Linking Format，可执行链接格式）、加载地址空间随机化。

进程通信：支持轻量级 LiteIPC，同时也支持标准的 Mqueue、Pipe、FIFO、Signal 等机制。

系统调用 /vDSO：支持 170 多种系统调用，同时支持 vDSO（virtual Dynamic Shared Object，虚拟动态共享对象）机制。

权限管理：支持进程粒度的特权划分和管控、UGO（User, Group, Other，用户、组、其他）权限配置。

4.3.2　内核启动

1. 内核态启动

内核态启动流程包含汇编启动阶段和 C 语言启动阶段，如图 4-13 所示。汇编启动阶段完成 CPU 初始设置，关闭 dcache/icache、MMU 等；使能 FPU（Floating-Point Processing Unit，浮点处理单元）及 neon；设置 MMU，建立虚实地址映射；设置系统栈；清理 bss 段，调用 C 语言 main 函数等。C 语言启动阶段包含调用 OsMain 函数及开始调度等，其中，OsMain 函数用于内核基础初始化和架构、板级初始化等，其整体由内核启动框架主导初始化流程，图 4-13 中右边区域为内核启动框架中可接受外部模块注册启动的阶段，各个阶段的说明如表 4-3 所示。

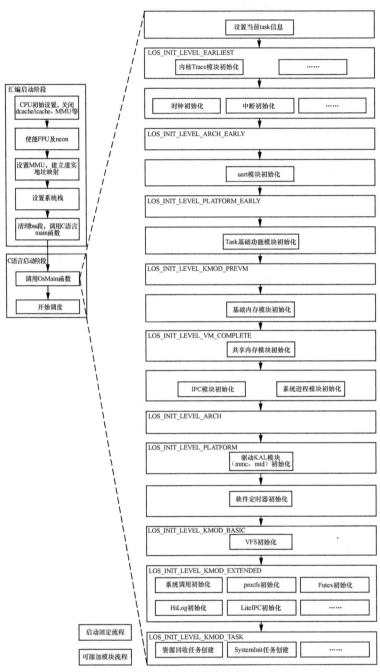

图 4-13　内核态启动流程

表 4-3　内核启动框架中可接受外部模块注册启动的流程

流程	说明
LOS_INIT_LEVEL_EARLIEST	最早期初始化。 说明：不依赖架构，单板及后续模块会初始化对其有依赖的纯软件模块。 例如内核 Trace 模块初始化
LOS_INIT_LEVEL_ARCH_EARLY	架构早期初始化。 说明：与架构相关，后续模块会初始化对其有依赖的模块，如启动过程中非必需的功能，建议放到 LOS_INIT_LEVEL_ARCH 层
LOS_INIT_LEVEL_PLATFORM_EARLY	平台早期初始化。 说明：单板平台、驱动相关，后续模块会初始化对其有依赖的模块，如启动过程中必需的功能，建议放到 LOS_INIT_LEVEL_PLATFORM 层。 例如 uart 模块初始化
LOS_INIT_LEVEL_KMOD_PREVM	内存初始化前的内核模块初始化。 说明：在内存初始化之前需要初始化使能的模块
LOS_INIT_LEVEL_VM_COMPLETE	基础内存就绪后的初始化。 说明：此时内存初始化完毕，需要初始化进行使能且不依赖进程间通信机制与系统进程的模块。 例如共享内存模块初始化
LOS_INIT_LEVEL_ARCH	架构后期初始化。 说明：与架构拓展功能相关，后续模块会初始化对其有依赖的模块
LOS_INIT_LEVEL_PLATFORM	平台后期初始化。 说明：与单板平台、驱动相关，后续模块会初始化对其有依赖的模块。 例如驱动 KAL 模块（mmc、mtd）初始化
LOS_INIT_LEVEL_KMOD_BASIC	内核基础模块初始化。 说明：初始化内核可拆卸的基础模块。 例如 VFS 初始化
LOS_INIT_LEVEL_KMOD_EXTENDED	内核扩展模块初始化。 说明：内核可拆卸的扩展模块初始化。 例如系统调用初始化、procfs 初始化、Futex 初始化、HiLog 初始化、LiteIPC 初始化
LOS_INIT_LEVEL_KMOD_TASK	内核任务创建。 说明：内核任务创建（内核线程、软件定时器任务）。 例如资源回收任务创建、SystemInit 任务创建

2. 用户态启动

根进程 init 是系统的第一个用户态进程，进程 ID 为 1，它是所有用户态进程的祖先，进程树如图 4-14 所示。

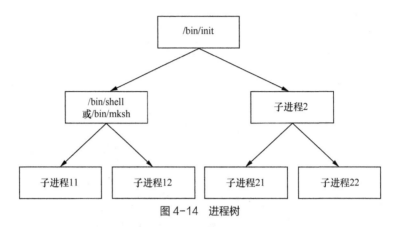

图 4-14　进程树

使用链接脚本将如下 init 进程启动代码放置到系统镜像指定的位置。

```
#define LITE_USER_SEC_ENTRY    __attribute__((section(".user.entry")))
LITE_USER_SEC_ENTRY VOID OsUserInit(VOID *args)
{
#ifdef LOSCFG_KERNEL_DYNLOAD
    sys_call3(__NR_execve, (UINTPTR)g_initPath, 0, 0);
#endif
    while (true) {
    }
}
```

系统启动阶段，OsUserInitProcess 启动 init 进程，具体过程为由内核 OsLoad UserInit 加载上述代码，创建新的进程空间，启动 init 进程。

根进程负责启动关键系统程序或服务，如交互进程 shell。init 进程根据 /etc/init.cfg 中的配置执行指定命令，或启动指定进程。根进程还负责监控回收 "孤儿" 进程，并清理子进程中的 "僵尸" 进程。

用户态程序可以利用框架编译用户态进程，也可以手动单独编译，如下述命令可编译 helloworld.c 用户态程序。其中，clang 表示编译器，--target=arm-liteos 用于指定编译平台为 arm-liteos。--sysroot=/prebuilts/lite/sysroot 用于指定头文件及依赖标准库的搜索路径为 prebuilts 下的指定路径。

```
    clang --target=arm-liteos --sysroot=prebuilts/lite/sysroot -o helloworld
helloworld.c
```

用户态程序可以使用 shell 命令启动进程，还可以通过 POSIX 接口 Fork 函数创建一个新的进程，exec 类接口执行一个全新的进程。通过 shell 命令启动进程示例如下。

```
OHOS $ exec helloworld
OHOS $ ./helloworld
OHOS $ /bin/helloworld
```

4.3.3　内存管理

LiteOS-A 内核的内存管理包含静态内存管理和动态内存管理、物理内存管理、虚拟内存管理和虚实映射管理等。静态内存管理和动态内存管理与 LiteOS-M 内核的静态内存管理和动态内存管理没有差异，此处不赘述。本节主要介绍物理内存管理、虚拟内存管理和虚实映射管理的运行原理。

1. 物理内存管理

物理内存是计算机上最重要的资源之一，指的是实际的内存设备提供的、可以通过 CPU 总线直接进行寻址的内存空间，其主要作用是为操作系统及程序提供临时存储空间。LiteOS-A 内核通过分页管理物理内存，除了内核堆占用的一部分内存外，其余可用内存均以 4 KB 为单元划分成页帧，内存分配和内存回收以页帧为单元。内核采用伙伴算法管理空闲页面，可以降低内存碎片率，提高内存分配和释放的效率，但缺点是一个很小的块往往也会阻塞一个大块的合并，导致不能分配较大的内存块。

图 4-15 所示为 LiteOS-A 内核的物理内存使用分布情况，主要由内核镜像、内核堆及页帧组成。

图 4-15　LiteOS-A 内核的物理内存使用分布情况

伙伴算法把所有空闲页帧分成 9 个内存块组，每组中的内存块包含 2 的次幂个页帧，例如，第 0 组的内存块包含 2 的 0 次幂个页帧，即 1 个页帧；第 8 组的内存块包含 2 的 8 次幂个页帧，即 256 个页帧。相同大小的内存块挂在同一个链表上进行管理。

（1）申请内存

如图 4-16 所示，系统申请 12 KB 内存，即 3 个页帧时，9 个内存块组中索引为 3 的链表挂着的一块大小为 8 个页帧的内存块满足要求，分配 12 KB 内存后还剩余 20 KB 内存，即 5 个页帧，将 5 个页帧分成（4+1）个页帧，即 2 的次幂之和的形式，尝试查找伙伴进行合并。4 个页帧的内存块没有伙伴，则直接插到索引为 2 的链表上，继续查找 1 个页帧的内存块是否有伙伴，索引为 0 的链表上此时有 1 个内存块，如果两个内存块地址连续，则进行合并，并将合并后的内存块挂到索引为 1 的链表上，否则不做处理。

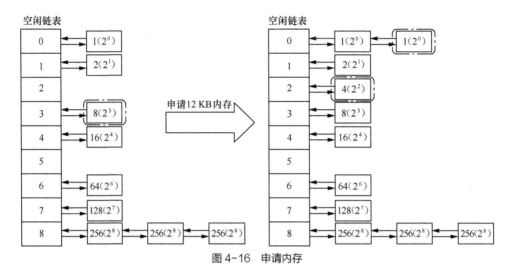

图 4-16　申请内存

（2）释放内存

如图 4-17 所示，系统释放 12 KB 内存，即 3 个页帧，将 3 个页帧分成（2+1）个页帧，尝试查找伙伴进行合并。索引为 1 的链表上有 1 个内存块，若地址连续，则将存放连续地址的内存块合并，并将合并后的内存块挂到索引为 2 的链表上，索引为 0 的链表上此时也有 1 个内存块，如果地址连续，则将存放连续地址的内存块合并，并将合并后的内存块挂到索引为 1 的链表上，然后继续判断是否有伙伴，重复上述操作。

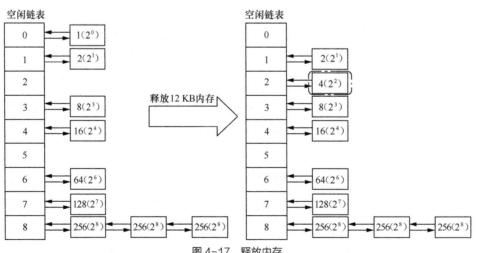

图 4-17　释放内存

2. 虚拟内存管理

虚拟内存管理是计算机系统管理内存的一种技术。每个进程都有连续的虚拟地址空间，虚拟地址空间的大小由 CPU 的比特数决定，32 bit 的硬件平台可以提供的最大的寻址空间为 0 ～ 4 GB。整个 4 GB 空间分成两部分，LiteOS-A 内核占据 3 GB 的高地址空间，1 GB 的低地址空间留给进程使用。各个进程空间的虚拟地址空间是独立的，代码、数据互不影响。

系统将虚拟内存分割为被称为虚拟页的内存块，大小一般为 4 KB 或 64 KB，LiteOS-A 内核默认的虚拟页的大小是 4 KB，用户根据需要可以对 MMU 进行配置。虚拟内存管理操作的最小单位就是一个虚拟页。LiteOS-A 内核中一个虚拟地址区间 Region 可包含地址连续的多个虚拟页，也可只包含一个虚拟页。同样，物理内存也会按照虚拟页大小进行分割，分割后的每个内存块称为页帧。虚拟地址空间划分：内核态占高地址 3 GB（0x40000000 ～ 0xFFFFFFFF），用户态占低地址 1 GB（0x01000000 ～ 0x3F000000），具体如表 4-4 和表 4-5 所示，详细信息参见 los_vm_zone.h。

表 4-4　内核态地址规划

区域名称	起始地址	结束地址	使用领域	属性
DMA 区域	0x40000000	0x43FFFFFF	USB、网络等 DMA（Direct Memory Access，直接存储器访问）形式的内存访问	Uncache
普通区域	0x80000000	0x83FFFFFF	内核代码、数据段、堆内存和栈	Cache
高地址区域	0x84000000	0x8BFFFFFF	连续虚拟内存分配，物理内存不连续	Cache

表 4-5　用户态地址规划

区域名称	起始地址	结束地址	使用领域	属性
代码段	0x02000000	0x09FFFFFF	用户态代码段地址空间	Cache
堆	0x0FC00000（起始地址随机）	0x17BFFFFF	用户态堆地址空间	Cache
栈	0x37000000	0x3EFFFFFF（起始地址随机）	用户态栈空间地址	Cache
共享库	0x1F800000（起始地址随机）	0x277FFFFF	用户态共享库加载地址空间，包括 mmap 接口	Cache

在虚拟内存管理中，虚拟地址空间是连续的，但是其映射的物理内存并不一定

是连续的，如图 4-18 所示。可执行程序加载
运行，CPU 访问虚拟地址空间中的代码或数据
时存在两种情况，一种情况是 CPU 访问的虚
拟地址所在的虚拟页（如 V0）已经与具体的
页帧 P0 进行了映射，CPU 通过找到进程对应
的页表条目，根据页表条目中的物理地址访问
物理内存中的内容并返回；另一种情况是 CPU
访问的虚拟地址所在的虚拟页，如 V2，没有与

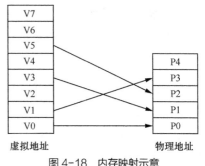

图 4-18　内存映射示意

具体的页帧做映射，系统会触发缺页异常，申请一个页帧，并把相应的信息复制到
页帧中，然后把页帧的起始地址更新到页表条目中。此时，CPU 重新执行访问虚拟
内存的指令，就能够访问到具体的代码或数据。

3. 虚实映射管理

虚实映射是指系统通过 MMU 将进程空间的虚拟地址映射到实际的物理地址，
并指定相应的访问权限、缓存属性等。程序执行时，CPU 访问的是虚拟内存，通过
MMU 页表条目找到对应的物理内存，并做相应的代码执行或数据读写操作。MMU
的映射由页表来描述，其中保存虚拟地址和物理地址的映射关系及访问权限等。每
个进程在创建的时候都会创建一个页表，页表由页表条目构成，每个页表条目描述
虚拟地址区间与物理地址区间的映射关系。MMU 中有一块页表缓存，被称为 TLB
（Translation Lookaside Buffer，变换旁查缓冲器），做地址转换时，MMU 首先在
TLB 中查找，如果找到对应的页表条目，可直接进行转换，这提高了查询效率。
CPU 访问内存或外围设备如图 4-19 所示。

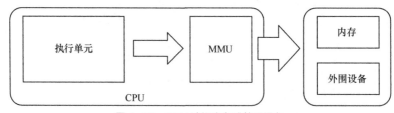

图 4-19　CPU 访问内存或外围设备

虚实映射其实就是一个建立页表的过程。MMU 有多级页表，LiteOS-A 内核采用
二级页表描述进程空间。每个一级页表条目描述符占用 4 Byte，可表示 1 MB 的内存
空间的映射关系，即 1 GB 用户空间（LiteOS-A 内核中用户空间占用 1 GB）的虚拟内
存空间需要 1024 个一级页表条目描述符。系统创建用户进程时，在内存中申请一个

4 KB 大小的内存块作为一级页表的存储区域，二级页表根据当前进程的需要进行动态内存申请。用户程序加载启动时，会将代码段、数据段映射进虚拟内存空间，此时并没有与页帧做实际的映射；程序执行时，如图 4-20 箭头所示，CPU 访问虚拟地址，通过 MMU 查找是否有对应的物理地址，若该虚拟地址无对应的物理地址，则触发缺页异常，内核申请物理内存并将虚实映射关系及对应的属性配置信息写进页表，把页表条目缓存至 TLB 中，接着 CPU 可直接通过转换关系访问实际的物理内存；若 CPU 访问已缓存至 TLB 的页表条目，无须访问保存在内存中的页表，可加快查找速度。

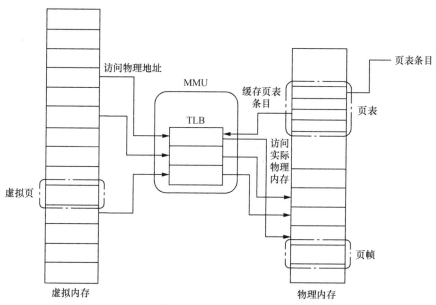

图 4-20　CPU 访问内存示意

4.3.4　进程管理

LiteOS-A 内核进程管理包含对进程、线程（即任务）和调度等的管理。其中，线程和 LiteOS-M 内核任务管理差异较小，此处不赘述。本节主要介绍 LiteOS-A 内核的进程和调度。

1. 进程

进程是系统资源管理的最小单元。LiteOS-A 内核提供的进程模块主要用于实现用户态进程的隔离。内核态被视为一个进程空间，不存在其他进程（KIdle 除外，KIdle 进程是系统提供的空闲进程，与 KProcess 共享一个进程空间）。LiteOS-A 内核的进程模块主要为用户程序提供进程管理，实现进程之间的切换和通信，并帮助用户管理业务程序流程。LiteOS-A 内核的进程采用抢占式调度机制，采用"高优先级优先 + 同优先级时间片轮转"的调度算法。LiteOS-A 内核的进程有 32 个优先级（0～31），用户进程可配置的优先级有 22 个（10～31），最高优先级为 10，最低优先级为 31。高优先级的进程可抢占低优先级进程，低优先级进程必须在高优先级进程阻塞或结束后才能得到调度。每一个用户态进程均拥有自己独立的进程空间，相互之间不可见，实现了进程间隔离。用户态根进程 init 由内核创建，其他用户态子进程均由 init 进程 fork 而来。

进程状态通常分为以下几种，进程状态迁移如图 4-21 所示。

初始化状态（Init）：进程正在被创建。

就绪态（Ready）：进程在就绪列表中，等待 CPU 调度。

运行态（Running）：进程正在运行。

阻塞态（Pending）：进程被阻塞挂起。进程内所有线程均被阻塞时，进程被阻塞挂起。

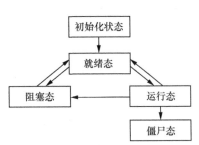

图 4-21　进程状态迁移

僵尸态（Zombies）：进程运行结束，等待父进程回收其控制块资源。

（1）初始化状态→就绪态

进程创建或 fork 时，获取进程控制块，之后进程进入初始化状态，处于进程初始化阶段。进程初始化完成后，将进程插入调度队列，此时进程进入就绪态。

（2）就绪态→运行态

进程创建后进入就绪态，发生进程切换时，就绪列表中最高优先级的进程被执行，从而进入运行态。若进程中已无其他线程处于就绪态，则从就绪列表中删除进程，进程只处于运行态；若进程中还有其他线程处于就绪态，则进程依旧在就绪列表中，此时进程的就绪态和运行态共存，但对外呈现的进程状态为运行态。

（3）运行态→阻塞态

在进程的最后一个线程变为阻塞态时，进程内所有的线程均处于阻塞态，此时进程同步进入阻塞态，然后发生进程切换。

（4）阻塞态→就绪态

阻塞进程内的任意线程恢复就绪态时，进程被加入就绪列表中，并同步变为就绪态。

（5）就绪态→阻塞态

进程内的最后一个就绪态线程变为阻塞态时，从就绪列表中删除进程，进程由就绪态变为阻塞态。

（6）运行态→就绪态

进程由运行态变为就绪态的情况有以下两种。一种是更高优先级的进程创建或者恢复后，会发生进程调度，此时就绪列表中最高优先级进程变为运行态，原先运行的进程由运行态变为就绪态。另一种是若进程的调度策略为 LOS_SCHED_RR，且存在同一优先级的另一个进程处于就绪态，则该进程的时间片耗尽之后，该进程由运行态变为就绪态，另一个同优先级的进程由就绪态变为运行态。

（7）运行态→僵尸态

当进程的主线程或所有线程运行结束后，进程由运行态变为僵尸态，等待父进程回收资源。

LiteOS-A 内核提供的进程模块支持用户态进程的创建和退出、资源回收、设置 / 获取调度参数、获取进程 ID、设置 / 获取进程组 ID 等功能。用户态进程通过父进程 fork 而来，fork 进程时会将父进程的进程虚拟内存空间克隆到子进程中，子进程实际运行时通过写时复制机制将父进程的内容按需复制到子进程的虚拟内存空间。进程只是资源管理单元，实际运行是由进程内的各个线程完成的，不同进程内的线程相互切换时会进行进程空间的切换。进程管理示意如图 4-22 所示。

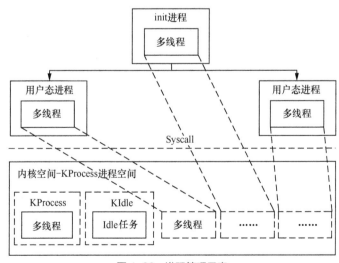

图 4-22　进程管理示意

2. 调度

LiteOS-A 内核支持"高优先级优先 + 同优先级时间片轮转"的调度算法，系统从启动开始，基于实时的时间轴向前运行，使得该调度算法具有很好的实时性。

HarmonyOS 的调度算法将 tickless 机制天然嵌入调度算法，这一方面使系统具有更低的功耗，另一方面也使 tick 中断按需响应，可减少无用的 tick 中断响应，进一步提高系统的实时性。HarmonyOS 的进程调度策略支持 SCHED_RR，线程调度策略支持 SCHED_RR 和 SCHED_FIFO。HarmonyOS 调度的最小单元为线程。

LiteOS-A 内核采用"进程优先级队列 + 线程优先级队列"的调度方式，进程优先级为 0 ～ 31，共有 32 个进程优先级桶队列，每个进程优先级桶队列对应一个线程优先级桶队列；线程优先级也为 0 ～ 31，每个线程优先级桶队列也有 32 个优先级桶队列，如图 4-23 所示。

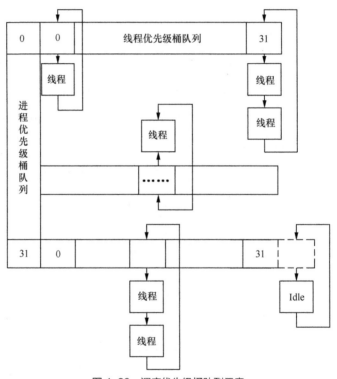

图 4-23　调度优先级桶队列示意

LiteOS-A 内核在系统启动内核初始化之后开始调度，运行过程中创建的进程或线程会被加入调度队列，系统根据进程和线程的优先级及线程的时间片消耗情况选择最优的线程进行调度运行，线程一旦被调度就会从调度队列中被删除。若线程在运行过程中发生阻塞，会被加入对应的阻塞队列中并触发一次调度，以调度其他线程运行。如果调度队列中没有可以调度的线程，系统就会选择 KIdle 进程的线程进行调度运行，如图 4-24 所示。

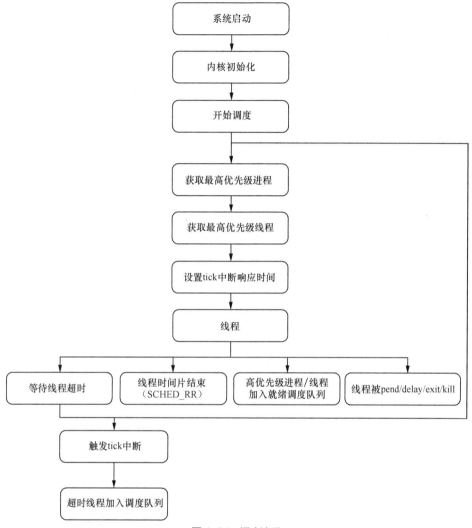

图 4-24 调度流程

4.3.5 扩展能力

LiteOS-A 内核除了基础内核，还有系统调用、动态链接、vDSO、文件系统等扩展能力。

1. 系统调用

LiteOS-A 内核实现了用户态与内核态的区分隔离，用户态程序不能直接访问内核资源，而系统调用则为用户态程序提供了一种访问内核资源、与内核进行交互的方式。如图 4-25 所示，用户程序通过调用系统 API，通常是系统提供的 POSIX 接口，进行内核资源访问与交互，POSIX 接口内部会触发 SVC/SWI 异常，完成系统从用户态到内核态的切换，然后对接到内核的 Syscall Handler（系统调用统一处理接口）进行参数解析，调用具体的内核处理函数。

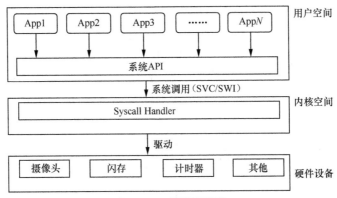

图 4-25　系统调用示意

Syscall Handler 通过 kernel/liteos_a/syscall/los_syscall.c 中的 OsArmA32Syscall Handle 函数实现，在系统软中断异常时，Syscall Handler 会调用此函数，并且按照 kernel/liteos_a/syscall/syscall_lookup.h 中的清单进行系统调用的参数解析，执行各系统调用最终对应的内核处理函数。

📖 说明

　　系统调用提供基础的用户态程序与内核的交互功能，不建议开发者直接使用系统调用接口，推荐使用内核提供的对外 POSIX 接口。

　　内核向用户态提供的系统调用接口清单详见 kernel/liteos_a/syscall/syscall_lookup.h，内核相应的系统调用对接函数清单详见 kernel/liteos_a/syscall/los_syscall.h。

2. 动态链接

LiteOS-A 内核的动态加载与链接主要涉及内核加载器。内核加载器用于加载应用程序及动态链接器。动态链接器用于加载应用程序所依赖的共享库，并对应用程序和共享库进行符号重定位。与静态链接相比，动态链接是在应用程序运行时将其与动态库进行链接的一种机制。程序运行过程包括两部分，分别为动态加载流程和程序执行流程。动态链接具有如下优势：多个应用程序可以共享一份代码，最小加载单元为页，相对静态链接可以节约磁盘和内存空间；共享库升级时，理论上覆盖旧版本的共享库即可（共享库中的接口向下兼容），无须重新链接；加载地址可以进行随机化处理，防止被攻击，保证安全性。系统对可执行程序进行动态加载和链接之后，程序才能运行起来。动态加载流程如图 4-26 所示。

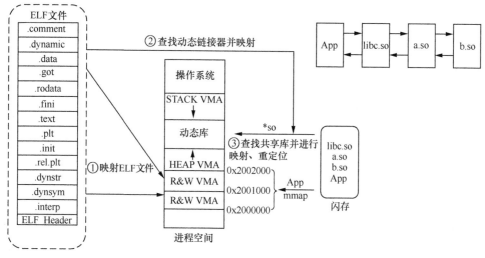

图 4-26　动态加载流程

① 内核根据应用程序 ELF 文件的 PT_LOAD 段信息映射至进程空间。对于 ET_EXEC 类型的文件，根据 PT_LOAD 段中的 p_vaddr 进行固定地址映射；对于 ET_DYN 类型（位置无关的可执行程序，通过编译选项"–fPIE"得到）的文件，内核通过 mmap 接口选择 base 基址进行映射（load_addr = base + p_vaddr）。

② 若应用程序是静态链接的（静态链接不支持编译选项"–fPIE"），设置堆栈信息后跳转至应用程序 ELF 文件中 e_entry 指定的地址并运行；若程序是动态链接的，应用程序 ELF 文件中会有 PT_INTERP 段，用于保存动态链接器的路径信息（ET_DYN 类型）。musl 的动态链接器是 libc-musl.so 的一部分，libc-musl.so 的入口即动态链接器的入口。内核通过 mmap 接口选择 base 基址进行映射，设置堆栈信息后跳转至 base + e_entry（e_entry 为动态链接器的入口）指定的地址并运行动态链接器。

③ 动态链接器自举，查找应用程序依赖的所有共享库并对导入符号进行重定位，最后跳转至应用程序的 e_entry 指定的地址（或 base + e_entry 指定的地址），开始运行应用程序。

可执行程序加载、链接完成之后便开始真正运行起来。程序执行流程如图 4-27 所示。

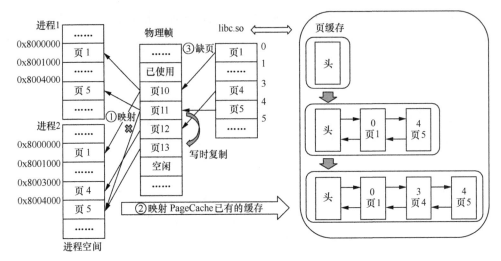

图 4-27　程序执行流程

① 加载器与链接器调用 mmap 接口映射 PT_LOAD 段。

② 内核调用 map_pages 接口查找并映射 PageCache 已有的缓存。

③ 程序执行时，内存若无所需代码或数据则触发缺页中断，将 ELF 文件内容读入内存，并将该内存块加入 PageCache。

映射第③步已读入文件内容的内存块，程序继续执行。

至此，程序将在不断地缺页中断中执行。

3. vDSO

vDSO 相对于普通动态共享库的区别在于，其 .so 文件不保存在文件系统中，而保存在系统镜像中，由内核运行时确定并提供给应用程序，故称为虚拟动态共享库。HarmonyOS 通过 vDSO 机制实现上层用户态程序可以快速读取内核相关数据，可用于实现部分系统调用的加速，也可用于实现非系统敏感数据（硬件配置、软件配置）的快速读取。

vDSO 的核心思想就是内核看护一段内存，并将这段内存映射（只读）到用户态应用程序的地址空间，应用程序通过链接 vdso.so，将某些系统调用替换为直接读取这段已映射的内存，从而避免系统调用以达到加速的效果。vDSO 可分为数据页与代码页两部分：数据页向用户进程的内核数据提供内核映射；代码页提供屏蔽系统调用的主要逻辑。如图 4-28 所示，当前 vDSO 机制包括以下几个主要步骤。

① 内核初始化时进行 vDSO 数据页的检查和创建。

② 内核初始化时进行 vDSO 代码页的创建。

③ 根据系统时钟中断，不断将内核的一些数据刷新到 vDSO 的数据页中。

④ 创建用户进程时，将数据页和代码页映射到用户空间。

⑤ 用户程序在动态链接时对 vDSO 的符号进行绑定。

⑥ 当用户程序调用特定系统函数，例如调用 clock_gettime(CLOCK_REAL
TIME_COARSE, &ts) 时，vDSO 代码页会将其拦截。

⑦ vDSO 代码页将正常系统调用转换为直接读取映射好的 vDSO 数据页。

⑧ 从 vDSO 数据页中将数据传回 vDSO 代码页。

⑨ 将从 vDSO 数据页获取的数据作为结果返回给用户程序。

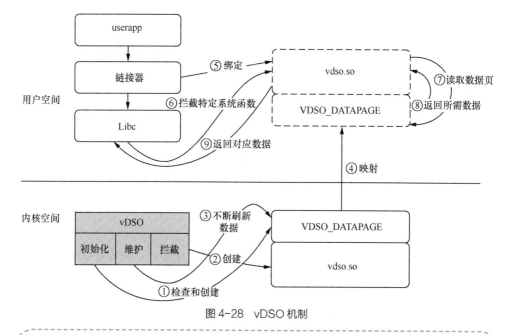

图 4-28　vDSO 机制

> 📖 **说明**
>
> 　　当前 vDSO 机制支持 C 库 clock_gettime 接口的 CLOCK_REALTIME_COARSE 与
> CLOCK_MONOTONIC_COARSE 功能，clock_gettime 接口的使用方法详见 POSIX 标准。
> 用户调用 C 库接口 clock_gettime(CLOCK_REALTIME_COARSE, &ts) 或者 clock_gettime
> (CLOCK_MONOTONIC_COARSE, &ts) 即可使用 vDSO 机制。
>
> 　　使用 vDSO 机制得到的时间精度会与系统 tick 中断的精度保持一致，适用于
> 对时间没有高精度要求且短时间内会高频触发 clock_gettime 或 gettimeofday 系统调
> 用的场景，若有高精度要求，不建议采用 vDSO 机制。

4. 文件系统

文件系统是操作系统中 I/O 的一种主要形式，主要负责和计算机内外部的存储设备进行交互。文件系统向上通过 C 库提供 POSIX 标准的操作接口，具体可以参考 C 库的 API 文档说明；向下通过内核态的 VFS，屏蔽各个具体文件系统的差异。文件系统结构如图 4-29 所示。

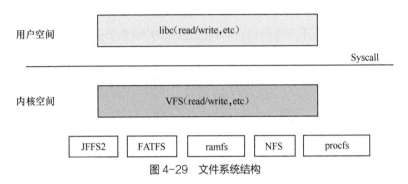

图 4-29 文件系统结构

VFS 是文件系统的虚拟层，它不是一个实际的文件系统，而是一个异构文件系统之上的软件黏合层，为用户提供统一的类 UNIX 文件操作接口。由于不同类型的文件系统接口不统一，若系统中有多个不同类型的文件系统，访问不同的文件系统就需要使用不同的非标准接口。在系统中添加 VFS，可提供统一的抽象接口，屏蔽底层异构类型的文件系统的差异，使开发者访问文件系统的系统调用不必关心底层的存储介质和文件系统类型，从而提高开发效率。

LiteOS-A 内核中，VFS 是通过内存中的树结构来实现的，树的每个节点都是一个 Vnode 结构体，父子节点的关系以 PathCache 结构体保存。VFS 主要的两个功能是查找节点和统一调用（标准）。

VFS 主要通过函数指针对不同类型文件系统调用不同接口，以实现标准接口功能；通过 Vnode 与 PathCache 机制，提升路径搜索及文件访问性能；通过挂载点管理进行分区管理；通过 FD（File Descriptor，文件描述符）管理进行进程间 FD 隔离等。下面将对这些机制进行简要说明。

文件系统操作函数指针：VFS 通过函数指针的形式，按照不同的文件系统类型，将统一调用分发到不同文件系统中进行底层操作。各文件系统各自实现一套 Vnode 操作、挂载点操作及文件操作的接口，并以函数指针结构体的形式存储于相应的 Vnode、挂载点、文件结构体中，从而实现 VFS 对下访问。

Vnode：Vnode 是具体文件或目录在 VFS 的抽象封装，它屏蔽了不同文件系统的差异，实现了资源的统一管理。Vnode 主要有以下几种类型：挂载点，挂载具体文件系统，如 /、/storage；设备节点，/dev 目录下的节点，对应一个设备，如 /dev/mmcblk0；文件 / 目录节点，对应具体文件系统中的文件 / 目录，如 /bin/init。

Vnode 通过哈希及 LRU（Least Recently Used，最近最少使用）机制进行管理。当系统启动后，对文件或目录的访问会优先从哈希链表中查找 Vnode 缓存，若没有命中缓存，则在对应文件系统中搜索目标文件或目录，创建并缓存对应的 Vnode。当 Vnode 数量达到上限时，将淘汰长时间未访问的 Vnode，其中挂载点 Vnode 与设备节点 Vnode 不参与淘汰。当前系统中 Vnode 的数量默认为 512 个，该规格可以通过 LOSCFG_MAX_VNODE_SIZE 进行配置。Vnode 数量过大，会造成较大的内存占用；Vnode 数量过小，则会造成搜索性能下降。图 4-30 展示了 Vnode 的创建流程。

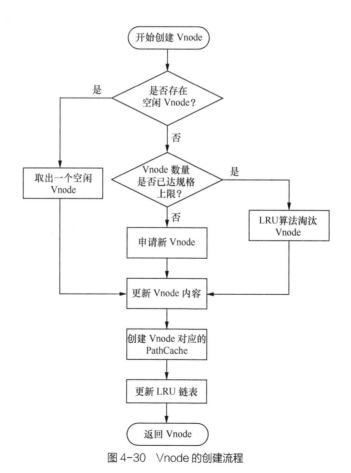

图 4-30　Vnode 的创建流程

PathCache：PathCache 是路径缓存，与 Vnode 对应。PathCache 同样通过哈希链

表存储,通过父 Vnode 中缓存的 PathCache 可以快速获取子 Vnode,加速路径查找。图 4-31 展示了文件查找流程。

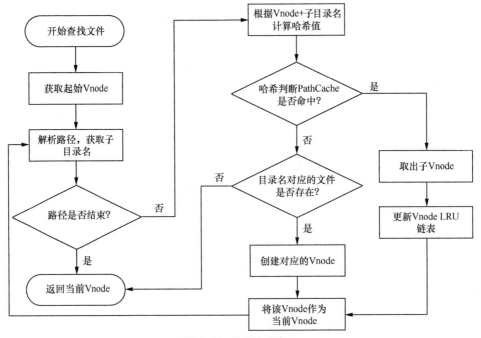

图 4-31　文件查找流程

PageCache: PageCache 是文件级别的内核缓存。当前 PageCache 仅支持对二进制文件进行操作,在初次访问二进制文件时通过 mmap 接口映射到内存中,减少内核内存的占用,可大大提升对同一个文件的读写操作速度。另外,基于 PageCache 可实现以文件为基底的 IPC。

FD 管理: FD 是描述一个打开的文件 / 目录的描述符。当前 HarmonyOS 的内核中,FD 总规格为 896 个,分为 3 种类型:普通 FD,系统总规格为 512 个;Socket 描述符,系统总规格为 128 个;消息队列描述符,系统总规格为 256 个。

当前,在 LiteOS-A 内核中,对不同进程中的 FD 进行隔离,即进程只能访问本进程的 FD,所有进程的 FD 映射到全局 FD 表中进行统一分配管理。进程的文件描述符最多有 256 个。

挂载点管理: 当前 LiteOS-A 内核中,对系统中所有挂载点通过链表进行统一管理。挂载点结构体中记录了该挂载分区内的所有 Vnode。当分区被卸载时,会释放分区内的所有 Vnode。

4.4 HarmonyOS Linux 内核

Linux 内核是面向标准系统类设备（参考内存 ≥ 128 MB）、大型系统类设备（参考内存 ≥ 1 GB）的。

1. Linux 内核版本选择

Linux 内核有开发版本、稳定版本和 LTS（Long-Term Support，长期支持）版本之分。虽然稳定版本的内核有优秀的质量表现和稳定性，但是不定时的新特性加入使得稳定版本是根据需要进行发布的，Linux 官网称通常每周发布一次（以实际发布周期为准）。较快加入新特性对实际产品没有太多的好处，因为实际产品在规格确定后并不会因为内核特性的增加而对产品的规格进行更新，产品更关注内核的安全性、问题修复和稳定性，新特性的加入对产品来说反而是一种不稳定因素。在以上因素考量下，Linux 内核选用 Linux LTS 版本为基础版本，并合入 HarmonyOS 的独有特性，如分布式文件系统等。

2. Linux 内核目录结构

Linux 内核的主要构成为 build 仓负责内核构建，若无特殊需求，无须修改。config 仓放置内核所需的 config 配置文件，不在原生内核自带的 config 目录下修改配置。linux-x.y 仓为内核代码主体仓，除 Linux 原生代码外，有鸿蒙 Linux 内核通用特性、定期维护的安全补丁等。厂商、平台修改的特性只允许插桩合入。

```
kernel/linux/
      ├── build/       # 内核构建仓
      ├── config/      # 内核 config 配置文件仓
      └── linux-x.y/   # 内核代码主体仓
```

4.4.1 内核合入规则

Linux 内核基础版本来自上游 Linux LTS 版本，遵循 Linux 编码风格。为保证 Linux 内核的持续安全、稳定，避免引入内核碎片化修改，OpenHarmony 社区制定了如下合入规则。

第一，鼓励开发者优先合入 Linux 社区，在 OpenHarmony 社区内核版本中共同演进（OpenHarmony 社区保证可用特性在今后版本升级中持续可用）。

第二，若是不合入 Linux 社区的通用特性，全平台全产品可用的特性在评审后合入 OpenHarmony 社区。

第三，提交必须侵入内核修改的平台独有特性，需要使用 HCK hook 方案进行解耦。

第四，相对独立的平台级、产品级模块（对内核没有侵入修改）可以通过独立仓管理并添加 config 参与内核构建。

4.4.2 HCK 机制

随着更多平台产品使用 HarmonyOS，各厂商平台对内核的需求功能也不尽相同，特性化方案对原生内核的侵入修改千差万别。内核的适配需要满足多平台的需求，但又不对其他平台产生影响，在 HarmonyOS 中，Linux 内核提供 HCK（HarmonyOS Common Kernel，鸿蒙通用内核）机制供开发者进行内核解耦。该机制为注册、调用等提供了整套封装接口，让模块开发者能够专注解耦 Hook 点部署，聚焦解耦模块的接口实现。

1. 适用范围

适用于所有涉及 Linux 内核 patch、特性、模块侵入原生内核的修改。该机制不支持多实例注册，注册后不能卸载，可适用于高频、热点应用场景。

2. 接口使用流程

HCK 接口使用流程如图 4-32 所示。

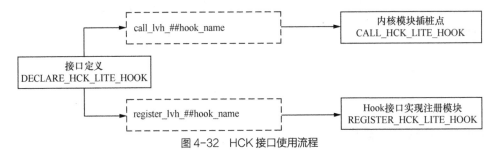

图 4-32　HCK 接口使用流程

使用封装宏 DECLARE_HCK_LITE_HOOK 对接口进行定义。生成对应的桩接口和回调接口注册函数。在相关模块或自定义的 hook 模块中实现桩函数，使用注册封装宏接口 REGISTER_HCK_LITE_HOOK 进行接口注册。可在原生代码中，插入调用封装接口 CALL_HCK_LITE_HOOK 进行接口调用。

3. 生成接口介绍

接口定义说明如下。

```
DECLARE_HCK_LITE_HOOK(桩接口，参数列表...，参数类型列表...)
```

对应生成接口如下。

```
// 原生代码中插桩函数
CALL_HCK_LITE_HOOK(桩接口，接口参数...);
// 注册接口
REGISTER_HCK_LITE_HOOK(桩接口，接口实例，接口参数...);
```

4. 接口使用范例

在 kernel-x.y/include/linux/hck/lite_hck_xxx.h 下创建预插桩接口声明头文件 lite_hck_*.h，* 建议使用预插桩模块名，如 lite_hck_func.h。

```
// 声明插桩函数，如 func
DECLARE_HCK_HOOK(func_lhck,  TP_PROTO(int a, struct status *b, bool c),
TP_ARGS(a, b, c));
```

在 linux-x.y/drivers/hck/vendor_hooks.c 中添加注册接口的对外声明，使用 include 新增接口声明头文件即可。

```
#define CREATE_LITE_VENDOR_HOOK
#include <linux/hck/lite_hck_func.h> // 在宏定义后添加接口声明头文件
```

在自定义模块中对注册接口进行实现和注册，如 vendor/board/mychipset/kernel/drivers/func.c。

```
// 添加固定宏和接口声明头文件
#include  <linux/hck/hck_func.h>
// 注册接口实现
my_func(int a, struct status *b, bool c)
{
    ...
}
// 可以在模块 init 或 probe 函数中进行接口注册
void init(...)
{
    REGISTER_HCK_LITE_HOOK(func_lhck, my_func);
    ...
}
```

在原生内核模块中加入 hook 调用。

```
// 添加接口声明头文件
#include <linux/hck/hck_func.h>
int func_a(...)
{
```

```
        CALL_HCK_LITE_HOOK(func_lhck, a, b, c);
        ...
}
```

社区已经提供 HCK 示例代码，代码位置为：kernel_linux_5.10/samples/hck/。

如需要测试实例代码请在 config 配置仓下进行配置。

```
CONFIG_SAMPLES
CONFIG_SAMPLE_HCK
CONFIG_SAMPLE_HCK_CALL
CONFIG_SAMPLE_HCK_REGISTER
```

4.4.3　config 分层配置机制

HarmonyOS 是为支撑"1+8+*N*"设备而设计的，产品也有轻量、小型、标准、大型的层次之分。传统的一平台或一领域产品对应一个 defconfig 配置文件就显得效率低且不灵活，无法满足系统的单平台多领域产品的配置需求。HarmonyOS 内核在配置上进行了优化。

传统配置具有如下弊端：当两款产品使用同一平台时，需要两份完整的 config 配置，以适配产品在摄像头、NFC 或网络加速模块上的差异。传统操作方式就是基于已有平台产品的 config 配置文件做二次配置。这不仅要对上千条配置进行重新审视，还容易造成漏配、错配。

1. 配置机制

config 分为 5 层配置：基础（Base）配置、形态（Type）配置、版本（Form）配置、芯片（Chip）配置和产品（Product）配置。

基础配置： *配置使用该平台保证开机运行所需要的必要 config 项，做最小化配置，有且仅有一个配置文件，命名为 base_config。配置完成后不再修改，也不可被其他层级配置文件中的配置覆盖。必选配置。*

形态配置： *按照产品形态可分为标准（Standard）、小型（Small）设备配置等。该层级是多配置文件，按形态选其一参与内核构建。文件配置后不再修改。必选配置。*

版本配置： *不同用途版本的差异配置，如 user、debug 等。可选配置。*

芯片配置： *芯片平台配置，包含芯片支持的能力、特性、驱动等。必选配置。*

产品配置： *不同产品类型的配置，如手机、车机、穿戴等。可选配置。*

config 优先级如表 4-6 所示。在构建过程中，高优先级会覆盖低优先级的同名 config 配置。

表 4-6 config 优先级

配置	优先级（数字越小优先级越高）
基础配置	1
形态配置	5
版本配置	4
芯片配置	3
产品配置	2

config 优先级覆盖示例如表 4-7 所示。

表 4-7 config 优先级覆盖示例

配置项	CONFIG_XXX 的值			
形态配置 / 版本配置 / 芯片配置	#not set	#not set	#not set	y
产品配置	y	#not set	y	#not set
基础配置	#not set	y	NA	NA
最终结果	#not set	y	y	#not set

2. 分层 config 目录

config 调整前的目录结构，区分 Linux 版本及 32 位和 64 位 ARM 版本的配置。

```
kernel/config/
        └── linux-x.y/
                └── arch/
                        ├── arm/configs/
                        └── arm64/configs/
```

以 rk3568 芯片平台为例，config 调整后的目录结构如下。

```
kernel/config/
        └── linux-5.10/
                    ├── base_defconfig
                    ├── type/
                    │       ├── small_defconfig
                    │       └── standard_defcofnig
                    ├── form/
                    │       ├── user_defconfig
                    │       ├── perf_defconfig
                    │       └── defubg_defcofnig
                    └── rk3568/    #chipset
                                ├── arch/arm64_defconfig
                                └── product/
                                            └── phone_defconfig
```

文件组合为 base >> [product] >> chip >> [form] >> type，生成最终 defconfig 配置文件后，该 defonfig 文件参与本次内核构建。

4.4.4　分布式文件系统

HarmonyOS 需要提供多设备互联，主要涉及分布式跨设备的能力，还需要提供跨设备的分布式文件系统，以支撑第三方开发跨设备共享应用场景。例如，对于户外拍摄的照片，回家打开笔记本计算机可直接访问手机相册；对于手机中收藏的电影，播放一半可切换到电视上继续播放。

介绍文件系统之前，我们先看一下数据在计算机中是怎么存储的。

计算机系统一般将数据存在磁盘（如 HDD）或闪存（如 SSD、UFS）等存储设备上。存储设备为了组织数据，会将自身的物理介质层层划分，如磁盘会被划分为磁道、扇区、柱面等，UFS 会被划分为 section、segment、block 等。这些直接反映物理介质特性的划分方式，对应用程序来说是非常复杂的。应用程序仅希望在需要将数据持久化保存的时候能够简单地将其存储在器件上，同时也能够方便地将数据从存储器件上读取出来，并不关心存储介质具体的组织方式。因此，需要对底层存储做进行向上的抽象，让应用程序能够方便地持久化数据和读取数据，抽象的结果就是文件系统。

文件系统不仅能够基于本地的存储器件构建，也能够基于网络上的存储设备构建，与本地的存储类似，负责组织和管理文件，提供文件访问接口。基于网络上的存储设备构建的文件系统，我们称之为分布式文件系统，如图 4-33 所示。

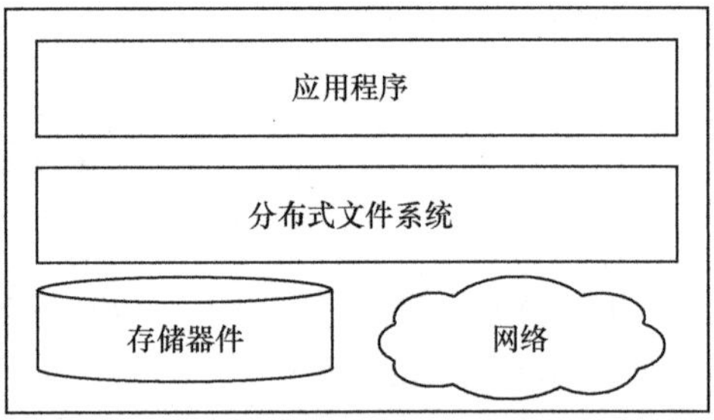

图 4-33　分布式文件系统的逻辑层次

我们再从存储的视角，看一下计算机体系结构中的本地文件系统和分布式文件系统，如图 4-34 所示。

从存储的视角来看，计算机体系结构是一个金字塔结构。离 CPU 近的存储器件，速度快、容量小、价格高。而离 CPU 远的存储器件，速度慢、容量大、价格低。而本地文件系统和分布式文件系统，就位于计算机体系结构的下两层，是计算机信息持久化的主力。一般而言，分布式文件系统的访问性能往往比不上计算机系统中的本地文件系统等。如何通过巧妙的设计提升分布式文件系统的性能，需要重点考虑。

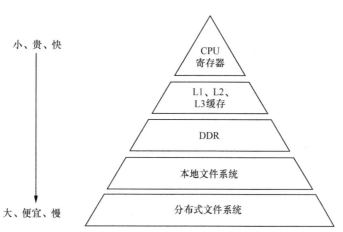

图 4-34　存储视角下的计算机体系结构

1. 分布式文件系统设计

业界中，分布式文件系统较多，当前主流的分布式文件系统已有 10 多种，如 CephFS、GlusterFS 等。之所以有这么多不同的分布式文件系统，是因为不同的分布式文件系统针对不同的主流使用场景，解决不同的问题。分布式文件系统在技术设计上的主要区别在于：是否存在中心节点，是否支持标准 POSIX 接口，I/O 性能偏向大文件还是小文件，不同的数据物理存储方式，不同的负载均衡设计，对安全性的要求如何，对强一致性的要求如何等。

其实从以上这些区别可看出，传统的分布式文件系统主要还是围绕着海量数据的分布式存储提供方案，它们的关键词都是数据存储及相关的安全、一致性，而性能这个指标往往被放在较为靠后的位置，在数据安全、一致性的强要求下可能会被"牺牲"。另外，传统的分布式文件系统往往部署在相对固定的节点上，在此基础上再考虑业务要求的可扩展性。

传统分布式文件系统的应用场景和 HarmonyOS 所应用的主流场景有较大的不同。HarmonyOS 应用的"1+8+N"智慧场景，是由消费者的不同设备（如手机、PC、智能手表等）临时组成的移动网络场景，这些设备可能会随时加入，也可能会随时离开。也就是说，HarmonyOS 所处的网络环境天然是不稳定的，不同于传统分布式文件系统一般所处的稳定网络环境。另外，智慧场景，如跨设备的视频播放、文件读取等，要求跨设备的文件访问性能近似于本设备的文件访问性能，性能指标的优先级很高。另外，对一般人来说，拥有 10 多台设备就算是比较多了，也就是说，HarmonyOS 分布式文件系统的节点相比一些传统分布式文件系统的成千上万个节点，是很少的。综上所述，HarmonyOS 所要求的分布式文件系统比较特殊，业界几乎没有一款分布式文件系统完全适合，这也是为什么 HarmonyOS 要设计独特的分布式文件系统——HMDFS（HarmonyOS Distributed File System，分布式文件系统）HarmonyOS 的 HMDFS 关注的核心需求如下。

● 性能，包括跨设备文件访问的时延、带宽等。至少在 4 KB 的文件块的随机读写访问上，希望能够提供接近本地文件访问的时延。

● 开发者的编程友好性，最好能够支持 POSIX 接口，并且当开发者不需要了解当前的文件位于远端还是本地，可以不用修改原有的针对本地文件系统的程序逻辑，也就是说，要能提供"访问透明性"。与此同时，如果开发者需要了解当前文件的所在设备，也要提供对应的接口来返回设备信息。

● 由于设备可随时加入、随时离开，需要设计一个小巧、快捷、灵活的分布式目录树的生成方式。

针对性能要求，在架构上将分布式文件系统主体放到内核态，避免用户态和内核态的频繁切换，从而保障性能。假如把分布式文件系统主体放到用户态，一次随机读文件会产生 10 次内核用户态切换，如图 4-35 所示。

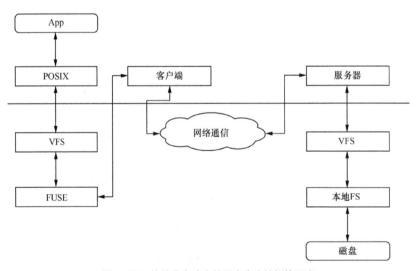

图 4-35　传统分布式文件用户态内核切换示意

但是如果把分布式文件系统主体放到内核态，一次随机读文件仅产生 2 次内核用户态切换，如图 4-36 所示。

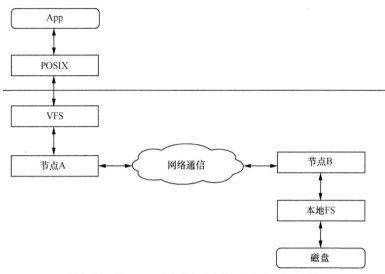

图 4-36 HarmonyOS 分布式文件用户态内核切换示意

　　另外，采用图 4-37 所示的架构，可达到满足分布式文件系统第二个需求"访问透明性"的目的。可以看到，如果开发者的用户程序不需要关注文件位于哪个设备上，可以直接通过 @ohos.file.fs 标准接口访问分布式文件系统，用户程序就不需要做针对性适配。

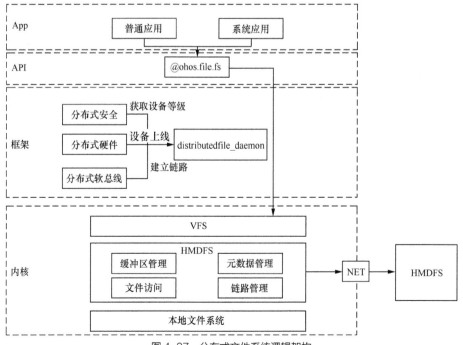

图 4-37 分布式文件系统逻辑架构

最后介绍一下分布式文件系统的目录生成方式。我们希望设备 A 和设备 B 拥有独立的目录树视图，而在组网后能动态生成一个完整的"联合"目录树。也就是说，我们希望目录树能够动态黏合，也能够随时拆分，如图 4-38 所示。

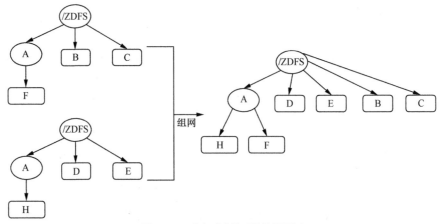

图 4-38　分布式文件系统的目录树

读者可能会问了，既然设备 A 和设备 B 可能时而分开、时而连接，那么当它们分离的时候，各自创建的文件如果位于同路径且重名，那么在它们连接之后，这样的文件应该如何处理呢？

其实，这就是一个典型的分布式文件"一致性"问题。业界成熟的分布式理论中CAP 定理可以帮助我们解决这个问题，如图 4-39 所示。

CAP 理论简单来说就是，C、A、P 这三者最多只能满足其中两个。

C 代表数据的一致性。如果系统对一个写操作返回成功，那么之后的读请求都必须能读到这个新数据；如果返回失败，那么所有读操作都不能读到这个数据。对调用者而言，数据具有强一致性（Strong Consistency），又叫原子性（Atomic）、线性一致性（Linearizable Consistency）。

A 代表服务的可用性。所有读写请求在一定时间内得到响应，可终止，不会一直等待。

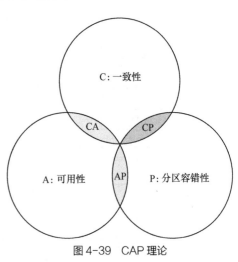

图 4-39　CAP 理论

P 代表分区容错性。在网络分区的情况下，被分隔的节点仍能正常对外提供服务。

HarmonyOS 的主流场景是设备随时连接和分开，设备不在线甚至可以认为是一个常态，不能硬性要求设备只有在连接的时候才提供服务，也就是说必须满足 P。另外，要求 HarmonyOS 用户程序考虑复杂的网络环境是不现实的，我们必须为 HarmonyOS 用户程序保证所有读写请求在一定时间内得到响应，可终止，不会一直等待，也就是说必须满足 A。因此，我们选择了对 A、P 的无条件满足，对 C 的有条件满足。也就是说，选择了强服务可用性、强分区容错性、弱一致性。例如，图 4-40 所示就是一种弱一致性处理方法。

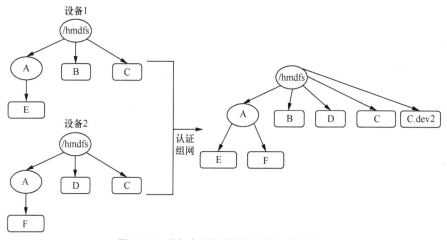

图 4-40 分布式文件系统目录树弱一致性管理

用户程序可以通过 context.distributedFilesDir 接口获取属于自己的分布式目录，然后通过 @ohos.file.fs 接口，在该目录下创建、删除、读写文件或目录。

> 📖 **说明**
>
> 不要保存分布式路径的值，下次设备重新组网时，这个值可能会发生变化。需要使用时，请重新获取分布式路径的值。

2. 分布式文件访问的编程示例

设备 1 上的应用 A 创建文件 hello.txt，并写入内容"Hello World"。

```
...
import fs from '@ohos.file.fs';...
```

```
    let context = this.context;
    let path = context.distributedFilesDir + "/hello.txt";
    try {                    // 在设备 1 上创建文件
        fs.open(filePath, fs.OpenMode.READ_WRITE | fs.OpenMode.CREATE, (err,
file) => {
            ...
        });
    ...
```

设备 2 上的应用 A 通过 context.getDistributedDir 接口获取分布式目录，可以读取 hello.txt 里面的内容 "Hello World"。

```
    ...
    import fs from '@ohos.file.fs';
    let context = this.context;
    let path = context.distributedFilesDir + "/hello.txt";
    try {          // 在设备 2 上创建文件并直接读取设备 1 上的文件
        fs.open(filePath, fs.OpenMode.READ_WRITE, (err, file) => {
            ...
        let buffer = new ArrayBuffer(4096);
        let num = fs.readSync(fd, buffer, {
            offset: 0
        });
        });
    ...
```

4.4.5 新型内存扩展机制：ESwap

随着"数字时代"的飞速发展，人们对应用的功能和性能提出了前所未有的要求。然而受限于成本和功耗等因素，内存技术的发展远远不能跟上内存需求的增长，这种矛盾随着时间的推移越发明显。

为了缓解这种矛盾，当代计算机普遍采用内存交换（Swap）与内存压缩（ZRAM）机制优化内存空间。Swap 机制尽管可以显著增加系统的可用内存，但也面临着 I/O 性能瓶颈风险，严重时不仅会影响用户的使用体验，而且频繁地读写也会缩减外存的使用寿命。相对地，ZRAM 机制则是一把双刃剑，一方面它在一定程度上缓解了可用内存紧缺的问题，另一方面它增加了数据的访问路径（增加了数据的解压操作）。因此，盲目地追求增加可用内存，最终会导致 CPU 负载增大、系统功耗增大，甚至降低用户体验。

除了上述不足，传统的内存分配及管理方式（特别是内存回收）也存在明显的缺陷，例如无法感知业务特性及数据的重要程度。举例来说，如果终端设备的多个进程或业务共用一块内存，当内存负载越来越重，进行内存数据回收时，会频繁出现数据搬移及内存震荡的现象。这些现象会增加内核管理内存的开销，并导致系统 CPU 长期处于高负载的状态，从而增加系统功耗。

针对上述内存机制的不足，Harmony OS 构建了一套高性能、低开销的新型内存扩展机制——ESwap。该机制通过对上层系统到底层内核的调用栈进行垂直整合，实现业务场景与数据特征感知的系统资源管理体系。

Swap 又称为内存交换技术（Linux 平台）或虚拟内存技术（Windows 平台）。如图 4-41 所示，在系统的可用内存不足时，为了满足当前运行程序的内存需求，系统通过换出的方式把系统中不经常访问的数据交换到外存中，当应用访问这些被交换到磁盘中的数据时，系统会通过换入方式将相关数据恢复到内存中，从而保证程序的正常运行。

图 4-41　Swap 机制

如图 4-42 所示，对于 ZRAM 机制，在系统的物理内存不足时，将系统物理内存的一部分划分出来作为 ZRAM 分区，然后把不常用的匿名页压缩后放到 ZRAM 分区里，相当于牺牲了一些 CPU 效率，以增大系统可用内存，供当前运行的程序使用。等到需要使用时，再从 ZRAM 分区中将数据解压出来。

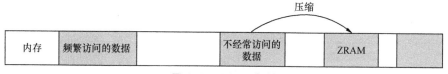

图 4-42　ZRAM 机制

ESwap 机制结合 Swap 和 ZRAM，提供一种低开销、高性能的新型内存交换技术，如图 4-43 所示。具体来说，ESwap 设计了一套合理、高效的调度管理策略，使压缩和交换工作高效且平衡。与此同时，ESwap 基于关联性的数据聚合技术及上层指导策略，将内存划分为不同的分组进行管理，通过回收优先级来区分不同分组下内存的活跃程度，优先压缩、换出不经常访问的数据，以提升数据交换性能，减小对内存寿命的影响。

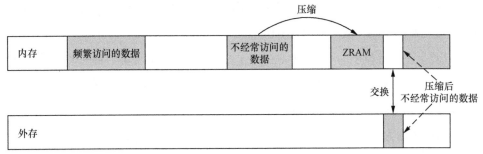

图 4-43 ESwap 机制

ESwap 架构如图 4-44 所示。ESwap 机制在系统中增加了一个系统内存资源调度模块，通过订阅内存状态变化，即时设置或调整不同进程的回收优先级、内存回收目标值，以及压缩和换出比例等参数，并将这些参数下发给内核线程 zswapd。zswapd 线程被唤醒后会进行如下操作：依据回收优先级判断回收的先后顺序；依据内存回收目标值和当前可用内存量的差值计算回收的内存量；依据压缩和换出的比例来决定压缩和换出的数据量。通过上述操作可以看出，一方面，Eswap 机制通过压缩、换出等手段显著地提升了可用内存量，展现了高效的内存扩展能力；另一方面，ESwap 机制通过感知内存状态、分离冷热数据及差异化管控进程回收数据量等措施，实现了性能与功耗的平衡。

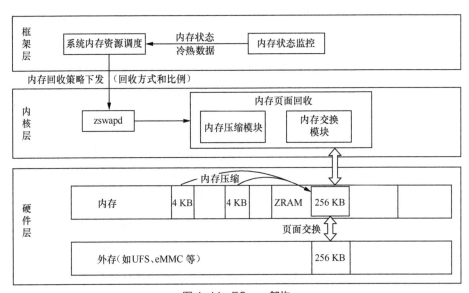

图 4-44 ESwap 架构

具体说来，ESwap 机制有如下几个关键技术。

（1）协同、统一的压缩换出机制

ESwap 提供协同、统一的内存压缩换出机制。其中主要包括两个方面的设计。一是协同、统一的内存存储机制，ESwap 机制通过内核线程 zswapd 对不经常访问的数据进行统一压缩，并对压缩后的数据按照设置的比例进行换出，实现了完整的数据压缩换出路径。二是协同、统一的冷热放置策略，基于 LRU 链表的数据管理机制保证了数据关联信息和冷热特征的准确识别，zswapd 会遍历 LRU 链表，通过回收顺序维护回收数据的冷热信息，同时通过批回收的方式保证数据间的关联性。相应地，ESwap 存储分区模块会记录每个匿名页的冷热特征信息，并将这些数据根据其关联性和冷热特征进行关联性的存放，从而保证 ESwap 存储分区中的数据具有较好的时间和空间局部性。因此，在匿名页换入时，可以结合数据预读机制，将交换区中的相邻匿名页以批处理的方式一并读入 ZRAM，以保证数据的存取速度，提升 I/O 性能。

（2）额外的内存回收机制

ESwap 提供一种额外的内存回收机制——zswapd，并创建 buffer 作为衡量当前系统内存能力的指标。buffer 指的是当前系统能提供的最大可用内存。zswapd 会根据 buffer 及应用前后台等状态信息，对匿名页进行压缩、换出以回收内存。同时，zswapd 还能根据内存冷热分离的合理性及内存回收状态，动态控制 ZRAM 和 ESwap 之间的平衡，从而获得更高的能效比。

（3）灵活的内存回收策略

ESwap 机制基于 Memcg（Memory Cgroup）优化了回收策略，使用回收优先级来指导 zswapd 回收的先后顺序。回收策略将既定的 buffer 相关配置下发给 zswapd，以指导其回收所需数量的内存。此外，由于匿名页可能存储在内存、ZRAM、ESwap 分区这 3 个存储区域中，上层可以根据需要，通过灵活地配置交换策略，控制这 3 个区域的存储比例，避免频繁换入、换出带来的负面影响。

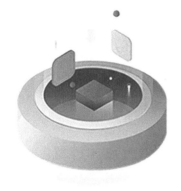

Chapter 5 / 第 5 章

驱动子系统原理解析

HarmonyOS 驱动子系统由 HDF（Hardware Driver Foundation，硬件驱动平台）承载。本章首先介绍 HDF 驱动框架，包括 HDF 架构、HDF 运行模型、设备驱动的组成、设备与驱动之间的模型和 HDI；然后介绍 HDF 驱动框架的工作原理，包括驱动配置管理、设备驱动加载和设备电源管理；最后介绍 HDF 驱动框架部署，包括内核态部署和用户态部署两种方式，具体部署方式可根据实际情况灵活选择。

5.1 HDF 驱动框架

HarmonyOS 采用多内核设计，支持在不同大小容量的设备上部署。当相同的硬件部署不同内核时，如何让设备驱动程序在不同内核间平滑迁移，减轻驱动代码移植、适配和维护的负担，是 HarmonyOS 驱动子系统需要解决的重要问题。HarmonyOS 的驱动框架采用 C 语言面向对象编程模型的方式进行构建，通过硬件抽象、内核解耦等方式，达到兼容不同内核部署的目的，从而帮助开发者实现对驱动的"一次开发，多端部署"的效果。

5.1.1 HDF 架构

HDF 驱动架构由 OSAL（Operating System Abstraction Layer，操作系统抽象层）、设备驱动管理，驱动运行框架、平台驱动、外设驱动模型、HDI 和设备驱动等主要部分组成、如图 5-1 所示。

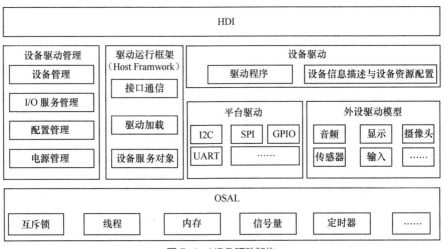

图 5-1 HDF 驱动架构

设备驱动管理：管理所有基于 HDF 开发的设备及对应的驱动，提供设备管理、I/O 服务管理、配置管理和电源管理等能力。其中，设备管理主要负责所有基于 HDF

开发的设备列表，维护设备相关描述信息，并创建设备节点（一个设备节点可以发布一个驱动服务）。I/O 服务管理为设备驱动提供对象管理能力，主要包含驱动服务的发布和获取，其中对外发布策略由设备驱动的配置文件来定义。配置管理为驱动程序提供配置能力，提高驱动开发效率。电源管理负责管理驱动框架内设备的休眠和唤醒，帮助设备尽可能减少电量消耗。

驱动运行框架（Host Framework）： 提供设备驱动加载和驱动接口发布机制，主要包括驱动加载、接口通信、设备服务对象（Device Host Service）等。其中，驱动加载是根据设备信息查询到对应的驱动程序并加载运行。接口通信通过 I/O 服务和 I/O 调度建立的机制向客户端和服务端提供通信能力。当一个设备驱动可以正常运行时创建一个设备服务对象，并发布给设备驱动管理的服务管理模块统一进行管理。

OSAL： OSAL 对内核相关接口进行统一封装，屏蔽不同内核之间的差异。包含互斥锁、线程、内存、信号量、定时器等接口。

平台驱动： 包含板载总线和 GPIO（General Purpose Input/Output，通用输入输出）等总线驱动，例如 I2C（Inter-Integrated Circuit，内部集成电路）、SPI（Serial Peripheral Interface，串行外设接口）、UART（Universal Asynchronous Receiver/Transmitter，通用异步接收发送设备）总线等平台资源，同时对板载硬件操作进行统一的适配接口抽象，开发者只需要开发新硬件抽象接口，即可获得新增板载驱动支持。

外设驱动模型： 对常见外部器件功能进行抽象，提升设备开发的效率。提供设备驱动接口抽象，屏蔽驱动与不同系统部件之间的交互，开发者只需要针对硬件差异编写代码，与设备驱动模型对接即可完成驱动的开发，无须关注系统部件的细节。

HDI： 系统提供的标准设备抽象接口，使系统软件与硬件解耦，硬件可以通过适配 HDI 实现硬件功能快速接入。

设备驱动： 设备开发者基于 HDF 开发的驱动，包括具体的驱动程序、设备信息描述和设备资源配置，由设备驱动管理根据设备信息匹配到对应驱动程序并加载执行。

5.1.2 HDF 运行模型

HDF 的设备驱动管理和设备驱动运行在不同的进程环境，设备驱动管理运行在设备管理（Device Manager）进程，而设备驱动则运行在各自的设备 Host 进程中。例如，传感器器件驱动及其依赖的平台驱动和传感器驱动模型都运行在传感器 Host 进程内，如图 5-2 所示。

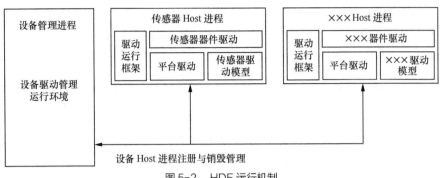

图 5-2　HDF 运行机制

设备管理进程提供设备驱动管理的运行环境，包括服务管理器、配置管理器的运行环境，同时各设备 Host 进程实例需要注册到设备管理进程，统一管理其生命周期。

设备 Host 进程提供了设备驱动程序运行的进程环境，设备驱动程序依赖的驱动运行框架、平台驱动、驱动模型都运行在其进程内。一个设备 Host 进程可以运行多个设备驱动程序，设备驱动程序可以部署在同一个设备 Host 进程，也可以部署在不同的设备 Host 进程，这主要由各设备之间的业务耦合性来决定。当两个设备驱动程序之间存在较强的业务耦合时，建议将这两个设备驱动程序部署在同一个设备 Host 进程中，减少跨进程通信带来的性能损失。

设备驱动部署方式（例如内核态或用户态）也会影响设备 Host 进程的运行方式。当设备驱动部署在用户态时，设备 Host 进程以用户态进程的方式运行；当设备驱动部署在内核态时，设备 Host 进程仅表示逻辑上的隔离。

5.1.3　设备驱动的组成

设备驱动是基于 HDF 开发的具体程序，其由驱动程序和设备驱动配置文件两部分组成。驱动程序是实现驱动具体功能的主体，每个设备驱动都对应唯一的驱动入口。驱动入口是一个对象，用来描述一个驱动实现，主要完成设备驱动初始化和驱动接口绑定功能。设备驱动入口对象的表达如下。

```
struct HdfDriverEntry {
    int32_t moduleVersion;
    const char *moduleName;
    int32_t (*Bind)(struct HdfDeviceObject *deviceObject);
    int32_t (*Init)(struct HdfDeviceObject *deviceObject);
    void (*Release)(struct HdfDeviceObject *deviceObject);
};
```

设备驱动配置文件由设备信息（Device Information）和设备资源（Device Resource）组成。

设备信息配置文件负责设备信息的描述和配置，主要包含设备名称、接口发布策略、驱动加载方式等。设备资源配置文件主要是为了设备驱动程序与设备的相关资源参数解耦，使得程序与资源信息分离，如 GPIO 管脚配置、寄存器、上下电时序等资源信息配置。

HDI 提供对硬件能力的抽象，为系统服务提供稳定的硬件设备接口，实现系统服务与具体硬件的解耦，是系统服务和硬件交互的重要接口。为了保证兼容性、可移植性及高开发效率，HDI 使用 IDL（Interface Description Language，接口描述语言）来定义，为上层应用或服务提供规范的硬件设备接口。已正式发布的 HDI 在 drivers_interface 仓库中管理。

一个简单的接口描述如下所示，HDI 以 IDL 的形式定义，接口定义实现了语言无关化，IDL 在编译过程中转换为 C/C++ 语言的函数接口声明、客户端与服务端 IPC 相关过程代码，开发者只需要基于生成的函数接口即可实现具体服务功能，这较大地提升了 HDI 开发效率。

```
package ohos.hdi.foo.v1_0; // 定义本接口的包名

import ohos.hdi.foo.v1_0.IFooCallback; // 导入本包中的其他接口
import ohos.hdi.foo.v1_0.MyTypes;      // 导入本包中的类型定义

interface IFoo {                       // interface 关键字表示定义一个接口类
    Ping([in] String sendMsg, [out] String recvMsg); // 定义一个方法，其中入
参用 [in] 标记，出参用 [out] 标记

    GetData([out] struct FooInfo info); // 出参可以是结构体类型
    SendCallbackObj([in] IFooCallback cbObj); // 入参也可以是接口类型
}
```

上述 IDL 描述将生成如下代码。

```
namespace OHOS {
namespace HDI {
namespace Foo {
namespace V1_0 {

class IFoo {
public:
    virtual int32_t Ping(const std::string& sendMsg, std::string&
recvMsg) = 0;
    virtual int32_t FooService::GetData(FooInfo&info) = 0;
    virtual int32_t FooService::SendCallbackObj(const sptr<IFooCallback>&
cbObj) = 0;
};
```

```
} // namespace V1_0
} // namespace Foo
} // namespace Hdi
} // namespace OHOS
```

5.1.4 设备与驱动之间的模型

在 HarmonyOS HDF 驱动框架中，设备（Device）用来标识一个实体硬件功能；设备节点（Device Node）用来标识一个设备驱动部件，每个设备节点对应一个驱动实现。

一个设备可以有多个抽象的设备部件对象，也就是 Device Node，这样做的目的是支持设备驱动根据部署或者功能切分做部件化的组合。例如，在资源［如 ROM（Read-Only Memory，只读存储器）、RAM 等］丰富的设备中，驱动可以提供完整的设备功能；而轻量化的设备可能只会使用驱动的部分功能，这个时候可以对设备驱动程序按照特性的维度进行部件化的切分，在部署时通过配置方式即可实现对特性进行裁剪且不影响驱动其他部件的运行，如图 5-3 所示。

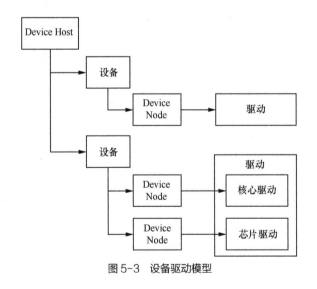

图 5-3　设备驱动模型

5.1.5 HDI

HDI 根据设备驱动的部署位置不同，其消息传递方式存在差异。当设备驱动部署在内核态时，HDI 和设备驱动实现之间通过 Syscall 调用方式交互。当设备驱动部署在

126

用户态时，HDI 和设备驱动实现分别部署在两个进程中。HDI 和设备驱动实现之间通过 IPC 调用交互。

为了使客户端和服务端驱动调用方式基本一致，HDF 驱动框架提供 I/O 服务和 I/O 调度器机制，屏蔽调用消息传递方式的差异，如图 5-4 所示。

HDI 统一采用序列化方式实现，客户端 HDI 函数将请求序列化为内存数据，通过 HDF 驱动框架提供的 I/O 服务将消息发送到服务端进行处理，服务端在收到请求消息时，通过 I/O 调度器机制，将消息分发给服务器 stub 消息处理函数进行处理，HDI 处理函数将反序列化内存数据解析成相应的请求。这样做的好处是，开发者只需要重点关注接口的定义，无须过多关注如何实现不同平台上接口的适配。

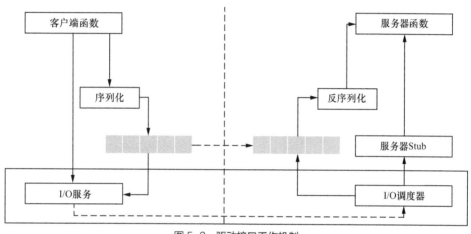

图 5-3 驱动接口工作机制

5.2 HDF 驱动框架工作原理

HDF 驱动框架提供统一的设备驱动加载管理和驱动接口发布机制，其工作原理如图 5-5 所示。

当 Device Host 完成环境加载后，设备驱动管理根据设备信息，请求 Device Host 加载相应的驱动程序。Device Host 在收到请求时，进行以下操作。

① 根据请求加载设备信息，查找并加载指定路径下的驱动镜像或从指定段（section）地址查找驱动入口。

② 查找驱动描述符，匹配对应的设备驱动。

③ 当驱动匹配成功时，加载指定驱动镜像。

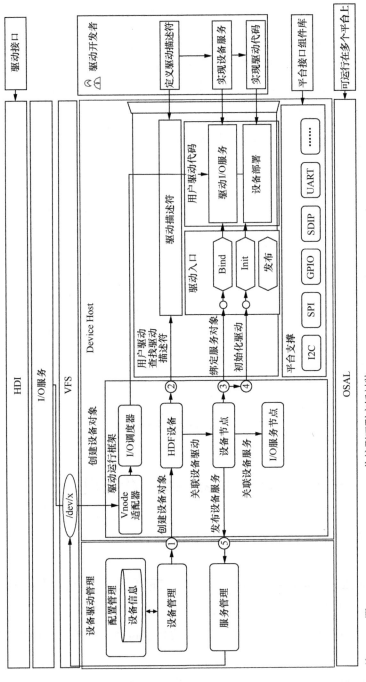

图 5-5 HDF 驱动框架的工作原理

注：SDIP 即 Shrink Dual In-Line Package，收缩型双列直插封装。

④ HDF 驱动框架在驱动镜像加载成功后，调用驱动程序的绑定接口和初始化接口，实现与驱动程序的服务对象绑定，同时初始化设备驱动程序。

⑤ 当设备信息配置中的服务策略要求对外暴露驱动接口时，HDF 驱动框架将驱动程序的设备服务对象添加到对外发布的服务对象列表中，外部客户端程序就可以通过此列表来查询并访问相应的服务接口。

HarmonyOS HDF 驱动框架支持微驱动模型，驱动开发者可以将驱动按照业务分层独立开发、独立部署。设备驱动之间通过动态挂接技术进行接口链接，如图 5-6 所示。驱动开发者在接口不变的前提下，可以对任意驱动进行增加、删除或替换。

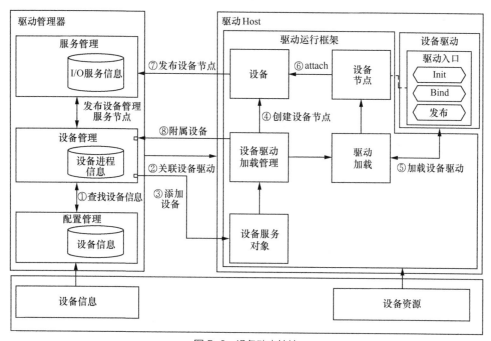

图 5-6　设备动态挂接

5.2.1　驱动配置管理

驱动配置管理的核心设计思路是将配置信息格式化成二进制数据进行存储，使用时解析成结构化的数据对象进行访问，如图 5-7 所示。

HCS（HDF Configuration Source，HDF 配置资源）是 HDF 的配置描述源码，内容以键值对为主要形式。它实现了配置代码与驱动实现代码解耦，从而避免将硬件信息硬编码到代码中，便于开发者进行配置管理。

HC-GEN（HDF Configuration Generator，HDF 配置生成器）是 HCS 配置转

换工具，可以将HDF配置文件转换为软件可读取的文件格式。

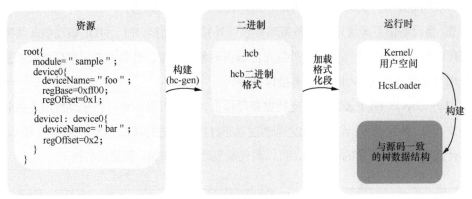

图 5-7　驱动配置管理设计思路

在低性能环境中，将HDF配置文件转换为配置树源码，驱动可直接调用C代码获取配置。在高性能环境中，将HDF配置文件转换为HCB（HDF Configuration Binary，HDF配置二进制）文件，驱动可使用HDF提供的配置解析接口获取配置。

HCS经过HC-GEN编译生成HCB文件，HDF中的HCS解析器模块会根据HCB文件重建配置树，HDF驱动模块使用HCS解析器提供的配置读取接口获取配置内容，如图5-8所示。

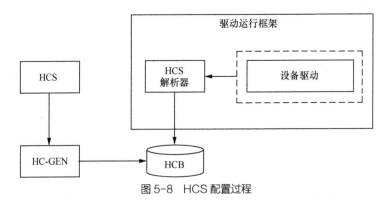

图 5-8　HCS 配置过程

5.2.2　设备驱动加载

HarmonyOS驱动根据驱动程序部署方式的不同，存在以下两种驱动加载方式。

静态加载方式：采用将驱动程序通过scatter编译到指定的section，再通过访问指定section对应的地址，找到驱动函数入口进行加载。

动态加载方式：采用传统的动态库加载方式，驱动程序通过指定Symbol方式找到驱动函数入口进行加载。

1. 静态加载过程

开发者按照 HDF 驱动框架提供的模板完成驱动程序的编写后，需要将驱动入口通过驱动声明宏 HDF_INIT 导出，如图 5-9 所示，这样驱动入口函数的符号就会被指定到 ".hdf.driver" 所在的 section 中。驱动框架加载驱动程序时，如图 5-10 所示，主动查找该 section 对应的内存位置，遍历访问指定驱动入口函数，实现驱动运行框架到驱动程序的跳转。

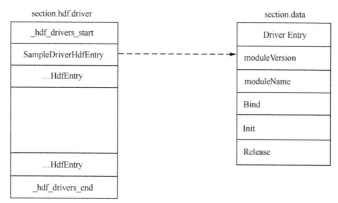

图 5-9　驱动程序内存布局

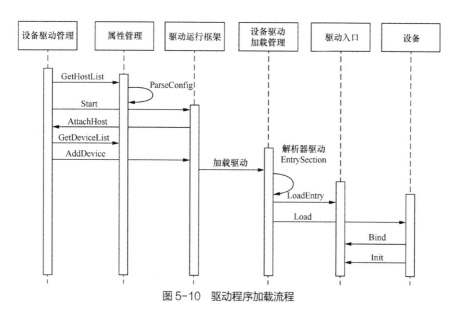

图 5-10　驱动程序加载流程

设备驱动管理遍历设备列表，当查找到对应的驱动实现时，为设备创建设备对象实例。驱动的 Bind 接口用于关联设备和服务实例。驱动的 Init 接口用于完成驱动的相关初始化工作。驱动的 Release 接口用于释放驱动关联的资源。

> 📖 **说明**
>
> 　如果设备配置中的 policy 字段为需要对外发布的驱动接口（SERVICE_POLICY_CAPACITY），则调用该接口。

2. 动态加载过程

驱动动态加载目前主要由用户态驱动来支持，主要通过动态链接库技术，将驱动镜像包加载到目标进程中。HDF 驱动框架通过动态 Symbol 方式找到驱动入口函数对象，实现驱动加载，如图 5-11 所示。

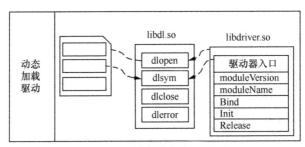

图 5-11　动态加载驱动原理示意

5.2.3　设备电源管理

设备电源管理模块负责对 HDF 驱动框架内设备的休眠唤醒状态进行管理，帮助设备在满足用户需求的基础上尽可能减少电量消耗，其设计目标有两点：在系统运行态时，空闲设备"尽量多睡"；在系统休眠唤醒时，HDF 驱动框架内设备可以跟随系统休眠一同被唤醒。

为了达成上述目标，HDF 驱动框架设计了跟随系统休眠唤醒和基于引用计数的动态休眠唤醒机制相结合的电源管理机制。跟随系统休眠唤醒较好理解，即系统因为用户长时间不操作或者按下休眠按键，各外围设备会先进入休眠状态，即低功耗模式或下电，然后内核关闭总线设备和 CPU 等后进入待机状态，这种休眠唤醒策略适用于显示屏、触摸屏等需要在系统唤醒状态下时刻准备好提供功能的外围设备。基于引用计数的动态休眠唤醒更适用于传感器等随用随关的设备，工作结束可以立即进入休眠，减少消耗电量。

设备电源状态机如图 5-12 所示，初始化后默认状态为 IDLE，随后在 ACTIVE 和 INACTIVE 状态间切换。

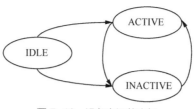

图 5-12　设备电源状态机

对于跟随系统休眠唤醒，HDF 驱动框架定义了 4 种电源状态供驱动开发者使用。

```
enum HdfPowerState {
    POWER_STATE_DOZE_SUSPEND,
    POWER_STATE_DOZE_RESUME,
    POWER_STATE_SUSPEND,
    POWER_STATE_RESUME,
};
```

POWER_STATE_DOZE_SUSPEND 表示系统休眠但是内核不休眠的休眠状态。常见场景有设备充电时息屏，这种场景下，显示屏和触摸屏及部分传感器可以休眠。

POWER_STATE_DOZE_RESUME 表示从 POWER_STATE_DOZE_SUSPEND 状态唤醒。

POWER_STATE_ SUSPEND 表示设备整体休眠（进程冻结、CPU 停止、RAM 保持）状态。这种状态除了用于唤醒系统设备外，均可以用于休眠或关闭的情况。

POWER_STATE_RESUME 表示从 POWER_STATE_SUSPEND 状态唤醒。

对于使用引用计数的设备电源管理，设备的电源状态由引用计数值决定，设备发生 Acquire 或 Release 操作时，其引用计数值产生加减操作，当计数值减为 0 或者从 0 增加时，将产生状态迁移，相应的 HDF 驱动框架也会调用驱动对应的回调实现，状态转换与 Acquire 或 Release 的关系如表 5-1 所示。

表 5-1　电源状态与请求关系

请求	状态转换	设备计数值变化	设备操作
Acquire	IDLE → ACTIVE	0 → 1	Resume callback
Release	IDLE → INACTIVE	0 → 0	Suspend callback
Release	ACTIVE → INACTIVE	1 → 0	Suspend callback
Acquire	INACTIVE → ACTIVE	0 → 1	Resume callback
Acquire	ACTIVE → ACTIVE	自增 1	NOTHING
Release	INACTIVE → INACTIVE	自减 1	NOTHING

5.3 HDF 驱动框架部署

HDF 驱动框架目前支持内核态部署和用户态部署两种方式，实际的部署方式主要根据产品化的需求灵活应用。

5.3.1 内核态部署

基于内核态编译的驱动采用静态化构建，HDF 驱动框架和驱动程序均运行在内核态。内核态驱动框架逻辑视图如图 5-13 所示。

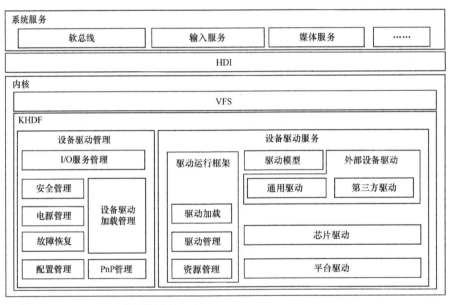

注：PnP 即 Plug and Play，即插即用。

图 5-13 内核态驱动框架逻辑视图

内核态驱动框架与用户态驱动框架基本一致，其主要差异在运行形态方面。内核态驱动程序与用户态驱动程序高度一致，OSAL 与平台驱动接口保持相同，保证了可移植性。HDF 驱动框架与驱动程序通过函数接口直接调用，消除跨进程等通信开销。驱动程序通过 I/O 服务管理对用户态提供访问接口。HDI 作为稳定的硬件接口抽象，用于连接系统服务和内核驱动。

5.3.2 用户态部署

HarmonyOS 提供用户态驱动程序的运行环境，并在整体框架上与内核态驱动保持高度一致。用户态驱动框架逻辑视图如图 5-14 所示。

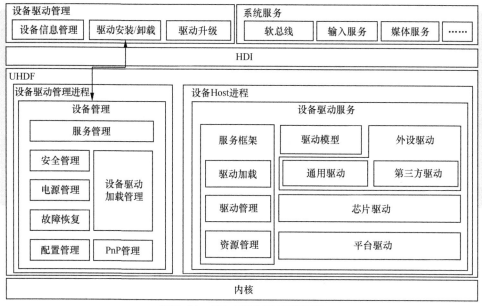

图 5-14 用户态驱动框架逻辑视图

在用户态驱动框架下，设备驱动管理作为独立进程 hdf_devmgr 运行，负责驱动管理、I/O 服务管理、电源管理、故障恢复等。

各驱动实例运行在不同的独立进程（host 进程）中，hdf_devhost 作为 Device Host 进程的入口程序，为驱动实例提供统一的运行环境，由管理进程控制 host 进程进行驱动加载 / 卸载、故障恢复等。驱动实例可以发布设备服务，其中对外发布的设备服务可以作为 HDI 服务，为系统服务提供设备 HDI 能力，驱动实例也可以访问内核态设备，实现系统服务硬件能力和内核的对接，如图 5-15 所示。

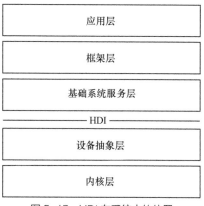

图 5-15 HDI 在系统中的位置

Chapter 6
第 6 章

分布式软总线原理解析

　　分布式软总线技术为 HarmonyOS 分布式终端提供高吞吐量、低时延、高可靠、安全可信的通信通道，为满足跨端的全场景智慧化用户体验提供接近本地化访问效果的分布式智慧化通信"高速公路"。

　　分布式软总线是 HarmonyOS 一个重要的子系统，本章将分析全场景下智能终端的通信需求、面临的挑战，并从理念及技术架构等方面全面阐述分布式软总线技术，让读者能够了解分布式软总线技术背后的知识，进而更深入地理解分布式软总线和 HarmonyOS 技术。

6.1　全场景下面临的挑战

HarmonyOS 从诞生起就被赋予面向全场景（如移动办公、运动健康、社交通信、媒体娱乐等）、面向分布式、面向未来的使命。华为基于其长期的、丰富的各类通信系统、个人终端、智能系统及 IoT 设备的设计和开发经验，提出"一套系统能力、适配多种终端形态"的分布式操作系统理念，为各种各样的终端设备提供便捷的分布式业务体验。HarmonyOS 面向开发者提供"一次开发，多端部署"的能力，在架构设计上极大地方便了全场景下分布式产品和应用的开发。

在全场景智慧生活中，无论是家庭还是个人，都拥有越来越多的智能设备，通过这些设备，人们可以在生活、学习、工作、娱乐当中获得丰富多彩的体验。但是由于应用场景的差异，以及技术演进、生态构建等各种复杂因素的存在，这些设备之间的通信方式各不相同，在近场通信场景下，业界主流和常见的通信技术有 WLAN、蓝牙、BLE、ETH（Ethernet，以太网）、PLC、NFC、USB、ZigBee、红外线等，如表 6-1 所示。

表 6-1　常见近场通信技术

通信技术	简述
WLAN	WLAN 通常也被称为"无线局域网络"，是一种基于 IEEE 802.11 标准协议的无线局域网技术的实现，也是目前超级终端组网中使用最为广泛的通信技术之一。通常使用的频段为 2.4 GHz 和 5 GHz
蓝牙	蓝牙从技术上分为 BR（Basic Rate，基本速率）和 BLE（Bluetooth Low Energy，蓝牙低功耗）两种技术类型，也就是通常讲的蓝牙 BR 和 BLE 技术
BLE	蓝牙核心规范 4.0 及之后的版本支持 BLE，是从经典蓝牙演进而来的一套针对功耗敏感设备的传输技术，可应用于大量依赖电池供电的设备，特别是各种 IoT 设备

续表

通信技术	简述
ETH	ETH 是一种有线计算机网络技术。有时候 ETH 和 LAN（Local Area Network，局域网）的概念经常被混淆，严格意义上讲，ETH 强调有线技术，而 LAN 强调网络范围；WLAN 也是 LAN 的一种，而 ETH 既可用于 LAN，也可用于 MAN（Metropolitan Area Network，城域网）和 WAN（Wide Area Network，广域网）
PLC	PLC（Power-Line Communication，电力线通信），是以电力线（低压、中压或直流）作为媒介，用于传输数据与信息的一种载波通信方式，最早应用于电力网络控制管理、自动抄表等。它不需要重新布线即可实现因特网接入，在智能家居等业务场景下有丰富的应用
NFC	NFC 是一种基于 RFID（Radio Frequency Identification，射频识别）的短距离无线通信技术标准。和 RFID 不同，NFC 采用双向识别和连接，工作距离在 10 cm 内。借助 NFC 安全和近距离的特点，在点对点设备通信场景中，通过 NFC 技术交互信息、快速配对也能产生很丰富的使用场景，如触发无线投屏、分享 WLAN 连接信息和密码、通过 NFC 触发蓝牙配对、通过 NFC 启动打印机等，很多"碰一碰"的业务都是通过 NFC 的标签信息交换功能完成的
USB	USB 最早设计用于规范计算机与外围设备的连接和通信，可支持设备的即插即用和热插拔功能。但是随着该技术的成熟应用，它已经不再局限于计算机和外围设备，而是广泛地应用于各种终端和设备
ZigBee	ZigBee 是由 IEEE 802.15.4 标准定义的短距离 IoT 技术，最初被设计用于工业 IoT，弥补了蓝牙、WLAN 等的通信协议复杂、功耗大、距离近、组网规模太小的缺陷。ZigBee 可连接 10 ～ 100 m 的设备，可支持最多 65000 个设备节点的自组网，组成网状网络，支持设备之间接力传输数据
红外线	红外线数据通信是一种利用红外线进行点对点通信的技术，其通信介质是波长为 850 ～ 900 nm 的近红外线。红外线数据通信成本低廉，并且具有移动通信所需要的体积小、功耗低、连接方便、简单易用的特点。另外，红外线由于发射角和接收角较小（一般发射角小于 30°，接收角要求大于 15°），具有明显的方向性，并且传输距离较短（2 m 以内），因此传输数据时安全性很高
UWB	UWB（Ultra-Wideband，超宽带）是一种新型的无线通信技术。它通过对具有很短上升和下降时间的冲击脉冲进行直接调制，使信号具有 GHz 量级的带宽
Z-Wave	Z-Wave 主要使用 FSK（Frequency-Shift Keying，频移键控）调制方式工作，使用 865 ～ 926 MHz 工作频段（不同地区、国家的工作频段不同），其组网采用无线自组织网络技术。成立于 2005 年的 Z-Wave 联盟负责 Z-Wave 的扩展和设备的互通

通信技术	简述
Sigfox	Sigfox 实际上也是一个品牌名称，是一家成立于 2010 年的法国全球网络运营商，致力于构建低功耗无线网络设备的连接。该技术主要使用 UNB（Ultra-Narrowband, 超窄带）技术，构建低功耗无线 IoT 专用网络，是常见的 LPWA（Low Power Wide Area，低功耗广域）通信技术之一，其他常见的低功耗广域网通信技术还包括 NB-IoT（Narrowband Internet of Things，窄带 IoT）和 LoRa（Long Range Radio，远距离无线电）
NB-IoT	NB-IoT 是由 3GPP（3rd Generation Partnership Project，第三代伙伴计划）主导的低功耗广域网无线电技术标准，用于实现基于蜂窝系统在广域网对低功耗 IoT 设备进行数据连接
LoRa	LoRa 使用 CSS（Chirp Spread Spectrum，啁啾扩频）调制技术，在平衡了功耗和性能的前提下可以极大增加通信距离，具有远距离低功耗无线传输的特点
RS	RS 通常指基于 RS-232、RS-485 标准的串口通信技术。RS 实际是 Recommended Standard（推荐标准）的缩写，由 EIA（Electronic Industries Alliance，电子工业联盟）主导，尽管该机构已改为 TIA（Telecommunications Industry Association，电信工业协会），标准名称也已改为 TIA-232 和 TIA-485，但大家还是习惯性地沿用了"RS"的名称

鉴于篇幅有限，这里只列举了一些常见的通信技术。各种各样的通信技术被广泛使用，涉及许多复杂的原因。单从技术角度看，每种技术都有各自的优势和特点，面向某些场景都有其存在的特定价值。因此，从 HarmonyOS 的角度很难评判技术之间的好坏，只能说一种或若干种技术是否适用于某些场景。另外，从非技术的角度看，受产业联盟、技术积累、研发习惯及生产要素的获取等各种因素的影响，产业界也会广泛选择和应用各种技术。

正是由于终端类设备存在多种多样的应用场景和功能特点，因此也就涉及各种各样的通信方式。这些现有的技术及一些未来会出现的技术只要有益于全场景下设备之间的互联互通，那就一定会逐渐成为 HarmonyOS 分布式通信的一部分。在底层通信技术的选择上，分布式软总线是始终保持开放的。

HarmonyOS 在支持"1+8+N"产品全场景的演进过程中，会面临需要支持和兼容的通信技术方案越来越多、设备自身所工作的环境也会越来越复杂的局面。即便单个设备或解决方案自身不选择过于繁杂的技术类型，往往也无法避免在所处环境下有各种不同的技术共同存在、共同占用资源的情况，特别是无线通信中对无线空口资源的争夺，如图 6-1 所示。

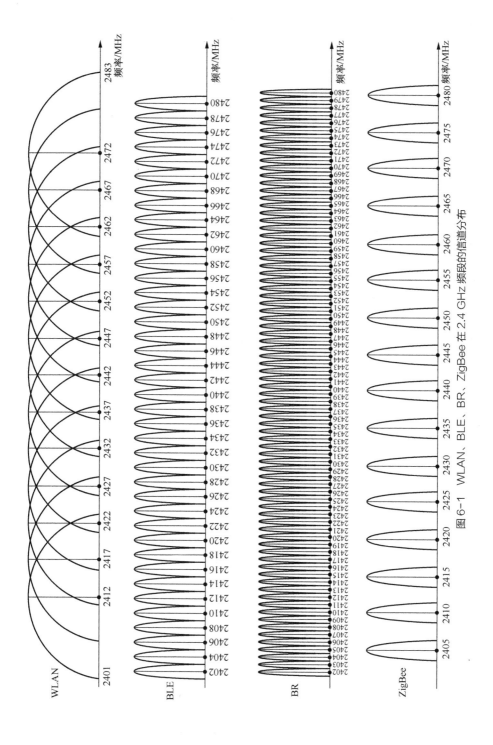

图 6-1　WLAN、BLE、BR、ZigBee 在 2.4 GHz 频段的信道分布

最常见的空口干扰模式之一便是 WLAN、BLE、BR、ZigBee 都在使用 2.4 GHz 无线频段，每种技术都试图在 2.4 GHz 频段内使用其中的一部分频道作为工作信道。随着设备、业务种类的增加，设备之间通信冲突的概率也逐渐增大。

如果让 HarmonyOS 中的每一个分布式子系统或分布式业务都直接使用各种通信技术，如创建网络 Socket、连接蓝牙、无线 P2P（Peer to Peer，对等网络）连接、发送和扫描 BLE 广播等，不仅会增加系统实现的复杂度，而且由于不同子系统和业务都想掌握通信的主动权，也就必然会引起对各种通信资源的竞争，如从每设备不超过 7 个的蓝牙连接中占用一个连接、占用宝贵的 BLE 广播信道和扫描窗口时长、占用有限的 P2P 连接的角色和连接数量等。

同样，如果每个分布式子系统或分布式业务都直接使用各种通信技术，随着未来通信协议和方案的不断增多，不同厂商、不同设备、不同版本系统之间通信标准的统一性、协议兼容性的复杂程度会变大，集成难度、网络复杂度也会增大。这些无疑都为全场景下分布式应用的开发、设备厂商的进入设置了重重障碍。

如何在复杂的网络和众多的设备中支持 HarmonyOS 全场景下的分布式应用的通信诉求，以及简化分布式应用的开发难度，是分布式软总线要解决的主要问题。

HarmonyOS 分布式软总线为上述问题提供了可靠的解决方案，从最纯粹的分布式通信需求出发，将各分布式子系统和业务需要使用的通信过程抽象为发现、连接、组网、传输这 4 个核心操作，并通过一系列简单的 API 服务整个 HarmonyOS。分布式软总线向上对开发者屏蔽了技术的复杂性，向下则通过优秀的算法和实现为 HarmonyOS 构建了一套高性能的分布式通信基座。

由此，各分布式子系统和业务就可以从通信技术繁杂的"泥沼"中抽身，只专注于业务本身的逻辑，而将通信的工作完全交由分布式软总线处理。分布式通信过程集中在分布式软总线的抽象处理中，这也使得对设备之间的通信过程进行协同和优化具备基本的可行性，可以构建时延、功耗、性能综合最优的 HarmonyOS 分布式通信能力。

6.2　什么是软总线

6.2.1　软总线的由来

在传统计算机系统和通信系统中，硬件总线（bus）是一个非常重要的技术，通常也被称为总线技术。总线是系统各种功能部件之间传输信息的公共通信干线，它是由导线组成的传输线束。按照系统所传输信息的种类，硬件总线可以划分为数据总线、地址总线和控制总线，分别用来传输数据、数据地址和控制信号（注意，在很多专业资料中，对总线技术有更丰富和更深入的表述，此处使用了一种常见的简化方式，如图 6-2 所示）。

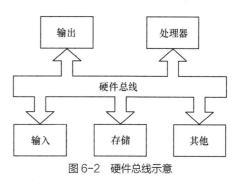

图6-2　硬件总线示意

总线技术具有如下技术特征：即插即用、高带宽、低时延、高可靠、标准化。总线技术是计算机系统中具有划时代意义的技术，不仅解决了系统各部件之间的通信冲突和高效数据传输的问题，而且简化了计算机系统的设计，简单来说有如下好处。

● 简化了硬件设计，使系统能够以模块化和结构化的方式进行部件设计，系统各部件只要按照系统总线的接口要求实现 I/O 接口，就可以以插件的方式接入系统，这使得总线技术成为硬件接口设计的标准方案。

● 简化了系统结构。使用总线技术后，整个系统结构清晰、连线少，底板连线可以通过 PCB（Printed-Circuit Board，印制电路板）印制化，大幅降低了部件间连线的复杂性、故障率。

● 提高了系统的可扩展性。只要部件按照总线接口要求进行设计，新的部件就可以接入已有的系统，而不会影响系统中已有的其他部件，也不需要改变它们的设计和工作方式。只要部件遵循总线接口要求，就可以在总线接口的任意位置接入，即在空间位置上也有很大的灵活性，部件的部署、更换等都变得轻松和简单。

● 简化了故障判断和维修。总线技术的引入，可以帮助维护人员方便地定位具体故障设备的接口位置，以便维护人员更换部件。有很多系统的总线支持热插拔技术，即在不影响整个系统工作的情况下，就可以完成部件的替换和更新。

面对 HarmonyOS 分布式终端所面临的复杂组网和高吞吐量、低时延、高可靠、安全可信的通信诉求，如何为跨端的全场景智慧化用户体验提供接近本地化访问效果的分布式通信能力，成了 HarmonyOS 分布式通信设计和开发团队所面临的巨大挑战。

可参考总线所具备的优势和特点，借鉴其设计理念，用软件的方式在分布式终端之间构建一条虚拟的总线。一条由软件定义的总线将分布式设备以部件化的方式连接起来，实现分布式设备之间的有序通信，从而使设备之间的传输变得安全可靠、通信质量可管理、业务质量可预期，让一个系统连接起所有的智能设备，实现万物互联的终极目标，构建出使用多个设备如同使用同一个设备一样的超级终端的使用体验。分布式软总线的概念由此而来，并成为 HarmonyOS 分布式技术的基本能力。为方便表述，通常把分布式软总线简称为软总线。

6.2.2 软总线的目标

计算机系统中的总线是硬件总线，其能力确定、性能可靠，而软总线随着设备上电或接入网络才能启动分段动态建立，其质量依赖设备的通信能力和通信环境。受芯片、软件、组网、环境、协议、兼容性等不可控因素影响，设备之间的分布式业务通信体验难以保障，如何通过软件智慧化定义通信，按业务分场景提供相匹配的 QoS 是软总线面临的核心挑战。

在 HarmonyOS 构建由"1+8+N"设备组成超级终端的过程中，设备和设备之间都离不开下列 4 个基本的环节。

发现：指一个设备发现另外一个设备存在于同一通信网络。设备之间互相探测，通过网络协议的交互知晓对方存在于网络中。大部分情况下，例如在 WLAN、蓝牙网络、ZigBee 网络中，设备和设备之间都需要经过这样一个动态的检测过程，才能知晓对方的存在。

连接：指设备和设备之间建立可以通信的链路。设备和设备之间有了连接后，就可以启动后续业务报文的传输了。不同的通信技术使用的连接方式多种多样，例如 WLAN 中的 TCP Socket 连接、蓝牙设备之间的 RFCOMM（Radio Frequency Communication，无线电频率通信协议）链路、BLE 设备之间的 GATT（Generic Attribute Profile，通用属性配置文件）等。

组网：软总线会构建出多设备之间的一张低功耗管理网络。通过这张网络实现多设备终端之间实时在线管理，结合感知和网络算法形成智慧化能力，在业务需要时将发现、连接、传输的资源准备好；在实施业务的过程中通过整网的协调和优化，为分布式业务提供网络级的通信资源管理能力。

传输：指业务报文在设备之间的传输，发现和连接是为了服务于设备之间分布式应用数据的传输。

全场景设备互联互通过程中，"1+8+N"设备之间是通过什么通信媒介、采用什么技术、使用什么协议？是发现对方设备，还是建立和对方设备的通信通路连接呢？设备和设备之间是一直保持连接，还是在业务启动时才请求建立连接的？如果设备和设备之间发送的是简短的消息，应该怎样传输？如果是几张照片或者一段录影文件，应该怎样传输？如果想把正在播放的视频分享给另一个设备又该怎样传输？等等，这些都是 HarmonyOS 在全场景万物互联、构建超级终端体验过程中必须解决的基本的通信问题。

为了能够达成 HarmonyOS 的核心设计理念：保证在应用上多设备协同体验的一致性，实现多终端生态一体化；在实现上像是在单一设备上开发一样，做到"一次开发，多端部署"。HarmonyOS 分布式软总线技术应运而生，分布式软总线技术就是要构建 HarmonyOS 超级终端的通信基座，向上对应用屏蔽通信技术的复杂性，向下构建 HarmonyOS 高效的"1+8+N"设备通信中枢。

尽管全场景下"1+8+N"设备选择支持底层通信技术必然走向多样化，且同一种通信技术，其实际能力也会因为产品的不同而存在巨大的差异，但是发现、连接和传输始终是"1+8+N"设备之间分布式应用运行的前提，分布式应用的性能满足体验目标，与发现、连接、传输这一系列过程有着密不可分的关系，因此软总线的目标如下。

1. 以最小功耗稳定发现并连接更多的设备

在"1+8+N"设备中，存在大量的功耗敏感类设备，大到手机、平板计算机、笔记本计算机，小到红外安防传感器、天然气检测仪、温湿度计等，这些设备使用电池供电，就不可以不计功耗地进行通信。即便是使用电源供电的设备，绿色节能也是当下全人类的追求。而发现和连接是开展分布式业务的前提，如果不能发现设备，就不具备处理分布式业务的基础；如果不能维持设备之间的连接，那么很难保证分布式业务的体验。因此既要发现和连接，又要达成低功耗的目标，就要将以最小的功耗，稳定地发现和连接更多的设备作为目标构建软总线的能力。

2. 提供高带宽、低时延，最大化利用空口和物理资源的传输能力

发现和连接不是真正的终点，支持分布式业务在设备之间的数据传输才是目的。简单的两个设备之间很容易实现单一业务通信性能最优，满足业务所需的传输带宽和时延等性能要求。但是，HarmonyOS 所部署的"1+8+N"设备要面对的将是由越来越多的设备所组成的一个又一个超级终端网络，在这个网络中，设备之间的通信既要面临周边环境的干扰，也要面临超级终端设备之间的干扰，即设备之间对通信资源的竞争。谁规定用户在将正在观看的视频从手机投屏到电视时，不可以同时将照片从手机上共享给自己的平板计算机呢？所以分布式软总线不只是解决两个设备之间的传输问题，更要在整个分布式网络中，通过最大化利用空口和物理资源，满足整网内多设备、

多业务的高带宽、低时延需求。

基于上述阐述，由软总线所构成的
HarmonyOS 分布式通信技术，可抽象为 4
个简化的关键过程：发现、连接、组网和传
输，如图 6-3 所示。

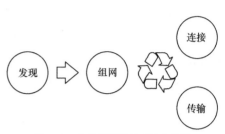

在具体业务数据的传输过程中，将
HarmonyOS 分布式通信的数据对象，也就
是通常意义上的载荷（Payload），抽象为四

图 6-3　软总线通信过程抽象模型

大类型：消息、字节、文件和流，如图 6-4 所示。

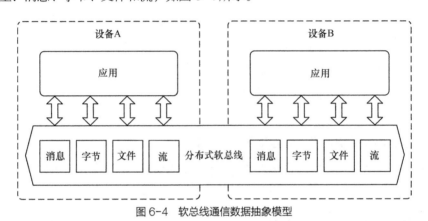

图 6-4　软总线通信数据抽象模型

分布式软总线技术化繁为简，从此基于分布式的应用，只需要看到通信的 4 个步
骤和 4 个数据类型的抽象，而通信技术本身的复杂性已被软总线屏蔽。

软总线技术以用户体验为优先设计原则，实现全场景设备总是在线、网络连
接随人而动、分布式应用随时可用的效果。正如同总线在计算机系统中的核心位
置，分布式软总线技术虽然不存在一条标准化的物理连线，但是通过将复杂的通
信世界进行逻辑抽象，建立一条虚拟的总线，通过这条"总线"，将形形色色的
设备连接在一起，构建出 HarmonyOS 分布式通信基座。让设备之间的分布式业
务可以随时随地经由这条"总线"实现低时延、高带宽的通信。

6.3　软总线技术架构

分布式软总线向分布式子系统及应用提供接口功能，向下依赖基础通信技术，为

分布式子系统和应用提供跨设备通信的能力，其逻辑架构如图6-5所示。

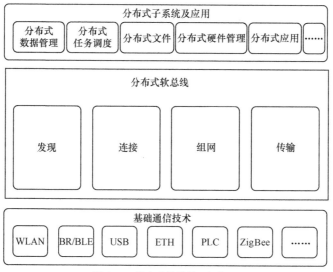

图6-5　分布式软总线逻辑架构

分布式子系统及应用是分布式软总线提供的分布式通信能力的消费者，不仅包含HarmonyOS自身的各种分布式子系统，如分布式数据管理、分布式任务调度、分布式文件、分布式硬件管理等，也包括由操作系统开发者构建的系统能力相关部件，以及应用开发者开发的应用。

分布式软总线从逻辑架构上可分为4个大的功能模块，分别是发现、连接、组网、传输。这4个模块在整个软总线业务逻辑中分工合作，通过构筑分布式通信框架，达成分布式软总线通信的目标。

发现：通过分布式软总线发现技术，发现周边的分布式设备的存在。支持在WLAN、蓝牙、局域网等不同的媒介上进行设备的发现；可以根据不同设备的能力，选择合适的发现媒介；根据设备特点和业务需求提供合适的发现频次、扫描周期等发现策略。一个设备可以是被发现方，也可以是主动发现方，或者既是被发现方，又是主动发现方。

连接：通过分布式软总线连接技术，连接周边的分布式设备，根据分布式设备的能力和业务需求，选择合适的通信媒介，使用最恰当的连接技术，建立最基本的通信链路，为后续的组网和传输提供基础能力。

组网：通过分布式软总线组网技术，可以将不同能力、不同特征的终端设备，组成一张不同终端之间可以相互通信的分布式软总线网络；使得在分布式软总线网络中的设备不限于单一的或者一对一的连接关系，而是基于不同用户使用场景下所涉及的设备组成一张网络，例如办公时由手机、平板计算机、PC、手写笔和耳机组成一个办公分布式软总线网络；户外跑步时由智能手表、心率计、手机、跑姿检测设备组成一个运动分布式软总线网络。在这张网络中，每个设备的通信能力、业务能力都可以得到有效管理。当业务需要通信能力时，通过分布式软总线网络，可以随时提供业务需要的设备能力和业务所需要的带宽与时延要求的传输能力。

传输：通过分布式软总线传输技术，为分布式业务提供数据传输能力。将所有分布式业务的数据抽象为消息、字节、文件和流四大类型，并按照抽象模型的特点，提供合适的传输技术。这样既保证单业务的通信诉求，又保证整个分布式网络内多业务的传输质量。

基础通信技术是软总线所依赖的底层通信技术能力集，包括但不限于 WLAN、BR/BLE、USB、ETH、PLC、ZigBee 等。正如表 6-1 所介绍的，不同的产品和不同的应用场景会涉及各种不同的通信技术的应用，因此，分布式软总线具备丰富和灵活的可扩展性，面向所有可能涉及的通信技术，从设计上提供抽象能力，以便将其纳入支持的范围。

分布式软总线具备如下典型特征：自动发现连接，高带宽、低时延、高可靠，标准开放。

自动发现连接：基于对场景和环境的感知能力，可信设备之间可自动发现、认证并建立长连接。自动组建可信网络，并实现对网络中的节点进行信息、状态、上下线等网络管理功能，为业务和用户提供永远在线的无感发现连接体验。

高带宽、低时延、高可靠：按照业务场景的通信能力需求，提供相匹配的传输能力。软总线构建基于可信的设备网络，并和安全子系统结合，构建不同等级的安全能力，为设备之间的通信提供安全可信保障能力。软总线对网络内业务和软硬件能力进行统一管理，可以最大化地发挥设备性能，使软总线组网范围内的网络处于最优的工作状态，无论是消减设备之间干扰，还是业务调度的合理性，都可以得到充分的保障，从而构建出高带宽、低时延和高可靠的传输能力。

标准开放：无论是从"1+8+N"生态设备接入还是从各种通信技术的演进来看，软总线的架构设计都具备灵活的可扩展性。软总线将通信从应用中解耦，作为 HarmonyOS 的公共能力，提供通信能力的标准化、设备接入的标准化。通信以服务化的方式向应用开放，向不同软硬能力开放，向不同技术演进开放；同时也支持向合作伙伴、第三方生态开放。

6.4　软总线发现技术

软总线发现技术的核心目标就是发现周边的设备。周边的设备被发现，是组成分布式网络的基础，这样才能在这些设备之间实现分布式业务。软总线发现技术负责提供各设备发现服务的系统接口，提供服务的扫描发现、发布订阅的功能；支持通过多种不同的模式，发现周边支持分布式软总线的设备；对上实现与具体硬件和协议无关的发现连接框架，提供服务的注册、监听和查询功能，对下实现对不同业务、不同媒介上的发现请求和响应之间的协调和调度；以最优的效率和最优的功耗，实现周边分布式设备的发现。

6.4.1　发现模块逻辑架构

如图 6-6 所示，分布式软总线的发现模块主要包括发现服务、事件调度管理及各种通信技术的发现。

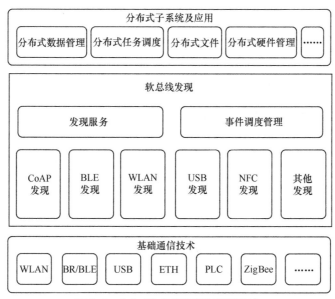

图 6-6　分布式软总线发现模块逻辑架构

1. 发现服务

发现服务是软总线发现模块的核心功能模块，按照功能逻辑可进一步分为订阅、发布、实现和策略 4 个部分。

订阅是发现服务对外提供发现结果的通知机制，当符合条件的设备被发现后通知订阅方,以便系统进行适当的后续处理,例如认证、组网或触发分布式业务。

发布是发现服务对外提供的设备或服务能力的声明机制,系统允许以设备级或服务的方式对外声明本设备可支持的能力,订阅和发布是发现服务中关键的两个功能。

实现是发现服务结合不同通信技术提供的具体发现功能,会体现出不同技术能力上的差异,包括发送设备发现广播、扫描和接收发现广播等,同时也将发现抽象为主动发现和被动发现两种能力模型。

策略针对不同通信技术发现手段提供定制化的执行方案,包括通信技术的选择、优先级及冲突处理策略的定义。

2. 事件调度管理

事件调度管理用于协调不同业务和不同通信技术上的发现处理,负责发现功能的实际调度和策略执行。

分发调度: 将发现相关处理抽象为事件任务,采用优先级队列、定时器等机制实现广播、扫描任务分发调度。

资源管理: 管理 WLAN、BLE、USB、NFC 等通信资源,以便实现发现功能。

冲突仲裁: 包括不同应用的调用及空口上资源冲突的协调和裁剪,也包括 BLE、CoAP(Constrained Application Protocol,受限制的应用协议)等不同的发现事件任务到来后的优先仲裁等处理。

3. 各种通信技术的发现

每种通信技术都有其各自的通信模型或协议框架,软总线发现功能结合每种通信技术的具体特点和差异,提供基于特定技术的发现部件,包括 CoAP 发现、BLE 发现、WLAN 发现、USB 发现、NFC 发现及其他发现。6.4.3 小节会详细介绍常用于 WLAN 和 ETH 的 CoAP 发现协议,以及适用于蓝牙设备之间的 BLE 发现协议。

6.4.2　发现模块关键技术

发现的主要设计思想是在结合设备自身的物理通信能力(例如 WLAN、蓝牙、ETH 等),以及设备当前已拥有的网络能力(例如设备已接入当前家庭局域网或办公室局域网),并且平衡功耗和性能的基础上,尽可能地发现周边各设备,进而通过设备级认证和同步,组成分布式软总线网络。

1. 差异化发现

结合设备自身的物理通信能力(包含但不限于 WLAN、蓝牙、USB 等),软总线通过插件化的方式，既可以支撑差异化能力的构建，也可以支撑后续技术的持续演进和拓展。在实现上，尽管多种物理连接技术在 MAC（Medium Access Control，介质访问控制）层采用的技术不一样，但是在软总线的发现模块中，会对各种物理连接技术的发现能力进行抽象和原子化封装，对上呈现统一的设备发现逻辑。

2. 发现模式

分布式软总线的设备发现，按照实现的逻辑，分为主动发现和被动发现两种模式。

主动发现模式： 发现方通过广播或者组播的方式主动发送发现请求报文，被发现方收到发现请求报文后，主动回复或广播自己的设备信息。如图 6-7 所示，设备 A 使用主动发现模式发现设备 B。

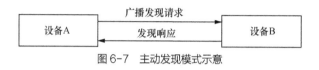

图 6-7　主动发现模式示意

被动发现模式： 发现方设备不主动发送发现请求报文，而是通过被动等待其他设备广播的发现信息来发现设备。被动发现模式下，被发现方要主动广播自身的发现信息，如图 6-8 所示，设备 A 使用被动发现模式，等待设备 B 主动发送广播发现信息。

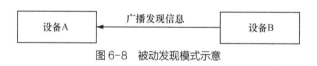

图 6-8　被动发现模式示意

无论是主动发现还是被动发现，都有其对应的应用场景和优势。主动发现通常用于尽快探测发现周边设备的情况，特点是实时性强，通常也用于分布式业务主动触发对周边设备的搜索。被动发现通常用于网络维持过程中，在不增加系统负担的情况下，以后台方式发现周边设备。另外，需根据不同通信技术本身的特点选择不同的发现模式，例如在大部分蓝牙设备之间，由于存在设备休眠和信道广播扫描策略等因素，使用被动发现模式更利于设备在功耗、性能和成功率之间取得平衡。

3. 融合发现

综合 BLE、CoAP、NFC 等技术的发现能力，按业务场景，针对不同的发现技术采用不同的优先级策略，并采用融合发现算法进行设备去重，增加设备接入品类、数量提高设备接入速度。融合发现算法具有如下优势。

发现设备范围广： 发现不限于单一技术，通过 WLAN 可以发现 WLAN 设备信息，通过蓝牙可以发现蓝牙设备信息，同时通过 WLAN 与蓝牙可以实现异构通信介质的信息交换与传递。多种技术的融合使发现设备的范围变得更广泛。

发现速度快：通过后台预发现、前台发现、适时启动发现等多种发现策略，可提高设备发现的速度。

发现成功率高：不同发现策略的组合使用成功率比单一发现策略更高。

4. 优化及冲突避免

对多业务、多设备及相关协议进行优化，通过软总线冲突避免技术，实现发现速度和成功率的提高。这通常涉及智能动态扫描参数调整，平衡功耗及发现与连接速度；结合设备状态和用户动作感知，智能调整发现策略和发现参数，避免无效扫描；设备空口频段预分配，减少和避免设备之间的干扰和冲突，从而提高设备发现的成功率和速度。

6.4.3 发现协议

软总线发现技术会根据不同的通信技术构建不同的发现协议。下面以常见的WLAN和蓝牙为例，分别介绍这两种技术常用的发现协议，以便读者理解发现技术在不同通信方式上的实现原理。

1. CoAP 发现协议

在 WLAN 内，软总线发现技术以广播的方式对外发布 CoAP 格式的发现报文来发现周边设备。在 WLAN 内，设备和设备可以通过以 WLAN 路由为枢纽的局域网实现基于 IP 网络的互通，因此设备可以采用标准 IP 网络的广播通信机制，向局域网内的路由可达的节点发送特定的发现广播报文，收到发现广播报文的分布式设备可以响应该发现广播报文，声明自己的存在。当然，在局域网内使用任何自定义格式的广播报文都是可以的，之所以使用 CoAP 格式的报文，是因为其轻量化网络协议吸收了很多 HTTP 的特征，既方便理解又容易实现网络信息交换。CoAP 可以采用更轻量化的 UDP，因此其通信过程相比于 HTTP 等简单得多，在 IoT 领域特别是家庭 IoT 场景下广受欢迎。由于 CoAP 的定义非常简洁，因此软件运行所占用的 ROM/RAM 资源非常少，一些开源的 CoAP 部件可以做到只需要 20 ～ 30 KB 的 RAM 就能工作。有开发者从代码到内存分配都精打细算，做到 CoAP 的实现只占用不到 5 KB。极低的资源占用对软总线要支持的各种 IoT 类设备非常有价值，因为分布式软总线不仅要支持手机、电视、PC 等这类硬件资源丰富的设备，也要支持那些硬件 RAM 只有几十到几百 KB 的小型设备，例如智能开关、智能灯、智能传感器等。

基于局域网 CoAP 发现协议的流程分为主动发现方的广播过程、被发现方的响应及响应报文被确认的过程。它简化的典型发现协议过程如图 6-9 所示，涉及 3 个主要的协议报文：发现请求报文、发现响应报文、发现响应确认报文。

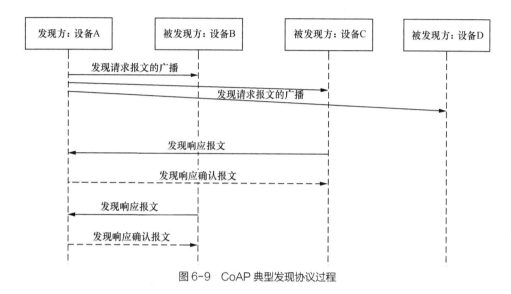

图 6-9　CoAP 典型发现协议过程

（1）发现请求报文

发现方通过广播地址向整个局域网内发送发现请求报文的广播，收到请求的设备给予响应。

按照 CoAP（RFC 7252）规范定义，CoAP 发现请求报文为用 POST 方法发送的 NON 格式报文：在 Option 字段中携带了软总线发现请求报文的 Uri-Path，即 "device_discover"；而其 Payload 字段是采用 JSON 编码的报文载荷，定义了发现请求报文携带的信息字段。常见的信息字段包含设备 ID，表示发现方设备标识，是一个设备在分布式网络内的唯一标识；设备名，表示发现方设备的名称，它通常用于在设备界面上向用户展示，以便用户进行设备识别；设备类型，表示发现方设备的类型，通过设备类型可以区分设备的种类；设备 IP 地址，表示发现方设备在当前 WLAN 中的 IP 地址，当被发现方设备需要应答发现方设备时就可以通过该地址进行响应；能力映射表，用于发现方设备指定需要被发现方设备支持的具体能力。

（2）发现响应报文

设备收到发现请求报文的广播后，若判断需要对该发现请求报文进行响应，就会向发送方单播一个发现响应报文，明确对发送方的发现请求报文进行应答。

同样，发现响应报文仍然基于 CoAP 规范定义的 POST 方法发送，不同之处在于发现响应报是 CON 格式报文：在 Option 字段中携带了软总线发现响应报文的 Uri-Path，即"device_discover"；其 Payload 字段作为对发现请求报文的回应，也是采用 JSON 编码的报文载荷。

常见的信息字段包含设备 ID，表示被发现方设备标识，是一个设备在分布式网络内的唯一标识；设备名，表示被发现方设备的名称，它通常用于在设备界面上向用户展示，以便用户进行设备识别；设备类型，表示被发现方设备的类型，通过设备类型可以区分设备的种类；设备 IP 地址，表示被发现方设备在当前 WLAN 中的 IP 地址；能力映射表，用于被发现方设备向发现方设备报告其可支持的具体能力。

（3）发现响应确认报文

为了让被发现方设备方知晓其发现响应报文已经被发现方设备正确接收并处理，发现方设备会明确地向被发现方设备发送一个确认报文，即发现响应确认报文。

发现响应确认报文基于 CoAP 规范定义的 POST 方法发送，其报文格式为 ACK 格式，通过报文 ID 明确是对上面发现响应报文的确认。

方法（Method）：CoAP 定义了 4 种主要的方法——get、post、put 和 delete，在分布式软总线发现协议过程中主要使用 post 方法。

报文格式（Message Format）：有 3 种报文格式——NON、CON 和 ACK，其中，NON 表示 Non-confirmable，CON 表示 Confirmable，ACK 表示 Acknowledgement。

报文 ID（Message ID）：CoAP 规范定义为 16 bit 无符号整数，代表报文的 ID（即 MID），每个报文都有一个 ID，重发报文的 ID 不变。

2. BLE 发现协议

在全场景分布式通信的应用中，除了 WLAN，蓝牙也是一个非常重要的应用场景。与 WLAN 可以组成基于 IP 传输的局域网有所不同的是，蓝牙更多的是一种点对点的应用。蓝牙当前无法像 WLAN 一样具备很强的网络组织能力，无法组成一种可以经由网关节点管理的网络，因此，在没有网关节点参与管理的场景下，蓝牙具备了一些 WLAN 所不具备的优点，可以支持在两个设备之间很方便地建立直接的点对点连接。

蓝牙在其发展的过程中，出于设备功耗控制的需求，从 BR 技术演进出 BLE 技术，可以实现更低功耗的通信能力。在软总线发现的方案中，我们也使用了 BLE 技术。由于 BLE 技术从设计之初就考虑了低功耗、抗干扰、较远通信距离，因此将 BLE 的广播帧用于设备发现，可以为设备提供灵活和低代价的发现能力。

BLE 广播帧格式如图 6-10 所示。在蓝牙定义中，通过广播帧可以发送的信息量是比较小的，总计 31 octet。局域网可以以 IP 包的方式发送较大的发现报文，与之相比，使用 BLE 广播发现时，需要对广播报文的内容进行精打细算的设计。分布式软总线 BLE 发现报文使用了两个标准的 BLE 广播 ADType 组合，第一个组合是 Flags（ADType=0x1），第二个组合是 UUID（Universally Unique Identifier，通用唯一标识码）（ADType=0x16），UUID 之后 24 octet 的厂商自定义数据（Spec Data）用于软总线 BLE 发现报文的扩展。

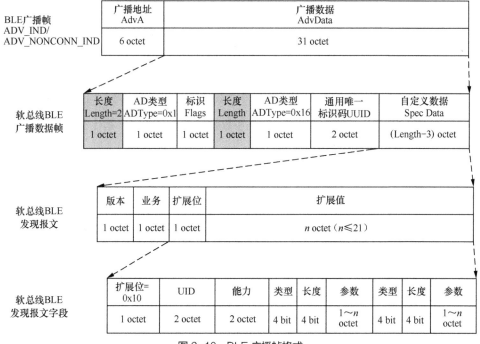

图 6-10　BLE 广播帧格式

Spec Data 字段可划分为版本、业务等，以各种"TLV（类型、长度、值）"的方式进行扩展，以便携带与 CoAP 发现协议一样的信息字段，如设备 ID、设备类型、设备名、能力映射表等。与 CoAP 协议中携带设备 IP 地址不同，在 BLE 发现广播中通常携带设备 BR MAC 地址，以便建立后续的用于组建分布式网络的连接。

在实现过程中，出于对设备功耗的考虑，大部分 BLE 的发现，实际上采用了主动声明的方式，即设备上线、业务发生变动等情况下，设备主动对外发送广播报文，向周边设备宣告自身的存在，而其他设备通过在蓝牙广播通道上监听、扫描广播报文来发现设备，如图 6-11 所示。

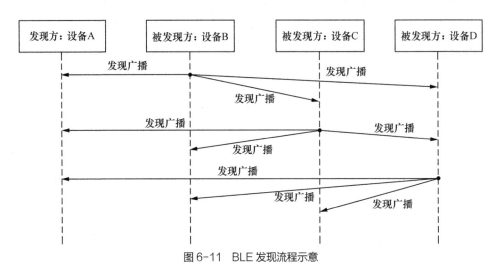

图 6-11　BLE 发现流程示意

在 BLE 下典型的发现广播发送过程中，每个被发现方设备对外通过发送发现广播报文，宣示自己的存在，而发现方设备可以通过在蓝牙广播信道上扫描和监听发现广播报文，获知某个设备上线。

总结一下，通过对常见的局域网 CoAP 发现和 BLE 发现的介绍，能够看出不同的技术都有其特定的应用场景、特点和限制。软总线发现技术在基于这些通信技术进行构建的过程中，依然需要遵从并顺应这些技术的特点，并在这些技术上，发展出合适的发现技术方案。当然，软总线可以支持的通信技术也不限于 WLAN 和 BLE，因此其发现技术方案也是多种多样的，不拘泥于特定形式。通过这些发现技术，软总线发现能够获悉周边设备的存在，从而触发软总线组网和构建基于软总线的传输能力。

通过软总线发现技术的统一协调和管控，对上层业务可以屏蔽硬件和协议差异，实现发现能力的抽象化和界面一致性；对整个系统和网络，通过统一的发现调度，可以有效减少无序和随机的由各业务发起的发现过程，从而从整体上提升了性能和资源利用率，这在功耗和资源敏感类设备上的效果尤其明显。

6.5　软总线连接技术

连接负责建立分布式设备之间的通信，其核心目标主要是按需建立基于当前软硬件能力及网络状态的,且可以满足业务带宽、时延要求的设备之间的通信连接。对外(使用软总线的子系统和业务)和对内(软总线内部)屏蔽不同通信技术的差异,实现对不同平台系统能力差异的隔离,提供统一的连接能力,并维护连接的状态和生命周期管理,以最小功耗稳定连接更多的设备。

设备之间连接(见图 6-12)的主要方式如下。

设备直连:针对端到端直连的设备,新建或复用当前的直连链路,如 BR、BLE 或无线 P2P 连接等。

路由连接:针对通过路由器或手机热点等间接连接的各个设备,采用基于 IP 网络的 Socket 连接方案,如 WLAN、PLC 局域网、ETH 局域网等。

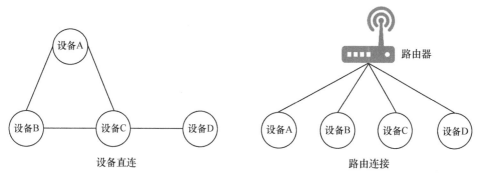

图 6-12 设备之间连接

正如前文所述,采用什么样的连接方式,既取决于设备的能力,也取决于业务场景的需求。对于一个一般的控制报文,如果能够通过设备之间的 Socket 连接建立通信通道,那么这样的连接关系完全可以支撑控制报文的传输。而对于高清视频投屏或大文件的传输,使用基于路由的 Socket 连接并不是最好的连接方式,此时如果能够建立一个无线 P2P 连接,可能才是最好的选择。当然,这样做的前提是通信的设备都支持 P2P。

6.5.1 连接模块逻辑架构

分布式软总线连接为组网和传输提供接口及基于各种通信技术的连接,实现设备之间通信通路的建立。如图 6-13 所示,分布式软总线连接逻辑架构主要包括连接资源管理、连接状态管理及各种不同通信技术的连接。

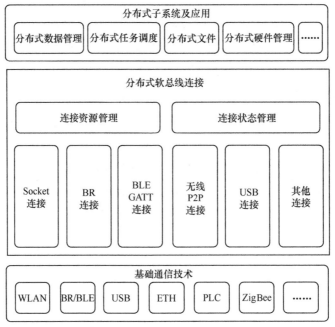

图 6-13 分布式软总线连接逻辑架构

1. 连接资源管理

连接资源管理负责对不同的通信技术及设备之间可用的连接资源统一进行管理，提高资源的利用率，并进行合理分配，具体如下。

连接过程管理：负责连接建立、连接维持、连接释放过程的管理和维护。

连接策略管理：负责定义连接策略和连接策略的实施，以支持软总线网络中多业务、多设备的连接需求。

连接安全处理：负责连接安全处理过程，通过调用安全系统功能接口及使能通信技术本身的安全技术，保障软总线连接安全。

2. 连接状态管理

连接状态管理负责维持和连接相关的状态信息，具体如下。

连接状态机管理：将设备之间的连接及连接状态抽象为状态机进行统一管理，支持设备之间 BR、BLE、P2P 等连接的状态跟踪和维护。

连接引用计数管理：负责连接引用计数，支撑设备之间多业务并发，实现设备之间连接资源的有效使用。

3. 各种不同通信技术的连接

不同通信技术的连接实现各不相同，软总线连接模块将各种连接能力的具体实现抽象为不同的连接部件，具体如下。

（1）Socket 连接

Socket 连接基本上是所有基于 IP 网络（无论是 WLAN 还是基于有线连接的 ETH 网络）通信的最基本的连接技术。Socket 连接适用于接入 IP 网络的设备节点，在网络路由可达的情况下，软总线支持对基于 TCP 或 UDP Socket 连接的建立、维护和释放；支持对 TCP 服务器和客户端的管理；支持实时建立连接、释放连接，并可支持在多业务之间共享连接资源。通过 Socket 连接可以选择建立有发送能力的 UDP 连接或可以确保通信质量的 TCP 连接，因此 Socket 连接提供了方便、高效和灵活的通信连接能力，是软总线通信过程中非常常见的连接技术。

（2）BR 连接

BR 连接支持基于经典蓝牙的连接管理。在软总线设备之间的 BR 连接中，主要采用的技术是 RFCOMM——一种基于 ETSI TS 07.10 规范的串行线仿真协议。它在蓝牙基带协议上通过仿真 RS-232 控制和数据信号过程，为设备提供一种基于蓝牙的通信连接。当然，基于标准 BR 的其他连接也是通信技术重要的补充，例如基于蓝牙的音频传输［A2DP（Advanced Audio Distribution Profile，高级音频分发配置文件）］等。

（3）BLE GATT 连接

蓝牙低功耗技术为软总线提供了设备之间功耗低、范围广、数量多的连接能力，是软总线在蓝牙技术中的主要应用方式。在与 BLE 相关的连接技术体系中，BLE GATT 是基本方法。BLE GATT 是基于 BLE 技术的数据传输技术，软总线连接管理支持创建 BLE GATT 服务器或客户端，并支持对该连接的打开、释放、复用、参数调整等管理功能。

（4）无线 P2P 连接

无线 P2P 连接是常见的无线点对点连接技术，通过无线 P2P 连接能力，提供 P2P 连接创建及连接状态管理。通过 P2P 技术，为设备提供高速、大带宽的无线传输通道，该通道是文件、流等数据模型的主要承载管道。

（5）USB 连接

USB 连接是通过 RNDIS（Remote Network Driver Interface Specification，远程网络驱动接口规范）建立的、基于 USB 的连接技术。简单来说，RNDIS 就是 TCP/IP over USB 技术，通过在 USB 设备之间构建基于 TCP/IP 的协议架构，让 USB 设备看上去像一块网卡，降低了 USB 数据传输和网络连接的复杂度。由于

RNDIS 技术广泛应用于 USB 设备连接，因此软总线也通过该技术来实现在 USB 设备之间基本连接的建立和管理。

（6）其他连接

在全场景网络中，设备和设备之间的通信方式是多种多样的，因此随着全场景设备的丰富，其连接方式必然会逐渐向更好的方向发展演进，也一定是多样化的。

6.5.2　连接模块关键技术

前面列举了软总线常见的连接技术。这些技术本身并不存在什么特殊之处，都是常见的、基本的连接方法，软总线也是通过这些基础技术构建的。但是通过软总线统一管理后，这些连接技术就会产生奇妙的“化学反应”。设备之间的连接经由软总线管理后，业务开发者可以从复杂的连接技术中抽身，专注于业务本身的逻辑，无须为建立或维持设备之间的连接关系而苦恼。所有设备之间的连接，统一在软总线中进行管理，可以轻松达成如下目标。

1. 连接优选

软总线统一管理设备，使开发者能有效掌握设备的能力、设备之间的连接关系、设备之间的网络环境。因此当一个业务发生时，可以通过软总线的算法得到最合适的连接。算法的输出是最优的连接，这种最优可以是最大带宽，可以是最低时延，可以是最小功耗，也可以是安全可靠等因素的综合考虑结果。例如，批量文件传输时，最优的连接是可以提供最大带宽的 P2P 连接；如果仅仅是将一条未读的短信消息从手机协同到 PC 同步显示，基于一条已有的蓝牙连接来完成是最好的选择。

2. 连接智能化

经过软总线统一管理后，设备之间的硬件能力能够被充分地发挥出来，例如平时的网络维持可以使用低功耗的 BLE 连接，而当有视频传输业务发生时，可以快速建立一条无线 P2P 连接；由于整个网络是统一管理的，在建立 P2P 之前，设备之间可以提前完成工作参数的交互，建立连接的性能可得到大幅提升。例如，可基于整网的网络感知能力，为当前 P2P 设置最优的工作角色和信道；当工作信道受到干扰而劣化时，可以切换为优选的新信道。甚至在当前没有直接连接关系的设备之间，经由软总线的跨设备管理，还可以方便地建立随时随地的连接，例如，通过 WLAN 指示设备建立蓝牙音频连接，以便组建由多音频设备构成的立体声网，这样一来，接入软总线的设备具备“逢山开路、遇水架桥”的能力，只要设备有合适的硬件，设备之间就能通过分布式算法管理建立最合适的连接。通过软总线管理设备，可实现软总线定义网络，完成设备间连接能力的智能化。

3. 连接共享

通过软总线构建的网络统一管理物理传输链路，实现物理传输链路在多设备和多业务之间的复用共享，在保证多业务的分布式体验的同时，优化连接资源配置。对于典型的 BR、BLE、USB 等连接，软总线会在其内部创建一条链接，然后通过虚拟会话的方式实现多业务共享。连接资源的共享，除了在两两设备之间，也可以扩展到跨设备的情景。例如，设备 A 和设备 C 之间的通信，借由设备 A 和设备 B 之间的连接，由设备 B 转发至设备 C。分布式业务在接口界面上看到的是会话，而会话之下的具体连接方式及共享过程对业务完全屏蔽。

4. 连接冲突避免

对类似 P2P 的组长（Group Owner）/ 组客户（Group Client）角色、BLE GATT 和 TCP Socket 的服务器 / 客户端等的选择，不同的协议和技术都存在各种限制和约束。这些限制和约束，有些是前文列举的角色选择，有些是资源数量的限制（如 BR 理论上最多支持 7 个连接）等。设备之间连接的建立，如未经过统一管理，很容易出现角色、状态或连接资源的冲突。通过软总线构建的网络统一协调管理，可提供连接冲突避免和消减能力。

5. 以最小功耗连接更多设备

软总线统一管理下的设备连接，不再是无序的连接，而是经过了算法精选的结果，设备和设备之间，在有业务时建立适合业务需求的连接，在无业务时，建立最低功耗的连接；也可以根据对周边网络、业务状态等的主动判断，选择切换到合适的无线信道，建立无干扰或低干扰的连接，甚至可以主动降低连接的信号功率。经由软总线管理的网络是一张经过统筹和管理的连接网络，既能保证最小的功耗，又能保证更多设备的连接管理。

6.6　软总线组网技术

软总线组网技术是整个软总线技术中最核心的部分。软总线组网技术，基于自发现、长连接，通过多种手段，包括网络 Socket、BLE、SoftAP、P2P、Mesh 等混合自组网，为应用提供实时在线的设备 PnP 体验；支持主动或被动的可信设备认证和组网能力，实现设备在线状态监测及设备组网信息的交换；对上提供在线设备列表和设备信息查询，对下屏蔽不同软硬件设备差异；实现分布式设备实时在线，并通过高精度的时间同步来实现对通信资源的精细化管控，以此构建抗干扰和 QoS 管控的管理框架。

6.6.1 组网模块逻辑架构

分布式软总线组网模块逻辑架构主要包括设备节点管理、资源分析管理、决策中心、自组网框架和组网拓扑，如图 6-14 所示。

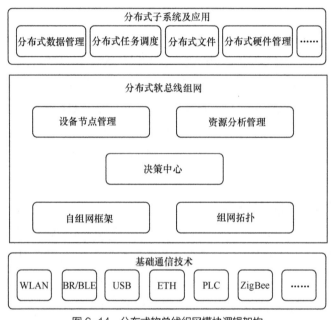

图 6-14 分布式软总线组网模块逻辑架构

1. 设备节点管理

设备节点管理负责提供设备扫描感知、组网设备状态、设备上线下线通知，以及设备的外围设备相关属性和状态的保存管理。设备节点管理是组网对外的主要接口模块，负责为业务提供组网触发（当有业务需要时，触发对周边设备的扫描）、组网节点的上线下线通知。分布式业务可以通过设备节点管理查询当前网络内组网节点的设备信息和能力。

2. 资源分析管理

资源分析管理负责整个网络内的资源同步和管理，包括组网状态机、节点信息的管理。资源分析管理通过实时管理全局资源，使单一的网元具备掌握和洞察整个网络的能力。当前网络的状态、能力、性能、连接关系等都可以通过这一过程在当前设备上完整地被获悉,这也为单设备的行为提供了基于整网管理的统一协调的基础,在这个基础上产生的决策不再是盲目和单设备最优的,而是基于整网最优的结果。

3. 决策中心

决策中心负责对网络业务和组网网络的感知,并根据业务和网络的状态进行分析和决策;基于用户行为、组网能力输出管理当前的路由策略、心跳策略、网络资源策略;同时也实现组网网络内中心节点的选举、迁移。

4. 自组网框架

自组网框架负责将所有接入网络的设备纳入管理,更新到组网拓扑中,更新拓扑中的节点信息和连接关系,为接入网络的设备提供统一的地址管理,以及通道级和设备级的认证。

5. 组网拓扑

组网拓扑负责软总线组网内部数据的管理,支持数据的存储、添加、更改、删除、查询和订阅;用于支撑其他模块(网络状态管理、资源管理、决策中心)的使用,为路由选择、虚拟网络建立、物理通道冲突避免和抗干扰提供数据支撑。

分布式软总线组网从能力模型上可以进一步分为感知场景、感知能力、上下线管理、设备认证、资源管理和质量管理,如图 6-15 所示。

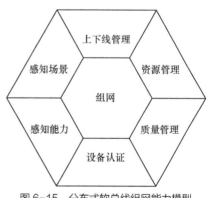

图 6-15　分布式软总线组网能力模型

● 感知场景体现为软总线通过组网过程感知当前设备及其所处的网络环境、连接关系、周边干扰、业务诉求等场景信息,使设备之间不局限于简单连接,从而使整个网络中的连接形成有机的智慧网络。

● 感知能力是软总线组网的核心目标之一。它使得网络中设备之间的通信能力、设备能力在整个网络内得到有效管理,为进一步基于业务场景有序建立和管理连接构建基础。

● 上下线管理体现为对设备在线或下线的管理能力,软总线通过组网的过程,维持设备在线或检测设备下线,并将设备上线、下线作为事件通知上层业务,这是分布式业务开展的基础。

163

● 设备认证主要用于基于软总线组网时确认设备可信关系，只有设备之间具备合法认证关系时才可以进一步组网，这是分布式软总线和业务安全的基础。分布式软总线通过 HarmonyOS 安全子系统构建组网过程中的设备可信关系，确保正确的设备之间建立组网。设备可信关系可以通过统一的账号机制构建，也可以不依赖于账号机制，例如使用安全 PIN（Personal Identification Number，个人识别号）码或二维码等，其详细的原理和方法可以参考 14.2.2 小节及 14.3.8 小节。

● 资源管理是软总线组网后形成的对外能力之一，网络中的设备资源，无论是业务资源还是连接资源，特别是与通信连接相关的资源，都可以在软总线中得到有效管理，包括业务建立时的资源调度，通过网络管理对外界及设备之间的通信干扰进行消减，连接质量持续恶化后协调接续到高质量连接通路等。

● 质量管理，即 QoS 管理，是软总线对上层业务质量的主动管控行为在组网下的整体管理。网络中业务质量的恶化往往不是单设备、单业务可以解决或优化的，所以软总线通过组网统一管理和协调整个网络中的业务质量。将单一的设备行为和管控构建在整个网络多设备、多业务的模型上，将单设备管控转变为整网的有机协同，从而达到业务需求和网络能力的最佳平衡。

软总线为了实现上述组网能力模型，通过组网管理形成网络内低功耗的连接关系，在多终端间维护一个实时在线的管理通路，以"按场景、提前做、抽空做、智慧化"为原则，将发现、配对、连接、数据传输在应用需要时提前准备好，完成用户无感发现与连接、零等待的数据传输，使得业务随时随地可用，为设备之间分布式业务的开展提供全局统筹的管理能力。

在 HarmonyOS 分布式框架下，软总线组网通过与 AI 协同实现场景化。软总线结合空间服务、设备状态、移动状态等，在不同场景（如家里、车里、办公、运动、娱乐等）下，提前或抽空进行发现、连接和组网。例如用户到家，软总线就将手机连入家庭近场网络；用户开车门时，软总线就将手机、车机与智能手表／智能手环网络建立连接。软总线将各终端的状态、连接信息在各终端之间进行实时同步，以便上层应用使用时，从本地就可以获取与之相连的其他终端的在线状态、组网及通信能力。例如，分布式 AI 在手机、平板计算机和大屏之间协同工作时，分布式调度从任意一个终端发起任务时，可直接进行跨设备的任务分发与调度，而不用逐一查询对端状态及能力；当分布式播放音乐时，HarmonyOS 可以立刻推荐合适的分布式音乐设备组合，而不需要音乐业务查询网络设备、协商工作参数。总之，软总线组网统一管理下的设备将用户设备所构建的连接关系逐渐演进成一张神经网络，设备成为神经网络中的神经元，通过组网赋予整个网络智能的基础。

6.6.2　组网模块关键技术

1. 自动组网

基于可信关系，组网模块通过发现模块自动触发对周边可信设备的发现和扫描。对于局部可信关系的设备，自动完成同账号设备之间的连接、认证和组网。通过组网维持可信设备之间的网络，使得可信设备之间自动组成一张实时在线的网络。

2. 异构网络

通过多设备之间的异构组网，实现不同介质和通信技术下设备的混合发现组网和多跳发现组网，增强和扩展设备的组网控制范围能力。通过异构网络，可支持多跳路由信息传递，扩展设备的通信能力；实现多个设备级联时在业务执行前彼此自动完成逻辑连接和拓扑，设备之间实时在线，业务实时可用。异构网络技术在扩大分布式设备组网范围的同时，对分布式业务屏蔽不同介质、不同通信技术，是软总线跨设备、跨网络通信的关键能力。

3. 拓扑管理

经由软总线组网的设备，按照不同资源和能力自动承担网络管理中的不同角色。部分设备可承担核心管理角色，部分设备分担一部分管理能力；资源有限的设备功能简单、能力单一，作为末端节点仅被管理。通常把软硬件资源丰富的设备称为富设备，而把资源较少的设备称为瘦设备，组网使用网状拓扑和星形拓扑结合的方式实现对网络内所有设备的管理：具备管理能力的富设备之间彼此两两组成网状拓扑；富设备和末端节点的瘦设备之间为星形拓扑，富设备作为星形网络的中间节点；作为被管理的末端节点的瘦设备之间可以不存在直接的拓扑连接，但是通过软总线组网的网络仍然可以实现末端设备之间的逻辑连接。

4. 组网保活

组网保活的基本目的是维持网络内的设备在线。根据"1+8+N"设备不同的设备类型和工作场景，提供不同的组网保活策略。组网保活策略多种多样，例如深夜场景，除非必要，大部分设备都可以适当调大心跳检测周期以节省功耗；当用户所持手机处于亮屏状态时，可以加速对周边设备的在线检测，以便及时确认可发生分布式业务的设备的状态。组网保活策略的输入不限于设备本身的状态，周边环境、时间、用户行为、业务场景等都是需要综合考虑的因素。

6.7　软总线传输技术

软总线传输技术为分布式业务提供数据总线和任务总线传输能力，基于消息、字节、文件和流这4种数据模型的传输能力框架，对上屏蔽不同系统、不同软硬件、不同通信协议的能力差异和复杂性，对下实现无线、有线硬件能力的高效利用，为多业务、多设备、复杂业务模型提供最优性能的传输方案。软总线通过最大程度发挥已有硬件性能，提高信息传输效率，逼近空口速率，以最优的 QoS 重构应用，实现极致体验。

6.7.1　传输模块逻辑架构

分布式软总线传输模块逻辑架构主要包括任务总线、数据总线、QoS 管理、会话服务和通道管理，如图 6-16 所示。

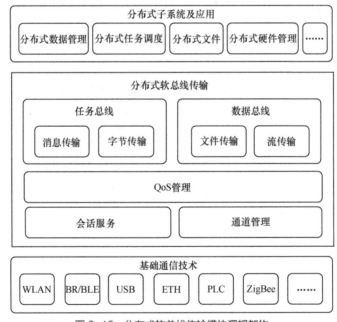

图 6-16　分布式软总线传输模块逻辑架构

1. 任务总线

任务总线以支持分布式任务在设备之间的低时延调度为目标。任务总线用于支持跨设备任务调度，其数据量小，但是对可靠性和时延要求高，具体包括消息传输与字节传输。

（1）消息传输

消息传输是数据总线中最重要的形态，也是分布式业务场景下使用最为频繁的一种传输模型。消息传输的特点是消息内容较少，但是对时延和可靠性要求非常高。如分布式设备之间的控制命令、分布式业务协同时的操作指令等。软总线消息传输为分布式业务提供同步的传输接口，可以提供不超过 4 KB 的消息收发及可靠性保障。

（2）字节传输

字节传输和消息传输类似，但可以提供更大的数据异步传输能力，最大可提供 MB 级数据传输。字节传输功能和 UDP 通信类似，通信过程采用异步方式，即发送方不会收到确认消息。字节传输常用于分布式业务在设备之间的较大数据的传输，如分布式数据同步、分布式调度过程中任务之间数据结构的同步等。

2. 数据总线

数据总线以支持数据在各设备之间的无缝高速流动为目标，为分布式业务提供设备之间业务数据传输通道。数据总线围绕数据传输构建高吞吐量、大带宽传输能力，具体包括文件传输与流传输。

（1）文件传输

文件传输对分布式业务提供以文件为模型的数据传输能力。文件传输过程支持文件预处理、文件压缩和文件断点续传。文件传输通常需要较大的带宽和较长的传输时间，但是与其他几种数据模型（消息、字节、流）相比，其对时延的要求较低，因此软总线在文件传输过程中，在不影响其他业务的情况下，按照尽量提供带宽的方式进行传输。

（2）流传输

流传输主要用于音视频流的传输，并为音视频流传输建立高带宽、低时延的传输通道，支持局域网或者 P2P 连接下的流传输能力。流传输支持帧传输模式和裸数据传输模式。流传输在帧传输模式下，可以针对音视频帧进行传输质量保证，例如保证 I 帧的传输。为了保证传输时延，允许业务选择在传输过程中简化加密或不对传输内容加密，该功能也常用于音视频硬件加解密场景，可避免重复的软件加解密增加时延和浪费 CPU 资源。

3. QoS 管理

QoS 管理支持业务模型管理、单业务多链路并发、多业务多链路并发；支持分级、分类和分层统计并基于统计实现 QoS 策略的执行，实现不同业务 QoS 管理在传输路径上的实施。

4. 会话服务

会话服务以会话为模型提供传输接口。分布式业务使用软总线传输功能时，支持业务跨设备建立专有的会话，以会话为单位管理传输过程；支持会话服务注册、会话创建、会话状态管理、会话释放等处理。

5. 通道管理

设备有多种通信能力，软总线基于业务需求可以建立多种通道，如 BR、BLE、UDP、TCP、P2P 等。在打开一个传输会话时，需要选择最优的通道类型，通知连接进行通道打开。通道选择模块的作用就在于为当前的会话选择最优通道。通道管理具备建立直连通道和代理通道的功能。直连通道指业务进程之间直接建立连接关系，以减少经过软总线控制进程进行数据转发，从机制上减少了数据在进程之间转发和传递的消耗。代理通道常用于在连接资源受限的情况下提供通信通道的复用共享能力，例如经过 BR 传输数据，由于设备之间 BR 连接资源受限（如 BR 理论上最多支持 7 个连接），无法保证每个业务都可以获得设备之间的蓝牙连接，因此在业务通信过程中，不同业务以由软总线统一代理的方式共享一条蓝牙连接通道，这种通道就是代理通道。

6.7.2 传输模块关键技术

1. 安全通信

软总线结合安全子系统的能力构建基于可信设备的组网，以"正确的人，通过正确的设备，正确地访问数据"为原则，才能将正确的设备可信互联、正确的设备之间安全通信为原则，提供高效无感设备认证、会话密钥协商、可信设备管理，以及任务总线和数据总线高速加解密的功能。

2. 通道动态切换

用户使用一个链路建立业务通道后，随着用户或者设备的移动，可从某个网络切换为其他网络，如从蓝牙切换为 WLAN，或者从 WLAN 切换到蜂窝网络链路下，甚至来回切换不同链路。软总线通过实现链路的协商和切换机制，使业务看不到底层通道的变化，实现业务无感通道链路切换。正是由于软总线通过会话对外屏蔽了实际物理连接，因此软总线可以提供不同业务通道上链路的协商和握手机制，使一个通道可以对接不同链路并提供链路切换能力，包括切换中报文的防丢失和防冗余技术。

3. 互助传输

在基于软总线组网能力的通信过程中，设备节点在功耗、性能允许的条件下，可以主动承担网络中业务数据的转发，使得基于软总线的数据传输不限于既有物理网络连接。例如，在没有直接连接关系或不方便直接建立无线 P2P 连接的设备（通常是因为距离或角色状态的限制）之间，通过中间设备代理的方式，建立分段的无线 P2P 连接，通过中间设备代理传输，得到大带宽互助传输的能力。

4. 软硬件结合优化

得益于 HarmonyOS HDF 及系统完整能力的自主构建，软总线具备软件定义硬件、软硬结合的通信优化能力。例如，通过软硬件结合可以构建以下能力。

按需使能低时延模式：通过统一的控制通道，按需提供双端设备协商进入低功耗状态的能力；减少业务通信发包间隔不稳定导致的频繁唤醒通信芯片（特别是WLAN 芯片、蓝牙芯片等）的情况。

WLAN 高效传输：结合 WLAN 技术，提供大带宽数据传输和低时延传输控制通路；动态帧聚合结合当前链路传输情况，使能帧或数据单元聚合功能，增强信道利用率；多业务调度算法结合业务定制需求，动态调整调度、速率等算法，改善时延敏感型业务体验。

5. 精准拥塞控制

结合软总线组网网络感知技术、传输链路动态实时反馈、软总线自动调整算法来保证传输能力。支持发送方和接收方协商链路信息，结合 QDisc（Queueing Discipline，排队规则）队列状态等，更精准地控制收发速率。当传输能力低于业务预期时提供对业务的反馈，使得业务感知传输的变化，调整业务自身能力以改善用户体验。

6. 缓冲池加速

缓冲池技术主要用于空口能力和用户数据不能完全匹配的场景。一般情况下，驱动直接发送每个报文以减少报文的时延。但是这对于空口带宽的利用并不是最有利的。缓冲池技术的目标是弥补空口能力和用户数据的差距。当空口能力充足时，快速把缓冲池数据卸载到空口能力上，提高空口利用率。当空口拥塞时，把业务报文临时缓存在池中，避免空口拥塞加剧。

7. 优先级控制

通过对会话优先级的控制，使高优先级事件能够得到优先调度、优先抢占发送资源。分布式软总线提供如下两种优先级控制机制。

任务优先：底层传输分为任务总线传输和数据总线传输，任务总线传输优先于数据总线传输，为任务总线传输预留带宽资源，保障任务总线传输高优先级发送。

前台优先：发送的数据内容根据所归属的业务信息，区分为前台数据、后台数据。前台数据的优先级高于后台数据。带宽不足时，前台数据可抢占后台数据的发送资源，优先发送。

6.8 使用软总线

表6-2所示为软总线面向其他子系统开放的关键接口定义，接口主要分为3个部分：发现接口、组网接口、传输接口。

表6-2 软总线关键接口列表

关键接口	功能	接口定义
发现接口	启动设备发布	int PublishLNN(const struct PublishInfo *info, const struct IPublishCallback *cb) typedef struct { void (*OnPublishResult)(int publishId, int result); }IPublishCallback
	取消设备发布	int StopPublishLNN(int publishId)
	启动设备发现	int RefreshLNN(const struct RefreshInfo *info, const IRefreshCallback *cb) typedef struct { void (*OnDeviceFound)(int refreshId, DiscoverInfo device); void (*OnRefreshResult)(int refreshId, int reason); } IRefreshCallback
	停止设备发现	int StopRefreshLNN (int refreshId)
组网接口	注册设备状态回调	int RegNodeDeviceStateCb(INodeStateCb *callback) typedef struct { int events; void (*OnNodeOnline)(NodeBasicInfo *info); void (*OnNodeOffline)(NodeBasicInfo *info); void (*OnNodeBasicInfoChanged)(NodeBasicInfoType type, NodeBasicInfo *info); } INodeStateCb
	注销设备状态回调	int UnregNodeDeviceStateCb(INodeStateCb *callback)
	设备入网	int JoinLNN(LaneAddr *addr, OnJoinLNNResult cb) typedef void (*OnJoinLNNResult)(LaneAddr *addr, const char *networkId, int retCode)
	设备退网	int LeaveLNN(const char *networkId, OnLeaveLNNResult cb) typedef void (*OnLeaveLNNResult)(const char *networkId, int retCode)
	获取上线设备列表	int GetNodeDeviceInfoList(NodeBasicInfo *basicInfo, int devNum)

关键接口	功能	接口定义
传输接口	创建会话服务	int CreateSessionServer(const char *sessionName, const ISessionListener *listener) typedef struct { int (*OnSessionOpened)(int sessionId, int result); void (*OnSessionClosed)(int sessionId); void (*OnBytesReceived)(int sessionId, const void *data, unsigned int dataLen); void (*OnMessageReceived)(int sessionId, const void *data, unsigned int dataLen); void (*OnStreamRecevied)(int sessionId, const StreamData *data ,const StreamData *ext, const StreamFrameInfo *param); void (*OnSessionEvent)(int sessionId, int eventId, int tvCount, const QosTv *tvList); } ISessionListener
	删除会话服务	int RemoveSessionServer(const char *sessionName)
	打开传输会话	int OpenSession(const char *mySessionName, const char *peerSessionName,const char *peerDeviceId, const char *groupId, const SessionAttribute* attr)
	关闭传输会话	void CloseSession(int sessionId)
	字节发送	int SendBytes(int sessionId, const void *data, unsigned int len)
	消息传输	int SendMessage(int sessionId, const void *data, unsigned int len)
	流传输	int SendStream(int sessionId, const StreamData *data, const StreamData *ext, const StreamFrameInfo *param)
	文件传输	int SendFile(int sessionId, const char *sFileList[], const char *dFileList[], int fileCnt)
	设置文件接收回调	int SetFileReceiveListener (const char *sessionName, const IFileReceiveListener *recvListener, const char *rootDir) typedef struct { int (*OnReceiveFileStarted)(int sessionId, const char* files[], int fileCnt); int (*OnReceiveFileProcess)(int sessionId, const char *firstFile, uint64_t bytesUpload, uint64_t bytesTotal); void (*OnReceiveFileFinished)((int sessionId, const char *files[],int fileCnt); void (*OnFileTransError)(int sessionId); } IFileReceiveListener
	设置文件发送回调	int SetFileSendListener(const char *sessionName, IFileSendListener sendListener) typedef struct { int (*OnSendFileProcess)(int sessionId, uint64_t bytesUpload, uint64_t bytesTotal); int (*OnSendFileFinished)(int sessionId, const char *firstFile); void (*OnFileTransError)(int sessionId); } IFileSendListener

注意软总线连接模块的处理过程不对外暴露接口，在组网和传输过程中会涉及连接功能的使用。软总线将连接的过程抽象和封装在设备组网、设备传输过程中，因此不需要外部业务感知连接这一过程。

下面以设备 A 和设备 B 为例，展示在分布式软总线的框架下，如何通过发现、组网和传输过程，实现最终的分布式通信（以发送、接收消息为例）。图 6-17 所示流程主要以软总线对外接口为主，简单展示主要业务逻辑过程。

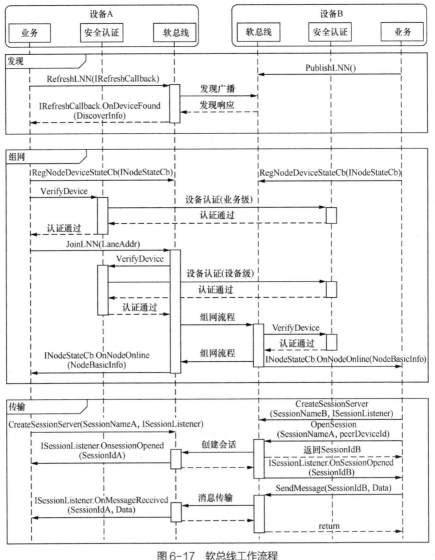

图6-17　软总线工作流程

1. 发现过程

设备 B 的业务通过 PublishLNN 接口向软总线发布设备能力，触发软总线被发现功能。

设备 A 的业务通过 RefreshLNN(IRefreshCallback) 接口触发软总线业务发现功能，其参数 IRefreshCallback 为发现结果回调通知接口。

设备 A 的软总线发布发现广播，请求对周边支持软总线设备的发现。

设备 B 收到设备 A 的发现请求后，设备 B 上的软总线响应发现广播。

设备 A 的软总线收到设备 B 的"发现响应"后，通过发现结果回调通知接口 IRefreshCallback.OnDeviceFound(DiscoverInfo) 通知业务发现了设备 B，回调通知接口中会携带被发现设备 B 的基本信息 DiscoverInfo，其中包括设备 ID、类型、名称等基本信息。至此发现流程结束。

2. 组网过程

设备 A 和设备 B 都通过 RegNodeDeviceStateCb(INodeStateCb) 接口向各自的软总线注册设备上下线通知接口，以便有设备上下线时，可以获取软总线的回调通知。注意，在图 6-17 中，为了方便展示，RegNodeDeviceStateCb 的注册似乎是在发现流程之后的，但是实际使用时应该早于发现动作被触发，例如设备初始化时，或者在 PublishLNN、RefreshLNN 等接口被调用时。

设备 A 的业务通过安全子系统完成和设备 B 的绑定认证。通常如果不是同账号设备，设备之间的首次绑定认证，需要业务参与并引导用户完成。出于基本的安全要求考虑，这一过程会在 UI 上明确提示。

当设备 A 完成了和设备 B 的绑定认证后，其业务通过软总线组网接口 JoinLNN 触发软总线上的启动设备 A 和设备 B 的组网功能。

设备 A 的软总线收到组网请求后，通过安全子系统启动设备认证，以确认设备 A 和设备 B 之间是否存在可信关系。在有必要的情况下，安全子系统会通过软总线的认证通道完成和设备 B 之间认证的协议报文交互，并最终确认设备之间的可信关系。

当设备 A 上的安全子系统完成设备之间可信关系的认证后，通知其软总线对设备 B 认证通过，软总线通过组网流程进一步驱动设备 B 上的软总线完成组网。

设备 B 上的软总线也会通过安全子系统进一步核实设备 A 是否和设备 B 存在可信关系，通常由于设备 A 和设备 B 已经完成了设备认证，因此对设备 B 来说，设备 A 是可信的。当设备 A 和设备 B 通过软总线互相确认可信关系后，通过组网流程继续相互交换设备信息、业务信息、能力信息，最终完成组网。

设备 A 和设备 B 的软总线完成组网交互信息后，两者的软总线通过组网上下线通知接口 INodeStateCb.OnNodeOnline(NodeBasicInfo) 分别通知注册了回调接口的业务：设备 B 和设备 A 上线。在通知接口中，携带设备的基本节点信息 NodeBasicInfo，其中包括设备 ID、设备名称等基本信息。

3. 传输过程

当设备上线后，设备 A 和设备 B 之间的业务就可以通过各自的软总线发起数据传输了。设备 A 的业务和设备 B 的业务分别通过 CreateSessionServer 接口，在各自的软总线创建业务的会话服务并指定所创建的会话名，假定设备 A 创建的会话名为 SessionNameA，设备 B 创建的会话名为 SessionNameB，同时业务也通过该接口向软总线注册会话回调通知接口 ISessionListener。

以图 6-17 所示的流程中设备 B 调用请求打开设备 A 的会话（会话名为 SessionNameA）为例，设备 B 的业务调用软总线接口 OpenSession 打开会话，接口参数指定会话名称为 SessionNameA 和对端设备的标识为 peerDeviceId。OpenSession 接口会返回 SessionIdB 来标识本端的会话 ID。

设备 B 上的软总线启动和设备 A 的软总线的会话创建流程。会话创建完成后，设备 A 的软总线和设备 B 的软总线通过会话回调通知接口 ISessionListener.OnSessionOpened 通知业务会话创建成功，回调通知接口中携带的参数为创建的会话 ID，此时设备 A 也通过该回调知晓本端有一个会话创建成功，其会话 ID 为 SessionIdA。后续传输过程中，业务需要使用各自的会话 ID 作为会话传输相关的参数。

至此会话创建完成，业务就可以通过会话进行数据传输了。图 6-17 中设备 B 的业务调用软总线 SendMessage 接口指定会话标识 SessionIdB 向设备 A 的业务发送消息。软总线根据会话标识 SessionIdB 检索出对应的数据是发送给设备 A 的，并向设备 A 上的软总线发送消息数据。

设备 A 上的软总线完成消息的接收并确认消息完整性后，通过会话标识获悉需要设备 A 上的业务接收处理该消息数据，遂调用软总线会话回调通知接口 ISessionListener.OnMessageReceived(SessionIdA, Data) 通知业务接收该消息。

设备 A 上的软总线确认业务完成消息的接收处理后，通知设备 B 上的软总线消息接收完成，设备 B 上的软总线返回执行结果给设备 B 的业务。

至此，完整的软总线传输过程完成。本例给出了一个消息的收发过程，其他数据模型的收发也是类似的处理流程。

请注意，为方便表述和阅读，上述软总线的接口和流程示意采用伪代码的方式进行描述，伪代码和软总线实际接口定义及 HarmonyOS 编程规范要求有一定的差异，建议读者在实际项目工程中查阅最新的接口手册及文档资料。

为方便表述，将访问软总线接口的上层调用者统一称为业务，因此这里的业务包含系统服务和系统应用，不一定是严格意义上的消费者或终端使用者常见的应用（例如通常所称的 App）。

Chapter 7 / 第 7 章

分布式数据管理框架原理解析

　　HarmonyOS 提供的分布式数据管理技术打破了物理设备之间的"数据孤岛"，使数据不再与单一物理设备绑定，而是随用户在超级终端内的不同物理设备之间自由流转，为用户呈现一份全局唯一的数据视图。应用在任意设备上创建 / 编辑的文件、数据，在其他设备上都能够访问，并且与最新的修改结果保持一致。

7.1　分布式数据管理架构

传统单设备操作系统上的数据是不流动的。例如，用户在一个设备上编辑的文档、拍摄的照片、录入的联系人、创建的日程，在另一个设备上无法访问。这对用户来说是非常苦恼的一件事，如果用户想访问这些数据，只能从一个设备通过应用（邮箱／即时通信软件）传输／复制到其他设备。同样地，用户在一个设备上的修改结果，例如日程、备忘录或者联系人的信息的更改，在另一个设备上可能没有同时更新。

分布式数据管理基于分布式软总线的能力，通过应用数据在端与端之间的同步，实现应用程序数据和用户数据的分布式管理。让 App 开发者能够轻松实现全场景、多设备下的数据存储、共享和访问，为打造一致、流畅的用户体验创造了基础条件。

分布式数据管理向下依赖软总线，向上为 App 提供全局数据访问能力。它的架构主要包括数据访问、数据同步、数据存储、通信部件和数据安全，如图 7-1 所示。

1. 数据访问

为适应不同业务的应用场景，分布式数据管理提供多种数据访问模型，包括分布式数据库、分布式数据对象和用户首选项。

2. 数据同步

数据同步部件是分布式数据管理模块的核心部件之一，是分布式数据管理模块的枢纽，连接了数据存储部件与通信部件，其目标是保持在线设备之间数据库的数据一致性，包括将本地产生的未同步数据同步给其他设备，接收来自其他设备的数据，按需进行冲突解决，并将数据合并到本地设备中。

数据同步部件需要重点考虑数据同步、时间同步、Master 决策、同步策略，以及同步元数据的管理。

3. 数据存储

数据存储部件负责提供数据的本地存储能力，如数据的 schema 定义、数据增删改查、数据事务、数据索引管理、数据备份恢复等，支持对多种数据类型的管理，包括关系、键值、文档（带 schema 定义的键值）、首选项（preferences 键值）等。

4. 通信部件

通信部件负责通过软总线调用底层公共通信层的接口完成通信管道的创建、连接，接收设备上下线消息，维护已连接和断开设备列表的元数据，同时将设备上下线信息发送给数据同步部件。数据同步部件维护连接的设备列表，同步数据时根据该列表调用通信适配层的接口，将数据封装并发送给连接的设备，数据采用点对点的方式发送。

5. 数据安全

数据安全包括数据加密、访问控制和数据分级。

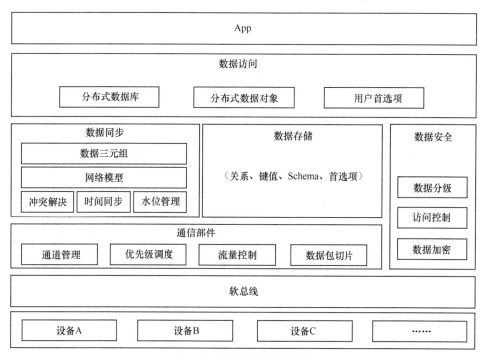

图 7-1　分布式数据管理架构

以上几大部件需要定义清晰的功能和接口边界，紧密配合，才能实现分布式数据管理的整体功能。同时，为了支持分布式数据管理部署到不同形态的设备上，分布式数据管理架构需要部件化，各部件可以按照不同设备的能力和功能诉求进行可大可小的拼接。

7.2 数据访问

7.2.1 分布式数据库

分布式数据库包括关系和键值两种模型。关系数据包括日历、联系人、备忘录、图库元数据等；键值数据包括缩略图、设备器件信息、包信息等。

分布式数据库的存储接口与本地保持一致，并在此基础上增加了与分布式相关的接口。

订阅数据变更接口：针对外围设备同步而来的修改，可执行变更回调。

数据同步接口：使用 PUSH 指定数据到指定设备，或者使用 PULL 指定数据到指定设备。

远程查询接口：多用于关系数据，可以向指定设备下发查询语句，在对应设备上执行语句，并返回查询结果。

冲突监听接口：数据库同步时，如果外部数据与本地数据发生冲突时，可以把冲突数据的信息（数据从哪一台设备上传输过来，哪一项键与本地数据发生冲突）及数据库解决冲突的方式信息（数据库选择了哪一个值，新旧值分别是多少）上报给上层应用。

7.2.2 分布式数据对象

分布式数据对象存储在分布式内存数据库之上，在分布式内存数据库之上进行了 JavaScript 对象型封装，其目的是提供一个超级终端范围内的"全局变量"，为开发者屏蔽"多端协同"和"跨端迁移"场景下的数据同步处理，开发者像操作本地变量一样操作分布式数据对象，数据的跨设备同步由系统自动完成。

JavaScript 对象型封装的主要原理如下。为每个分布式数据对象实例创建一个内存数据库，通过 SessionId 标识，每个应用程序创建的内存数据库相互隔离。在分布式数据对象实例化的时候，（递归）遍历对象所有属性，使用"Object.defineProperty"定义所有属性的 set 和 get 方法，set 和 get 方法分别对应数据库中的一条记录的 put 和 get 操作，键对应属性名，值对应属性值。在开发者对分布式数据对象进行读取或赋值的时候，自动调用 get 或 set 方法，映射对应数据库的操作。

分布式数据对象支持的数据类型包括数字型、字符型、布尔型等基本类型，同时也支持数组、基本类型嵌套等复杂类型。

7.2.3　用户首选项

用户首选项一般用于记录用户的一些选择，例如对于终端设置，包括位置开关、NFC 开关等；或者用户的使用习惯，例如"仅此一次""始终"等。

用户首选项的主要工作原理是：开机时从 XML/JSON 文件中读取所有的选项（键值对），加载到内存中，存取操作都在内存中进行，同时支持数据整体刷新到磁盘中。

用户首选项仅支持根据键存取，提供如下基础操作：创建首选项实例；存入 / 读取数据；数据持久化，把数据整体回写到文件中；订阅数据变化；删除数据文件。

7.3　数据同步

分布式数据库通过端与端之间的数据同步，来实现多端数据的一致性。

7.3.1　网络模型

HarmonyOS 的数据同步不依赖云中心节点，网络模型是一个无中心、对等的模型。

数据同步部件实现无中心的端到端协同能力，同步将发生在网络内的所有相关设备之间，同步方式为设备之间两两同步，整体形成一个网状的拓扑结构。数据同步遵循如下规则。

第一，任何一个同步过程总是发生在两个设备之间，从全局的角度看，就像数据在网状图中的各节点之间流动一样。

第二，发起数据同步的主体为数据库，即不同设备上的同一个数据库之间发生数据同步。一个设备有很多进程，一个进程可以创建多个数据库实例，不同的数据库实例之间无相关性。如设备 A 上的图库进程（用于保存缩略图）对应的数据库与设备 B

上的图库进程对应的数据库之间同步，设备 A 上的联系人数据库与设备 B 上的联系人数据库之间同步，而图库进程对应的数据库与联系人数据库之间相互不感知。图 7-2 所示为同一个数据库实例在不同设备间的同步拓扑。

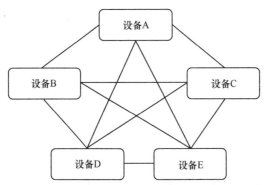

图 7-2　同一个数据库实例在不同设备之间的同步拓扑

第三，无论是关系数据，还是键值数据，在同步时都按键值条目，以时间先后顺序逐条同步，同步动作实质是将当前设备产生的条目发送到其他设备，需要向每台外围设备单独发送，同时分别记录对每台设备已经发送到了哪个位置（同步水位，见 7.4.4 小节）。

每个设备节点往外同步数据时都只发送自身产生的数据，不能发送从其他设备同步过来的数据，除非自己进行了更新，即谁产生的条目由谁负责发送到网络内的其他设备，别的设备不会以中继的方式传递。

7.3.2　数据三元组

分布式数据管理通过应用、账号和数据库三元组，对属于不同应用的数据进行隔离，以保证不同应用之间的数据不能通过分布式数据服务互相访问。在通过可信认证的设备之间，分布式数据服务支持应用数据相互同步，为用户提供在多种终端设备上一致的数据访问体验。一个进程可以创建多个分布式数据库实例，例如 USER1-App1 进程可以创建 A、B、C 这 3 个数据库，如图 7-3 所示。一个数据库实例以 AppID（应用）+UserID（账号）+DB（数据库）为名称的三元组确定。数据库同步发生在相同的实例之间，并且只有打开的数据库实例之间才会参与同步。

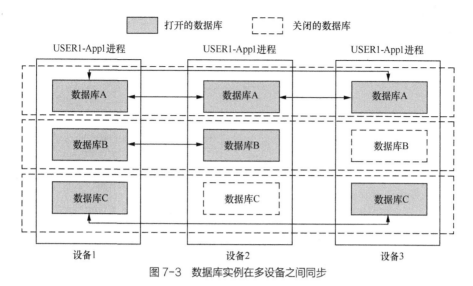

图 7-3　数据库实例在多设备之间同步

7.3.3　数据同步过程

以下以设备 A 向设备 B 同步数据为例来说明数据同步过程。如前所述，数据同步是按条目逐条同步的，同步的顺序是由旧到新。

假如设备 A 有 3 条记录，写入库的时间顺序是键 1- 值 1、键 2- 值 2、键 3- 值 3，现在需要向设备 B 同步，该怎么做呢？设备 A 将按照时间先后顺序将键 1、键 2、键 3 代表的条目发送给设备 B，每发送一条就把代表设备 B 发送位置的水位抬高，意味着向设备 B 的同步已经进行到这个位置了，下次同步将从这个位置开始发送，如图 7-4 所示。

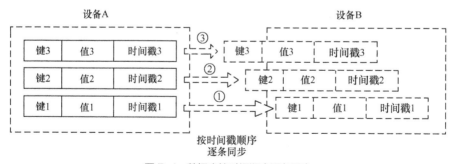

图 7-4　数据库按时间顺序逐条同步

设备 B 收到来自设备 A 的条目以后，如果本地没有数据，则直接全部保存下来，如图 7-4 所示；如果本地有数据，则需要将来自设备 A 的数据正确地插入本地的条目中，以保持数据仍然按时间戳的顺序排列（这里涉及不同设备之间时间戳统一尺度的问题，暂且认为设备之间的时间来自同一个时钟即可）。图 7-5 描述了从设备 A 同步过来的条目是如何在设备 B 中保存的。

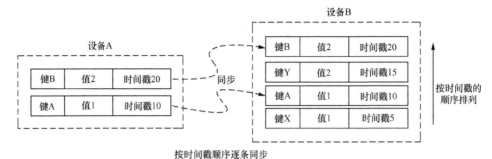

图 7-5　数据库按时间顺序逐条写入

从设备 A 同步过来的数据键 A- 值 1、键 B- 值 2 被正确地插入本地的条目中，以确保条目以从旧到新的顺序同步。综上所述，从外部同步过来的条目保存到本地的处理流程如下：如果同步过来的条目与本地已存在的条目没有键冲突，直接将该条目按时间戳顺序插入本地条目序列正确的位置；如果产生了键冲突，则看谁的时间戳更新，选中时间戳最新的那条，丢弃旧的，然后将选中的条目按时间戳插入正确的位置。

此时从设备 B 的角度来看，其本地包含两类数据，一类是本地产生的数据，如图 7-6 中的键 X- 值 11、键 Y- 值 12 这两个条目；另一类是从其他设备上同步过来的数据，如图 7-6 中的键 A- 值 1、键 B- 值 2，这两个条目是从设备 A 同步过来的，当网络内的设备不止两台时，假如存在设备 C，设备 B 需要把它的数据同步给设备 C 时，这两类数据会有什么差别呢？

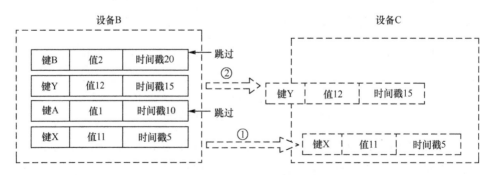

图 7-6　多设备下的数据同步示例

同步原则为设备 B 的条目向外同步时，只发送那些自己产生的条目，不负责向外发送从其他设备上同步过来的条目。所谓自己产生的条目包含完全由自己插入的条目，以及从其他设备上同步过来的，但是本地用户又使用 put 操作对其进行了更新的条目。

7.3.4 水位管理

水位是指上次已同步到的位置，它是一个时间戳值。例如设备 A 向设备 B 同步了时间戳 1，下次设备 A 到设备 B 的同步将从时间戳大于时间戳 1 的第一个条目开始；假设备 A 向设备 C 已同步到了时间戳 2，则下次设备 A 到设备 C 的同步将从时间戳大于时间戳 2 的第一个条目开始，这里的时间戳 1、时间戳 2 就是水位。数据同步水位示例如图 7-7 所示。

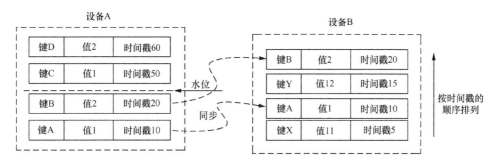

图 7-7 数据同步水位

每个设备都要给网络内其他所有设备单独记录一个水位值，这个水位值作为一类元数据被保存在元数据库中。假设网络中共有 4 台设备 A、B、C、D，则在设备 A 中会保存 3 个水位值，分别表示设备 A 到设备 B、设备 A 到设备 C、设备 A 到设备 D 的发送位置，如图 7-8 所示。在设备 B、设备 C、设备 D 中也类似。

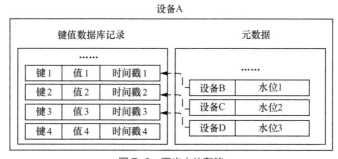

图 7-8 同步水位存储

7.3.5 时间同步

分布式数据库需要确定操作发生或条目产生的先后顺序，不仅是针对单设备，对多设备也如此，这是分布式数据库能正常运行的基础。为了达到这一目标，我们需要把在多设备上产生的动作的先后顺序识别出来，即时钟机制。

假定设备的本地时间走时精确，且用户不会调整时间，那么在各设备上可以直接使用本地系统时间（REALTIME）作为时间戳，同时计算出各设备之间的系统时间偏差，以此判断动作发生的先后顺序。时间同步方案如图7-9所示。

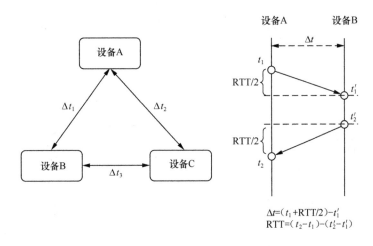

注：t_1 为时间同步起始时间点；t_2 为时间同步结束时间点。

图 7-9 时间同步方案

分布式数据库在各个设备节点上使用本地系统时间作为时间戳。

● 计算设备之间时间差值 Δt，每个设备都保存和其他所有设备的 Δt，整个拓扑仍维持对等无中心状态。

● 数据在设备之间同步时会补偿 Δt，使得任何外来数据的时间戳到达本设备后都换算成本设备的时间，这样可实现尺度统一，就能判断数据的先后顺序。

● Δt 的计算采用 NTP（Network Time Protocol，网络时间协议）定义的方法（如图7-9所示），由以下算法获得。

$$\begin{cases} \Delta t = \left(t_1 + \dfrac{RTT}{2}\right) - t_1' \\ RTT = \left(t_2 - t_1\right) - \left(t_2' - t_1'\right) \end{cases}$$

1. 本地虚拟时钟

由于以下两种原因，直接使用设备的本地系统时间有可能不合适：设备的系统时间可能被用户或 NTP 服务更改，所以存在回绕的情况；时钟芯片可能产生漂移，时间久了可能产生偏差，必须定期校对。

因此我们引入本地虚拟时钟，用来替代本地系统时间。本地虚拟时钟是各设备独立维护的计数器，它单调递增不回退，且步进间隔均匀。从理论上讲，本地虚拟时钟的实现应该要依赖本地设备的高精度事件源，且将本地虚拟时钟的值分为物理和逻辑两部分。

物理部分是指事件源精度范围内的部分。每次事件产生后，这部分数据步进递增。例如，如果事件源产生事件的周期是 1 ms，那这部分数据 1 ms 变化一次。

逻辑部分是指精度以外的部分。它独立递增且在物理部分跳变时清零。例如，如果事件源的精度是 1 ms，那只能保证在小于每秒 1000 次的频度均匀获取本地虚拟时钟时能得到不一样的值，假如以每秒 1000000 次的频度获取，那么多次获取会得到相同的值，逻辑部分就是用于解决这个问题的，它引入另一个计数量，该计数量随着获取次数的增加而递增。

由于普通设备上这种事件源一般只有外部时钟芯片产生的中断或 CPU 内部的 tick，且本地时钟机制也依赖这种事件源来实现，所以我们仍然可以借用本地时钟机制来实现本地虚拟时钟。假设本地虚拟时钟的精度和本地时钟一致，本地时钟步进 $1\mu s$，本地虚拟时钟也步进 $1\mu s$，本地虚拟时钟和本地时钟的关系定义为如下线性关系：

$$\begin{cases} T_v = F \times T_r + \lambda \\ F = 1 \end{cases}$$

假定本地虚拟时钟与本地时钟精度一致，则 $F=1$，此时 $T_v=T_r+\lambda$，如果本地时钟做了修改、突然发生了跳变，为了维持 T_v 的连续递增性，λ 应逆向补偿对应的 T_r 跳变差值，使在跳变点的新 T_r 加新 λ 仍然等于 T_v，假设新 λ 值为 λ_2，则在跳变点之后本地虚拟时钟的计算方式为 $T_v=T_r+\lambda_2$，要保存 λ_2 的值供后续使用，且后续当本地时钟又发生变化时重复上述过程。

使用这种方式来实现本地虚拟时钟，其原因是我们只想利用本地时钟的步进动力来驱动本地虚拟时钟向前走，否则至少需要一个微秒级的定时器，来步进本地虚拟时钟值（物理部分），我们并不关心本地时钟本身的值是多少，它跳变后只需要修正 λ，使得本地虚拟时钟仍然按照之前的步调往前走。这样本地虚拟时钟就可替代本地系统时间，成为分布式数据库时间戳的来源，这个时间戳用来区分动作的先后，它的意义在于将多个动作放在一起做比较时，可表示动作的先后，而且通过多个设备之间本地虚拟时钟的 Δt 修正，使其用于较多的设备，单个时间戳的值本身并没有多大的意义。

实现本地虚拟时钟的难点在于如何及时发现设备系统时间的修改和跳变？从理论上讲，如果没有操作系统内核态的协助，普通进程很难做到这一点，因为本地虚拟时钟应该是一个设备级的全局资源，而不是在某个普通进程中的资源，因为进程有可能被终止或休眠，在终止或休眠后会失去对系统时间变化的跟踪。在此有限的条件下，我们通过同时使用以下两种方式来实现对本地虚拟时钟修改的跟踪。

● 第一种方式需要用到两种系统时间 CLOCK_BOOTTIME 和 CLOCK_REALTIME。CLOCK_BOOTTIME 表示单调递增时间，且在系统休眠的情况下依然向前步进；而 CLOCK_REALTIME 代表的是墙上时间（wall-clock time），即常用的系统时间，gettimeofday() 方法使用的就是这个时间。HarmonyOS 在进程启动之后，启动一个 1 s 定时器，定时获取 CLOCK_BOOTTIME 和 CLOCK_REALTIME，分别记为 tb1 和 tr1，并和上一秒获取的值（记为 tb2 和 tr2）进行对比，如果 tb2−tb1 = tr2−tr1，那么说明系统时间没有发生修改，无须做任何动作，此时本地虚拟时钟与 CLOCK_REALTIME 的线性关系等式不需要改变；如果差值相差较大，则判定为系统时间发生改变，此时需要修正 λ，由于 CLOCK_BOOTTIME 是不会被修改的，所以以 CLOCK_BOOTTIME 为准进行修正，λ 的修正值 $\Delta t = tb2 - tb1 - (tr2 - tr1)$。

λ 需要存到数据库中，下次开机启动之后从数据库读取出来继续使用。如果在未拉起进程的时候修改系统时间，则此方法不适用，这时我们能做到的是保证本地虚拟时钟是单调递增的，但是不能保证它是连续的。当出现时间回退而上述方法没有感知到的情况时，采用第二种方式进行本地虚拟时钟修正。

● 第二种方式中，本地虚拟时钟的计算发生在数据存储时。在存储数据时，如果当前本地虚拟时钟 t_vir 小于已经入库的数据的最大时间戳 t_max，则判断时间发生倒退，此时会计算出最大时间戳 t_max 和本地虚拟时钟 t_vir 的差值 $\Delta t_1 = t\_max - t\_vir$，并且在这个差值上加上 Δt_2 以确保时间是递增的（Δt_2 的大小不重要，目前为 1 s），则 λ 的修正值 $\Delta t = \Delta t_1 + \Delta t_2$。

第一种方式可以及时发现系统时间的修改，并能计算出系统时间的偏差值，由此可以准确调整本地虚拟时钟，确保本地虚拟时钟是连续且单调递增的，并且是准确的。但是第一种方式必须应用于分布式数据库进程运行的时候。第二种方式可以做到即使在分布式数据库进程未运行的情况下仍然可以发现时钟回退，这在一定程度上弥补了第一种方式的缺陷，但第二种方式只能防止本地虚拟时钟本身回退，并不能保证它是连续的，所以需要重新触发设备之间的时间校对。将以上两种方式结合起来使用，基本可以实现本地虚拟时钟的可用性和准确性。

2. 时间同步时机

时间同步时机为包含以下几种情况。

● 首次启动分布式数据管理服务进程。

● 距离上次同步时间超过半小时，发起时间同步。

● 本进程内有一个 1 s 定时器，对于定时轮询两次获取的 CLOCK_BOOTTIME 和 CLOCK_REALTIME 之间的差值，如果差值发生跳变（即两次定时器时间相差很大），则判定为系统时间发生变化，此时进行本地虚拟时钟修正，并向其他设备发起时间同步，广播给所有对端设备，发起向本设备的时间同步。

时间同步能做到的是，在设备各自的本地虚拟时钟范畴内，可以比对出时间的先后。时间同步无法做到的是，如果上次同步之后到本次同步之前发生过多次系统时间修改，那么前几次修改期间保存的数据无法和对端进行时间对比。换句话说，对于在时间同步发起时刻的本地虚拟时钟范畴内的数据，可以保证准确区分出数据操作的先后顺序。

7.3.6 冲突解决

在执行数据更新或数据同步写入时，不可避免地会操作相同键的数据，不同的操作同时更新同一个键，就产生了数据冲突。其中，本地写入的数据与本地同一个键已有的数据会产生本地数据冲突，本地写入采用覆盖方式处理这种冲突；其他设备同步数据产生冲突时，按照时间戳先后顺序解决冲突（每条记录在被更新时总会带上一个修改时间戳），以时间戳大的数据为准，例如，在设备 1 已有一条数据（K1, V1）的情况下，设备 2 又同步过来一条数据（K1, V4），此时对比两条数据的时间戳，发现来自设备 1 数据的时间戳为 T1，大于设备 2 数据的时间戳 T0，因此最后两个设备均选取设备 1 的数据（K1, V1）作为最终结果，如图 7-10 所示。

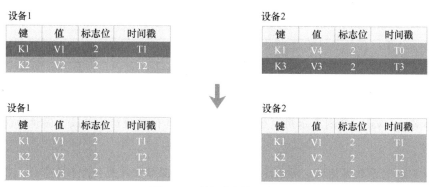

图 7-10 数据冲突处理过程

当前，数据同步支持两种数据冲突解决机制：自动解决冲突机制和用户解决冲突机制。

自动解决冲突机制是通过时间戳解决数据的冲突，采用 Last Write Win 机制，即时间戳较新的数据覆盖时间戳较旧的数据；在自动解决冲突之后，用户获取到的数据是后写入的数据。

用户解决冲突机制也是基于自动解决冲突机制来处理的。当遇到数据冲突时，数据库按照时间戳采用自动解决冲突机制，告诉用户冲突双方的数据信息（包括冲突双方的键、值、设备源、是否删除标识等）。用户得到冲突数据之后，可以再次安排数据的选取及重新写入。

总结一下，分布式数据库实现的是无中心、点对点之间的数据同步。每台设备只发送自身产生的数据，不发送从其他设备同步过来的数据，除非自己进行了更新。按照时间先后顺序同步，需要向每台外围设备单独发送同步数据，同时分别记录每台外围设备的水位。数据同步基于 KvStore 的粒度进行，只有三元组生成的 UUID 相同的 KvStore 之间才能同步数据。

7.4 数据存储

数据存储部件提供结构化数据的读写能力；记录多端数据操作日志，以确保分布式数据一致性；结构化地记录数据和索引，以确保高效率的数据访问。

1. 数据表结构

业务数据库的内部实现分为 3 个数据表，分别为同步数据表（支持同步功能）、本地数据表（仅分布式数据管理服务内部使用）和同步元数据表。

同步数据表（Sync_data）存储结构如图 7-11 所示。

Key	Value	Flag	Timestamp	Dev	OriginDev	HashKey

图 7-11 同步数据表存储结构

同步数据表结构各字段含义如下。

● Key、Value 分别表示用户数据的键和值，其他字段均为单版本同步功能的辅助字段。

● Flag 表示数据标识，用于标识数据是否为删除数据及是否为本地数据。其中低 1 bit（Delete 标识位）表明是否为删除数据，低 2 bit（Local 标识位）表明是本地产生或修改的数据。

● Timestamp 表示数据产生或修改的时间戳。本设备产生（修改）的数据的时间戳为数据产生（修改）时的本地时间戳。

● Dev 表示数据产生或修改的设备标识。该信息在存储的时候会经过哈希匿名化处理；该信息可从同步模块中获得，为防止同步模块在不正常工作的情况下无法获得该信息，本地写入或删除数据时，该信息置为空，在同步模块读取数据向外发送时进行转换，外部数据写入时同步模块再根据本地设备信息进行匹配转换。

● OriginDev 表示数据产生的原始设备标识，代表该数据是在哪个设备上产生的。该信息在存储的时候会经过哈希匿名化处理，一旦数据写入，该条目就不会发生变更，即使设备A上产生的数据同步到了设备B之后，设备B又修改了值，该信息也不会改变。该信息的获取也要经过同步模块，为防止同步模块工作异常，本地新写入的数据的该信息也置为空，在数据同步时进行匹配转换。

● HashKey 表示键的哈希值。HashKey 主要是为用户数据隐私以及同步功能服务的。用户删除一条数据之后，需要将删除的数据向外同步，但是本地又不能保留原始的用户数据，因此这里对键做了哈希匿名化处理。

在用户删除数据之后，为了防止键和值的残留，同时又需要保证删除的数据能够向外同步，同步数据库的主键不能设置为键，其他字段又不能代表数据，因此同步数据库的主键设置为 Hashkey；用户访问数据库时主要通过键查询值，因此为了提高数据访问性能，为键值建立了索引。本地数据表（local_data）和同步元数据表（metaData）的结构一致，只有 Key 和 Value 两个字段，如图 7-12 所示。

● 本地数据表主要提供用户仅需要本地存储的数据存储功能。

Key	Value

图 7-12　本地数据表存储结构

● 同步元数据表主要提供分布式数据库中的元数据信息存储功能，属于非用户数据，包括设备之间同步水位、设备之间时间同步时间差信息等。

2. 数据库操作

同步数据库、本地数据库、元数据库都支持增加、删除、修改、查询功能。这 3 种数据库均采用覆盖式写入，即对于同一键，重新写入的数据会覆盖已有的数据。

向同步数据库写入数据时，根据数据来源可以分为两种场景，如图 7-13 所示。

本设备写入数据：本设备写入数据 Flag 的 Local 标识位会被置为 1。

同步其他设备数据时写入：其他设备同步过来的数据 Flag 的 Local 标识位会被置为 0。

本设备写入数据
K1
V1
1
同步其他设备数据写入
K2
V2
0
图 7-13 同步数据库写入数据示例

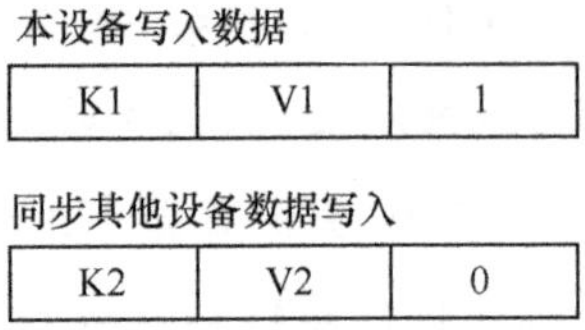

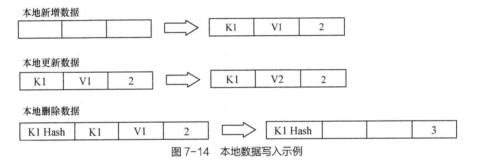

向同步数据库写入数据时，根据数据操作类型可分为以下 3 种情况。

第一种情况初始无此键，当前是写入操作，属于新增数据写入，Delete 标识位被置为 0。

第二种情况初始有此键，当前是写入操作，属于更新数据写入，Delete 标识位被置为 0。

第三种情况初始有此键，当前是删除操作，属于数据删除，Delete 标识位被置为 1，并且键和值都置为空，之后数据库中将查不到此键对应的数据。

图 7-14 简单地说明了本地数据写入的 3 种场景。

本地新增数据
K1
V1
2
本地更新数据
K1
V1
2
K1
V2
2
本地删除数据
K1 Hash
K1
V1
2
K1 Hash
3
图 7-14 本地数据写入示例

数据删除之后，用户的键和值均被置为空，但哈希键仍然保留，依然能够向外同步并删除远端的数据。由于没有保留用户已经删除的数据，因此无法逆向还原删除的数据，保障了用户隐私。

3. 结构化数据管理

结构化数据管理即通过文档数据库来管理，旨在通过非 SQL（Structure Query Language，结构查询语言）接口提供类似于关系数据库的功能，因此其功能定义与设计都尽可能接近关系数据库。Schema 部分类似数据定义语言，Query 部分类似数据查询语言。

Schema 元字段定义包括 4 部分：SCHEMA_VERSION（版本号）、SCHEMA_MODE（模式）、SCHEMA_DEFINE（定义）和 SCHEMA_INDEXES（索引），如图 7-15 所示。

（1）SCHEMA_VERSION

SCHEMA_VERSION 表示 Schema 语法的版本号，即用户期望使用的 Schema 规则版本，当前取值固定为 1.0。在后续演进过程中，如果分布式数据库支持更多的 Schema 语法，对应的 Schema 版本会升级，但是支持高版本 Schema 的数据库绝大部分兼容低版本的 Schema。

（2）SCHEMA_MODE

SCHEMA_MODE 表示 Schema 的模式，可以取值 STRICT 或 COMPATIBLE。STRICT 表示严格模式，在此模式下，用户插入值的格式与 Schema 定义必须严格匹配，字段不能多也不能少，如果不匹配，则数据库会返回错误；如果是 COMPATIBLE 模式，则数据库检查值格式时比较宽松，只需要值具有 Schema 描述的特征即可，允许有其他字段。

（3）SCHEMA_DEFINE

SCHEMA_DEFINE 表示值的 Schema 定义。用户通过此字段来描述值的格式。该格式定义为一个 JSON 对象，用户可以指定字段名、字段类型、属性等。该字段支持嵌套定义。分布式数据库支持将该字段指定为 JSON 数组，但是不管理数组内容，不对其内容进行格式检查。

（4）SCHEMA_INDEXES

SCHEMA_INDEXES 表示索引字段定义，只有通过此字段指定的域才会创建索引，其格式是一个数组，其中每个元素都代表一个单独的索引字段。

Schema 的属性字段包括 TYPE（类型）、NOT NULL（非空约束）和默认值（DEFAULT），如图 7-15 所示。

TYPE 属性用于定义其所在 field 的数据类型，是必选字段，可以取值为：STRING、INTEGER、LONG、DOUBLE、BOOL。如果取值为 STRING，则该属性的值必须使用英文双引号标识，而其他类型不能使用英文双引号标识。

```
{
  "SCHEMA_VERSION" : "1.0" ,
  "SCHEMA_MODE" : "STRICT / COMPATIBLE" ,
  "SCHEMA_DEFINE" :{
    "field_name1" : "TYPE, [NOT NULL,] [DEFAULT 'X' ]" ,
    "field_name2" :{
      "field_name3" : "TYPE,[NOT NULL,] [DEFAULT 'X' ]" ,
      "field_name4" : []
    },
    "field_name5" : [],
  }
  "SCHEMA_INDEXES:" : [ "$.field_name1" , "$.field_name2.field_name3" ,]
}
```

图 7-15　Schema 元字段定义

属性关键字 NOT NULL 用于标识其所在字段的值是否可以为 null，是可选字段。默认情况下允许字段为 null，当设置为 NOT NULL 时不允许字段为 null。分布式数据库会在每次写入数据时对数据进行合法性检查。

DEFAULT 属性用于用户升级 Schema 后的兼容处理，如果用户在数据库升级时扩充了值的字段，则这些扩充的字段必须在新的 Schema 中设置默认值。分布式数据库使用这些默认值来对磁盘上的存量数据进行升级。在写入数据时，不会检查 DEFAULT 属性，不会对缺失的字段做值补全。

4. 结构化数据管理的实现原理

结构化数据管理是通过复用 SQLite 的表达式索引和 JSON 扩展，来实现对值的字段进行索引的。

（1）表达式索引

SQLite 从 3.9 版本开始支持表达式索引，它允许用户使用 CREATE INDEX 语句给表达式创建索引，当这个表达式被用于查询的 WHERE 语句条件或被用于 ORDER BY 时，索引就会生效。

（2）JSON 扩展

同样从 3.9 版本开始，SQLite 增加了名为 JSON1 的扩展模块，以提供对 JSON 文本的支持，JSON1 模块中注册了很多处理 JSON 数据的 SQL 函数及 2 个虚拟表类型，我们可以使用这些函数和虚拟表来完成对 JSON 文本的处理。

例如，一个员工的 Schema 定义包括 name、age、id 和 dept，我们对 name 和 dept. employees_count 创建索引。通过解析 Schema 的索引定义，将 Schema 定义转换为使用表达式索引创建的 SQL 语句，来创建 Schema 索引，如图 7-16 所示。

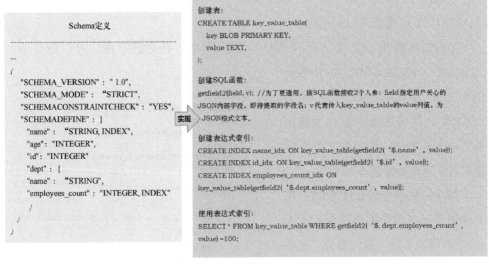

图 7-16　表达式索引示例

SQLite 会根据图 7-16 所示的索引创建语句，对 name 和 dept.employees_count 字

段分别创建索引表，这样就实现二级索引的效果，如图 7-17 所示。

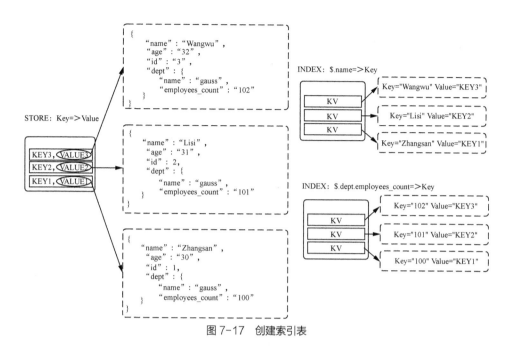

图 7-17　创建索引表

对 age 建立索引后，对 age 字段进行查询时，可以看到在对 age 的查询计划中，不再对整个表进行扫描，如图 7-18 所示。

```
sqlite>
sqlite> CREATE INDEX a ON kv(cast(json_extract(value, '$.age') AS INT));
sqlite>
sqlite> select * from sqlite_master;
table|kv|kv|2|CREATE TABLE kv(key BLOB, value BLOB)
index|a|kv|3|CREATE INDEX a ON kv(cast(json_extract(value, '$.age') AS INT))
sqlite>
sqlite> EXPLAIN SELECT * FROM KV WHERE cast(json_extract(value, '$.age') AS INT) = 10;
addr  opcode          p1    p2    p3    p4             p5  comment
----  --------------  ----  ----  ----  -------------  --  -------------
0     Init            0     12    0                    00  Start at 12
1     OpenRead        0     2     0     2              00  root=2 iDb=0; kv
2     OpenRead        1     3     0     k(2,,)         02  root=3 iDb=0; a
3     Integer         10    1     0                    00  r[1]=10
4     SeekGE          1     11    1     1              00  key=r[1]
5       IdxGT         1     11    1     1              00  key=r[1]
6       DeferredSeek  1     0     0                    00  Move 0 to 1.rowid if needed
7       Column        0     0     2                    00  r[2]=kv.key
8       Column        0     1     3                    00  r[3]=kv.value
9       ResultRow     2     2     0                    00  output=r[2..3]
10    Next            1     5     0                    00
11    Halt            0     0     0                    00
12    Transaction     0     0     2                    01  usesStmtJournal=0
13    Goto            0     1     0                    00
sqlite>
```

图 7-18　查询 age 字段示例 1

对比未建立索引，对 age 字段进行查询时，可以看到在对 age 的查询计划中，包含对整个表进行扫描，如图 7-19 所示。

```
sqlite> DROP INDEX a;
sqlite> EXPLAIN SELECT * FROM KV WHERE cast(json_extract(value, '$.age') AS INT) = 10;
addr  opcode        p1    p2    p3   p4              p5   comment
----  -----------   ----  ----  ---- -------------   --   -----------
0     Init          0     12    0                    00   Start at 12
1     OpenRead      0     2     0    2               00   root=2 iDb=0; kv
2     Rewind        0     11    0                    00
3       Column      0     1     2                    00   r[2]=kv.value
4       Function0   2     2     1    json_extract(-1) 02  r[1]=func(r[2..3])
5       Cast        1     68    0                    00   affinity(r[1])
6       Ne          4     10    1                    54   if r[1]!=r[4] goto 10
7       Column      0     0     5                    00   r[5]=kv.key
8       Column      0     1     6                    00   r[6]=kv.value
9       ResultRow   5     2     0                    00   output=r[5..6]
10    Next          0     3     0                    01
11    Halt          0     0     0                    00
12    Transaction   0     0     3    0               01   usesStmtJournal=0
13    String8       3     3     0    $.age           00   r[3]='$.age'
14    Integer       10    4     0                    00   r[4]=10
15    Goto          0     1     0                    00
sqlite>
```

图 7-19 查询 age 字段示例 2

7.5 数据安全

为确保数据在全生命周期中的安全，HarmonyOS 提供多种手段，包括数据分级访问控制、数据加密等。本节重点介绍数据分级访问控制。

1. 数据风险等级

HarmonyOS 根据数据泄露的影响程度和业界优秀实践，对数据进行风险分级。数据风险等级可分为高、中、低、公开。针对个人敏感数据（欧盟 GDPR 要求的特殊种类个人数据和 NIST 定义的敏感数据），增加严重风险等级。HarmonyOS 为每个级别的数据赋予风险标签，如表 7-1 所示。

表 7-1 数据风险等级

风险等级	风险标签	定义	样例
严重	S4	业界法律法规中定义的特殊数据，涉及个人的最私密领域的信息或者一旦泄露可能会给个人或组织造成重大的不利影响的数据	政治观点、宗教和哲学信仰、工会成员资格、基因数据、生物信息、健康和性生活状况、性取向等，或设备认证鉴权、个人信用卡等财务信息
高	S3	数据的泄露可能会给个人或组织造成严峻的不利影响	个人实时精确定位信息、运动轨迹等，具有核心竞争力的关键源码
中	S2	数据的泄露可能会给个人或组织造成严重的不利影响	个人详细通信地址、姓名昵称等

风险等级	风险标签	定义	样例
低	S1	数据的泄露可能会给个人或组织造成有限的不利影响	性别、国籍、用户申请记录等
公开（无风险）	S0	对个人或组织无不利影响的可公开数据	公开发布的产品介绍、公开的会议信息、外部开源的代码等

2. 数据保护措施

根据数据风险等级，业界提出了相应的数据保护分级，如表 7-2 所示。

表 7-2　数据保护分级

保护分级	分级描述
ECE	使用该保护类保护文件，用户锁定设备后不久（一般为 10 s），用于解密的数据保护类密钥会被丢弃，此类数据都无法访问，除非用户再次输入密码或使用指纹、面容解锁设备
SECE	使用该保护措施保护文件，用户锁定设备后，如果文件已经被打开，则文件始终可以被访问，一旦文件关闭，文件将不能被访问，除非用户再次输入密码或使用指纹、面容解锁设备
CE	使用该保护措施保护文件，用户开机后首次解锁设备后，即可对文件进行访问。这是未分配给数据保护类的所有第三方应用数据的默认数据保护措施
DE	使用该保护措施保护文件，设备在直接启动模式下和用户解锁设备后均可对文件进行访问

数据风险等级和保护措施的对应关系如表 7-3 所示。

表 7-3　数据风险等级和保护措施的对应关系

风险等级	对应的保护措施
严重	ECE
高	ECE
高	SECE
中	CE
低	DE
公开	DE

应用程序在创建分布式数据库的时候，可指定数据的风险标签（S0 ~ S4），分布式数据管理会采用与数据风险标签匹配的保护措施（DE ~ ECE）。

3. 安全等级

安全等级被分为 5 个等级：SL1、SL2、SL3、SL4、SL5。终端设备的安全等级划分标准请参考 14.3.7 小节。

分布式数据管理在跨设备数据同步时，也会对比设备安全等级与数据风险标签，只允许数据流转到具备对等能力的设备上。设备安全等级和数据风险标签的对应关系如表 7-4 所示。

表 7-4   数据风险标签和设备安全等级的对应关系

设备安全等级	数据风险标签
SL5	S0 ～ S4
SL4	S0 ～ S4
SL3	S0 ～ S3
SL2	S0 ～ S2
SL1	S0 ～ S1

Chapter 8 / 第 8 章

分布式硬件平台原理解析

分布式硬件平台打破设备 PCB 的硬件能力约束，使设备上非硬焊接的硬件能在设备之间共享使用，可对超级终端的全局硬件资源进行统一调度，实现多硬件协同的高阶能力。它是 HarmonyOS "硬件可变" 的底座，能让多个设备的硬件根据不同的场景需要自由组合在一起，为消费者提供更好的服务。

8.1 分布式硬件平台应运而生

在手机功能机时代，手机硬件和软件都是定义好的，用户拿到手机后一般只能用系统预置的电话、短信等有限的几个软件。随着步入手机智能机时代后，手机上的软件越来越丰富，用户可以安装各种各样的应用，手机上集成的硬件也越来越多，例如集成的高质量扬声器逐步替换了 MP3 音乐播放机，增加的摄像头使手机也能作为相机，增加的 NFC 芯片使手机可以作为公交卡／房卡，给人一种想要什么功能只需要增加对应硬件的感觉，事实果真如此吗？

实际上，硬件都是硬连接在设备上的，用户拿到设备后，硬件就不能修改，没办法方便地更换硬件。谷歌之前尝试使用 Project Arc 模块化智能手机项目，手机设备被设计成可自由装配拆卸的单元，如摄像头、扬声器，甚至是针对糖尿病患者的血糖仪，模块化智能手机项目虽然解决了硬件不可以更换的问题，但是用户操作复杂、学习成本高且仅局限于手机设备，谷歌已经在 2016 年终止了该项目。既然手机的各个硬件设计成可自由卸载的单元不是一个好的方案，又不可能将所有的硬件都装进手机中，那么有没有不用用户组装就能够实现多设备硬件互助、共享和扩展的方案呢？

分布式硬件平台应运而生。它打破设备 PCB 的硬件能力约束，使设备上非硬焊接的硬件能在设备之间共享使用。如图 8-1 所示，手机可以使用电视屏幕进行显示，无摄像头的电视也能使用其他摄像头提供摄像头能力。同时，分布式硬件平台还可对超级终端的全局硬件资源进行统一调度，实现多硬件协同的高阶能力，如多设备组成分布式麦克风阵列、广角相机、虚拟大屏幕等。分布式硬件平台可适用于手机、车机、音箱、摄像头、电视等所有"1+8+N"的产品。它是 HarmonyOS"硬件可变"的底座，能让多个设备的硬件根据不同的场景需要，自由组合在一起，为消费者提供更好的服务。

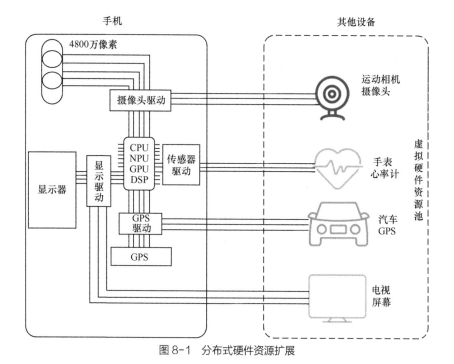

图 8-1　分布式硬件资源扩展

8.2　适用场景

当前的智能终端产品一般具有强功能属性，没有任何一种智能终端设备具备消费者使用到的所有硬件资源。分布式硬件平台的价值就在于，可在不同场景下为用户提供最佳的硬件体验，发挥不同设备资源的优势，保障业务能够连续在不同设备之间流转。分布式硬件平台适用的典型场景主要有运动健康、影音娱乐、智慧办公、社交通信、智慧出行等，这些场景可丰富每一位消费者的工作和生活。

1. 运动健康场景

目前市场上的许多大屏产品不包含摄像头硬件资源，因此不具备图像采集能力。消费者想要跟随大屏上的健身应用进行健身运动，利用大屏检测形体动作是否规范，就需要外接 USB 摄像头进行物理硬件的扩展。大屏不具备心率传感器，那么消费者在使用大屏上的健身应用进行健身的时候，就无法实时获取自己的心率信息。如图 8-2 所示，硬件虚拟化技术可以将消费者家里摄像头的能力虚拟化，接入大屏系统，此时大屏可以方便地使用安防摄像头提供的图像采集能力，实现对运动形体动作规范检测

等应用场景的支持；同样还可以将
消费者佩戴的可穿戴设备所具有的
传感器能力虚拟化，让大屏也具备
获取心率等健康数据的能力，将用
户的身体状态信息实时显示在健身
应用中，帮助用户在跟随大屏健身
的同时实时观察自己的健康数据。

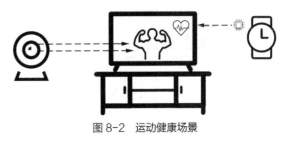

图 8-2　运动健康场景

2. 影音娱乐场景

终端产品形态各异，种类繁多，不同设备具备的硬件资源有差异，相同类别的硬
件具备的能力、体积大小等不相同。例如，手机屏幕的视频输出带来的视觉体验弱于
大屏设备，扬声器的质量弱于采用高功率功放的音响设备，现有技术无法实现将大屏
的超大面板折叠缩放到手机的尺寸，也无法做到将专业音响的大体积音频单元缩小放
置到手机中，但是手机这种智能移动终端设备具备大屏和音响所不具备的海量应用资
源、音视频资源，消费者的体验在现有的硬件条件下受到极大的限制。硬件虚拟化技
术可以使用音响的专业音频能力为手机提供音频输出，使用大屏的大尺寸高清晰面板
为手机提供视频播放，让专业的硬
件设备做专业的事情，从而极大改
善消费者的使用体验，如图 8-3 所
示，将手机的图像投射到大屏上，
将手机的声音流转到两个立体声音
响中播放。

3. 智慧办公场景

通过手机或平板计算机和 PC
的硬件组合，可以达到 1+1>2 的

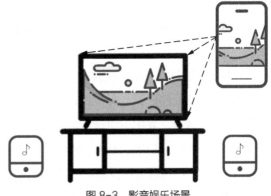

图 8-3　影音娱乐场景

体验效果。设备的硬件形态在出厂的时候已经定型，一款设备具备的麦克风、扬声
器单元、摄像头、屏幕是由硬件主板包含的硬件资源决定的，而单一的硬件资源往
往在很多场景下显得捉襟见肘。例如，当用户使用笔记本计算机进行办公、绘图、
剪辑视频的时候，笔记本计算机单一的屏幕显示的内容十分有限；通过硬件虚拟化，
可以将平板计算机的触摸屏虚拟成笔记本计算机的扩展屏幕（见图 8-4），利用两块
屏幕带来更加宽阔的内容呈现，同时可以利用平板计算机屏幕的触摸功能，搭配手
写笔，方便地进行绘图。

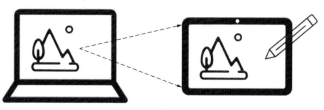

图 8-4　智能办公场景

4. 社交通信场景

可以将车载摄像头、无人机摄像头等设备作为手机的图像输入源，从而获取车辆前方视野、无人机高空视野等传统方式无法获取的视野，为视频通话、短视频创作等带来全新的体验。传统无人机视频分享方式为先通过无人机拍摄视频并将视频保存下来，然后通过通信软件将视频分享。而分布式硬件分享方式为将无人机的摄像头直接作为手机的摄像头，在视频通话软件中直接选择无人机的摄像头进行视频通话，如图 8-5 所示。

手机使用无人机的摄像头
进行视频通话

图 8-5　社交通信场景

5. 智慧出行场景

智能手机网络信号好，处理器算力强，应用生态丰富；车机屏幕大，环绕立体声音质好。将智能手机和车机的硬件资源、软件资源通过分布式硬件平台抽象共享，可以组成一个具备二者共同优势的超级车机，其网络好、屏幕大、音质优、应用丰富，极大提升了驾驶者的驾驶体验。在图 8-6 中，手机具备强 CPU、多应用、强信号，以及智慧 AI 处理器；

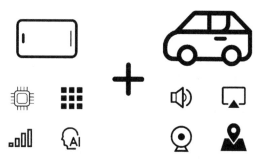

手机优势与车机优势结合，形成功能丰富、能力强大的超级车机

图 8-6　智慧出行场景

汽车具备立体声音响、大屏幕、分离摄像头（用于疲劳检测及行车记录等场景的摄像头），以及精准定位系统，将二者有效结合将带来驾驶体验上的改善。

8.3　分布式硬件框架

分布式硬件框架从逻辑架构上分为 3 个组成部分，分别是硬件资源池化、硬件协同调度平台和多设备协同应用，如图 8-7 所示。

图 8-7 分布式硬件框架逻辑架构

这 3 个部分在整个分布式硬件业务中分工合作，通过构筑分布式硬件框架，实现设备协同中硬件的共享、协同和扩展。

硬件资源池化：通过硬件资源池化技术，实现硬件资源全局统一抽象，硬件资源 ID 唯一，全局可见、可用，将周边设备的硬件作为能力的延伸。当前已支持 9 类外围设备虚拟化，即摄像头、麦克风、扬声器、GPS、键盘、鼠标、显示器、触摸屏、陀螺仪 / 加速度传感器。可以根据不同的业务场景，对接超级终端中所有硬件资源并选择最佳的硬件。

硬件协同调度：通过硬件协同调度技术，实现全局硬件资源统一的映射、融合、管理和数据处理。可根据不同的业务场景，按需将硬件与业务逻辑进行映射，同时通过协同同步技术和硬件数据融合算法保障各业务场景硬件调用的关键体验。

多设备协同应用：各业务场景通过调用分布式硬件接口，可以按需使用全局硬件资源能力，为用户提供更好的分布式体验。

8.4   分布式硬件运行机制

分布式硬件平台为设备定义了两个角色，一个角色是主控端，使用其他设备的硬件资源，另一个角色是被控端，为其他设备提供硬件资源。一个设备可以同时兼任两个角色，如设备 A（手机）作为主控端使用设备 B（PC）的摄像头，在设备 A 与设备 B 的组合中，设备 B 是被控端角色；同时设备 B 可以作为主控端使用另一个设备 [如设备 C（平板计算机）] 的屏幕作为自己的屏幕显示资源。下面以设备 A 使用设备 B 的摄像头为例介绍分布式硬件运作机制，如图 8-8 所示。

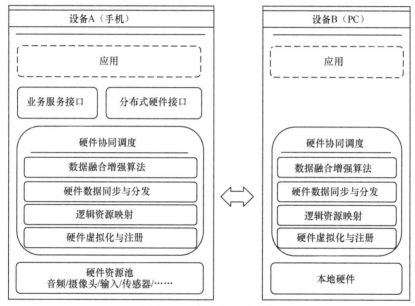

图 8-8   分布式硬件运作机制

设备 A 上的应用通过分布式硬件接口获取可以使用的硬件资源列表。用户选择设备 B 的摄像头硬件后，设备 B 的硬件协同调度会在本地硬件资源池中注册并实例化该摄像头硬件，建立逻辑资源映射关系。

设备 A 上的应用通过业务服务接口可以打开新增的摄像头硬件，进行预览、录像或拍照。设备 A 的硬件资源池中的虚拟摄像头硬件接收到应用触发的控制 / 数据请求，然后触发硬件协同调度，将控制 / 数据请求分发到指定的设备。由于不同设备硬件能力（如分辨率、帧率、图像处理算法等）存在差异，硬件协同调度会综合考虑设备之间的能力差异，协商分配数据处理任务，通过数据融合增强算法为应用提供最好的画质效果。

8.5 硬件资源池化技术

硬件资源池化技术是实现超级终端、打破设备边界、通过软件定义各种新产品形态和体验的"新硬件"所需的关键技术。硬件资源池化技术能够将硬件设备化整为零，形成超级终端硬件资源池，供多个设备共享使用，真正达到软件定义硬件、设备之间实现系统级融合并灵活按需适应不同场景的目的。例如，手机和车机硬件资源池化可全方位改善驾驶体验，手机和 PC 硬件资源池化可改善移动办公体验等。

分布式硬件平台对超级终端中所有设备的硬件资源池化都是基于硬件虚拟化技术构建的，每个硬件在硬件平台上注册对应的虚拟硬件实例，虚拟硬件通过虚拟化技术实现与对应的物理硬件之间的交互，从而实现对周边设备对应硬件的控制和数据传输。硬件资源池化基于 HarmonyOS HDI 完成硬件虚拟化，服务层各业务子系统可以像使用本机硬件一样使用虚拟硬件。

另外，硬件资源池化还可通过硬件管理模块实现对全局硬件资源的动态接入、状态管理、能力协商等，使超级终端中各设备可按需加载所需的硬件资源并进行调用。从整体上来看，硬件资源池化需要依赖分布式软总线、安全相关部件来实现对周边设备的硬件发现、硬件数据同步和硬件调用等，如图 8-9 所示。

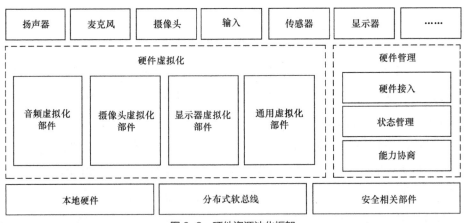

图 8-9　硬件资源池化框架

8.5.1　什么是虚拟化

虚拟化技术的概念是在 1960 年为了描述 VM（Virtual Machine，虚拟机）而提出的。对虚拟机的架设和管理称为平台虚拟化，现在也称为服务器虚拟化。平台虚拟化表现为在一个给定的硬件平台上，宿主机创造一个模拟的计算机环境（虚拟机）提供给客户机。客户机软件对用户程序没有限制，许多宿主机允许运行真实的操作系统。客户机就好像直接运行在计算机硬件上一样。

在计算机集群中，许多小型服务器正被一个大型服务器取代以提高硬件资源（如 CPU 等）的利用率。虽然硬件正被整合，但是典型的操作系统仍然是独立的，取而代之的是每个运行在独立的服务器上的操作系统被转移到虚拟机中。大型的服务器可以"寄宿"许多这样的客户虚拟机。这就是 P2V（Physical-to-Virtual，物理到虚拟）的转换。利用软件虚拟化技术，虚拟机比真实的机器更容易从外部被控制和检查，并且配置更灵活。创建一个新的虚拟机不需要预先购买硬件。同时，一个新的虚拟机可以轻松地从一台计算机转移到另一台上。举例来说，一个销售员可以复制一个包含试用版软件的虚拟机到其笔记本计算机上，访问其用户而不用更换计算机。同理，虚拟机中的故障不会对宿主机产生损害，所以不会令笔记本计算机上的操作系统死机。

因此我们通过软件技术，将现有的软件系统从硬件设备中抽象出来，通过软件定义的方式，把原先一体化的硬件设施"打破"，将基础硬件虚拟化并提供标准化的功能，通过软件管控，控制基本功能，进而为用户提供更加开放、更加灵活、更加智能的服务，这就是虚拟化技术的理念。

现有的终端电子设备大多数都具备核心的处理器单元，无论是手机、笔记本计算机这些富设备使用的 32 位或 64 位 CPU，还是智能手表、音箱等瘦设备使用的 8 位、16 位 MCU，其具备的逻辑控制、算术运算、任务处理等能力，用户无法直观感受和体验；而用户所能够体验的是，由 OLED（Organic Light Emitting Display，有机发光显示器）、LCD（Liquid Crystal Display，液晶显示器）、LED（Light Emitting Diode，发光二极管）等显示硬件与麦克风、扬声器、摄像头、传感器等物理硬件，在处理器的控制下所带来的视觉、听觉、触觉等感官体验。例如，当用户使用一台平板计算机观看电影时，需要平板计算机的显示面板、扬声器等硬件资源相互配合，在处理器的调度下有序工作，才能将电影的视频内容和音频内容呈现出来。由此延伸，我们可以通过软件定义的方式，将产品设备的硬件资源虚拟化为一个个独立的能力模块，这些能力模块可以通过软件接口自由组合，从而提供全新的用户体验。我们把这种将终端设备所具备的硬件资源抽象化、虚拟化、自由组合的技术，称为用户端的硬件虚拟化。早期的蓝牙耳机、蓝牙音箱等可以看作一种单一的、基本的虚拟化技术的应用。

8.5.2 硬件虚拟化技术

硬件虚拟化技术是系统级能力，通过该技术的应用，开发者可以像使用本地硬件一样使用全局硬件。传统场景下，应用开发者如果想在一个设备上访问周边设备的外围设备，需要在应用层开发出可在各个设备上运行的应用，在应用层进行设备互联，每一款设备、每个应用都需要开发者单独开发适配，市场上的消费品众多，这对开发者来说无疑会产生巨大的开发成本。

硬件虚拟化技术在系统架构层面提供一套完善的设备虚拟化体系，打破了本机硬件的能力限制，提供系统级的超级终端内所有硬件的共享使用能力，让超级终端内的任意设备可以使用周边其他可信设备的摄像头、麦克风、扬声器、显示屏及 GPS 传感器等外围设备能力。同时，硬件虚拟化技术向上为北向应用提供统一的系统级能力接入，向下为南向设备厂商提供统一的、标准的接入接口，采用统一的设计规范，北向应用可以在不增加或者增加很少开发工作的情况下，使用其他硬件设备的虚拟化能力；南向设备厂商可以采用标准接口规范，设计出无缝接入以提供具备虚拟硬件能力的硬件设备。

通过硬件虚拟化技术，多个设备之间可以进行能力协商，充分发挥各个设备硬件的优势，为用户提供更好的使用体验，例如，手机和车机协同，手机使用车机的 GPS 获取更精确的导航数据，手机使用车机的屏幕显示手机上丰富的软件应用，手机导航使用车机屏幕显示，导航音使用车机的扬声器播放，在导航的同时，支持手机音乐使用车机的扬声器播放，音质体验更好；手机和大屏协同，手机视频流转到大屏上播放，提供更大视野、更清晰的播放体验。

主控端设备希望使用被控端设备，需要知道被控端设备的硬件信息，才能够正确地使用被控端硬件。例如，需要知道被控端设备的摄像头 ID、分辨率、帧率、色彩空间等基础信息，才能够在本地为被控端设备注册对应的虚拟摄像头驱动，在虚拟摄像头驱动中注册被控端设备的参数信息，从而可以按照被控端摄像头支持的参数进行摄像头操作。为此，硬件虚拟化的前提是硬件资源池化，即超级终端中所有硬件设备的信息全局可见。

为了实现这个目标，分布式硬件管理服务子系统在启动时会查询本地硬件参数信息,如摄像头的个数、分辨率、帧率、色彩空间,音频的采样率、声道数等,将这些信息按照预定义的格式编码并写入本地分布式数据管理服务。分布式数据管理服务在超级终端设备之间自动同步各个设备的数据,最终实现超级终端内各个设备的硬件信息一致,如图 8-10 所示。

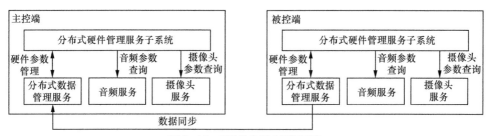

图 8-10　硬件信息同步原理示意

当被控端的硬件信息被分布式数据管理服务同步到主控端后,分布式数据管理服务会主动通知分布式硬件管理服务子系统硬件信息的变化情况,分布式硬件管理服务子系统可以收到新增的被控端设备信息,同理,被控端的分布式硬件管理服务子系统也可以通过分布式数据管理服务的数据变化监听,获取主控端设备的硬件信息,这样就实现了硬件信息的全局同步。

虚拟音频和虚拟摄像头是硬件虚拟化技术中的典型虚拟外部硬件,我们以此为例介绍硬件虚拟化技术的原理。

当主控端获取到被控端的音频(扬声器、麦克风)和摄像头外围设备信息后,根据业务需要,基于被控端外围设备的参数信息,将其注册为虚拟音频驱动和虚拟摄像头驱动。虚拟驱动是被控端在本地驱动层的代理,映射到被控端的物理硬件,为北向对应的音频服务子系统和摄像头服务子系统提供标准驱动接口,这样本地应用可以像使用本地硬件一样使用虚拟驱动。当虚拟驱动注册成功后,本地系统内会新增对应的虚拟硬件,它可以被应用发现,并通过硬件标准驱动接口使用。

如果应用选择使用虚拟硬件,对硬件的操作控制通过对应的服务子系统透传到虚拟驱动,虚拟驱动会通过软总线和被控端虚拟硬件代理建立控制通道,用于传递硬件的控制参数,如摄像头的打开关闭、分辨率参数的下发等。主控端和被控端有一套标准的通信协议,用于传递不同硬件的控制信息,不同类型的硬件通过同一套协议进行参数控制。被控端虚拟硬件代理收到主控端的控制信息后,通过本地硬件服务系统接口操作本地硬件,执行对应的控制指令,如打开摄像头。硬件虚拟化技术原理如图 8-11 所示。

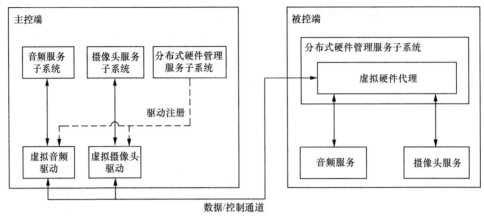

注：虚线箭头为控制通道，实线箭头为业务数据通道。

图 8-11　硬件虚拟化技术原理示意

　　如果虚拟驱动成功操作被控端硬件，虚拟驱动和被控端虚拟硬件代理之间通过软总线新建数据通道，用于两端之间的业务数据传递。根据外部设备类型的不同，两端之间的业务数据可能会从被控端发送到主控端，也可能会从主控端发送到被控端。

　　例如，摄像头用于采集图像数据，被控端的摄像头硬件获取图像数据后，返回给主控端使用。虚拟摄像头使用流程如图 8-12 所示。

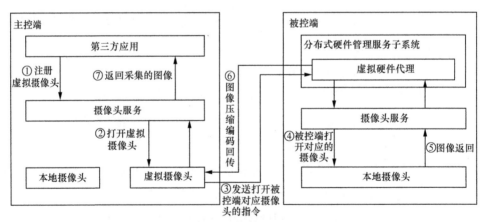

图 8-12　虚拟摄像头使用流程

　　① 分布式硬件管理服务子系统根据业务需要，在本地为被控端摄像头注册对应的虚拟驱动，新注册的虚拟摄像头可以被第三方应用从系统中查询到。

　　② 第三方应用选择某个虚拟摄像头，可以通过摄像头标准系统接口下发对虚拟摄像头的控制指令，执行打开摄像头操作。

　　③ 虚拟摄像头驱动发送打开被控端对应摄像头的指令。

④ 被控端虚拟硬件代理收到打开摄像头指令后，调用被控端摄像头服务，打开对应的摄像头，采集图像。

⑤ 成功打开被控端对应的摄像头后，通过摄像头服务向虚拟硬件代理返回图像。

⑥ 虚拟硬件代理将采集到的图像压缩编码，通过网络发送回主控端虚拟摄像头驱动。

⑦ 主控端虚拟摄像头驱动获取被控端采集的图像后，进行解码处理，将图像处理为摄像头服务需要的格式，通过回传接口返回图像。第三方应用使用系统标准接口即可获取到被控端摄像头采集的图像数据。

8.5.3　如何管理硬件资源池化

硬件资源池用于管理超级终端中所有设备的可用硬件信息；硬件信息对所有设备全局可见，硬件能力为所有设备全局共享，分布式硬件管理服务提供各个设备之间的信息同步、能力使用、冲突管理以及设备状态监听能力。

1. 硬件信息同步

各个设备中的分布式硬件管理服务子系统负责采集本机硬件能力信息，如Camera 支持的分辨率、帧率，显示屏的尺寸大小等，将硬件信息写入分布式数据库，分布式数据库在超级终端内各个可信设备之间自动同步，数据同步完成后，各个设备都可以查询到超级终端内所有设备的可用硬件信息，如图 8-13 所示。

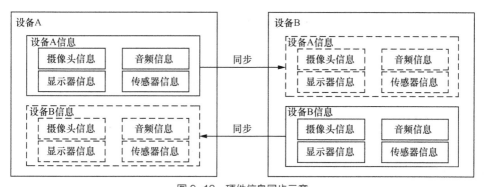

图 8-13　硬件信息同步示意

2. 硬件能力使用

分布式硬件管理服务子系统对外提供接口，用户可以根据需要，将查询到的其他设备硬件在本设备上注册；分布式硬件管理服务子系统通过注册虚拟硬件驱动，实现对周边其他设备硬件的使用，虚拟硬件驱动实现标准硬件接口，上层业务无须修改，可以像使用本地硬件一样使用远端设备映射的虚拟硬件，如图 8-14 所示。

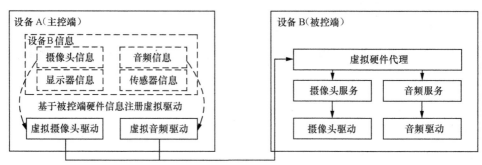

图 8-14　硬件能力使用示意

3. 硬件冲突管理

超级终端内各个设备的硬件可以被共享使用，如果有多个设备希望使用同一个设备的硬件，分布式硬件管理服务子系统根据预定义或用户设置的策略，按照抢占或者等待进行处理，如图 8-15 所示。

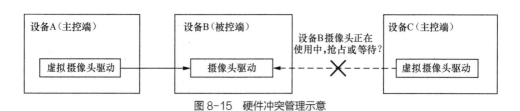

图 8-15　硬件冲突管理示意

4. 设备状态监听

超级终端中的设备下线（如网络断开、距离周边设备过远等），分布式硬件管理服务子系统通过软总线感知到设备下线，会在超级终端内通知设备下线这个信息，此设备的相关硬件不可用，已经注册的虚拟硬件驱动也会做清理处理，如图 8-16 所示。

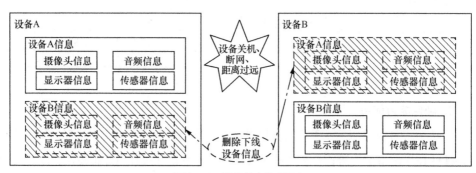

图 8-16　设备状态监听示意

8.5.4　硬件资源池化支持的能力

硬件资源池化支持的能力如表 8-1 所示。

表 8-1　硬件资源池化支持的能力

能力	描述
显示器	将近端带屏幕设备的屏幕作为手机扩展屏幕使用，用于屏幕投射及反向控制，例如将手机屏幕投射到平板计算机、PC 显示器或车机屏幕上，并提供反向控制能力
扬声器和麦克风	将具备扬声器和麦克风能力的设备作为手机扩展音频设备，实现音频播放或录音功能
摄像头	将近端具备摄像头能力的设备作为手机摄像头使用，提供预览、录像和拍照能力
GPS	主要用于车机场景，数据传输到手机，与手机 GPS 结合，达到更加精准的位置定位效果
输入	将其他设备的键盘和鼠标作为中心设备的外围设备，例如在手机和 PC 协同场景下，使用 PC 的键盘、鼠标操作手机
传感器	将其他设备的加速度计、陀螺仪、磁力计、位移传感器虚拟化后供其他设备使用，例如手机为智慧屏提供加速度计和陀螺仪能力，变成智慧屏的一个体感遥控器，使用户能在智慧屏上玩体感游戏
调制解调器通话	使手机调制解调器通话接续到具备音频扬声器和麦克风能力的设备，例如车机、平板计算机、大屏等

8.6　硬件协同调度技术

硬件协同调度是实现超级终端中各种形态新硬件的管理、映射和融合所需要的关键技术。硬件协同调度技术可以发现周边设备的硬件能力，例如，发现周边设备上摄像头的分辨率、帧率等信息，将其他设备的硬件注册为本地的虚拟硬件，从而使本机的上层业务应用像使用本地硬件一样使用虚拟硬件，同时硬件协同调度技术管理虚拟硬件的全局状态，包括在本地和远端设备上的硬件使用状态。

硬件协同调度技术可以从系统层面解决硬件时延和音视频同步问题，上层业务应用无须关心使用的是本地硬件还是虚拟硬件，以及不同硬件带来的性能问题，由硬件协同调度技术保障业务应用使用不同硬件时的一致性体验。

同时，硬件协同调度技术管理硬件与业务应用的映射关系，从远端设备硬件同步数据到本地虚拟硬件，并分发硬件数据给调用本地虚拟硬件的上层业务应用使用，当业务应用在不同设备之间发生迁移时，业务应用使用的硬件可以自动跟随迁移。

另外，硬件协同调度技术提供融合增强算法，用于多硬件组合使用场景，不同的融合算法可解决不同的场景问题，融合算法可充分发挥硬件组合的能力，达到超越单硬件能力的效果，同时支持用户自定义融合算法，以提升组合硬件的使用体验。

8.6.1 设备发现和认证技术

设备管理（Device Manager）部件在HarmonyOS中提供设备发现和认证能力，并为开发者提供一套用于分布式设备之间上下线状态感知、发现和认证的接口，其能力主要包括分布式设备的可信设备管理、设备状态管理以及设备发现和认证管理，如图8-17所示。

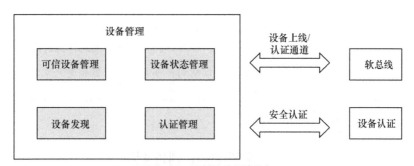

图8-17　设备管理部件能力

可信设备管理模块允许查询设备信息，用户可以查询本地设备和远端设备的名称、类型和设备标识。设备状态管理模块管理设备的上下线状态，当多个设备完成认证并组成超级终端后，该模块会通知上层业务应用设备上线，业务应用基于设备上线通知事件开始执行分布式业务。

设备发现依赖软总线提供的发现能力，支持通过CoAP、BLE广播等方式发现周边不可信设备。相比于软总线的发现能力，设备管理提供设备发现的过滤能力，允许业务指定过滤条件，过滤条件包括设备类型、设备的账号类型、设备之间的距离等。例如，业务可以指定条件为发现周边50 cm范围内的平板计算机，通过设置过滤条件，满足条件的设备会被发现并上报给业务应用。

当发现周边不可信设备后，可以选择指定设备进行认证，完成认证后，两台设备变成可信设备。认证管理依赖设备认证模块提供的安全认证能力，在认证过程中，首先使用软总线建立认证通道，并在该通道上协商两台设备的信息，包括设备管理部件版本、设备的可信状态、是否支持加解密能力等信息，协商完成后选择特定的认证方式进行认证，当前 HarmonyOS 支持使用 PIN 码进行认证，即在一端设备显示 6 位数字 PIN 码，在另一端设备，由认证用户输入对端设备上显示的 PIN 码，从而完成认证流程。同时在 HarmonyOS 的设计中，也支持扩展其他的认证方式，例如，用户可以选择使用 NFC 技术，通过"碰一碰"的方式完成认证，或者通过扫码的方式完成认证。

经过设备发现和认证后，两台设备会组成超级终端。超级终端中所有设备的硬件资源会自动同步，并由分布式硬件管理服务子系统进行统一的管理。

8.6.2　硬件自适应技术

在组成超级终端后，各个设备之间会协商硬件参数信息，应用在使用分布式硬件时，可能遇到硬件规格无法满足应用的情况，例如，应用请求相机预览 1080P 的图像数据，但是远端设备相机最高只能支持输出 720P 的图像数据。为了更好地支持应用，硬件自适应技术通过内部自适应转换，例如将远端获取的低分辨率图像转换为本地请求的高分辨率图像，满足应用的诉求，同时弥补远端设备的硬件能力差异，如图 8-18 所示。

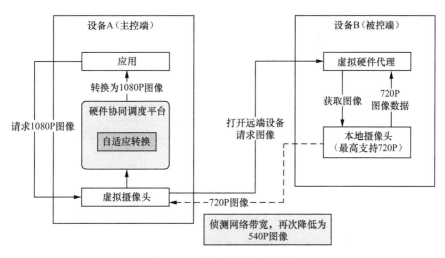

图 8-18　硬件自适应技术示例

硬件自适应技术也可以用来解决网络带宽不足导致的体验问题。例如，当网络带宽不足时,高分辨率的图像经过网络传输后,用户在看到图像画面时可能出现卡顿、丢帧、花屏等现象,此时降低图像传输时的分辨率,可以极大减小带宽不足导致的影响,图像传输到主控端后,通过自适应转换,将低分辨率图像转换为高分辨率图像向用户展示。

硬件自适应技术能够通过软件技术提升硬件资源池中的硬件能力,它不仅能够自动转换分辨率,还可以提供其他硬件能力的转换,例如可以进行帧率、色彩空间的转换。

8.6.3　硬件协同同步技术

在超级终端的场景下,不同硬件通过网络连接,因此硬件的音频和视频时延除了硬件时延外,还包括网络时延。硬件时延与设备的硬件能力相关,时延相对固定。网络时延受网络波动影响,会动态变化。用户感知时延的计算如下。

用户感知时延 = 视频时延(网络时延 + 硬件时延)− 音频时延(网络时延 + 硬件时延)

如图 8-19 所示,手机使用大屏播放视频画面,使用音箱播放音频,视频和音频通过网络在不同设备上播放,用户感知时延应在 −100 ～ 25 ms 范围内,时延超过该范围,用户就会感知音视频不同步。

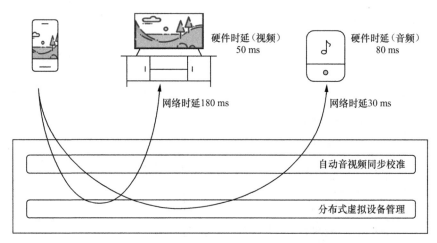

图 8-19　时延示例

分布式硬件平台使用硬件协同同步技术,在硬件层面实现自动音视频同步校准,通过在每一帧音频和图像数据中加入时间戳信息,使用音频缓存、音频重采样、视频智能插帧等技术手段，保障音视频同步体验。

8.6.4　硬件解耦映射技术

硬件解耦映射技术将物理硬件资源和逻辑硬件资源解耦，使物理硬件资源和逻辑硬件资源可以任意匹配。系统底层注册的虚拟硬件驱动作为其他设备硬件的代理，是一个逻辑上的硬件概念，该虚拟硬件驱动可以配置为对应设备的一个或多个硬件，从而使虚拟硬件驱动可以使用多个物理硬件。

以图 8-20 所示的组合相机为例，分布式硬件可以在手机中注册一个虚拟广角相机驱动，该相机驱动被配置为映射到多个其他相机物理硬件设备，可以同时使用多个其他物理相机的画面采集能力。单个物理相机采集各自的画面，手机的虚拟广角相机驱动同时获取各个物理相机的画面，进行拼接后获得广角画面，并将其传递给手机相机应用。因此，手机相机应用可以方便地使用多个物理相机设备，获取视野宽阔的广角画面。此场景下，1 个虚拟硬件可以映射到 N 个物理硬件。

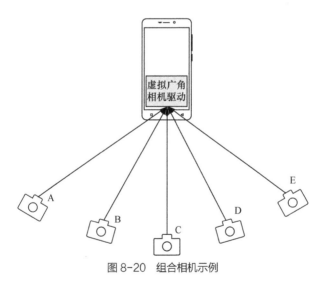

图 8-20　组合相机示例

又以图 8-21 所示分布式屏幕组合投屏为例，手机、PC 和平板计算机组成超级终端，手机和平板计算机可以在各自的系统中新增虚拟屏幕驱动，映射到 PC 的物理屏幕；手机和平板计算机可以通过虚拟屏幕驱动投射本机画面到 PC 屏幕上，PC 屏幕可同时显示手机和平板计算机的投射画面，这样可实现多个虚拟硬件同时共享一个物理硬件。此场景下，2 个虚拟硬件映射到 1 个物理硬件。

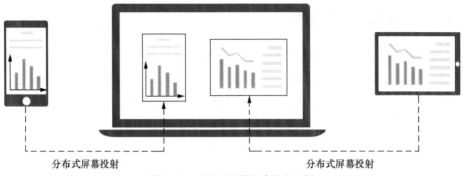

分布式屏幕投射　　　　　　　　　　分布式屏幕投射

图 8-21　分布式屏幕组合投屏示例

8.6.5　硬件自动跟随应用跨端迁移

应用在运行过程中，很多时候都会使用一些硬件设备，如摄像头、麦克风或传感器。当我们将一个应用从一个设备迁移到另一个设备上时，不是只把 UI 和应用状态迁移过去就可以了，如果迁移之后音频还留在原来的设备上播放，那就比较奇怪了。那么，HarmonyOS 是如何管理这些硬件的呢？

为了使应用迁移流程更加具有一致性，我们在硬件层面实现了硬件"自动跟随"。App 使用的硬件 ID 其实是一个虚拟的句柄，它并非与某个特性硬件相绑定，当我们将某个软件实体从一个设备迁移到另一个设备上时，系统中的迁移决策模块会自动将硬件一起迁移到目标设备上，使用户体验是一致的，如图 8-22 所示。

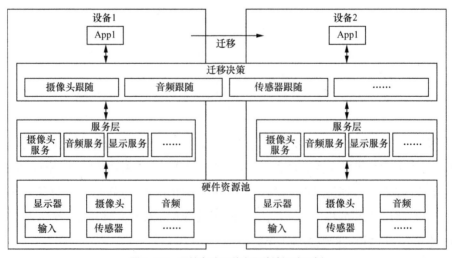

图 8-22　硬件自动跟随应用跨端迁移示例

8.7 应用使用流程

8.7.1 应用使用案例

以分布式相机场景为例，在分布式硬件平台能力的支撑下，当两台手机相距一定距离的时候，一台手机可以使用另外一台手机的摄像头，进行视频通话、多机位拍摄等，实现拍摄角度的自由选择和控制。

如图 8-23 所示，左侧的手机作为主控端，运行相机、视频等应用；右侧设备作为被控端，负责图像采集。

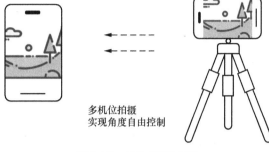

多机位拍摄
实现角度自由控制

图 8-23 分布式相机场景

具体的应用使用流程如图 8-24 所示。

第 1 步，主控端打开超级终端，或者控制界面，发现被控端设备，被控端将能力上报给主控端。

第 2 步，通过相同的账号认证体系进行认证后，主控端成功连接被控端。

第 3 步，主控端运行使用摄像头的相关应用，例如相机、视频通话等。

第 4 步，在应用运行时，被控端将作为主控端的摄像头，采集图像并将图像发送到主控端。

第 5 步，主控端使用被控端远端采集图像的能力，实现角度、方位、距离的自由选择和控制。

第 6 步，如果需要切换到本地摄像头，可以通过主控端选择切换摄像头，或者被控端断开与主控端的连接。

第 7 步，主控端设备可以选择处在信任体系内或者通过认证的不同的被控端设备，例如手机或平板计算机。

第 8 步，使用结束后，主控端设备不再需要远端图像采集能力，可以通过分布式硬件子系统配置去注册虚拟摄像头驱动，此时清理虚拟摄像头资源和配置，切换到本地状态。

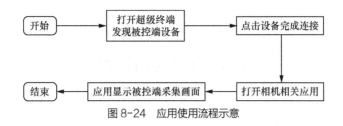

图 8-24 应用使用流程示意

8.7.2 能力开放

分布式硬件平台支持将设备能力对外开放,其基本要求如下。

1. 设备发现和认证

设备发现和认证是分布式业务的入口,硬件的协同调度也依赖设备之间完成发现和认证。多台设备之间首先通过设备发现能力获取远端设备的标识、类型和名称等信息,通过软总线提供的连接和传输能力,两台设备之间协商设备的状态信息,完成设备的认证。之后两台设备会组成超级终端,不同设备的硬件资源在超级终端中形成硬件资源池。分布式硬件子系统中的设备管理部件对外提供接口,提供在多台设备之间进行发现和认证的功能,并将设备组成超级终端,为后续的硬件协同调度做好前置准备工作。

2. 硬件资源接入

硬件资源接入是指将其他设备的硬件在本机注册为对应的虚拟硬件驱动,从而使本机应用可以使用其他设备硬件的能力,就像使用本机硬件一样。虚拟硬件驱动实例作为其他设备硬件在本地设备中的代理,对北向硬件服务实现标准 HDI,硬件服务层(如音视频服务等)可以像使用本机硬件驱动一样使用虚拟硬件驱动,将南向硬件数据通过软总线连接到对端设备的分布式硬件子系统,实现对对端硬件的控制和对业务数据的收发。如此,本机应用直接使用标准的系统接口,即可实现对对端设备硬件的使用。

3. 硬件资源查询和状态感知

超级终端内各个设备上的分布式硬件子系统启动后,会查询各个设备的硬件信息并记录到分布式数据库中,分布式数据库在各个设备之间同步硬件信息,最终达到设备信息在各个设备全局一致的状态,任意设备上的分布式硬件子系统均可以查询到其他设备上的硬件信息。分布式硬件子系统感知到其他上线设备硬件后,会自动为上线设备硬件注册对应的虚拟硬件驱动,本机硬件服务可以像使用本地硬件一样使用虚拟硬件。如果发生设备下线(如设备关机、距离超级终端其他设备过远等),分布式硬件子系统会感知设备下线,标记下线设备的硬件信息为不可用状态。超级终端可全局感知设备下线，从而实现设备下线事件的全局通知。分布式硬件子系统自动清除下线设备的虚拟硬件驱动，通过本机硬件，服务不再能够使用下线设备硬件。

4. 硬件资源组合

硬件资源组合是基于硬件资源接入的高阶能力，用于将多个设备的硬件组合起来，提供更强大的硬件能力，达到1+1>2的效果，同时对北向硬件服务提供简单易用的接口，应用无须修改适配即可使用。以组合麦克风为例，中心设备可以将多个其他设备的麦克风接入本机，作为本机麦克风使用，同时，可以将本机注册的多个虚拟麦克风设备和本机麦克风一起，配置为组合麦克风，为其注册组合麦克风驱动。此组合麦克风驱动对北向音频服务提供与本机麦克风一样的使用接口，将南向硬件连接到多个设备的麦克风同时拾音，从而达到分布式拾音效果，保证可以从各个设备位置同时拾音；组合麦克风驱动内置回声消除、混音、增益等算法，保证各个位置同时拾音的音频数据处理后，始终保持声音清晰、音效良好。如此，实现了单个麦克风拾音无法达到的分布式拾音效果。

8.7.3　对开发者的要求

传统模式下，硬件厂商只需要设计并开发出具有既定功能的硬件产品，以及产品对应的软件配套。例如，安防摄像头厂商只需要设计、生产摄像头硬件产品，并提供该产品对应的 App 或 Web 应用，从而满足消费者对该产品功能的使用。在这种模式下，不同的硬件厂商开发的产品大多数情况下都是独立的个体，或者只能够与该厂商的软件体系形成配套，极大地限制了设备的可扩展和可接入能力。

分布式硬件的核心就是要将具备各种硬件资源的设备从软件的角度进行重新定义，将其抽象成各种虚拟硬件能力，以模块化的形式接入其他设备，形成对自身设备能力的拓展。在这种模式下，需要硬件厂商按照硬件虚拟化所要求的统一接口标准、协议标准对硬件的驱动或配套软件进行设计和实现，而不是自定义、自设计，在统一的规范标准下，各个独立的硬件设备将会获得插件化的接入能力，可快速地接入其他软件系统，为其带来扩展服务能力。例如，硬件设备厂商需要按照虚拟化规范实现标准中设计的硬件能力查询接口，以上报当前设备所支持的硬件能力，北向的应用软件或者系统可以通过该标准的统一接口，快速查询到当前接入设备中可以使用的虚拟化能力，从而使用接入设备带来的硬件服务。

同时，分布式硬件为上层应用提供了系统级的使用、扩展接口，对软件开发者来说，开发模式并没有发生根本变化，变化的是软件的设计思维。软件开发者需要跳出固有的设计思路，如抛弃手机只能有前置或后置摄像头的常规想法，图像采集的能力不仅可以来自本机摄像头，还可以来自以虚拟化摄像头能力接入的无人机摄像头，又或者是大屏上提供的具备超广角能力的全景摄像头。这就需要我们的软件开发者将消费者身边的各种设备看成原子化能力集，能够将能力集中的各种能力有效组合、调度、配置，从而开发出能够为消费者带来全新体验的应用软件，打破传统软件的束缚。

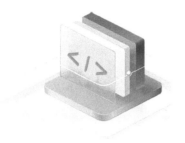

Chapter 9 / 第 9 章

方舟编译运行时原理解析

方舟编译运行时是语言可插拔、能力可配置的多语言编译器和运行时,它既能支撑单一语言运行环境,也能支撑多种语言组合的运行环境。它作为编译运行时底座,支撑HarmonyOS成为打通手机、PC、平板计算机、电视、车机和智能可穿戴设备等多种设备的统一操作系统。

9.1 方舟编译运行时设计目标

智能设备的应用开发者会面对不同的操作系统和应用框架，有很高的开发成本。这也使得应用很难带给用户统一的使用体验，智能设备用户目前的使用体验仍有很大的提升空间。

HarmonyOS 的设计目标，就是成为打通手机、PC、平板计算机、电视、车机和智能可穿戴设备等多种设备的统一操作系统。HarmonyOS 的应用开发支持多范式、多编程语言的需求，其中编程语言包括 TS（TypeScript）、JavaScript、自研语言等，需要相应的工具链和运行时来支撑这些编程语言的高效开发和运行。这样，应用开发者在开发应用时就能使用同一套应用框架，用户在使用 HarmonyOS 的设备时就能获得统一的使用体验。

方舟编译运行时作为华为自研的统一编程平台，包含编译器、工具链、运行时等关键部件，支持多编程语言、多种芯片平台的联合编译与运行；支持多语言联合优化，可减小跨语言调用开销；提供更轻量的语言运行时；通过软硬协同充分发挥硬件能效，并支持多样化的终端设备平台。针对不同的业务场景和设备、多编程语言的支持需求，方舟编译运行时的设计目标是语言可插拔、能力可配置。

语言可插拔要求设计和架构上支持多种语言接入，方舟编译运行时有能力提供具有高效执行性能和跨语言优势的多语言运行时，也可以在小型设备上提供高效、小内存的单一语言运行时。

能力可配置让方舟编译运行时能够提供丰富的编译运行时特性，包括执行引擎、丰富的内存管理组件和各语言独立的运行时插件。

执行引擎：解释器、JIT 编译器、AOT 编译器。

丰富的内存管理特性：多种分配器和多种垃圾回收器。

各语言独立的运行时插件：可以支持语言的特有实现和语言基础库。

方舟编译运行时通过定制化配置编译运行时的语言和特性，支持手机、PC、平板计算机、电视、车机及智能可穿戴设备等多种设备的不同性能和内存需求。

工具链提供对应语言的前端编译工具，将对应的语言编译成统一的方舟字节码文件，即图9-1中的ArkBytecode（简称abc）文件。部分语言也支持通过方舟AOT编译器，直接将字节码编译成对应体系架构的优化机器码。

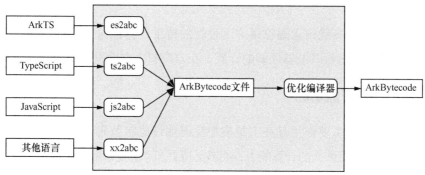

图9-1　方舟前端编译

如图9-2所示，整个方舟编译运行时被分成了核心运行时（Core Runtime）、各语言独立的运行时插件（Runtime Plugin）和可选插件。

核心运行时主要是运行时的公共核心部件，包含定义字节码格式和行为的公共ISA模块，对接系统调用的Ark基础平台模块，支持Debugger、Profiler等工具的公共工具模块和承载字节码的Ark文件模块等。

各语言独立的运行时插件则包含各语言自己的标准库，以保证语言按需定制运行行为，使其运行行为符合对应的语言规范。

可选插件提供了与语言无关的解释器插件、内存管理插件、编译器插件等。

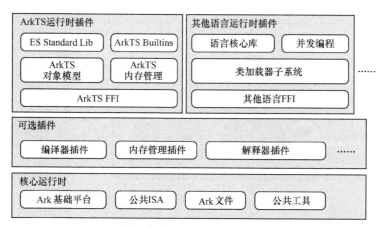

注：FFI即Foreign Function Interface，外部函数接口。

图9-2　方舟编译运行时架构

225

9.2　前端编译器

前端编译器是高级语言通往语言运行时的桥梁，它把语言按照语言规范声明的语义翻译成语言运行时能够理解的介质，在方舟解决方案里体现为方舟字节码。

9.2.1　前端编译器功能

前端编译器的主要作用是在主机侧把源码编译成字节码文件，这样做的好处非常明显：利用主机强大的计算能力，能够支持更多、更复杂的算法优化，生成更高质量的字节码；相比常见的 JavaScript 运行时，可以把端侧的编译解析过程提前到发布前，提升了运行性能。

图 9-3 所示为 JavaScript 与方舟编译流程对比。

图 9-4 所示为方舟前端编译流程，应用的开发源码目前支持 ArkTS、TS、JavaScript 语言。

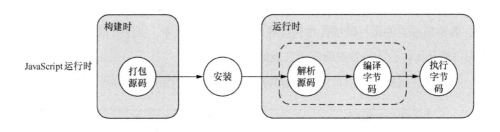

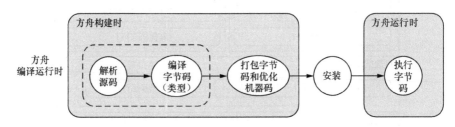

图 9-3　JavaScript 与方舟编译流程对比

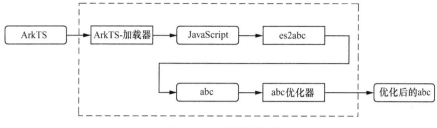

图 9-4　方舟前端编译流程

9.2.2　字节码文件格式

方舟字节码主要有 4 个设计目标：紧凑性、快速访问定位、低内存、可扩展性和兼容性高。

1. 紧凑性

大部分移动应用程序都会使用大量的类、方法和字段，它们的数量有时会多到 16 位无符号整数都无法表示。如果采用 16 位引用描述它们，应用可能需要创建多个字节码文件，从而导致文件之间的重复数据难以被删除。

方舟字节码设计的二进制文件格式突破了上述限制，可以满足现在的应用需求。二进制文件中的所有引用都是 32 位 4 Byte 的，它允许使用 4 GB 的内存空间来进行对类、方法、字段等的寻址，可以满足大部分情况下的应用需求。

方舟字节码的引用格式使用灵活的 TaggedValue，它允许仅存储用户的信息，不对缺失信息进行标识，可以在一定程度上节省内存。

TaggedValue 的格式如表 9-1 所示。

表 9-1　TaggedValue 的格式

名称	类型	描述
tag_value	unit8_t	前 8 位字段为 tag_value，主要描述 data 字段的类型
data	uint8_t[]	可选字段，主要用于承载数据内容

为了实现更高的紧凑性，方舟字节码文件中采用 16 位索引来引用字节码文件内部的一些元数据中的类、方法和字段。每个索引覆盖文件的一部分，并由 RegionHeader 描述，整个文件会包含一个或多个 RegionHeader。

RegionHeader 的格式如表 9-2 所示。

表 9-2　RegionHeader 的格式

名称	类型	描述
start_off	uint32_t	该 Region 起始偏移地址
end_off	uint32_t	该 Region 结束偏移地址
class_idx_size	uint32_t	该 Region 中 Class 类型的数量
class_idx_off	uint32_t	该 Region 中 Class 类型的起始地址
method_idx_siz	uint32_t	该 Region 中 Method 类型的数量
method_idx_off	uint32_t	该 Region 中 Method 类型的起始地址
field_idx_size	uint32_t	该 Region 中 Field 类型的元素数量
field_idx_off	uint32_t	该 Region 中 Field 类型的起始地址

注：Class 为高级语言的类型描述元素，Method 为高级语言的方法描述元素，Field 为高级语言的字段描述元素。

2. 快速访问定位

字节码文件需要实现快速访问信息，就需要去除冗余引用。方舟字节码文件所描述的二进制格式还支持快速索引：类偏移量的排序列表。这个索引很紧凑，在应用程序启动期间运行时会多次查找索引，紧凑的索引允许运行时快速找到类型定义。

所有的类、字段和方法都分为两组：本地和外部。本地类、字段和方法在当前文件中声明。外部类、字段和方法在其他文件中声明，引用当前的二进制文件。本地实体与相应的外部实体具有相同的表头。

运行时可以通过检查偏移量是否在外部区域（[foreign_off; foreign_off + foreign_size]）来轻松检查偏移量的类型。根据结果，运行时可以在其他文件中搜索实体（对外部实体）或根据偏移量的定义创建运行时对象（对本地实体）。

为了提高数据访问速度，大多数数据结构都使用 4 Byte 对齐方式。由于大多数目标架构都是小端的，方舟字节码文件中所有多字节值都是小端的。

3. 低内存

实践表明，字节码文件中的很多数据并不会被应用使用。我们可以根据数据的常用程度对文件数据进行分组，将大概率不使用和不常用的数据放在一起，这样可以避免运行时对该区域的加载，以此减少字节码文件对内存的占用。为了实现这个目标，方舟字节码文件中所描述的二进制文件格式使用了偏移量，以帮助定位文件数据。同时，方舟编译运行时支持对字节码文件进行定制化的布局，将各个内容按照定制的顺序存放在字节码文件中，方便开发者在各个场景下做优化。

4. 可扩展性和兼容性高

方舟字节码文件支持版本号，版本号字段的长度为 4 Byte，并被编码为字节数组，

确保其在大小端设备上一致。方舟工具链和运行时保证向后兼容，即任何支持新版本
的工具及运行时也必须支持旧的版本。

9.2.3　方舟字节码

　　方舟字节码是方舟编译运行时解释器能够解析运行的一种 IR（Intermediate
Representation，中间表示）。方舟字节码采用的是基于寄存器的字节码格式。方舟编
译运行时每个寄存器的宽度最大为 64 位，最多可以支持 65536 个寄存器。

1. 寄存器

　　目前，方舟字节码寄存器采用 64 位表示，用于放置对象引用和基本类型。寄存
器域以函数栈帧为范围，在字节码指令域编码的时候，寄存器域的宽度可能是 4 位、
8 位及 16 位，分别对应对寄存器范围有不同需求的指令，即对应字节码指令的寄存器
数量需求为 16 个、256 个及 65536 个。

2. 累加寄存器

　　累加寄存器，俗称累加器，是一个特殊的寄存器。累加器被指令隐含使用。使用
累加器的主要目的是在不损失性能的情况下降低指令编码密度。因此，在方舟字节码
中，使用上一条指令的累加器作为结果输出，当前指令可将输出的结果作为输入，这
样可以有效地降低指令编码密度，从而减小字节码的尺寸。

3. 调用序列

　　当调用一个 call 指令后，就会创建一个函数栈帧。函数参数会从调用者栈帧复制
到被调用者栈帧头部，按照从左往右的顺序压入栈。函数返回时，被调用者栈帧将被
销毁。如果函数返回值有效，则通过累加器传递给调用者；否则，调用者栈帧中的累
加器内容将被视为未定义，不应在已验证的字节码中读取。

4. 支持基本类型

　　方舟编译运行时支持直接操作 32 位和 64 位寄存器，也可以通过相应字节码将
8 位和 16 位的值加载 / 存储到相应的寄存器中，这种情况下，虚拟机将数值扩展或
截断，以与 i32 相匹配。类似地，将 8 位或 16 位的值传递给函数时，可以通过传递
一个经过符号扩展到 i32 的值来模拟。虚拟机支持操作 IEEE 754 双精度浮点类型 f64
值的寄存器，也支持将 f32 值（IEEE 754 单精度浮点类型）加载 / 存储到相应寄存
器中。类似地，可以通过传递从 f32 转换为 f64 的值来模拟将 f32 值传递给函数。虚
拟机不跟踪寄存器的原始数据类型，而是由单独的字节码进行解释。整数值的符号
也由字节码解释，无法在数值中体现。如果字节码将寄存器值视为有符号整数，则

使用 2 的补码表示；如果视为无符号整数，则使用 u32/u64 表示法。对于移动指令、加载指令和存储指令，编译器并不总能够提前知道其类型，因为类型取决于源对象的类型。在这种情况下，使用 bNN 表示法，其中 NN 是结果的位数。例如，b64 结合了 f64 和 i64。

5. 语言相关类型

方舟编译运行时根据其执行的语言支持类型层次结构。这样，字符串、数组、异常对象的创建（或从常量池加载）是与语言本地相关的。

6. 动态语言支持

方舟编译运行时支持具有动态类型的语言。它通过特殊的标记值（Any）表示动态值，该值包含值本身及其相应的类型信息。虚拟机寄存器可以支持 Any，因其宽度可以容纳 Any 值。当虚拟机在动态类型语言上下文中执行代码时，也可以使用常规静态指令。

9.3 方舟编译运行时执行引擎

如果执行引擎是方舟编译运行时的发动机，那么编译器就是这台发动机的氮气加速系统。

9.3.1 总体介绍

方舟编译运行时执行引擎有多种部件，包括解释器、JIT 编译器和 AOT 编译器等，如图 9-5 所示。

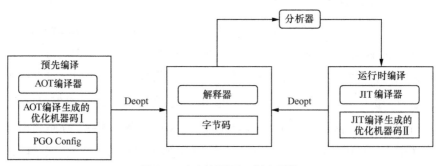

图 9-5 方舟编译运行时执行引擎

解释器直接运行前端编译器输出的字节码；而 JIT 编译器运行时一般需要执

行代码一段时间，待 Profiler（性能分析器）生成数据提示之后，JIT 编译器根据该数据提示进行即时编译，生成高质量的机器码；AOT 编译器则是在运行前根据类型信息直接编译生成高质量的目标机器码，该机器码可在设备上直接运行，PGO（Profile Guided Optimization，按配置优化）配置文件可以作为 AOT 编译器的输入之一，给 AOT 编译器一些指示，例如编译的范围及编译某个方法可以使用哪些优化技术。一般情况下，PGO 配置文件由同等规格设备上的运行时分析抓取或大数据分析生成。JIT 编译器和 AOT 编译器一般都是在一定优化假设或优化推断的前提下生成优化代码的，如果这个前提在运行时不成立（一般较少发生），则需要进行 Deopt（逆优化），回退到解释器执行环节。解释器、JIT 编译器和 AOT 编译器的特点如下。

解释器：启动快，执行性能一般，内存占用小。

JIT 编译器：启动需要预热，执行性能高，内存占用较大。

AOT 编译器：启动快，执行性能高，内存占用大。

方舟编译运行时支持混合模式运行，以支持多种设备不同的定制化需求。在低端 IOT 设备上，方舟执行引擎支持纯解释器的执行模式，以满足小型设备的内存限制条件；在高端设备上，方舟执行引擎支持解释器配合 AOT 编译器及 JIT 编译器的运行模式，对大部分应用代码使用 AOT 编译器编译，这样程序一开始就可以在高质量的优化代码上运行，以获得最好的执行性能；在其他设备上，则根据设备的硬件条件限制来选择策略，设定高频使用、需要 AOT 编译的代码范围，其他代码则依靠解释器配合 JIT 编译器运行，使应用执行性能最大化。

9.3.2　解释器

解释器的历史非常悠久，可以上溯到 20 世纪中叶史蒂芬·罗素写的第一个 Lisp 解释器，半个多世纪之后，很多高级语言运行时中都有解释器的一席之地。方舟编译运行时中的解释器主要用来直接解释执行方舟字节码。

常见的字节码解释器执行指令时，主要工作一般分为 3 步。

第 1 步，F（Fetch）为获取指令，让指令计数器前进。

第 2 步，D [Decode（译码）和 Dispatch（分派）] 为指令译码，根据译码结果将其分派到对应的执行单元。

第 3 步，X（Execute）为执行指令对应的逻辑实现。

在分派方式上，解释器实现一般使用几种不同的技术：译码 - 分派、直接线索化、间接线索化、调用线索化等。

方舟编译运行时根据对运行性能及内存的综合考量结果，选择间接线索化这种运行性能较高且内存占用相对较小的实现方式。

方舟解释器目前支持多种体系架构，包括x86、x64、ARM、ARM64等，针对每条指令操作码对应进行具体处理，即操作对应的虚拟寄存器，完成加载类、方法、字段、算术或逻辑运算等，将结果存储到对应的累加器或虚拟寄存器中。

虽然目前方舟编译运行时在ARM64上实现了高性能汇编解释器，但在其他体系架构下的解释器是用C++实现的。为了提升性能，在特定的体系架构下，解释器在实现上约定将解释上下文中某些频繁使用的数据放入对应的物理寄存器，如将上下文中当前字节码指令地址、缓存累加器值、缓存解释器栈帧、缓存指令映射表、缓存当前线程对象等，直接放入固定的物理寄存器，避免在栈上频繁地加载写入操作。

9.3.3　优化编译器

方舟前端编译器已经将源码编译成方舟字节码，方舟优化编译器则接收方舟字节码作为输入，将字节码转换为统一IR后，进行相应的优化，最后生成目标机器码，使其可以运行在目标设备上，如图9-6所示。

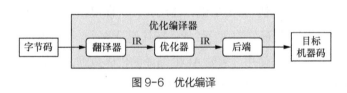

图9-6　优化编译

方舟编译运行时支持运行多种编程语言，也支持不同规格的多种目标设备。因此方舟优化编译器在设计时需要考虑语言的解耦，也需要考虑目标架构的解耦。

方舟优化编译器的应用场景包括运行前编译优化和运行时编译优化，也包括端外编译和端内编译。在端内编译的场景中，需要考虑优化编译本身的开销和机器码质量之间的平衡。

1. 支持多种优化

优化编译器在编译过程中包含一系列优化Pass（优化处理），这些优化Pass之间需要传递中间信息，这种中间信息的表达方式就被称为IR。IR的结构要清晰、信息表达要全面，才能够满足表达多种语言运行逻辑并实现常见优化算法的需求。

在编译过程中，优化和分析的执行顺序也很重要，不同优化Pass之间存在依赖关系，一些优化 Pass 也会为其他优化 Pass 创建所需的数据结构和分析结果。IR 的目标是支持改变优化 Pass 的顺序，支持添加和删除优化 Pass（类似操作需要考虑 Pass 之间的依赖关系）。

优化与分析是根据需要与优先级按步骤进行的。常见的优化 Pass 如表 9-3 所示。

表 9-3　常见的优化 Pass

优化 Pass	描述
BranchElimination	识别并消除连续的跳转指令
ChecksElimination	消除执行路径上重复的检查
Common Subexpression Elimination	消除公共的重复子表达式运算，使用之前已经计算出来的变量直接赋值
Constant Folding	常量的运算操作在编译期完成运算并赋值，避免运行时的开销（常量折叠）
Dead Code Elimination	消除程序中的不可达代码或不起作用的代码（死代码消除）
Function Inlining	把被调用的方法代码展到调用点，减小方法调用和返回的开销，也可能因为扩大方法分析范围而获得更大的优化机会
Loop Invariant Code Motion	在不改变执行结果的情况下，把循环内每个迭代都需要执行的代码移到循环外，把该代码的执行次数降为一次，减小运行时的开销（循环不变量外提）
Loop Peeling	把循环体的一个或多个迭代剥离出循环体的一种变形技术
Loop Unrolling	增加循环内迭代代码的数量，减少循环次数，降低循环开销，增加优化机会
Load Store Elimination	消除重复的或不必要的加载和存储，以提升运行时性能
Merge Blocks	合并基本块，使基本块尽量大以获得更大的优化机会
Value Range Opitimizations	变量可能是不确定的值，但是可以估算变量的范围，以此进行推测运算优化

表 9-3 中的优化 Pass 均采用业界成熟算法实现，此处不赘述。注意，随着性能分析的迭代，以及对更多语言类型的支持，可能会增加其他类型的优化 Pass。

2. 优化可配置

方舟优化编译器的使用场景多种多样，所以在设计上，架构需要同时支撑多种多样的使用场景，这就要求灵活配置优化编译器的优化 Pass 种类和强度。

传统的优化编译器通常在端外运行，优化编译器的编译开销并不是一个需要特别关心的因素，而编译生成的代码质量是衡量产品性能的决定性因素。所以在设计和实现传统优化编译器的时候，往往要让其具有优化 Pass 种类全、强度高等特点。编译开销和代码质量往往是优化编译器"天平"的两端，如图 9-7 所示。在传统优化编译器中，天平会往代码质量那一侧倾斜。

同样地，方舟优化编译器的使用场景也包括端外场景。在 HarmonyOS 中，核心的高级语言代码会在服务器上被方舟优化编译器编译成适用于特定体系架构的优化机器码。另外，方舟优化编译器也支持在云侧将应用的高级语言代码编译成适用于特定体系架构的优化机器码，然后根据设备的体系架构类型分发对应的应用包。因此，方舟优化编译器的设计需要考虑支持复杂优化的场景。

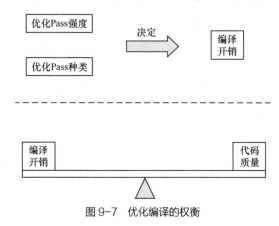

图 9-7　优化编译的权衡

在端内场景中，常见高级语言虚拟机的 JIT 编译器要求优化编译器具备轻量的特点，能够快速生成优化机器码。而现在大部分成熟的高级语言虚拟机往往会根据编译开销的分类实现多层优化编译器，如 Hotspot、V8、JavaScriptCore 都至少实现了两层甚至更多的 JIT 编译器，其中轻度优化编译器能够快速编译、快速生效，但是生成的代码质量并没有经过充分的优化；重度优化编译器能够使用更强的优化算法和更多的优化 Pass 将热度非常高的高级语言逻辑进行充分优化，以获得比轻度优化编译器更优的代码质量。不过，即使是重度优化编译器，和传统的优化编译器相比，在编译开销和代码质量的天平上也会倾向编译开销一端。

在移动设备上，近些年来在端内场景中，优化编译器也支持在安装时将高级语言部分的逻辑直接编译生成优化机器码，以便应用一开始运行就能获得较好的执行性能。相比于 JIT 编译器，优化的编译器编译开销影响的是安装时间和设备功耗，优化编译器的开销权重在 JIT 编译器和传统的端外优化编译器之间。

方舟优化编译器也支持 HarmonyOS 的端内场景，既可以集成到运行时中作为 JIT 编译器的底座，也可以作为端内场景的 AOT 编译器。这就要求方舟优化编译器能够满足 HarmonyOS 端内端外各种场景下不同的侧重点需求。

非运行时的优化编译由于没有运行时信息的输入，其编译器的优化假设只能根据历史经验尽可能优化可能的高频场景，这种优化假设并不一定十分准确。另外，根据 20/80 原则，并不是所有高级语言的逻辑都值得被编译成优化机器码。

方舟优化编译器支持使用 PGO 配置文件输入来指引方舟编译器进行编译优化。一方面，它能够指引优化方法范围，替编译器找到高频使用的方法或通向高频使用方法的关键路径，方舟优化编译器只编译 PGO 输入的方法，在端侧非运行时的编译场景（如安装场景）中，PGO 可以优化端侧应用包的大小、节省安装时间、节省移动设备的功耗等。另一方面，它能够指引优化方法特征。例如在具体的小方法调用点是否进行内联优化，实际上和运行时具体的执行情况密切相关，全部调用点都内联优化会增加代码体积，适当场合的内联优化又可以提升执行性能，如图 9-8 所示。

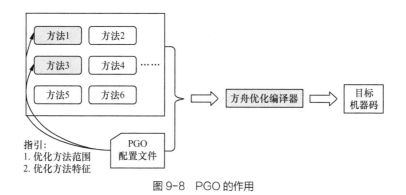

图 9-8 PGO 的作用

方舟优化编译器在各个优化 Pass 中的输入与输出都是 IR，编译框架支持多种优化 Pass 的插拔，并且对于某些优化 Pass，会同时提供轻度负载的优化算法和重度负载的优化算法在不同场景下使能的功能。方舟优化编译器提供可按需配置的优化 Pass 编译框架，在不同使用场景下只要采用不同的优化 Pass 配置，即可满足相应的优化侧重需求，如图 9-9 所示。

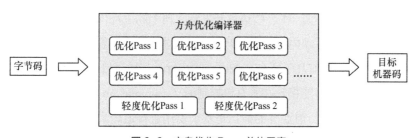

图 9-9 方舟优化 Pass 总体示意

3. 易于扩展

HarmonyOS 要支持鸿蒙设备的万物互联，这些设备可能包括多种 CPU 架构，方舟优化编译器在设计上实现了前中后端分离解耦的架构，前端方舟字节码统一对接多种编程语言，后端代码生成器在不同的 CPU 架构下通过各自的实现生成对应的机器码。

方舟优化编译器的后端代码生成器统一接收 IR 作为输入，在不同的 CPU 架构下，后端代码生成器实现机器码的生成和在对应 CPU 架构下的进一步指令优化。后端代码生成器可以在新的 CPU 架构下通过灵活扩展对应的代码生成器来生成对应的优化机器码，以满足未来存在的设备多样性的需求，如图 9-10 所示。

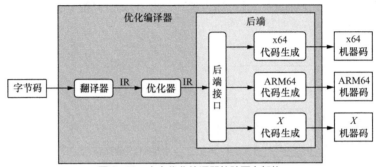

图 9-10　方舟优化编译器的跨平台架构

9.4　方舟编译运行时内存管理

方舟编译运行时内存管理在面对不同的语言运行时和不同的应用环境时，往往需要采用不同的策略和不同的实现方式。

9.4.1　内存管理

内存管理是软件运行时对内存资源进行分配、使用和释放的技术，一般分为手动内存管理和自动内存管理。对于 C 语言开发者，典型的手动内存管理需要显式地调用 free 函数来释放内存。手动内存管理对开发者的要求较高，很容易引入悬挂指针问题，从而提高开发成本。目前几乎所有高级语言的运行时都采用自动内存管理。

C++ 虽然引入了智能指针和所有权控制语义（unique_ptr），但仍存在环引用的问题。而在复杂场景下，目前业界的共识是基于引用进行追踪式的垃圾回收往往比引用计数更加高效。

自动内存管理一般可以通过以下指标来度量：吞吐量、停顿时间和空间开销。

吞吐量：应用程序花费时间与系统总时间的比值。系统总时间包括应用程序花费时间和自动内存管理时间，吞吐量数值一般越大越好。

停顿时间： 在垃圾回收时应用程序暂停的时长。在对实时性有一定要求的场景下，停顿时间越短越好。

空间开销： 内存管理在对象上占用的额外内存。不论是手动内存管理还是自动内存管理，不同的实现都可能产生内存开销。自动内存管理往往会使用额外辅助的内存空间来加速内存回收。

运行时往往会采取不同的策略或参数，来满足不同场景下对上述 3 个指标不同的需求。

内存管理主要分为两个部分——内存分配和内存释放（垃圾回收），涉及以下内容。

内存分配器： 包括凹凸指针分配器（bump pointer allocator）、空闲链表分配器（free-list allocator）、超大对象分配器（humongous object allocator）等。

垃圾回收算法： 包括标记 - 清除算法、复制 - 回收算法、分代垃圾回收算法、标记 - 压缩算法等。

不同特征对象的内存分区： 包括新空间（young space）、旧空间（old space）、不可移动空间（non-movable space）、代码空间（code space）、大型空间（large space）、本地空间（local space）等。

另外，方舟编译运行时利用多核设备，还实现了并发标记、并行标记、并行清理等特性。

方舟编译运行时需要支持多种不同类型的设备，它们有不同的需求。例如路由器更注重内存空间的占用，而 PC、手机、平板计算机等更注重最长停顿时间以使垃圾回收不影响用户体验。方舟编译运行时在不同的场景中选择对应的能力和策略进行运行时内存管理，以满足不同场景中的特定需求。

9.4.2 内存分配

内存分配通过内存分配器来实现，内存分配器是内存管理的一部分，负责对象的分配和释放。不同的分配器用于不同的应用场景。分配器一般分为两大类，如表 9-4 所示。

表 9-4 分配器类别

分配器类别	碎片率	开销
基于 Region/Arena 的指针碰撞的分配器	高	低
基于 Free-List 的分配器	低	高

具体选择哪种分配器与堆内存是否规整有关，而堆内存是否规整则与垃圾回收器是否有压缩整理的功能有关。

对堆内存设计来说，分配器有不同的实现方式。

凹凸指针分配器（Bump Pointer Allocator）：堆内存是规整的，即已使用的在一边，未使用的在另一边，对象分配即把指针往空闲空间的方向移动一段与对象大小相等的距离，如图9-11所示。

图9-11　凹凸指针分配器内存示意

空闲链表分配器（Free-List Allocator）：堆内存是不规整的，已使用的和未使用的内存交错出现，对象分配时不能通过移动指针进行分配。空闲链表分配器是指虚拟机维护了一个未使用内存的链表，分配时根据对象大小，从该链表中查找一块合适的空间分配给该对象，并更新该空闲链表，如图9-12所示。

图9-12　空闲链表分配器内存示意

TLAB（Thread Local Allocation Buffer，**线程局部分配缓存**）：在并发场景下，对象分配的过程变得不安全，常规做法是在堆分配时加同步锁控制。TLAB指每个线程从堆中预分配一块内存，在运行时哪个线程要分配内存，就从该线程的TLAB中分配，当TLAB的内存分配完毕，需要重新扩展时，才加锁从堆中继续预分配一块内存。

大型对象分配器（Large Object Allocator）：若分配对象的大小大于1 MB（根据语言特性，该值可配置），即大对象分配，该对象直接被划分到老年代，当对象变为垃圾后，由老年代垃圾回收器回收（因为分代垃圾回收、年轻代垃圾回收均采用复制算法）。

根据对象的工作内存空间，堆空间被分为几个空间（Space），如图9-13所示。

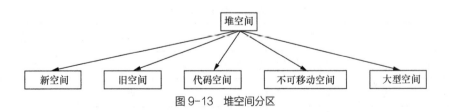

图9-13　堆空间分区

新空间（Young space）：程序运行时新分配的对象一般都在该空间。

旧空间（Old space）：年轻代对象经过几次垃圾回收后，若存活下来就"晋升"到该空间。

代码空间（Code space）：该空间存放 JIT 编译生成的机器码。

不可移动空间（No-movable space）：存放不可以移动对象的空间。

大型空间（Large space）：新生成的对象如果大小超过一定值，被分配到该空间。

根据语言和设备特性，筛选、组合空间，组成所需的内存。

针对不同的对象大小及不同的垃圾回收策略，采取不同的分配策略，不分代场景有 4 种分配器，如图 9-14 所示。

ObjectAllocator：0 ~ 256 Byte 的对象分配器，采用 Runslot 分配算法。

LargeObjectAllocator：大于 256 Byte、小于等于 2 MB 的对象分配器，采用空闲链表分配算法。

HumongousObjectAllocator：大于 2 MB 的对象分配器，直接将对象映射进一块内存。

PermanentObjectAllocator：永久对象区，采用凹凸指针分配算法。

分代场景增加了年轻代空间，如图 9-15 所示。

YoungGenAllocator 用来分配小于 256 KB 的新分配对象，采用 BumpPointer 分配算法，默认空间大小为 4 MB。YoungGenAllocator 同时提供 TLAB 功能，可提升编程语言多线程场景下的内存分配效率。JavaScript[li3] [li4] [li5] 运行时是单线程的，不存在并发场景，在堆上分配对象时不会加同步锁控制，而且 JavaScript[li6] [li7] 应用程序运行时的对象分配不会采用 TLAB 分配对象。另外，JavaScript[li8] [li9] 一般都是小对象，且生命周期比较短，所以划分大小对象的标准也与其他编程语言不同。

图 9-14　不分代场景

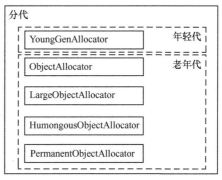

图 9-15　分代场景

JavaScript 堆被划分为 n 个大小为 256 KB 的区域，每个区域占用一段连续的地址空间，以区域为单位进行垃圾回收，而且这个区域的大小是可配置的。在分配时，如果选择的区域已经满了，会自动寻找下一个空闲的区域来分配。

根据对象的生命周期，把堆分为年轻代空间和老年代空间。在年轻代空间中，对象分配采用凹凸指针分配器。在老年代空间中，对象分配采用空闲链表分配器，分配时从空闲列表中选择一块大小适合的空闲区域。当分配对象大于 128 KB 时，直接从堆空间分配一块内存（8 Byte 对齐）放置该对象，并用一个链表来保存地址。

轻设备的 RAM 和 ROM 都比较小，方舟编译运行时根据设备的内存自动剪裁部件，并剪裁复杂的内存分配器，例如超大对象分配器。

9.4.3 垃圾回收

垃圾回收是指自动回收动态分配的内存。垃圾回收器用于回收永远不再使用的内存。方舟编译运行时的垃圾回收算法有如下几种。

1. 标记 – 清除算法

标记 – 清除算法由标记阶段和清除阶段构成，标记阶段标记所有活动对象，清除阶段清除、回收所有未标记的对象。方舟虚拟机采用位图标记方法，将标记对象记录在其他小的空间中，通过位图管理。

它的优点是算法实现简单，容易与其他算法组合，例如和复制 – 回收算法组合。

它的缺点是标记清除过程结束后会导致堆内存出现碎片，进而影响内存分配速度，因为内存是不连续的，每次分配都要在堆上遍历空闲列表以找到一块大小适合的空闲内存。

2. 复制 – 回收算法

复制 – 回收算法利用 From 空间进行分配，当 From 空间被占满时，触发垃圾回收，将活动对象全部复制到 To 空间。复制完成后再把 From 空间和 To 空间互换，至此垃圾回收结束。注意，From 空间和 To 空间大小一样。

复制 – 回收算法适合 From 空间的对象生命周期比较短的应用程序。

它的优点是相对于标记 – 清除算法，垃圾回收的速度快；不使用空闲链表，分配的是一块连续内存，所以分配速度快；不会产生内存碎片。

它的缺点是堆内存的利用率不高，有一半堆空间是浪费的。

3. 标记 – 压缩算法

标记 – 压缩算法由标记阶段和压缩阶段构成，此处的标记阶段和标记 – 清除算法的标记阶段一致，压缩阶段是指通过遍历堆，根据内存的碎片率重新填装活动对象的过程。

它的优点是不会产生内存碎片，可有效利用堆内存。

它的缺点是由于压缩阶段是一个扫描堆、移动活动对象的过程，所以该算法的吞吐量要比其他算法低。

4. 分代垃圾回收算法

分代垃圾回收算法根据对象的生命周期，把对象分为几代。针对不同的代，使用不同的垃圾回收算法。刚生成的对象称为新生代对象，经过几次垃圾回收达到一定"年龄"的对象称为老年代对象，即该类对象"晋升"（Promotion）到老年代空间，老年代对象一般很难变成垃圾，所以老年代空间执行垃圾回收的频率不高。

不分代场景：堆内存增长幅度超过一定阈值时触发，采用标记 - 清除算法，即 STW（Stop The World）模式。

分代场景：年轻代空闲内存不足时，触发年轻代垃圾回收，采用标记 - 复制算法，所有存活的年轻代对象全部转移到老年代空间，即 STW 模式；堆内存增长幅度超过一定阈值时，触发老年代垃圾回收，采用 CMS（Concurrent Mark Sweep，并发标记清理）算法。

分代垃圾回收算法需要结合基本的垃圾回收算法一起使用来提高算法的性能。

它的优点是相对于不分代垃圾回收，垃圾回收的吞吐量有明显改善。

它的缺点是不适合所有语言，有些程序中的对象生命周期比较长，对这样的程序使用分代垃圾回收算法，会导致年轻代垃圾回收时间变长且老年代垃圾回收频繁。

根据语言和设备特性，筛选、组合垃圾回收算法，可组成内存回收策略。

JavaScript 运行时对象通常是小且生命周期短的对象，所以使用分代垃圾回收算法。其中，年轻代空间采用垃圾回收提供的复制 - 回收算法并支持并行垃圾回收，垃圾回收的吞吐量和内存碎片率都有相对改善。

老年代空间采用标记 - 清除算法，在内存碎片率达到某一个阈值时则采用标记 - 压缩算法，并支持 CMS 算法，以降低垃圾回收的停顿时间。

轻量级设备的 RAM 和 ROM 都比较小，方舟编译运行时会根据设备的内存自动裁剪与垃圾回收相关的能力，例如复杂的垃圾回收算法（标记 - 压缩算法、复制 - 回收算法）会被裁剪。

富设备尤其是智能设备，应用程序对与用户交互的响应要求非常高，默认使能吞吐率高的垃圾回收器。对方舟编译运行时来说，需要让年轻代支持并行垃圾回收，让老年代支持并发压缩垃圾回收。

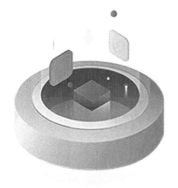

Chapter 10 / 第 10 章

分布式应用框架原理解析

应用框架负责管理应用程序，并提供对应用模型的抽象。对应用框架来说，一方面，它面向数以万计的开发者，承载了应用开发所需要的能力，它的设计的好坏直接影响应用开发效率；另一方面，它面向数以亿计的用户，它定义的形态直接影响用户交互方式，例如应用管理方式、运行任务管理方式等。可以说，应用框架是连接开发者和用户的桥梁。

10.1　应用框架管理

应用框架管理主要分为以下 3 个部分，如图 10-1 所示。

包管理：早期的操作系统通过二进制可执行文件来分发程序。但现代操作系统中的应用分发包更加高级，除了应用可执行内容之外，还包含应用本身的描述信息。这使得系统可以方便地对应用进行分发、安装、升级和卸载管理。

运行时管理：在应用运行时，应用框架要负责应用程序的进程管理、组件生命周期管理及事件通信管理。运行时管理极大地体现了操作系统与应用模型的差异。

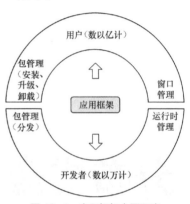

图 10-1　应用框架主要职责

窗口管理：窗口系统是用户直接可见的交互部分。目前，业界主流的窗口系统可以分为面向移动设备和面向桌面设备两类。但在 HarmonyOS 之前，尚无一个系统能同时支持这两大类设备。HarmonyOS 的窗口管理旨在支持各种类型的屏幕。

HarmonyOS 的诞生解决了 IoT 时代的人机交互问题。过去的十多年里，随着电子化、智能化技术的发展，人们拥有越来越多的设备。我们除了每天带在身上的手机，还有手腕上的智能手表、口袋里面的无线耳机、办公桌上的 PC 和背包里面的平板计算机。另外，家里还有智能电视、智能冰箱等。近几年，汽车也逐步变成一台跑在道路上的智能设备。

当我们每个人都拥有了多个设备之后，如果这么多的设备是彼此孤立的，那我们的使用体验一定很差。所以，这些设备要通过分布式管理方式形成一个整体。HarmonyOS 及 HarmonyOS 应用框架提供给开发者和用户的是将用户所有的设备连接在一起形成的一个超级终端。

由于应用框架与交互模型直接相关，HarmonyOS 分布式应用框架面临一个问题：多设备上的交互模型应该是什么样的？

10.1.1　设计意图

基于多年人机交互研究的分析，我们发现：在多设备的交互场景中，对用户来说，使用场景可以分为时间并行地同时使用多个设备，以及时间串行地相继使用多个设备。

当我们同时使用多个设备时，这些设备上的程序是并发运行的。除了并发性之外，交互模型还有两个重要的特点：协作性和互补性。协作性是指多个设备彼此交互以完成一项任务，例如设备之间的事件或者消息通知。互补性是指利用设备本身形态差异完成一项任务，例如，电视需要遥控器来配合使用，当我们在家里找不到电视遥控器的时候，如果手机可以变成遥控器，那么这时手机就是电视的能力补充。

当我们相继使用多个设备时，连续性和一致性就显得非常重要。连续性是指，当从一个设备转向另一个设备的时候，我们刚刚操作的状态应当继续保留，整个过程没有被中断。而一致性是指，当使用智能手表、手机、大屏等不同形态的设备时，它们的交互方式以及基础视觉元素应当是一致的，例如多指手势、控件的风格样式等应当一致。一致不代表同样，每种设备由于屏幕尺寸和形态不一样，对视觉元素还需要有针对性地进行自适应处理。

由此我们推导、归纳出，HarmonyOS 分布式应用框架需要提供两种基础操作，分别是多端协同与跨端迁移，如图 10-2 所示。

多端协同： 运行在多个物理设备上的软件彼此协作完成一项任务。

跨端迁移： 将一个软件实体从一台物理设备上转移到另一台设备上运行。

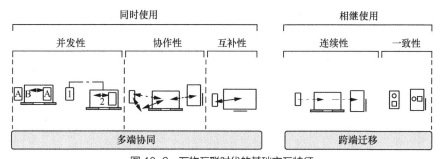

图 10-2　万物互联时代的基础交互特征

10.1.2 总体设计原则

应用框架涉及应用开发的方方面面，在设计过程中，各模块遵循以下设计原则。

与生俱来的分布式：HarmonyOS 是为了解决万物互联时代的交互问题而诞生的操作系统，所以其应用框架的设计必须以多设备、分布式思想为基础。这需要在系统底层考虑，每一个系统服务都要在其架构上进行分布式设计，提供给应用程序的接口也是天生具备分布式能力的。

博采众长，但不跟随：任何优秀的设计都会一定程度上借鉴和参考前人的设计。HarmonyOS 的设计自然也会借鉴和参考业界主流的系统方案，并进行充分的对比，取其精华、去其糟粕，然后根据实际业务需求设计最合适的方案。

若无必要，勿增实体："奥卡姆剃刀"原则对软件设计有着重大的启示意义。任何设计只有足够简单，才会足够好用。我们认为，多余的、复杂的设计并非我们想要的。

一生万物，万物归一：HarmonyOS 将在多种不同类型的设备上使用。如果每种设备都以不同的形态呈现给开发者，那应用开发将变得异常艰难。因此，设备之间的差异应当由系统来规避，封装好一致的接口和外部机制供开发者使用。系统服务的实现在多种形态设备上也会进行归一处理。

10.1.3 架构与组成概述

HarmonyOS 分布式应用框架的架构如图 10-3 所示。

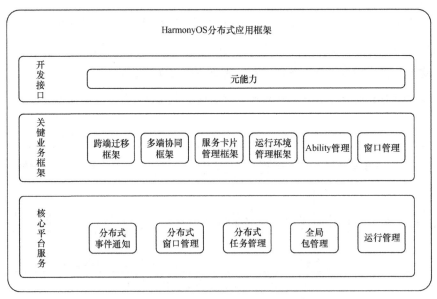

图 10-3 HarmonyOS 分布式应用框架

整个架构主要分为 3 层。最下面一层是核心平台服务。这些服务通常运行在与应用程序相互隔离的独立进程中。每个服务并非独立存在，而是在多个设备上的相同服务之间建立彼此的连接，例如在手机上的包管理服务和 PC 上的包管理服务之间建立连接。正如前文所说，它们都是天生具备分布式能力的。

应用框架的核心平台服务包括如下模块。

分布式事件通知：通知是指呈现给用户的异步消息事件，事件是指应用程序内部或不同应用程序之间彼此通信的消息。

分布式窗口管理：HarmonyOS 支持各种形态的设备，因此窗口管理需要提供多种窗口策略来满足不同产品形态的需求，又要向上提供统一的模型便于开发者使用。

分布式任务管理：HarmonyOS 支持跨设备的任务调度、跨端迁移与多端协同能力，这些能力都由该服务负责提供。

全局包管理：负责处理所有设备上的应用程序包。全局包管理为分布式任务管理以及各种分布式业务提供基础支撑。

运行管理：对 Ability 组件的运行进程、生命周期进行统一的调度和管理。

中间一层是关键业务框架，包括如下框架。

跨端迁移框架：使应用程序可以从一个设备转移到另一个设备，并且保留运行状态。

多端协同框架：提供应用程序在多个设备上彼此协作的能力。

服务卡片管理框架：提供服务卡片的运行环境以及运行状态管理。

运行环境管理框架：负责管理所有运行时的进程和组件，如对进程和组件进行生命周期的转换。

Ability 管理：为 Ability 的运行提供基础的运行环境支撑，包括 Ability 生命周期、系统环境监听、应用初始化等。

窗口管理：提供窗口管理和 Display 管理的基础能力。

最上面一层是提供给应用开发者使用的开发接口，我们统称为元能力。由于篇幅所限，下文选取应用框架中较为关键的几个模块进行详细描述。

10.2　Ability 管理

Ability 模型是系统对用户程序的抽象，它在很大程度上体现了操作系统在运行时管理上的差异。

10.2.1 设计理念

HarmonyOS 上的应用组件管理遵循以下设计理念。

天生分布式：Ability 是用户程序框架中最基本的抽象单元，是能够完成独立功能的应用组件。Ability 自带分布式回调接口，支持跨端迁移和多端协同。分布式能力与设备无关，设备对开发者透明。

极简模型：应用逻辑与 UI 解耦，应用程序提供的服务能力不与主界面绑定在一起。运行时管理模块处理设备类型差异，开发者使用统一的模型开发。

永久在线：Ability 在任意时刻启动，均可恢复到上一次运行时的状态。

自适应调度：根据 Ability 适用的设备，将 Ability 调度到合适的设备上运行。

可分可合：Ability 可以拆分成多个 Ability，独立运行在多个设备或多个屏幕上。多个设备上的 Ability 可以合并成一个 Ability 运行。

10.2.2 主要职责

早期的操作系统通过二进制可执行文件的方式管理应用程序。到了桌面操作系统时代，应用程序有了统一的 UI 框架与主入口。而移动终端操作系统可以提供多种不同的组件来完成不同类型的功能，通过回调函数来调用应用程序的实现代码。

HarmonyOS 希望简化组件模型，因此我们定义 Ability 为唯一的基础组件，并将其作为开发者编程入口。

Ability 即"能力"，它代表应用对系统资源的抽象，是应用运行的容器。开发者可以通过 Ability 完成独立的业务单元，并将其部署到不同的设备上，HarmonyOS 对 Ability 进行统一的生命周期调度和管理。

Ability 模型在 HarmonyOS 的所有设备上都是统一的，应用开发者可以灵活地在一个 Ability 中提供多种交互方式，使其在不同的设备上均可运行和交互。

例如，提供音乐播放的 Ability，可采用语音交互、触控交互和按键交互等多种方式，那么它既可以运行在手持有屏设备的前台以加载丰富的 UI，为用户提供语音和触控并行的播放控制，也可以单独通过语音交互控制音乐播放，并在后台长时间运行。当这个 Ability 运行在智慧屏上时，则可以通过语音或遥控器进行播放控制；当这个 Ability 运行在无屏设备（如音箱）上时，同样可以使用语音交互来完成播放控制。

在 Ability 的模型中，Ability 可以独立运行，也可以根据需要加载或移除 UI（即用户可见、可交互的窗口和界面）。UI 的布局数据和在 UI 上呈现的应用状态数据，都由 Ability 持有，并被管理；在移除 UI 之后，Ability 可以根据这些数据重新构建和恢复运行状态。所以，Ability 与 UI 是可以分离的，且这种分离不影响 Ability 自身的独立运行。

仍以音乐播放为例，当音乐播放进程从前台切换到后台或迁移到一个无屏设备上时，会自动移除 UI，释放与之相关的系统显示资源，但是 Ability 本身仍然可以继续运行；当切换回前台或迁移到有屏设备上时，可以重新加载 UI。

Ability 在运行过程中，需要通过运行上下文来获取当前设备的运行环境，包括系统服务是否可达、设备硬件支持情况（如是否有屏幕，屏幕分辨率和大小，是否支持摄像头等）、设备当前的系统设置（如主题、字体影响 UI 的设置等）。在 HarmonyOS 中，提供运行上下文的 Context 类接口和实现，为应用提供资源访问、服务访问及系统运行环境状态获取的支持。

以下是对 Ability 的几点说明。

• 每个 Ability 是一个独立的业务实体，能够满足一个完整的用户需求。

• Ability 支持应用完成不同类型的任务。例如，一个应用可以有播放音乐的 Ability，也可以有播放 MV 的 Ability、针对音乐评论和分享的 Ability 等，它们可以独立为用户提供服务，也可以相互配合。

• Ability 支持多实例，当一个 Ability 被其他不同 Ability 调用时，可以以不同的实例运行。联系人 Ability 可以调用通话 Ability 拨打电话，聊天 Ability 也可以调用通话 Ability 进行视频通话。

• 在同一个应用里，不同的 Ability 会运行在同一个进程内。这样开发者不用关心进程的分配，也可以避免滥用系统资源。每个 Ability 有独立的线程池，其中包括一个主线程；应用的并行任务可以通过多线程及异步任务队列来实现，互不干扰。

• Ability 模型是唯一的组件，它拥有统一的生命周期，有创建、启动、停止和销毁这 4 种状态。UI 的生命周期独立于 Ability 的生命周期，有激活、去激活、后台这 3 种状态。仅在 UI 进入后台时，Ability 才能进入停止状态。应用的生命周期及其 Ability 有相同的状态，并受应用内所有 Ability 整体状态的影响，仅当所有 Ability 销毁后，应用才能进入停止状态，如图 10-4 所示。

• Ability 必须通过显式的原因启动，并在长时间无调用时回收资源。

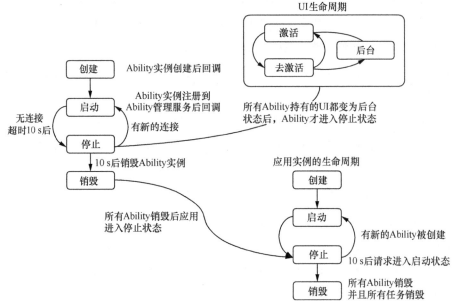

图 10-4 应用生命周期状态

10.2.3 详细描述

Ability 组件包含如下能力。

- 生命周期回调，包括 Ability 的创建、启动、获取焦点、失去焦点、停止和销毁。

- 应用上下文，包括应用资源的获取和系统服务访问。

- 迁移和协同，包括迁移的启动和结束回调，协同的启动和停止，协同通信通道的建立、生命周期的感知。

- 环境差异感知，设备状态获取和变化的回调通知。

- 状态保存和恢复，包括 UI 状态和应用状态数据的保存和本设备及跨设备的恢复。

- UI 交互，包括对 UI 的加载和移除。

- 数据访问，包括对应用内数据的读写、公共存储空间的访问及分布式数据的读写。

接下来，我们看一下这些能力是如何支撑设计目标的。

1. 天生分布式

HarmonyOS 作为分布式操作系统，和传统单设备操作系统的差别在于 HarmonyOS 要解决的是跨越多个设备的交互体验问题。例如，当在手机上接通一个视频电话时，视频画面和声音都来自手机；当附近存在电视和音箱设备时，视频通话的画面可以流转到电视上，声音则可以流转到音箱上。Ability 的目的就是促进分布式能力的实现，当一个应用被调用时，它可以分为多个部分，在不同的设备上运行。

Ability 类包含跨端迁移的回调接口。跨端迁移包括启动迁移、数据迁移和迁移完成等阶段。所有类型的 Ability，无论是运行有 UI 交互的任务，还是运行无 UI 交互的任务，都可以支持跨端迁移。当然，运行有 UI 交互的任务的 Ability 往无屏设备上迁移时，会自动移除 UI 交互的逻辑，进而运行无 UI 交互的任务。跨端迁移仅限于同一个应用的同一个 Ability，在不同设备上运行的是不同的实例。

由于分布式特性是 HarmonyOS 区别于其他操作系统的典型特征，因此我们将在 10.5 节中详细描述这部分内容。

2. 极简模型

Ability 承载了 HarmonyOS 的应用模型，所有 HarmonyOS 应用和 HarmonyOS 服务都是基于此开发的。HarmonyOS 设计了统一的模型来支撑不同的业务。Ability 通过接口提供各种业务场景需要的能力。下面以 UI 交互、后台运行和数据访问为例进行说明。

（1）UI 交互

当应用需要运行 UI 交互时，在 Ability 启动后可以即时创建 UI 交互的任务，在任务中调用窗口管理服务创建窗口对象，并通过 UI 框架在窗口中加载 UI 控件。

当应用需要移除 UI 交互时（UI 任务进入后台或运行在无屏设备上时），在 Ability 中可以主动销毁 UI 交互的任务及其所属的窗口对象。

（2）后台运行

当应用需要在后台运行时，系统默认仅支持 Ability 短时间运行来保存应用状态，之后将会暂停或结束应用。

当 Ability 确实需要在后台完成长时间业务时，需要向系统申请长时任务。长时任务通过后台运行应用通知提醒用户。从整个系统的功耗考虑，应用开发者应该在合理的范围内申请长时任务。

（3）数据访问

从数据安全的角度考虑，在 HarmonyOS 中，应用之间不能直接通过接口共享数据。系统提供了专门的数据共享框架。Ability 在访问应用自身数据时，通过分布式数据服务接口可以读写应用的本地数据和分布式数据。当 Ability 发生迁移时，Ability 只需要将应用状态保存在分布式数据中，即可在迁移后直接通过相同的 URI（Uniform Resource Identifier，统一资源标识符）进行访问，不需要关闭数据和文件，保证迁移的连续性。当 Ability 之间协同时，也可以通过分布式数据即时同步与协同相关的数据，保证体验的一致性。

3. 永久在线

Ability 运行过程中，无论是位于后台并被系统回收之后再次回到前台，还是迁移到其他设备上运行，都可以恢复原先的运行状态，称为永久在线。

当任务迁移时，系统会保存任务的栈关系等系统数据，并同步到目标设备上，应用则需要把应用状态数据同步到分布式数据或分布式文件中，任务迁移后在目标设备上恢复系统栈关系数据，并在 Ability 启动时加载分布式数据或分布式文件实现状态的恢复。

4. 自适应调度

当用户产生某个意图时，系统根据 Ability 适用的设备（开发者标识的或系统智能识别的设备），选择并加载合适设备上的 Ability，称为自适应调度。

在很多情况下，用户只是想使用应用程序完成服务，他们并不关心应用程序运行在哪个物理设备上。当用户有了多个设备，且组成超级终端之后，这一切就会变得很有价值。例如，当我们在运动手表上点击一个应用程序时，由于运动手表的计算能力和网络连接能力有限，应用程序可能无法满足用户的需求。但是，如果用户身边还有手机，并且它们组成了超级终端，那么我们就可以在运动手表上显示交互界面，而将计算部分放到手机上运行。我们希望这一调度过程对开发者而言是透明的，即开发者不感知应用程序运行在同一个物理设备还是多个物理设备上。

5. 可分可合

在传统操作系统上，开发者在开发应用程序时就确定了哪些界面是运行在同一个窗口中的。这是因为这些应用程序支持的设备屏幕形态是较为确定的。但是 HarmonyOS 要面向各种尺寸（从智能手表到大尺寸电视）、各种类型（圆形、方形等）的屏幕，因此需要具备在运行时根据界面内容组合窗口的能力。HarmonyOS 的应用开发者只需要编写应用程序的界面内容即可，绝大部分情况下，不用关心窗口。

我们希望 HarmonyOS 不仅要屏蔽单个设备的屏幕差异，还要打破设备的物理边界，将多个设备的屏幕组合成一个屏幕来使用。因此，HarmonyOS 提供了一种利用设备之间的位置关系来扩展显示能力的机制：在 Ability 中提供多个独立片段页面；系统利用空间感知服务能力触发 Ability 的分合；当感知到多个设备以特定方位靠近时，系统将 Ability 的独立片段页面拆分并转换成多个 Ability；Ability 可以通过迁移接口运行在其他设备上，并通过协同接口进行相互协同；这些拆分的 Ability 在空间感知到设备断开或远离时可以重新合并为原始的 Ability，并在源设备上继续运行。

10.3　窗口管理

10.3.1　设计理念

在 HarmonyOS 应用框架中，窗口管理基于以下理念进行设计。

1. 多设备窗口能力归一

HarmonyOS 支持各种形态的设备。由于不同形态的设备的屏幕大小、操作方式、使用场景存在差异，系统的界面和交互设计也有所不同。窗口模块需要提供多种策略，满足不同形态设备的使用场景，但不同设备的窗口模块仍基于统一的设计理念和一套基础能力，提供不同的策略供不同形态的设备选用。

2. 窗口管理与组件管理解耦

HarmonyOS 中的 Ability 组件与窗口能力并不绑定，而是通过组合的方式加载：一个 Ability 可以通过加载与窗口相关的类实现界面显示能力。因此，窗口管理和组件管理在设计时就进行解耦，以组合的方式完成应用框架功能。

3. 界面优先响应

窗口界面交互是系统交互中的重要部分。在 HarmonyOS 中，在窗口启动、退至后台、切换时，窗口系统会优先处理与 UI 更新相关的必要逻辑，而将系统的处理与窗口动效并行执行，使系统更加流畅。

4. 分布式能力

在 HarmonyOS 中，Display 是全局概念，不同 Display 可以映射在超级终端的不同屏幕上，而窗口在 HarmonyOS 中也可以设计为在任一 Display 上显示。HarmonyOS 中的窗口可以跨屏幕、跨设备迁移。窗口被迁移至对应 Display 上后，支持在该 Display 上进行最小化、恢复、最大化、关闭、进入分屏模式等操作。

在 HarmonyOS 中，应用程序具备一个或多个窗口，HarmonyOS 的窗口框架具备跨设备的分布式能力，这使得每个窗口都可以在任意合适的 Display 上显示，也可以在超级终端的不同 Display 间迁移。

10.3.2 主要职责

窗口管理的作用是提供一种机制，让多个应用界面复用同一个屏幕进行显示，以便应用于用户交互。每个应用程序只需要提供相应显示区域内的交互界面，把窗口作为应用界面的显示容器，而窗口系统负责将这些交互界面组织成用户最终见到的形态。

在 HarmonyOS 应用框架中，窗口模块的主要职责如下。

1. 提供应用和系统显示界面的窗口对象

为了将图形界面显示在屏幕上，应用和系统需要向窗口模块申请窗口对象，这通常代表屏幕上的一块矩形区域，具有位置、宽高和叠加层次（z 轴高度）属性。同时，窗口对象也负责加载界面中 UI 框架的根节点，应用程序的 UI 就通过这个根节点在窗口中加载显示，如图 10-5 所示。

图 10-5　应用窗口

2. 组织不同窗口的显示关系

窗口模块维护了不同窗口间的叠加层次、位置属性。应用和系统的窗口有多种类型，不同类型的窗口具有不同的叠加层次。同时，用户的操作也可以改变用户窗口的叠加层次。例如，通过点击或触摸操作，用户可以将某个窗口在 UI 的最前台展示。窗口模块负责给不同类型的窗口定义默认的层次范围，并根据用户操作更新窗口层次。

窗口模块也负责维护窗口的位置属性，不同类型的窗口有不同的默认显示位置和大小。例如，导航栏、音量条、壁纸等系统窗口均有自己固定的显示位置和大小，而应用窗口的显示位置和大小则可以根据窗口显示模式和用户操作在一定范围内进行调整。窗口模块指定了不同类型的窗口的默认显示位置和大小，并根据应用对窗口显示位置和大小的偏好设定进行实际调整。

3. 提供窗口装饰

窗口装饰指窗口标题栏和窗口边框。窗口标题栏通常包括窗口最大化、最小化及关闭按钮等界面元素，具有默认的点击行为，方便用户进行操作；窗口边框则用于用户对窗口进行拖曳、缩放等操作。窗口装饰是系统的默认设置，开发者可选择启用 / 禁用，无须关注 UI 代码层面的实现。

4. 提供窗口动效

在窗口显示、隐藏，以及窗口间切换时，通常会使用一组动效使整个交互过程更加连贯、流畅。窗口模块负责操作窗口，完成动效。窗口模块提供默认的动效，允许应用对某些动效进行偏好设置。

5. 分发输入事件

输入事件通常可以分为指向性输入事件（如触摸事件、鼠标事件）和非指向性输入事件（如按键）。指向性输入事件通常与显示屏的某个坐标关联，当事件分发时，需要根据当前窗口模块的状态，将事件分发给在这个位置显示的窗口。非指向性输入事件的分发通常与当前的焦点窗口有关，如图 10-6 所示。

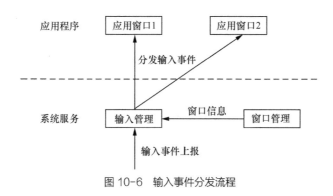

图 10-6 输入事件分发流程

6. 组织窗口内容的最终显示

应用输出的显示内容，最终会被组合成一幅显示画面输出到显示硬件，而窗口模块负责向显示模块提供每个显示内容的位置、大小、叠加层次等属性，使每个窗口界面被正确组合，如图 10-7 所示。

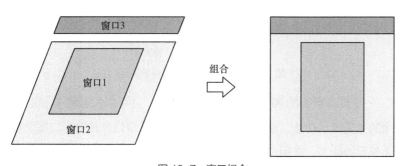

图 10-7 窗口组合

除了窗口管理外，窗口模块还负责显示设备的管理。

7. 提供显示设备信息

显示设备信息通常包含显示设备的像素宽度、像素高度、物理尺寸、横竖屏方向、像素密度、状态等。窗口模块将这些信息封装成显示设备的对象抽象，应用可以从这个对象抽象中获取自己需要的信息。

8. 提供显示设备的创建与销毁能力

外接屏幕的插入和拔出会导致显示设备的数量发生变化，窗口模块需要根据外接屏幕的物理信息更新显示设备的对象抽象信息，通过这种方式为应用提供屏幕的插入和拔出事件。还有一类特殊的显示设备是虚拟屏幕，虚拟屏幕通常是由应用创建的虚拟显示设备，其作用是以数据流的方式获取并输出这个设备上的显示内容。虚拟屏幕主要用于屏幕录制和屏幕投射场景。

9. 组织不同显示设备之间的关系

当设备中存在超过一个显示设备（无论是物理设备还是虚拟设备）时，就需要组织不同显示设备之间的关系。常见的多显示设备之间的关系包含多屏镜像、屏幕扩展等。

10.3.3 详细描述

1. 窗口与 Ability 的关系

Ability 是应用框架为开发者提供的应用能力抽象单位。在 HarmonyOS 中，Ability 是应用的编程对象。Ability 通过组合在应用进程的窗口对象中实现显示能力。

Ability 组合窗口在具备显示能力的 Ability 组件中，集成了窗口对象，如图 10-8 所示。

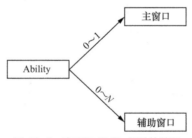

图 10-8　窗口和 Ability 组件的关系

通常，一个具有界面的 Ability 中有一个主窗口，并可以加载多个辅助窗口。主窗口提供应用的主要显示功能，是 Ability 界面的默认显示窗口，辅助窗口提供悬浮于应用主界面之上显示的能力。在用户授予权限的情况下，辅助窗口也可以在主窗口退至后台后仍然在屏幕最前台显示。

2. 窗口类型与显示模式

（1）窗口类型

HarmonyOS 的窗口模块将窗口分为系统窗口和应用窗口两种基本类型。

系统窗口：系统窗口指完成系统特定功能的窗口，如音量条、壁纸、通知栏、状态栏、导航栏等。

应用窗口：应用窗口指用来展示应用内容的窗口。根据显示内容的不同，应用窗口又分为应用主窗口、应用子窗口两种类型。应用主窗口用于显示应用界面，会在任务管理界面中显示。应用子窗口用于显示应用的弹窗、悬浮窗等辅助窗口，不会在任务管理界面显示。

窗口不同的显示层级使用不同的窗口类型进行区分，不同的窗口类型具有不同的默认叠加层次，这是为了让系统界面能正确显示。例如，音量条的叠加层次应该始终高于应用窗口，保证其不被应用显示内容遮挡，而壁纸的叠加层次应该始终低于应用窗口。

（2）应用窗口显示模式

应用窗口具有不同的窗口显示模式，以展示窗口的不同形态。

● 全屏窗口是移动设备的常用形态。默认情况下，只有一个前台应用窗口，当前台应用切换，或者应用退至后台时，窗口即被销毁，这样有利于减少功耗和内存占用。

● 分屏窗口也是一种常见的窗口显示模式，即多个应用在屏幕上按照比例分割屏幕显示。分屏窗口之间具有分界线，可通过拖曳分界线调整不同窗口的尺寸。

● 自由窗口是办公场景和 PC 中常见的窗口显示模式，它允许用户拖曳窗口和修改窗口的尺寸。这种显示模式有更加灵活的使用场景和同时展示更多应用窗口的能力。

对于系统窗口，可以在不同设备上设置不同的窗口尺寸和位置。而对于应用窗口，不同设备上支持的显示模式也会有所区别，例如，在智能手表上，应用窗口仅支持全屏窗口，而在 PC 上，应用窗口则以自由窗口为主。在不同的设备上打开应用窗口时，会有不同的默认显示模式，而应用打开时，也可以指定窗口的默认显示模式，如图 10-9 所示。

图 10-9　应用窗口模式

3. 分布式窗口管理服务

分布式窗口管理服务将不同设备的屏幕统一抽象为全局的逻辑 Display，在启动应用程序时，将窗口映射至任意 Display 上，实现窗口跨设备迁移显示。窗口完成迁移后，该服务支持用户在 Display 上像操作本地应用程序一样对该窗口进行操作，例如窗口切换、最小化与最大化及关闭。

（1）逻辑 Display

分布式窗口管理服务将屏幕统一抽象为逻辑 Display。在设备屏幕接入超级终端时，将默认为其创建一个对应的逻辑 Display。分布式窗口管理服务也允许用户程序直接创建一个逻辑 Display，以待后续绑定到具体的屏幕上。

应用程序启动时可以指定启动某一逻辑 Display，如果该逻辑 Display 被本地设备绑定，为应用程序创建的窗口将会在本地设备上显示，如果该逻辑 Display 被其他设备绑定，分布式窗口管理服务将在目标设备上创建窗口，并将应用程序的显示内容映射至目标设备上显示。要启动在某一逻辑 Display 上的应用程序窗口，也可以通过窗口迁移功能将该窗口迁移至其他设备所绑定的逻辑 Display 上，从而实现应用程序窗口在目标设备上的显示与操作，如图 10-10 所示。

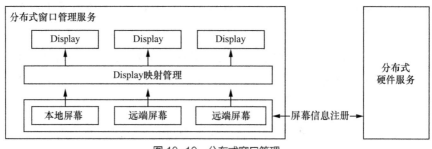

图 10-10　分布式窗口管理

（2）分布式窗口同步

窗口迁移过程中，分布式窗口管理服务需要获取目标设备的逻辑 Display 显示参数，完成适应目标设备显示效果的窗口创建。对应用程序而言，窗口的属性（如窗口大小、屏幕方向、显示密度等）会因为逻辑 Display 变化而变化，应用程序的内容显示效果也将随之改变。

窗口迁移后，目标设备上的输入管理服务将输入事件分发至窗口时，分布式窗口管理服务负责将输入事件跨设备传递至源设备的应用程序进行响应。同时，在目标设备应用程序窗口的生命周期切换及窗口属性变化（如应用程序窗口的前后台切换、横竖屏旋转）时，将生命周期切换成窗口属性变化事件与源设备进行同步，如图 10-11 所示。

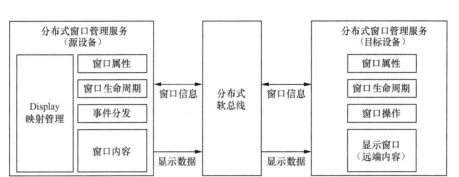

图 10-11　分布式窗口同步

10.4　全局包管理

10.4.1　设计理念

HarmonyOS 上的应用不再局限于单台设备。与传统的操作系统不同，HarmonyOS 上的包管理，需要处理整个超级终端上所有设备的包信息，即 HarmonyOS 采用全局包管理。

1. 一种格式，适配所有平台

应用包包含应用分发需要的所有信息，既包含开发者开发的应用实体，也包含相关的描述信息。

HarmonyOS 生态中包含多种不同类型的设备。这些设备无论是存储能力还是计算能力，都可能相差很多个数量级。但为了给开发者提供一个简单的、一致的模型，HarmonyOS 设计了统一的包格式，它适用于从 KB 级别到 GB 级别，甚至 TB 级别的设备。

2. 差分更新，快速迭代

在应用被首次安装之后，后期的大部分版本更新都只进行少量改动。在这种情况下，完全不用重新下载完整的应用包。系统提供的差分更新可以让应用程序的最新版本更快地触达用户。

3. 分布式业务基础设施

事实上，不仅开发者需要包管理，系统的内部实现也一样需要，尤其是分布式业务。

10.4.2　主要职责

包管理的主要职责如下。

包格式及描述信息定义：包格式约定了应用程序在上架和安装时，应用包中包含的文件该如何处理。描述信息定义了开发者该以什么样的形式描述自己的应用程序。

安装、更新与卸载：安装、更新与卸载是应用包的 3 种基本操作。几乎所有现代操作系统都提供这些操作。在进行这些操作时，系统往往还要通过事件通知其他模块。

描述信息查询：很多模块常常需要获取系统中安装包的信息，例如，桌面需要获取所有安装应用的图标和名称，系统设置需要根据应用列表来管理存储空间及权限。

分布式相关处理：与其他操作系统不一样的是，HarmonyOS 上的包管理需要处理分布式环境下的业务，包含上述 3 个职责。例如，当一个应用程序在手机上安装时，其所属的超级终端中的其他设备也需要知道这个信息，并且有可能跨设备进行应用的存储空间和权限管理。

10.4.3　详细描述

本节介绍包管理中最关键的几个概念。

1. AppId 与 Access Token

AppId 是应用身份的唯一标识，为了支持 HarmonyOS 应用的跨设备迁移和协同能力，系统通过 AppId 来区分是否为同一应用。在传统终端操作系统中，要求单设备内 AppId 保持唯一，通常使用包名作为 AppId，在一个开放型系统中，如果没有一个统一的地方对 AppId 进行管控，应用很容易被仿冒。在新一代终端操作系统中，要求在多设备场景下 AppId 全局唯一，即使跨设备，也保持唯一。HarmonyOS 为了推动生态的健康发展，避免恶意应用泛滥，必须在源头上对应用的上架和分发进行管控。所以 HarmonyOS 使用"包名 + 签名"作为应用的唯一标识。这个唯一标识在应用市场中统一维护，并且支持多厂商扩展。

仅在多个设备上标识同一个应用程序还不够。在 HarmonyOS 上，用户对应用程序的使用场景非常复杂，例如，用户有由多个设备组成的超级终端，但是即便是每个设备上的同一个应用，用户对其授予的权限也可能是不一样的。除此之外，一个系统中可能同时包含多个用户，用户可能还会使用应用的"分身"功能。为了能够支持各种复杂场景，HarmonyOS 使用一种更加复杂的结构来描述应用程序，称为 Access Token。

Access Token 包含的信息是 AppId 的超集，包含设备标识、用户 ID、应用分身索引、安全等级等一系列信息。

2. HarmonyOS 应用与原子化服务

HarmonyOS 上的应用程序可以分为两大类。一类是普通的应用程序，它们通过应用商店下载和安装，并在桌面上留有图标。很多中大型应用都属于这一类。这也是智能手机系统用户最为熟悉的应用程序。

除此之外，HarmonyOS 还提供了一类更为轻量的应用程序，称为"原子化服务（元服务）"。原子化服务正如其名称描述的那样，可以独立完成一项业务，但是由于其非常轻量，用户不需要主动安装这类应用（免安装），在服务中心中点击这类应用即可直接使用。

除了免安装之外，用户自然也不需要关心原子化服务的卸载。原子化服务的卸载称为"老化"，在 10.4.5 小节，我们将专门介绍这方面的内容。

3. 二次打包与精准分发

对于传统操作系统上的应用开发，开发者最终打包的产物和用户下载的软件是一致的。但是在 HarmonyOS 上，这么做将会变得不合适。这是因为 HarmonyOS 设备形态（例如存储容量）差异太大，智能手机的应用分发产物不会完整分发到运动手表上。

因此，对 HarmonyOS 应用开发者来说，其打包上架的只是一个中间产物。在应用上架之后，在云侧将进行拆包，然后进行二次打包。二次打包会考虑设备类型、屏幕形态、国际化语言等方面的因素。这样，每个设备只需要下载特定产物即可，这称为精准分发。

HarmonyOS 正是基于上述机制，实现了"一次开发，多端部署"，如图 10-12 所示。

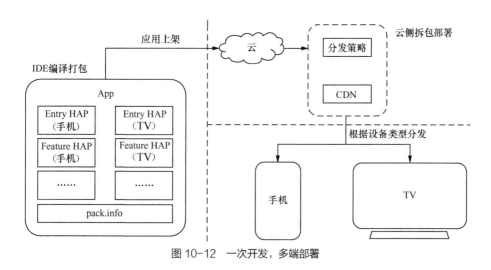

图 10-12　一次开发，多端部署

4. HAP 的分类及包含的内容

在 HarmonyOS 应用中，Ability 是最小的调度单元。一个功能常常需要一组 Ability 来完成，所以 HarmonyOS 使用 HAP 把多个 Ability 打包到一起进行分发和部署。HarmonyOS 应用和原子化服务都采用 HAP 作为基本分发和部署单元。

对 HarmonyOS 应用来说，HAP 分为 Entry 和 Feature 两种。Entry 正如其名，它是应用的入口，因此其中一定会包含桌面图标等信息。在特定类型的设备上，只能有一个 Entry。Feature 是应用程序的扩展，每个 HarmonyOS 应用可以没有、有 1 个或多个 Feature。

HAP 中包含可执行代码、资源文件、运行期加载的库文件和描述信息文件等。

5. 兼容性

任何软件系统都需要考虑兼容性问题。对应用包来说，兼容性问题包括以下 3 个方面。

应用在系统上运行的兼容性：一般通过 API level 解决，即系统每次发布并递增 API level，表示 API 发生变化。应用通过声明可运行的最小 API level 和目标 API level，指定它可运行的系统。

不同设备的系统之间的兼容性：在跨设备场景中，不同设备的系统之间需要有兼容性机制。底层的设备发现和数据通道的建立有协商机制，以保证数据格式的兼容性。数据通道之上的各种系统服务也有相应的协商机制，以保证接口调用的兼容性。

不同设备上的应用之间的兼容性：从应用层面看，在跨设备场景中，同一应用在不同版本之间进行业务协同时，面临应用接口不兼容的问题。系统需要提供相关的查询机制，帮助应用开发者解决此类场景下的兼容性问题。

10.4.4 HAP 管理

如前文所述，HarmonyOS 的包管理服务提供了应用安装、卸载、升级能力，并支持查询已安装应用的信息。基于 HarmonyOS 分布式系统的特点，在设备内安装的应用的信息，通过分布式数据库存储，使超级终端内的各个设备节点都能够获得超级终端内安装的应用信息。应用信息通过配置文件声明，打包到安装包内。安装更新时解析应用信息。

1. 包描述信息

包管理服务使用统一的结构管理 HarmonyOS 应用和原子化服务。系统中已安装应用的列表包含如下信息。

ApplicationInfo：描述一个 HarmonyOS 应用或原子化服务。

ModuleInfo：描述一个 Module 的信息。一个 HarmonyOS 应用可以包含多个 Module。一个原子化服务只包含一个 Module。

AbilityInfo：描述一个 Ability 组件的信息。一个 Module 可以包含多个 Ability。

FormInfo：描述一张卡片信息。一个 Module 可以包含多张卡片。

2. 工具链

包管理涉及 HarmonyOS 整体架构中的多个模块。为了统一管理，系统提供包管理工具链，涵盖打包模块和解包模块等功能。

打包模块：负责把与应用相关的代码、资源和配置文件等打包成分发文件。

解包模块：负责把分发文件拆分为原始代码、资源文件，并负责对包描述文件进行解析。

云侧二次打包就是利用包管理工具链来完成相应处理。同时，这些工具链也可以在开发阶段供应用开发者使用，以便验证分发产物。

（1）安装 / 卸载

应用市场提供整包安装的功能，用户可以通过应用市场安装完整的 HarmonyOS 应用。

服务分发中心提供原子化服务免安装的功能。当用户点击服务中心的卡片时，原子化服务会被静默安装到系统中。应用安装结束后，会发出安装完成的 HarmonyOS 事件，系统中的相关模块会监听该事件，在事件回调中处理相关业务。

HarmonyOS 应用安装后，可在桌面上看到图标，也可在设置的 HarmonyOS 应用列表中看到。原子化服务安装后，桌面上不会出现图标，但在设置的原子化服务列表中会出现。

应用卸载时，会从包安装信息中移除该应用，从代码目录移除应用的程序资源，从用户数据区删除用户数据。卸载结束后会发送卸载事件。

为了简化理解，这里描述的逻辑仅体现了单设备的流程。事实上，当多个设备组成超级终端，超级终端内所有设备之间的包管理彼此之间会同步这些信息，以维持全局的一致状态。

（2）代理安装

当需要将应用安装到一个没有网络连接的设备（如只有蓝牙的可穿戴设备或其他 IoT 设备）上时，由于这类设备没有独立下载安装包的能力，需要超级终端内其他有下载能力的设备帮其下载应用，再通过短距离无线传输技术传输到目标设备上进行安装。当应用指定目标设备和待安装应用后，系统获取设备的类型，如果目标设备没有下载能力，则进行代理安装，即先从本端设备的服务中心下载指定包，并将其传输到对端设备上进行安装。

代理安装的应用场景包括可穿戴设备安装应用、其他 IoT 设备安装应用等。

包管理提供将指定应用安装到指定设备的能力。由应用指定所要安装的目标应用或免安装 Ability，再指定目标设备，包管理将负责把该应用或免安装 Ability 安装到目标设备上，如图 10-13 所示。

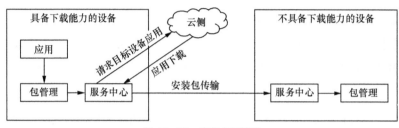

图 10-13　分布式包管理

10.4.5　原子化服务的免安装及老化

原子化服务是一种面向未来的服务提供方式，具有独立入口的、免安装的、即用即走的、可为用户提供一个或多个便捷服务的应用程序形态。

1. 免安装

用户在使用原子化服务时，如果服务未安装，将由系统自动下载安装，安装后即可打开该服务。对用户来说，免安装可达到即点即用的效果。免安装使用户在设备上部署应用更加快速，用户无须跳转到传统的应用分发市场、搜索并下载目标应用等，简化了用户的使用过程。

下面是一些典型的免安装场景。

随处可及： 支持服务中心、碰一碰、扫一扫等众多入口。

跨设备迁移： 导航服务从手机流转到车载智慧屏继续导航。

跨设备协同： 手机作为体感输入设备，配合大屏显示完成分布式体感游戏。

跨设备分享： 用户分享服务卡片消息给好友，好友确认后打开分享的服务。

仅在单个设备上的免安装可能并没有什么特别的，但是，当用户的多个设备组成超级终端之后，有了免安装能力，用户跨设备使用同一个应用时，将具有极大的便利性。这是 1 与 N 的区别。

免安装带来的好处还不只是跨设备。对开发者来说，有了免安装，更新版本的原子化服务在上架之后就可以直接触达用户。这将极大地减少开发者推广和维护的工作量。

2. 老化

如果不断地进行免安装而不进行清理的话，再大的存储空间也会被占满。因此免安装的原子化服务还需要伴随清理操作，这称为"老化"。

所谓老化就是，系统会在合适的时机卸载特定原子化服务包，确保占用空间不会无限增加。如果清理之后，系统空间能够满足留存阈值，系统则会停止清理。

图 10-14 所示是一个老化流程。

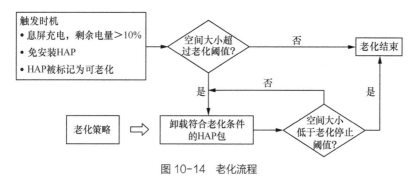

图 10-14　老化流程

系统在进行老化操作时，会使用原子化服务信息，即所占存储空间大小、用户使用频度、用户最近使用时间等。

虽然原子化服务会被老化，但用户的入口会保留。例如已添加到桌面上的卡片，在服务中心收藏的卡片会被保留，当用户再次使用这些卡片时，卡片所属的应用包会通过免安装的方式重新安装，这样用户可以立即使用开发者提供的服务。

无论是免安装还是老化，都是系统自动完成的操作。这两个操作相结合，减少了HarmonyOS 用户对系统存储空间的管理。同时，这样的机制也确保开发者开发的原子化服务更容易触达用户。

10.5　跨端迁移框架

跨端迁移是 HarmonyOS 提供的典型分布式操作。它使得应用程序的运行不再局限在单个物理设备上。

10.5.1　设计理念

跨端迁移是指将一个软件实体从一台设备转移到另一台设备上运行。借助跨端迁移能力，应用或原子化服务可以自由地在多个设备之间流转，为用户带来无缝的用户体验，也会为开发者带来更多入口和流量。

1. 有屏设备，全局拉通

HarmonyOS 支持多种形态的设备。对于不同的设备，其屏幕大小、操作方式、系统的界面和交互设计也有所不同，任务管理提供了一套统一的任务描述和存储格式，使得各形态设备上的任务相互兼容、相互可见、相互可操作。通过有屏设备，任何一个设备都可以看到超级终端内所有其他设备上的任务列表。

2. 交互便捷，推拉自如

系统提供的任务交互方式（如交互入口）支持从本地把任务推送到远端设备上运行，也支持把远端任务拉到本地运行，使任务能在设备之间自由流转。

10.5.2　主要职责

任务是操作系统提供给用户的一种抽象。它使用户可以方便地管理正在运行中的应用程序。

任务管理的发展可分为 3 个时代。在早期的操作系统时代中，任务和进程是"近似的"。每个进程包含一项相对独立的任务。到了图形界面时代，桌面操作系统中应用的主窗口常常对应一个任务，用户将窗口关闭意味着任务的结束。系统也会提供快捷键以在多个任务（窗口）之间切换。到了移动终端操作系统时代，任务与应用程序相关。在有些系统上，每个运行中的应用是一个独立任务。在另外一些系统上，多个运行中的应用可以组合成一个任务。

而 HarmonyOS 上的任务管理开启了一个全新的时代，因为任务不再局限在单个设备上。它们可以在组成超级终端中的设备之间自由流转。

为了支持跨端迁移，分布式任务管理服务需要完成以下职责：统一的任务描述格式，以支持所有不同类型设备；在所有设备之间进行任务列表同步（包括条目的添加、删除和变化）；任务状态的保存与传递。

10.5.3　详细描述

1. 本地任务管理

当用户点击应用图标时，与该应用关联的任务就会转到前台运行，如果不存在该应用任务，则会创建一个新的任务。

为了管理运行中的任务，系统会通过任务描述结构描述任务的状态。任务描述结构包含以下信息：任务的唯一 ID、任务所属的应用程序、任务界面缩略图等。

在任务中心中可以查看最近任务列表，还可以进行任务切换。

为了提供给用户较好的用户体验，会对任务列表进行持久化操作，即便用户重启了设备，也能看到过往的任务列表。

2. 分布式任务管理

在分布式环境下，在组成超级终端的多个设备之间，分布式任务管理服务需要彼此之间同步任务列表信息。

数据同步需要先确定设备列表，这需要借助设备管理服务完成。每个设备负责管理自身的本地任务，分布式任务管理服务通过遍历设备列表进行全局任务更新。

需要注意的是，每个设备上的任务列表都可能时刻变动，例如用户可能随时启动或删除一个任务。而如果实时同步所有的变化，则可能导致设备的功耗增大。

因此，分布式业务需要在任务的实时性和功耗上寻求平衡。

3. 任务迁移

在多设备互联的生态系统中，当用户拥有多个物理设备之后，由于用户活动范围变更，具体交互的物理设备也可能发生变化，用户可能会希望同一个任务能够在多个设备上切换，并保证在跨设备切换任务的过程中状态连续。例如，用户正在手机上观看一个视频，当从室外回到家里以后，希望在电视上观看同一个视频，视频能接着手机上中断的位置继续播放。

任务迁移本质上是状态的迁移。在运行过程中，一个任务包含的信息主要包含以下几部分：任务所属的应用信息、任务的用户交互界面状态、内存中的变量及其状态、应用程序打开的外部资源（包括文件、硬件、网络连接等）、系统对该任务的描述信息等。

任务中的绝大部分信息都由系统负责处理和同步。但是，应用的内部状态需要由开发者保存和恢复。

为了简化开发者的工作，系统提供多种技术支撑来帮助开发者完成任务迁移。分布式数据传输方式如表10-1所示。

表 10-1　分布式数据传输方式

传输方式	适合传输的内容	优点	缺点
RPC	小型数据，例如字符串、数据值	传输速度快	数据量较小
分布式共享对象	中型数据，例如数组、列表	操作方式和普通对象的类似	需开发者实现相关类型
分布式文件	大型数据	不限制数据量大小	操作不如分布式共享对象方便

10.6　多端协同框架

HarmonyOS 提供的运行环境不再局限于单设备，超级终端内所有的软硬件都可以为应用程序所用。应用程序也可以同时在多个物理设备上运行。

一旦应用程序具备了访问多设备的能力，很自然地就存在彼此交互和协作的需求。而多端协同框架，正是为此而准备的。

10.6.1　设计理念

多端协同是指运行在多个物理设备上的软件彼此协作完成一项任务。通过充分发挥每种设备的优势能力（如智慧屏显示能力、手机输入输出能力等），为用户提供更多的体验。

1. 轻富设备多端协同

轻设备，一般指 RAM 和 ROM 相对比较小的设备，甚至有些设备可能没有屏幕。

富设备，一般指 RAM 和 ROM 相对比较大、使用频率高、强交互的设备，硬件等各个方面配置相对比较高。

组件协同能力使得协同可以在轻设备和富设备之间运行。

2. 协同应用免安装

在协同的设备之间，被拉起方不需要安装要拉起的应用，组件协同会触发被拉起的设备进行免安装。

10.6.2　主要职责

跨设备应用的一个典型场景是两个设备上的 Ability 协作完成一个功能，对此，开发者会面临如下问题。发起方 Ability 与被拉起方 Ability 之间如何通信？如何感知对端 Ability 的生命周期变化？被拉起方 Ability 因为正常或异常原因关闭或退出后，发起方 Ability 如何感知？发起方 Ability 因为正常或异常原因关闭或退出后，被拉起方 Ability 如何感知？网络异常情况下，两端 Ability 如何退出跨设备的交互？

针对上述问题，分布式应用框架提供多端协同的能力，使跨端 Ability 具有以下能力：不同设备上的 Ability 之间协同关系的建立与断开，不同设备上的 Ability 相互感知对端的生命周期，不同设备上的 Ability 之间消息互通。

10.6.3　详细描述

1. 多端协同总体架构

多端协同总体架构如图 10-15 所示。整个系统包括 4 层，分别是应用、应用框架、系统服务和数据通信。

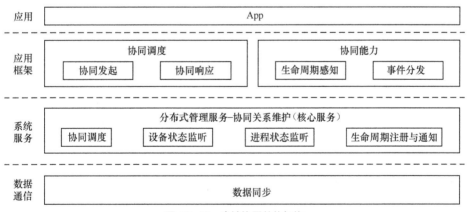

图 10-15　多端协同总体架构

（1）应用

开发者基于多端协同框架开发应用程序进行开发，该应用程序能够在多端之间协同工作。

（2）应用框架

系统提供 Ability 协同能力的接口在应用框架这一层体现，主要有协同发起、协同响应、生命周期感知及事件分发等接口。

（3）系统服务

管理 Ability 协同的系统服务在系统中常驻运行，对开发者不可见。它主要用于发起各端协同后的会话管理、各端设备上下线的状态管理、各端应用进程状态的监听和各端组件生命周期的注册与通知的管理。

（4）数据通信

数据通信负责调用底层软总线的接口完成通信管道的创建、连接，接收设备上下线消息，维护已连接和断开设备列表的元数据，同时将设备上下线信息发送给上层数据同步部件，数据同步部件维护连接的设备列表，同步数据时根据该列表调用该层的接口，将数据封装并发送给连接的设备，数据的发送采用点对点的方式。

多端协同能力分布在系统的各个层级，并紧密配合，共同完成多端之间组件协同的能力。

2. 基本概念

Ability 多端协同中有如下 3 个主要角色。

协同发起端：发起组件协同请求的组件。

协同响应端：被拉起并响应组件协同请求的组件。

协同代理：协同双方建立协同后，获取到的对方的代理对象，通过该对象可以与对方组件进行通信。

3. 协同关系的建立与断开

（1）协同关系的建立

Proxy-Stub 机制是一种常见的 C/S 模式跨进程和远程调用机制，Stub 对象是在服务端进程创建的对象。Proxy 对象是在客户端进程创建的代理对象，也是服务端的 Stub 对象在客户端进程的代理对象。客户端进程通过 Proxy 对象发出方法调用，然后通过底层驱动后最终调用服务端进程的 Stub 对象。分布式 Proxy-Stub 机制如图 10-16 所示。

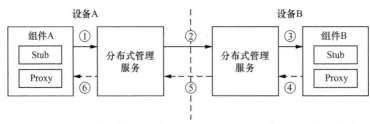

图 10-16 分布式 Proxy-Stub 机制

① 设备 A 的组件 A 向设备 B 的组件 B 发起协同，调用应用框架接口创建 Stub 对象和 Proxy 对象，并将组件 A 的 Proxy 对象传给分布式管理服务。

Stub 中提供的能力包括接收对端的 Proxy 对象、接收对端连接建立的通知、接收对端连接断开的通知、接收对端组件生命周期变化的通知和接收对端的消息。

② 设备 A 的分布式管理服务跨设备与设备 B 的分布式管理服务建立连接，并将组件 A 的 Proxy 对象传给设备 B 的分布式管理服务，由该分布式管理服务保存组件 A 的 Proxy 对象。

③ 设备 B 的分布式管理服务通知组件 B 启动，组件 B 启动后，创建分别和设备 A 的组件 A 的 Stub 和 Proxy 功能一样的 Stub 对象和 Proxy 对象。

④ 组件 B 将其 Proxy 对象传给对应的分布式管理服务。

⑤ 该分布式管理服务保存组件 B 的 Proxy 对象。

⑥ 设备 A 的分布式管理服务通过组件 A 的 Proxy 对象将组件 B 的 Proxy 对象传给组件 A，此时组件 A 持有了组件 B 的 Proxy 对象，接着组件 A 再将其 Proxy 对象传给组件 B。此时组件 A 和组件 B 相互持有了对方的 Proxy 对象。

设备 B 的分布式管理服务通知设备 A 的分布式管理服务，协同建立成功。设备 A 的分布式管理服务通知组件 A，协同建立成功。

（2）协同关系断开

主动断开：协同发起端持有协同响应端的 Proxy 对象，通过该 Proxy 对象调用响应端的退出协同接口退出协同，并通知分布式管理服务，分布式管理服务通知协同发起端协同响应端退出协同。

异常断开：Proxy-Stub 机制提供跨进程远程调用机制，同时也提供死亡监听机制，持有 Proxy 对象的一端和持有 Stub 对象的一端相互监听对方的进程状态，若一端进程发生异常，另一端能感知其异常。所以，任何一端收到进程的异常信息后，都会通知其对应的组件退出协同。

网络断开：软总线管理各个设备的上下线状态，分布式管理服务到软总线注册监听各个设备的状态。网络断开后，所有端的分布式管理服务收到相应设备的下线通知，并通知对应端的组件退出协同。

4. 生命周期感知

组件协同的一方可以注册监听，以感知另一方生命周期的变化，如图 10-17 所示。HarmonyOS 的组件生命周期包括创建、启动、停止和销毁 4 种状态。

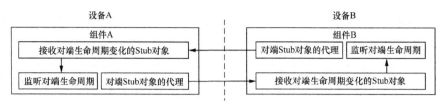

图 10-17　生命周期感知

设备 A 的组件 A 持有设备 B 的组件 B 的代理,设备 B 的组件 B 也持有设备 A 的组件 A 的代理。当一端生命周期变化时,代理将生命周期变化消息通知给对端的 Stub 对象,Stub 对象再将其分发给监听模块,如此,协同的两端都能感知对端的生命周期变化。

5. 消息互通

发起方组件与被拉起方组件之间不再需要额外的服务,可以实现消息互通,如图 10-18 所示。

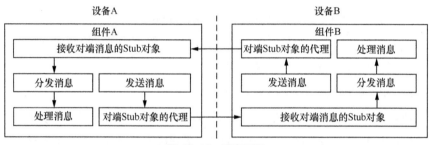

图 10-18　消息互通

设备 A 的组件 A 持有设备 B 的组件 B 的代理,设备 B 的组件 B 也持有设备 A 的组件 A 的代理。如果一端的组件通过代理将消息发送给对端的 Stub 对象,对端 Stub 对象就将消息分发给相应的组件处理。

Chapter 11 / 第 11 章

UI 框架原理解析

本章首先介绍 UI 框架及其演进，然后介绍多设备场景下 UI 框架面临的挑战，并阐述 HarmonyOS UI 框架核心原理，最后介绍 ArkUI 的探索和优化。

11.1 UI 框架概述

用户一般通过应用来使用设备，常见的应用包括电话、相机、图库等。UI 负责应用的视觉呈现及相应的用户交互，例如应用中的图像列表、按钮等的位置，滑动某个列表或点击某个按钮后相应的响应等。UI 框架则是为应用开发者提供的 UI 开发基础设施，主要包括 UI 控件（如按钮 / 列表等）、视图布局（摆放 / 排列相应的 UI 控件）、动画机制（动画设计及界面变换时的动效呈现）、交互事件处理（如点击 / 滑动等），以及相应的编程语言和编程模型等。从系统运行的维度来看，UI 框架也包括运行时，负责应用在系统中执行时所需的资源加载、UI 渲染、事件响应等。

总体而言，UI 框架是开发及运行 UI 所需要的基础设施，主要包含开发模型、运行框架和平台适配，如图 11-1 所示。

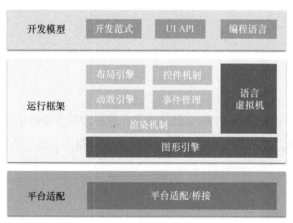

图 11-1 UI 框架

开发模型：为开发者提供开发范式、UI API、编程语言等，决定了开发者使用该 UI 框架的开发效率与难易程度。

运行框架：UI 渲染及交互的基础能力框架，包括布局引擎、控件机制、动效引擎、事件管理、渲染机制等，结合语言虚拟机、图形引擎，让开发者的程序运行在具体系统平台上，决定了应用在该 UI 框架上运行的性能。

平台适配：承载框架的具体操作系统或平台适配层。

11.2　UI 框架的演进

UI 框架作为应用开发的重要组成部分，围绕开发效率、用户体验等方面持续演进。

从操作系统平台支持方式来看，UI 框架可分为原生 UI 框架和跨平台 UI 框架两种。原生 UI 框架一般是指操作系统自带的 UI 框架，典型的例子包括 iOS 的 UIKit、Android 的 View 框架等。这些 UI 框架和操作系统深度绑定，一般只能运行在相应的操作系统上，在功能、性能、开发调测等方面和相应的操作系统结合较好。跨平台 UI 框架一般是指可以在不同的操作系统上运行的独立 UI 框架。典型例子包括 HTML5，基于 HTML5 的前端框架 React Native、Weex 等，以及谷歌的 Flutter 等。跨平台 UI 框架的目标是让开发者尽量一次编写代码，经过少量修改甚至不修改，就可以部署到不同的平台上。当然，实现跨平台也是有代价的，由于不同平台本身的差异（例如 UI 的呈现方式差异、API 差异等），跨平台对框架本身的架构实现，以及框架和宿主平台的融合都有不小的挑战。

从编程模式看，UI 框架可分为命令式 UI 框架和声明式 UI 框架两种。命令式 UI 框架通过过程导向，告诉"机器"具体步骤，命令"机器"按照指定步骤执行。例如 Android 的 View 框架或 iOS 的 UIKit，提供了一系列 API 让开发者直接操控 UI 组件（如定位到某个指定 UI 组件进行属性变更等）。这种框架的优点是开发者可以控制具体的实现路径，经验丰富的开发者能够写出较为高效的代码。不过在这种框架下，开发者需要了解大量的 API 细节并指定好具体的执行路径，开发门槛较高。具体的实现效果也高度依赖开发者本身的开发技能。另外，由于和具体实现耦合较大，在跨设备情况下，命令式 UI 框架的灵活性和可扩展性较低。声明式 UI 框架通过结果导向，告诉"机器"你需要什么，"机器"负责具体去做。例如 Web 前端框架 Vue 或 iOS 的 SwiftUI 等会根据声明式语法的描述渲染出相应的 UI，同时结合相应编程模型，根据数据的变化自动更新 UI。这种框架的优点是开发者只需要描述结果，相应的实现和优化由框架来完成。另外，由于描述结果和具体实现相分离，这种框架相对灵活且容易扩展。不过在这种框架下，对框架层的要求较高，需要有完备、直观的描述能力，并能够针对相应的描述信息在框架层面实现高效的处理。

纵观十余年来的发展，总体而言，在移动平台上，UI框架围绕着原生框架、第三方跨平台框架交织发展，并结合相应语言、工具配套演进。图11-2所示为移动平台UI框架/语言/工具演进概览。

Android Studio：安卓集成开发工具

UI框架

React.js　React Native　　Flutter1.0　SwiftUI　SwiftUI　Flutter　Flutter
　　　　　　　　　　　　　　　　　　1.0　　2.0　　　2.5　　3.7
　　　１　Vue.js　　　　　　　２　　　　　　　　　SwiftUI　SwiftUI
　　　　　　　　　　　　　　　　　　　　　　３　3.0　　4.0
　　　Crosswalk　　　　　　　　　　　　　　　　Jetpack　Jetpack
　　　　　　　　　　　　　　　　　　　　　　　Compose　Compose
　　　　　　　　　　　　　　　　　　　　　　　1.0　　　1.3

语言

　　　　　Swift 1.0　　　　　　　　　　　　　　　　　　Swift 5.7
　　　　　　　　　Kotlin 1.0　　　　　　　　　　　　　　Kotlin 1.7
Dart 1.0　　　　　　　　　　　　　　　　　　　　　　　Dart 2.18

工具——以Android Studio为例

　　　　　　　　　　　　　　　支持　　　首选　　　支持　　多设备工程/
　　　　　　　　　　　　　　　Kotlin　　Kotlin　　Compose　部署/布局检查

2011年 2012年 2013年 2014年 2015年 2016年 2017年 2018年 2019年 2020年 2021年 2022年

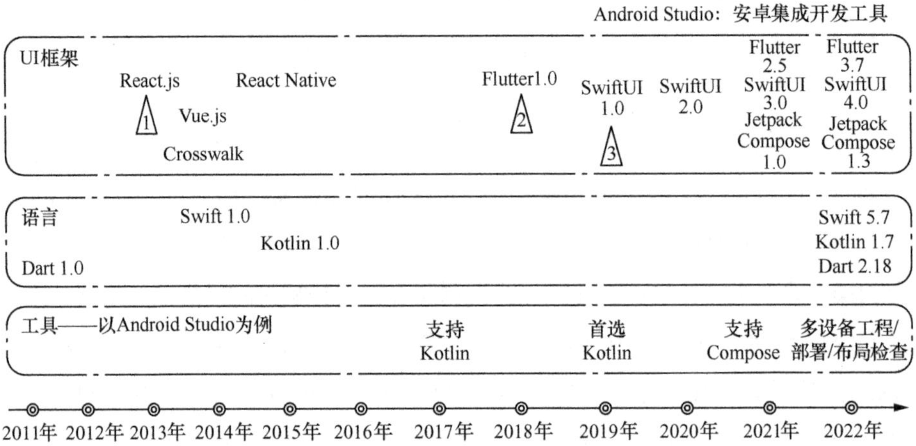

图11-2　移动平台UI框架/语言/工具演进概览

移动平台UI框架/语言/工具演进有以下3个关键节点。

2013年，Facebook发布的React.js第一次将数据绑定、虚拟DOM（Document Object Model，文档对象模型）等机制引入前端开发框架设计。开发者只需要声明相应的数据和UI的绑定，之后由框架跟踪数据的变化，并通过对虚拟DOM树的对比找出变化点，从而实现界面的自动更新，不需要开发者手动基于DOM编程。

2018年，谷歌发布的Flutter 1.0则是个重要的分界点。Flutter 1.0融合了Dart语言，是第一个深度融合了语言的、较为完整的声明式UI框架，实现了完全通过数据驱动的UI变更。另外，Flutter 1.0通过基于Skia的自绘制引擎实现了高性能、跨平台、平台一致性的渲染能力，并提供了Hot Reload机制以提升开发测试体验。不过，Flutter的整体设计理念偏向底层灵活性，开放底层细粒度的能力供开发者自由组合。另外，谷歌对Dart语言简洁度的改进较少，从整体来看，Dart语言开发的简洁度及对用户的友好程度相对不足。

2019 年，苹果的 SwiftUI 1.0 的发布意味着主流操作系统的原生框架开始逐步向声明式 UI 框架迁移。SwiftUI 1.0 推动了 Swift 语言特性扩展，实现了更加简洁、自然的 UI 描述，并通过 XCode 开发工具所见即所得的高效预览能力，进一步提升了开发效率。同时，SwiftUI 1.0 也真正意义上通过一套框架逐步统一苹果生态中的不同设备和操作系统上的应用开发。

另外，2019 年谷歌将更简洁的 Kotlin 语言升级为 Android 首选的编程语言，并在 2021 年推出基于 Kotlin 的 UI 框架 Jetpack Compose 1.0，该 UI 框架同时结合开发工具 Android Studio，逐步向多设备及跨平台方向演进。

总体而言，移动端应用框架的演进包含以下几个关键特征：从命令式 UI 框架逐步演进为声明式 UI 框架，UI 框架和编程语言的融合从相对松散演进到逐步紧密，开发范围从单设备演进到多设备、从单平台演进到多平台等。

11.3　多设备场景下 UI 框架面临的挑战

随着智能设备的普及，在多设备场景下，设备的形态差异（如屏幕大小、分辨率、形状、交互模式等的差异）、设备的能力差异（如从百 KB 级内存到 GB 级内存等），以及在不同设备之间协同，都给 UI 框架及应用开发带来了新的挑战。

1. 屏幕差异

多设备屏幕差异主要包括尺寸、分辨率、形状及横纵比的差异。

尺寸差异： 从屏幕直径只有 42 mm 的智能手表到屏幕对角线为 100 inch 的电视，屏幕尺寸的种类繁多。

分辨率差异： 从低分辨率墨水屏到超高清 4K 屏，屏幕支持的分辨率种类也很多。

形状差异： 屏幕可以是圆形、方形，甚至异形屏（如"刘海屏""挖孔屏"等）。

横纵比差异： 横竖屏、折叠屏及不同厂商的车机屏幕的横纵比差异巨大。

2. 交互差异

随着终端设备越来越丰富，交互方式也日益增多。从最开始的基于屏幕的触控交互，到使用鼠标、遥控器、车机旋钮，以及智能手表表冠等多种交互方式给消费者带来更好的体验，同时也增加了开发者的开发工作量。由于应用和服务在不同设备之间运行，不同的交互硬件也增加了消费者的学习成本。在多设备场景下，需要提供给消费者一致的交互体验。

3. 能力差异

能力差异包括硬件能力的差异，内存从百 KB 级到 GB 级，CPU 主频从百 MHz 级到 GHz 级等。另外，不同的设备所配备的传感器也千差万别。其中，对 UI 框架影响最大的就是内存大小、GPU 能力等。

多设备的能力差异对 UI 框架提出了新的挑战。

11.4　HarmonyOS UI 框架核心原理

总体而言，UI 框架的关键目标包括面向开发者（To Developer）要实现更便捷的开发体验，并尽可能使开发者方便地触达更多设备；面向消费者（To Consumer）要实现更好的 UI 效果性能体验，并能够使消费者更便捷地使用应用和服务。

从 UI 框架的演进中可以看到，目前主流的 UI 框架都有各自的不足。另外，在多设备场景下，由于不同的设备形态以及设备能力的巨大差异，目前还没有任何一个 UI 框架能够较好地解决相关问题。

HarmonyOS UI 框架的构建策略是借鉴业界 UI 框架（如 React、Flutter、SwiftUI 等）的优秀设计思路，结合主流的语言生态，围绕多设备场景，在跨平台、跨设备方面构建竞争力。

HarmonyOS UI 框架结合 HarmonyOS 的基础运行单元 Ability、语言和运行时，以及各种平台能力 API 等，构成 HarmonyOS 应用开发的基础，并实现跨设备分布式调度，以及即点即用的免安装能力。

HarmonyOS UI 框架的整体设计思路是构建高效 UI 基础后端，以及跨平台（操作系统）的基础设施；通过多前端的方式扩展应用生态，并围绕声明式 UI 框架持续演进极简开发能力；结合语言和运行时、底层图形引擎、分布式等基础能力和可伸缩的组件化设计，打造领先的跨设备体验。

11.4.1　整体架构

HarmonyOS UI 框架整体架构自上而下可分为 4 层，分别为前端框架层、桥接层、引擎层和平台抽象层，如图 11-3 所示。

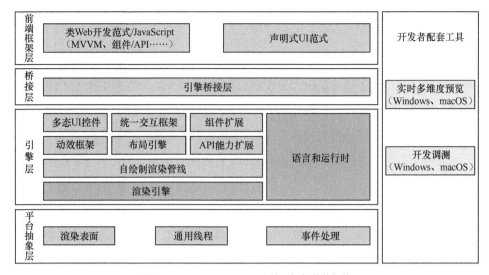

图 11-3　HarmonyOS UI 编程框架整体架构

1. 前端框架层

前端框架层主要包括相应的开发范式，例如主流的类 Web 开发范式、组件 /API，以及 MVVM（Model-View-ViewModel，模型 – 视图 – 视图模型）。HarmonyOS UI 框架可以扩展多种开发范式，来支持生态扩展，并统一适配到底层的引擎层。MVVM 中的 Model 表示数据模型层，代表从数据源读取到的数据；View 表示视图 UI 层，通过一定的形式把系统中的数据向用户呈现出来；ViewModel 表示视图模型层，是数据和视图之间的桥梁，它双向绑定了视图和数据，使数据的变更能够及时在视图上呈现，用户在视图上的修改也能够及时传递给后台数据，从而实现数据驱动的 UI 自动变更。

2. 桥接层

桥接层作为一个中间层，主要实现前端开发范式到引擎（包括 UI 后端引擎、语言和运行时）的桥接。

3. 引擎层

引擎层主要包含两部分：UI 后端引擎、语言和运行时。

由 C++ 构建的 UI 后端引擎，包括多态 UI 控制、布局引擎、动效框架、自绘制渲染管线、渲染引擎等。在渲染方面，组件设计借鉴了 Flutter 的设计思想，尽可能把这部分组件设计得小而灵活。这样的设计可灵活地为不同前端框架提供 UI 能力。通过底层组件的按需组合、布局计算和渲染并行化，结合上层开发范式实现视图变化最小的局部更新机制，实现高效的 UI 渲染。除此之外，引擎层还提供组件的渲染管线、动画、主题等基础能力。

在多设备 UI 适配方面，通过多种原子化布局能力（如自动折行、隐藏、等比缩放等）、多态 UI 控制（描述统一、表现形式多样），以及统一交互框架（不同的交互方式归一到统一的事件处理）来满足不同设备的形态差异化需求。另外，这层也包含能力扩展基础设施，可实现自定义组件及系统 API 能力扩展。

语言和运行时可根据需要切换到不同的运行时执行引擎，满足不同设备的能力差异化需求。

4. 平台抽象层

平台抽象层主要通过平台抽象，将平台依赖聚焦到底层画布、通用线程及事件机制等少数必要的接口，为跨平台打造相应的基础设施，实现一致化 UI 渲染体验。

配套的开发者工具结合 ArkUI 的跨平台渲染基础设施及自适应渲染，可实现多设备一致的渲染体验、多设备上的 UI 实时预览，以及相应的开发调测功能。

另外，HarmonyOS UI 框架在设计中考虑了可伸缩的架构，对前端框架、语言和运行时、UI 后端等都做了解耦，使其可以有不同的实现。这样就具备了可部署到百 KB 级内存的轻量级设备的能力，如图 11-4 所示。

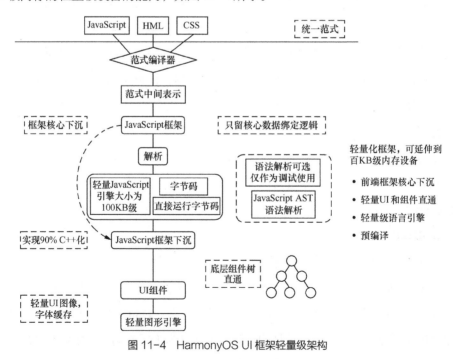

图 11-4　HarmonyOS UI 框架轻量级架构

在 HarmonyOS UI 框架的轻量级架构中，通过前端框架核心下沉 C++ 化、轻量级的语言引擎，以及轻量化的 UI 组件，实现非常少的内存占用目标。基于统一的开发范式，应用可以在百 KB 级内存设备上运行。不过，由于轻量级设备的资源限制，所支持的 API 能力是子集，但公共部分的 API 是完全一致的。

HarmonyOS UI 框架具备如下特点：支持主流的语言生态，如 JavaScript、TS，并可以进一步扩展；支持主流的基于 JavaScript 扩展的类 Web 范式，以及基于 TS 扩展的声明式 UI 范式，同时，在架构上可支持多前端开发范式，并可以结合语言演进出更简洁、高效的开发范式，从而进一步简化开发；通过统一的 UI 后端，实现高性能及跨平台一致化的渲染体验。通过多态 UI 控制、原子化布局、统一交互，以及可伸缩的运行时设计，进一步降低在不同设备形态下的开发门槛，并能够通过统一的开发范式，实现跨设备部署。

11.4.2　关键设计

整体而言，围绕着 UI 框架的开发效率和运行时效率，除了高性能的声明式 UI 后端、多设备能力、主流的类 Web 范式支持等，HarmonyOS UI 框架还与编程语言及运行时进行深度融合，相应的关键设计包含如下几个方面。

极简开发范式：采用直观、接近自然语言的声明式 UI 描述，结合开箱即用的组件、动效，以及简洁丰富的状态管理机制，使开发者能更高效地创建 UI。另外，结合语言增强，去除冗余的描述，实现更精简的代码。

范式和宿主语言融合，逐步演进为自研语言：采用 eDSL（embedded Domain Specific Language，嵌入式领域特定语言）的形式，结合宿主语言能力实现 UI 开发。通过 eDSL，结合语法糖或语言原生的元编程能力，实现 UI 开发范式统一，并能够结合不同语言，逐步演进为自研语言。

前后端一致设计，编译优化，实现高效 UI 渲染：结合前后端一致的设计、编译器优化 - 预处理机制、高效的跨语言调用、类型优化等，进一步优化整体性能，实现高效的 UI 渲染体验。

除此之外，HarmonyOS UI 框架也在实时 PC 预览（包括代码 – UI 双向预览，多维度预览，页面级、组件级、多设备等维度），以及跨设备的状态数据管理方面实现进一步的改进和创新。

1. 开发范式

开发范式，主要指软件设计中面向特定领域的一种风格和约束。本小节主要结合具体的场景和问题，阐述 ArkUI 开发范式的主要设计思路。

ArkUI 的整体设计主要遵循以下几个原则：低耦合和高内聚、近自然语言的声明式 UI 描述、组合而不是继承、状态管理。

下面分别从场景描述及其痛点、现有主流框架的应对策略、ArkUI 的应对策略这 3 个维度阐述上述原则。

（1）低耦合和高内聚

● 场景描述及其痛点

SOC（Separation Of Concerns，关注点分离）是一种常见的软件设计原则，其基本思路是将程序设计分为几个部分，每个部分有各自的关注点。传统的 UI 框架，例如 Web/HTML5、Android 的 View 框架，一般遵循 SOC 原则，通过多种语言，如 GPL（General Programming Language，通用编程语言）和外部 DSL（Domain Specific Language，领域特定语言），实现 UI 结构、样式和代码逻辑的文件级分离。

以 Web 为例，HTML（Hypertext Markup Language，超文本标记语言）文件负责结构，CSS（Cascading Style Sheets，串联样式表）文件负责样式，JavaScript 文件负责代码逻辑。而 Android 通过 XML（Extensible Markup Language，可扩展置标语言）指定 UI 初始结构和样式，并通过 Java 文件及相应的 API 实现更新逻辑。独立的语言和文件在一定程度上实现了 SOC，降低了逻辑耦合性，但同时也降低了功能聚合性，从而带来了一些 "副作用"。例如，开发状态下需要频繁切换文件，容易打断开发者的思路。不仅如此，UI 表达能力相对不够灵活，功能逻辑复用也变得更加复杂，而且不同文件内的变量命名管理复杂。

以 Web 为例，HTML/CSS 文件相对于作为 GPL 的 JavaScript 文件就是独立的 DSL，额外的学习成本不仅提高了开发者的开发门槛，同时，HTML/CSS 文件把 UI 结构、样式、代码逻辑进行文件级分离，降低了 UI 的聚合性，导致 UI 组件不容易复用。此外，CSS/HTML 文件本身无执行能力，开发者无法通过 if、for、switch 等语言的常规控制能力直接配置 UI 样式或改变 UI 结构，需要通过 JavaScript 文件间接控制 UI（具体通过 ID 获取目标节点来操作）。这种相互独立的 GPL 和 DSL 需要各自独立的编译器进行解析，导致很难获取应用完整且统一的 Source Map（一种存储源码与编译代码对应位置映射的信息文件），从而在一定程度上影响调试功能等。

● 现有主流框架的应对策略

现有主流框架的应对策略，例如 CSS 的几种使用方式如表 11-1 所示。

表 11-1　CSS 的几种使用方式

原始 CSS	SCSS	CSS in JavaScript

.blue {
color: blue;
}
.smaller {
font-size: smaller;
}
.style {
font-weight: bold;
}
<p class = "blue smaller style">
pure CSS
</p>
	@mixin blue {
	color: blue;
	}
	@mixin smaller {
	font-size: smaller;
	}
	.style {
	@include blue;
	@include: smaller;
	font-weight: bold;
	}
	<p class = "style">
	SCSS
	</p>
		const blue = {
		color: 'blue'
		}
		const smaller = {
		'font-size': 'smaller'
		}
		const style = {
		...red,
		...bold,
		'font-weight': '16px',
		}
		<p className = {style}>
		CSS in JS
		</p>

为了解决 GPL 和 DSL 相互独立而引起的割裂感问题，以 Web 生态为例，衍生出众多的第三方工具或框架，例如 less 用于解决动态性问题（如变量引用、逻辑控制等方面的问题），CSS 模块用于解决 CSS 命名空间污染等问题，但实际上这些都是进一步引入的新范式和 DSL，它们同样是文件级分离的，从而在某种程度上进一步影响了开发效率。

Vue 和 React 在一定程度上解决了上述问题。其中，Vue 通过引入新的 Template 范式（类似 HTML，如 <div>）、语法指令系统（如 v-if、v-for 等）、响应式数据及机制在一定程度上提高了 HTML/CSS 的执行能力和动态性，部分解决了上述问题。不过，虽然引入的新范式沿用 HTML 语法，Template 范式也适合编译器进行性能优化，但由于定位和服务于 Web 生态，总体上还是存在独立于 JavaScript 的 DSL 范式及相应的编译流程，UI 表达能力灵活性不强。而 React 采用 JSX（JavaScript XML）和 CSS in JavaScript 的设计理念，本质上是通过一种语言（JavaScript）开发的，其表达能力更加灵活，同时由于范式与传统 HTML 基本一致，无额外的学习成本。上述提到的逻辑复用性、调试性问题得到很大程度的改善，但还是存在独立的编译器（通过 Babel 实现）来处理 JSX 并生成 JavaScript 代码，而且 CSS 的复杂性大，同时 CSS in JavaScript 没有统一的标准，再加上不同的场景定位，导致不同库的性能和开发体验差异很大。

● ArkUI 的应对策略

ArkUI 在设计上有更完整的考虑。具体来说，除了支持主流的类 Web 范式之外，为了更好地遵循低耦合和高内聚的设计原则，ArkUI 引入了一种新的开发范式，通过单一 GPL 实现所有功能。换句话说，上述的 HTML/CSS 本质上相对于 JavaScript（GPL）是一种外部 DSL，具有独立于 JavaScript 的编译流程。HTML/CSS 经过编译后生成的 DOM 树需要跨语言通信绑定调用，才能和 JavaScript AST（Abstract Syntax Tree，抽象语法树）实现通信，而 JSX/Vue 的模板需要进一步转换为 JavaScript 代码才能和 JavaScript 通信。这种方式一般存在兼容、调试、性能等方面的问题。所以，如果涉及语法扩展或性能优化，首先，选择扩展 GPL 自身的能力，并推动社区增加新的语法规范，避免出现语法碎片；其次，尽量复用语言的原生元编程能力或扩展接口封装语法糖，这种方式称为 eDSL。

（2）近自然语言的声明式 UI 描述

● **场景描述及其痛点**

假设我们需要实现图 11-5 的效果，具体包括首次显示场景和更新显示场景。传统方式的 Web 生态 HTML/JavaScript 的实现方式（Android 的 View 框架、iOS 的 UIKit 实现方式类似）如表 11-2 所示。

图 11-5　首次显示 → 点击 → 刷新

表 11-2　传统 UI 的首次显示场景和更新显示场景代码示例

场景	方式 1	方式 2
首次显示	const container = document.createElement('div') container.setAttribute('align', 'center') const p = document.createElement('p') p.id = '#counter' p.innerHTML = '0' const button = document.createElement('button') button.onclick = update button.innerHTML = 'Click Me' container.AppendChild(p) container.AppendChild(button)	<div align="center"> <p id = "#counter"> O </p> <button onclick="update()"> Click Me </button> </div>

更新显示	let counter = 0;
	function update() {
	const p = document.getElementById('#counter')
	p.innerHTML = ++counter;
	}
		同方式 1

从表 11-2 中可以看出，在首次显示场景下，方式 2 的范式定义在简洁度方面明

显优于方式 1。具体来说，不同于使用方式 1 的开发者需要直接通过 DOM API 创建 HTML DOM UI 控件数据节点并构造 DOM 树，使用方式 2 的开发者只需要直接以 HTML/CSS（与 Android、iOS 类似）的方式声明 UI 结构和样式即可，剩余的实现工作由框架完成，框架的解析器会解析 HTML 代码并构造 DOM 树。把 UI 构造成树的形式，主要是为了方便更新显示场景的实现，如图 11-6 所示。

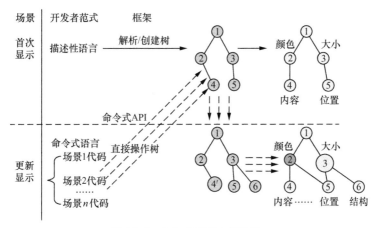

图 11-6　命令式 UI 的内部机制

对于更新显示场景，方式 1 和方式 2 的范式定义是完全相同的。具体来说，开发者需要通过类似 getElementById 的 API 遍历，首次显示场景生成的 DOM 树，获取目标控件以进行操作，如设置控件属性/对齐方式/事件，管理节点结构的变化，如新增、删除、移动节点等。

如果在更新显示场景下，也能像方式 2 的首次显示场景一样进行简单声明，对开发者的开发效率、体验都会有极大提升。此外，我们希望给开发者提供的接口接近自然语言、简单易用、直观、容易理解，并且开发者只需要关心接口能达到什么效果，而不需要关心怎么做。

传统的 UI 框架，如 Web HTML5、JavaScript 的 DOM API、Android 的 View 框架、iOS 的 UIKit 等，除了需要开发者关注做什么，还要其关注如何做，包括 UI 控件索引、样式/事件/属性设置，甚至 UI 结构更改等。开发者需要通过 UI 接口给 UI 框架发送一个个的命令，这要求开发者熟悉并关心 UI 的实现，维护对应的 UI 节点结构树，并理解这些框架是命令式的框架。

因此，声明式 UI 框架在两个维度上进行改进。第一，接近自然语言，减少编程语言噪声。具体来说，编程语言中的词法、语义等要尽量接近自然语言，主要涉及 UI 结构 / 属性、UI 逻辑 / 状态数据。第二，关注 UI 做什么，而不是如何做。具体来说，无论是首次显示场景还是更新显示场景，开发者只需要声明 UI 的结构和样式即可，不需要主动关心和维护 UI 的实现。

- 现有主流框架的应对策略

以下是 Vue、React、Flutter、SwiftUI 的应对策略。

场景一： 首次显示→点击→更新

一些主流的声明式 UI 框架的实现方式如表 11-3 及表 11-4 所示（注意，这里省略了部分非关键代码）。

<div align="center">表 11-3　首次显示和更新——Vue 和 React</div>

UI 框架	代码	应对策略
Vue 3	```//CSS
p {
font-size: 14;
padding: 16px
}
//JavaScript
App.component('button-counter', {
data() {
return {
counter: 0
}
},
methods: {
update(event) {
this.counter++;
}
}
template: `
<p > {{ count }} </p>
<button @click="update">
Clicked me
</button>`,
})```	基于模板配置 UI 结构，便于编译期优化，灵活性稍差，无法直接使用 JavaScript 语言的模板在编译期转换为 JavaScript 函数，并在运行期构建小对象 Vnode

UI 框架	代码	应对策略

React 16.8 以上版本	//JavaScript
	const style = {
	font-size: 14;
	padding: 16px
	}
	function ButtonCounter() {
	const [counter, setCounter] = React.
	useState(0);
	function update() {
	setCounter(counter + 1)
	}
	return (
	\<div>
	\<p style={ style }> { counter } \</p>
	\<button onClick={ update } >
	Clicked me
	\</button>
	\</div>
	);
	}
		基于 JSX 配置 UI 结构，但编译期可做的优化受限。
		能直接使用 JavaScript 语言能力，更加灵活。
		JSX 在编译期转换为 JavaScript 函数，并在运行期构建小对象 Element

表 11-4　首次显示和更新——Flutter 和 SwiftUI

UI 框架	代码	应对策略

Flutter	// Dart
	Center(
	child: Column(
	children: \<Widget>[
	const Padding(
	padding: EdgeInsets.all(16),
	child: Text('$_counter',
	style:TextStyle(fontSize: 14.0)),
	),
	RaisedButton(
	child: Text('Click me'),
	onPressed: update,
	)
	]
	)
	);
	// 部分逻辑省略
	int counter = 0;
	void update() {
	setState(() {
	counter++;
	});
	}
		开发范式不够简洁：可读性不强，语法噪声较多。另外，状态管理的使用门槛稍高，例如需要区分 stateless/statefull 等，并需要开发者主动介入管理。
		策略：使用类似 Vue 和 swiftUI 的响应性状态管理机制，降低使用门槛；同时增强语法能力，如通过尾随闭包实现父子结构，通过 @ 实现开发者无感知的高效状态管理

续表

UI 框架	代码	应对策略

SwiftUI（省略了状态管理的声明代码）	// Swift
	VStack {
	Text("\(self.counter)")
	.padding(16.dp)
	.font(.sysem(size:14))
	Button(action: update) {
	Text("Click me")
	}
	}.center()
	// 部分逻辑省略
	var counter = 0
	void update() {
	self.counter++
	}
		开发范式简洁清晰，不过局限于 iOS 的设备。
		策略：借鉴简洁的设计思路，通过基于 JavaSript/TS 的扩展及跨操作系统的设计，构建相应的生态。

场景二： 条件渲染场景，具体为只在生成偶数的时候显示数字，如图 11-7 所示。

图 11-7　首次显示 → 点击 → 切换显示状态

业界的声明式 UI 框架的实现方式如表 11-5 及表 11-6 所示（注意，这里省略了部分非关键代码）。

表 11-5　条件渲染——Vue 和 React

UI 框架	代码	应对策略

Vue 3	`<p v-if = 'count % 2 === 0'>`
	`{{ count }}`
	`</p>`
		增加了新的范式 v-if、v-else、v-show 等渲染指令。
		渲染指令在编译期转换为三元表达式，在编译期生成优化处理

React 16.8 以上版本	`{`
	`count % 2 ===0`
	`? <p> { count } </p>`
	`: null`
	`}`
		灵活，直接使用语言的控制语法：三元表达式，使用 if、else 等语句，此外增加了 "{}" 范式，但在 JSX 编译期没有额外生成优化信息

表 11-6　条件渲染——SwiftUI

UI 框架	代码	应对策略

SwiftUI（与 Flutter 类似，省略）	`if( self.counter % 2 == 0) {`
	`Text("\(self.counter)")`
	`}`
		灵活且方便，直接并且只使用语言的控制语法：三元表达式，使用 if、else、switch 等语句，在编译期会将代码处理为三元表达式

场景三：列表渲染场景，把数组的信息全部渲染出来（这里省略了部分代码），如图 11-8 所示。

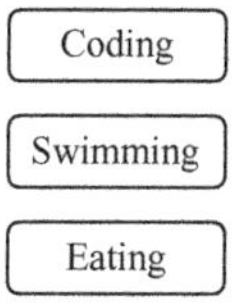

表 11-7 和表 11-8 所示的 Vue、React、Flutter 和 SwiftUI 声明式框架将数据独立并解耦出来，从而实现了首次显示场景和更新显示场景统一的编程模型。

| Coding |
| Swimming |
| Eating |

图 11-8　数据信息以列表方式渲染

表 11-7　列表渲染——Vue 和 React

UI 框架	代码一	代码二	应对策略

Vue 3	App.component('button-counter', {
	data() {
	return {
	items: [
	{ id: 1, type: 'coding'},
	{ id: 2, type: 'swiming'},
	{ id: 3, type: 'eating'},
	]
	}
	},
	template: `
	<div>
	<p v-for= "item in this.items", :key = item.id">
	{{ item.type }}
	</p>
	</div>
	})
		无	增加了新的范式 v-for 列表渲染指令（in、for 都可以）。渲染指令在编译期转换为 for 函数

React 16.8 以上版本	function ButtonCounter() {
	const [items, setItems] = React. useState([
	{ id: 1, type: 'coding'},
	{ id: 2, type: 'swiming'},
	{ id: 3, type: 'eating'},
	]);
	return (
	<div>
	{
	for(item of counters) {
	<p key= { item.id }>
	{ item.type }
	</p>
	}
	}
	</div>
	);
	}
		<div>
		{ counters.map((item) =>
		<p key= { item.id }>
		{ item.type }
		</p>
		)}
		</div>
			灵活，直接使用语言的控制语法：for、in、of，数组容器 API 等。此外增加了 "{}" 范式

表 11-8　列表渲染——Flutter 和 SwiftUI

UI 框架	代码一	代码二	应对策略

Flutter	List<Widget> tiles = [];
	for(var item in counters) {
	tiles.add(Text(item['title']));
	}
	return Column(
	children: tiles
	);
		无	只使用语言的控制语法：for、数据列表的方法等。但再一次体现了 Flutter 问题

SwiftUI	VStack {
	for(item of self.counters) {
	Text("\(item.type)")
	}
	}
		VStack {
		ForEach(item of self.counters) {
		Text("\(item.type)")
		}
		}
			灵活、方便，直接只使用语言的控制语法：for、数据列表的方法等。在编译期会处理为三元表达式。ForEach 把循环渲染组件化，性能更优（便于 Diff 优化）

　　具体来说，开发者只需要关心 UI 声明和修改状态数据即可，框架本身会在状态数据变化后重新渲染。其中，状态（State）和数据（Data）的区别和联系是，状态是某个时刻的数据，即状态可能随着时间而变化，后续将其称为状态数据。如图 11-9 所示，状态数据作为输入传递给应用的 UI 渲染方法，并最终经过框架完成 UI 更新。

$$UI = f(State)$$

图 11-9　UI 即状态数据的函数

　　区别于传统命令式 UI 主动索引 UI 结构并以命令的方式更新 UI，声明式 UI 只需要修改数据即可更新 UI。这里的状态数据，可以用在节点内容、属性、样式、事件，甚至节点结构上，如是否显示 UI 节点、显示几个 UI 节点等。开发者可以任意修改状态数据，甚至取消状态数据的修改，由此导致的功能和性能问题全部由框架内部解决，如图 11-10 所示。

　　对于 Vue、React 这类 Web 范式定义，前面已经做过分析。这里主要对比 Flutter 和 SwiftUI 的 UI 及其基本属性管理。总体上，在范式定义方面，Flutter 继承了 React 的设计优点，如函数式编程理念、数据不可变、核心实现模块化等，同时加入了很多创新元素，具体如下：一切 Widget 化，如把 padding 属性和 Text 控件同样 Widget 化，便于实现统一路径管理，如统一布局渲染等；使用统一的 Dart 语言和单文件管理 UI 结构、样式、代码逻辑，实现耦合和内聚较好的平衡；有独立的渲染流程和解耦的系统主题管理机制，便于实现跨平台，并保持性能一致性和主题个性化；控件组件化，使一般的控件具备独立的状态驱动机制，如 Text 自身可以依赖系统国际化设置进行无开发者介入的更新。

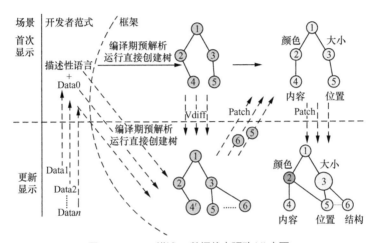

图 11-10　UI 描述 + 数据状态驱动 UI 变更

但是由于设计定位的问题，Flutter 存在一些问题。

第一，设计定位问题导致对开发者要求比较高。Flutter 借鉴了 React 的设计理念，但更加注重底层细节设计，这在一定程度上对开发者要求较高。具体来说，如把 padding 属性 Widget 化，便于框架实现统一路径管理 UI 控件和样式，但是从开发者的角度来看，把 padding 属性和控件区分开更加接近人的直观感受。这就需要开发者熟悉组件化、状态管理等一系列原理，并且配合 final、const 等语法关键字，实现状态数据不可变的典型纯函数式编程理念，否则难以完全发挥其性能优势。

第二，编程噪声较多，导致其跟自然语言还有一定差距。Widget 开发者视角颗粒度太细，可扩展性和可读性差，若界面复杂，将导致调用一大堆的"）））"，此外，其他的代码如 children 形参，以及"return""（）""[]""，""；"等，都影响了 UI 开发的简洁性。

相对来说，SwiftUI 除了继承 React、Flutter 和 Vue 的优点（包括范式和实现）外，开发体验更好，比较类似自然语言。例如，尾随闭包 {} 的实现，让父子层次更加清晰；VStack、HStack 等容器组件无参数时，省略圆括号，减少语法噪声；"函数式 + 链式"调用实现的属性、样式、事件等配置，一目了然；基础类型 extend 的 padding 属性值 16dp 更加接近自然语言；padding 是控件的属性，更容易被人接受；if 条件渲染、for 列表渲染可直接使用语言能力。

SwiftUI 也存在一些问题，如留存了部分语法噪声，如 some、View、body、get 语法等；某些场景存在限制，如容器组件 VStack 只能包含固定数量的一级元素，超过后则需要用 Group 打包处理；由于设计定位的问题，SwiftUI 未考虑跨平台能力（注意，这是由生态和商业角度决定的），强依赖于苹果系统和 Swift 语言生态。

总的来说，SwiftUI 兼顾了灵活方便和高性能实现的特点，如直接使用语言的能力，新的语法特性也是借助语言本身的元编程能力实现的，没有引入额外的流程。此外，Vue、React、SwiftUI 由于不同的原因做了编译预处理，而 Vue 在优化方面做得比较好，具体来说，把 v-if、v-else 编译成类似于 Component 的元素，从而方便后续性能优化。

● ArkUI 的应对策略

下面介绍 ArkUI 的一些典型的范式示例。

总的来说，在 HarmonyOS UI 的设计理念中，UI 描述方面、UI 控件方面的范式遵循了 eDSL（不是外部 DSL），即单一 GPL 的设计原则。UI 结构描述借鉴 SwiftUI 的一些思路，采取了类自然语言的范式定义，同时保留了 Web/HTML/CSS 的部分特点，如语法关键字、布局模型等，并进一步消除了语法噪声和限制。

ArkUI 相应的特征如下。

①UI 元素统一以轻量级对象承载，支持栈上分配，不可变。

②UI 关键字复用了 HTML5/CSS 的常用概念，如 padding、margin 等。

③ 属性支持链式调用设置，如 Image("http://xyz.png").padding('16dp')、Text("123").fontSize('16dp') 等，必要属性可以通过构造函数直接赋值，如 Image 的 src、Text 的 content 等。

④ 直观的 UI 语法描述，如通过扩展语法支持以"{}"范式配置 children 组件或控件，无参数时可省略"()"，原始类型为 extend，如类似 Swift/Kotlin 的 16dp 等。

⑤ 范式解耦语言，但尊重原生宿主语言语法，方便切换到其他语言，如命名参数的配置遵循宿主语法，又如 TS 的解构语法（{ }），具体如 padding({top: 16dp })，而

语法关键字如 Text、Image，以及后续的 @State 管理制定统一的范式，即无论哪种语言，都可以使用统一的 UI 范式。

（3）组合而不是继承

● 场景描述及其痛点

前文场景中的 UI 实际上是不会孤立存在的，一般作为整个界面的一部分。界面的每个部分，通常被称为 UI 组件。UI 组件内部可以是普通的文本、按钮等传统意义上的控件，也可以是其他 UI 组件。

假设要实现图 11-11 的 UI 界面。整个界面包括根组件 R，根组件 R 由 4 个组件 A、B、C、D 组成。组件 B 又包括 2 个子组件：B1 和 B2，组件 C 包括 2 个子组件 C1、C2。其中子组件 B1、B2 和子组件 C1、C2 基本相同，按照前面的描述可以理解为，它们只是部分属性或样式对应的数值有所差异。如果用树形结构来表示，具体如图 11-12 所示。可以理解为，界面组件和树形结构的每个元素一一对应（这里省略了一般的文本、按钮节点）。

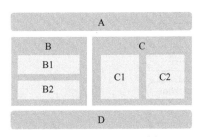
图 11-11　UI 界面示例

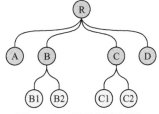
图 11-12　组件化树形结构

其中图 11-13 给出了组件 B1 内部显示示例。除了把传统的控件组合形成组件外，还可对属性、样式、事件进行组合。例如，在组件 C1 上实现图 11-14 所示的效果图。

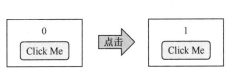
图 11-13　组件 B1 内部显示示例

图 11-14　控件的样式组合化

组件一般具备以下特征：组件是 UI 整体界面的一部分；可以包括或组合各类元素，如传统的文字、图像等控件或其他组件；能独立更新，从而支持 UI 局部更新；组件间能相互通信；组件能复用。

控件（Control）和组件（Component）的区别和联系在于控件在命令式 UI 框架中已经存在，通用的 UI 元素，如 Text、Image、Button、Input 等，都是控件；组件不是命令式 UI 框架的原生概念，而是业务逻辑的概念，等价于 UI 的模块；随着声明式编程、状态驱动、局部更新、UI 组合等概念的出现，组件成为声明式 UI 框架的原生接口。此外，控件可以具备组件化的能力，如数据驱动更新，文字控件本身也可以是组件，能跟随系统状态进行自动更新。

Flutter 的 UI API 类型分为组合型和展示型，其中组合型就是组件，展示型接近传统意义上的控件。为了支持控件组件化，Text 继承了 StatelessWidget，同时 Text 在其 render 函数中构建传统意义的无更新能力的控件，如图 11-15 所示。

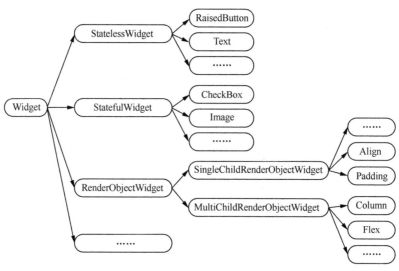

图 11-15 Flutter 的组件和控件类型

- **现有主流框架的应对策略**

现有主流框架的具体实现方法（组合化示例）如表 11-9 所示。为了简化，表中只列出了图 11-11 所示示例中组件 B 和 B1 的相关代码作为示例。

表 11-9 组件化示例

Vue 的代码	Flutter 的代码	SwiftUI 的代码
``//JavaScript（部分逻辑暂时省略）
// 父组件 B
Vue.component('component-B,
{
template:
'<div>
<sub-componentb>
<sub-componentb>
</div>'
})
// 组件 B 的子组件 B1
Vue.component('sub-componentb',
{
data: function () {
return {
count: 0
}
},
methods: {
update: function() {
this.counter++;
}
},
template: '
<div align="center">
<p > 123 </p>
<button v-on:click="update">
{{ counter }}
</button>
</div> '
})
//CSS
<style>
p {
font-size: 14;
padding: 16px
}
</style>```	```// Dart
Class ComponentB extends Stateless
Widget {
@override
Widget bUIld(BUIldContext context)
{
return   Column(
children: <Widget>[
SubComponentB(),
SubComponentB()
]
);
}
}
Class SubComponentB extends
StatefulWidget {
@override
MyState createState() => MyState();
}
class MyState extends State<MyState>
{
int counter = 0;
void update() {
setState(() {
counter++;
});
}
@override
Widget bUIld(BUIldContext
context) {
return Center(
child: Column(
children: <Widget>[
const Padding(
padding: EdgeInsets.all(16),
child: Text('$_counter',
style:TextStyle(fontSize: 16.0))
),
RaisedButton(
child: Text('click me),
onPressed: update,
)
]
)
);
}```	```// Swift
struct ComponentB : View
{
var body: some View {
Vstack {
SubComponentB()
SubComponentB()
}
}
}
struct SubComponentB:
View {
@State
private var counter = 0;
void update() {
self.counter++
}
var body: some View {
VStack {
Text（"\(counter)")
.padding(16)
.font(
.sysem(size:16.px))
Button(action: update) {
Text("click me")
}
}.center()
}
}```

图 11-16 给出了控件的样式组合化示例，可以理解为原始的矩形图像组合了圆形遮罩、白色边框、阴影等动效的结果。

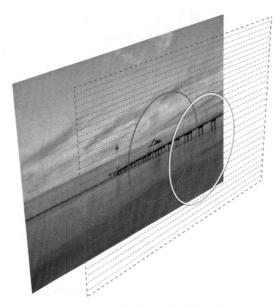

图 11-16　控件的样式组合化示例

从上述示例来看，各个主流框架的 UI 开发都统一使用"组合 + 函数式编程"的理念，而不是"继承 + 面向对象"。相对来说，使用组合更接近实际的 UI 场景，如 UI 的模块化对应于框架的组件化能力，UI 的各种样式可以通过组合来实现个性化定制。继承、封装、多态一般被认为是 OOP（Object-Oriented Programming，面向对象编程）的典型理念。其中，封装一般用于对外公开功能接口，隐藏内部数据和实现逻辑，以便实现业务逻辑解耦。这里要说的是，封装、多态的能力不是面向对象独有的，函数式编程也可以实现。

此外，UI 开发者使用面向对象理念时存在一些问题。例如，基于 OOP 实现封装一般会导致存在一些冗余的样板代码，具体为利用 private 修饰数据而导致的 set/get 暴露数据的方法等；父子组件逻辑复用难；巨大的继承类导致内存变大，Diff 优化效率降低，对象需要堆分配，导致数据索引和内存管理复杂等；函数无法像一般的变量一样传递、赋值等；代码压缩差。

目前主流框架的实现，要么逐步转向并强化"组合 + 函数式编程"实现（如 Vue、React 等），要么一开始就是"组合 + 函数式编程"的实现（如 SwiftUI、Jetpack Compose 等）。

图 11-17 所示为继承和组合在内存占用上的一些区别。通过组合，再结合轻量化对象机制，可以实现更灵活的效果及更少的资源占用。

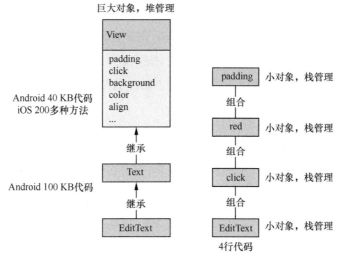

图 11-17　继承和组合在内存占用上的一些区别

- **ArkUI 的应对策略**

实际情况下，函数式编程和面向对象编程并不是完全割裂的，一切是方法或者一切是对象都有各自的局限。ArkUI 结合了两者的优点，在 UI 组件复用和可扩展方面，包含以下特征：范式定义上，通过轻量化对象支持一切 UI 元素，包括控件、组件、样式、属性、事件等；类似基类继承的代码逻辑复用通过组合实现，使用这种方式，内存占用更少、代码更少；范式承载的小对象可进行粒度拆分，具体是将 padding、color 等通用属性作为独立于控件的小对象，同时保证小对象不可变。

（4）状态管理

- **场景描述及其痛点**

如前所述，声明式 UI 框架通过状态驱动的方式统一了首次显示场景和更新显示场景的代码实现逻辑，使开发者更加专注于 UI 本身，而不是如何实现 UI。此外，除了声明 UI 结构，开发者需要关注状态数据变更操作本身，框架会根据状态数据的变更来更新 UI。

- **现有主流框架的应对策略**

UI 框架基于状态驱动实现 UI 更新，一般可分为两种类型：函数响应式编程 + 开发者无感知 UI 更新、纯函数式编程 + 开发者主动触发 UI 更新。

以 Vue、SwiftUI 为例，函数响应式编程使用"事前数据监控 + UI 组件依赖收集 + 函数响应式渲染"的模型；以 React、Flutter 为例，纯函数式编程使用"事后数据对比 + 主动纯函数式渲染"的模型。

Vue 3 函数响应式编程 + 开发者无感知 UI 更新的核心流程如图 11-18 所示。Vue 通过语言代理能力 hook 了状态数据的 set/get 等操作能力，并在 render 函数执行时触发 getter 来建立组件和状态的依赖关系表（如表 11-10 代码中的 track 函数），而在状态数据改变后触发 setter 并根据依赖关系表（如表 11-10 代码中的 trigger 函数）获取目标组件，进而执行目标组件的 render 函数。

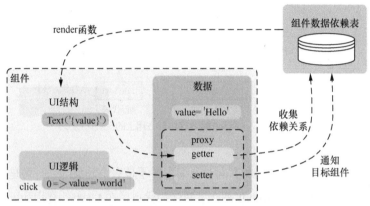

图 11-18　Vue 3 函数响应式编程 + 开发者无感知 UI 更新

表 11-10　Vue 3 响应式渲染示例

状态数据	框架实现

var people = [{
id: 1,
name: 'Jaydon',
hobbies: [
{ id: 1, type: 'coding'},
{ id: 2, type: 'swiming'}
]
}]
	const handler = {
	get(target, property, receiver) {
	track(target, property)
	return Reflect.get(...arguments)
	},
	set(target, property, value, receiver) {
	trigger(target, property)
	return Reflect.set(...arguments)
	}
	}
	const proxy = new Proxy(people, handler)

表 11-10 给出的示例一般称为 FRP（Functional Reactive Programming，函数响应式编程）渲染，即开发者只关心数据操作本身即可，框架会在操作之前 hook 监控数据，即把数据变成响应式的，并在数据更改后触发目标组件渲染。此外，针对复杂的数据，Vue 采用了 shadow hook 的方式，即初始情况下，只会监控 people 的本身操作，只有在使用 people.hobbies 时，判断 hobbies 是复杂类型数据，才对 hobbies 进行 set/get 等操作，以进行 hook 监控代理，从而提高性能。注意，Vue 代理后操作的还是原始数据，即其

本质上是采用数据可变的理念。

React 纯函数式编程 + 开发者主动触发 UI 更新的核心流程如图 11-19 所示。其中比较关键的场景为更新显示场景，改变组件内数据后，开发者需要主动调用 setState 等方法通知框架执行组件的 render 函数，而框架会同时回调 shouldComponentUpdate 方法来比较状态数据变化情况，进而决定是否真正触发组件的 render 函数以实现 UI 更新，这在一定程度上提高了渲染效率。

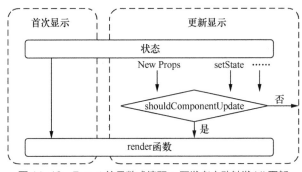

图 11-19　React 纯函数式编程 + 开发者主动触发 UI 更新

- ArkUI 的应对策略

状态数据操作一般涉及以下几个典型场景：一般状态管理和状态通信、复杂状态管理、复杂状态数据操作、状态数据链式操作。

如前所述，组件自身可维护状态，并在状态变更后触发组件渲染。除了考虑状态数据处理外，还需要考虑组件间的状态通信问题。具体来说，有的组件本身并不维护状态，而是和父组件、全局范围、系统环境等进行通信以获取状态信息，故实际应用当中存在状态通信管理问题。状态管理场景如表 11-11 所示。

表 11-11　状态管理场景

类别	场景说明
内部状态管理	组件自身可维护状态，并在状态变更后触发组件渲染
父子通信	子组件从父组件获取状态，并在父组件的状态变更后触发父组件自身及其后代子组件重新渲染。父子通信一般是单向的
双向绑定	允许子组件修改父组件的状态
全局通信	从全局获取状态，并在状态变更后触发依赖此状态的所有组件重新渲染
系统环境通信	从系统环境获取状态，一般用于维护全局、主题等系统环境状态数据，并在其变化后，通知关联的组件进行渲染，如 Text 从英文变为中文

状态管理中的数据绑定可以实现不同类型（包括简单类型、复杂类型、数组等）的数据，在不同的范围（包括组件内、父子组件／祖孙组件、全局范围等），以不同的方式传递（包括单向传递及双向传递）。图 11-20 给出了 ArkUI 状态管理视图。

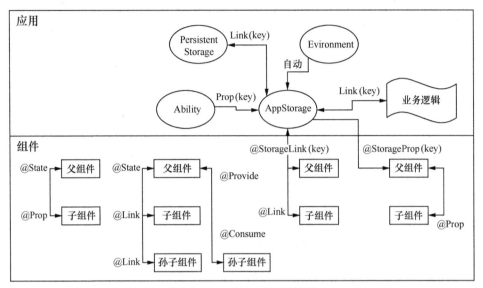

图 11-20 ArkUI 状态管理视图

状态管理主要有以下几种方式：@State、@Prop、@Link、@Provide 和 @Consume。

@State：定义组件内数据，它的数据不能被祖先组件或无关联的组件改变，可以被本组件或子孙组件访问和改变。

@Prop：定义父子组件的数据传递。它的数据是单向传递的，数据修改的传递只能从父组件到子组件。

@Link：定义父子组件的数据传递，并且是双向传递的，数据修改的传递可以从父组件到子组件，也可以从子组件到父组件。

@Provide 和 @Consume：提供跨代组件的数据传递。@Provide(name) 的工作原理和 @State 相同，只是它的状态可用于其所有的后代组件，这些组件可以使用 @Consume(name) 进行绑定。某个组件对该状态的更改可以同步到提供方（@Provide）组件和所有消费方（@Consume）组件。

除此之外，ArkUI 也提供应用程序状态数据——AppStorage，它是应用程序状态的中心"数据库"。UI 框架会针对应用程序创建单例的 AppStorage 对象，并提供相应的装饰器和接口供使用。

@StorageLink：@StorageLink(name) 的工作原理类似于 @Consume(name)，不同

的是，该指定名称的链接对象是从 AppStorage 中获得的。它在 UI 组件和 AppStorage 之间建立双向绑定以同步数据。

@StorageProp：@StorageProp(name) 的用法和 @StorageLink 类似，主要用于单向同步数据。

AppStorage 还提供一系列 API，用于添加、读取、修改和删除应用程序的状态属性，可以将通过这些 API 所做的更改同步到 UI 组件上进行 UI 更新。此外，AppStorage 还对接额外的数据库，包括持久性存储（PersistentStorage）和环境（Environment）的数据库。

PersistentStorage 是一种持久化数据的同步机制，它会将内部的所有数据和 AppStorage 进行同步。

Environment 是应用程序运行环境中的不可变属性集合。Environment 会同步相应的环境属性到 AppStorage。AppStorage 中的 Environment 属性都是不可变的，组件通过 @StorageProp 进行链接。

这样，通过相应的状态管理装饰器及 AppStorage 机制，开发者可以方便地进行组件间的数据传递和共享。

2. 线程模型

整体 UI 渲染流程涉及多个线程协同工作，以实现高性能的渲染。

在 ArkUI 中，每个 JavaScript 应用进程包含唯一的、由一个 Platform 线程和若干后台线程组成的异步任务线程池，具体如下。

Platform 线程：当前平台的主线程，也就是应用的主线程，主要负责平台层的交互、应用生命周期及窗口环境的创建。

后台线程：一系列后台任务，用于一些低优先级的可并行异步任务，如网络请求、Asset 资源加载等。

除此之外，每个运行实例还包括一系列专有线程。

JavaScript 线程：JavaScript 前端框架的执行线程。应用的 JavaScript 逻辑以及应用 UI 的解析构建都在该线程中执行。

UI 线程：引擎的核心线程。组件树的构建及整个渲染管线的核心逻辑都在该线程中执行，包括渲染树的构建、布局、绘制，以及动画调度等。

GPU 线程：现代的渲染引擎为了充分发挥硬件性能，都支持 GPU 硬件加速。在该线程上会通过系统的窗口句柄，创建 GPU 硬件加速的 OpenGL 环境，将整个渲染树的内容光栅化，直接将每一帧的内容渲染合成到窗口的 Surface 并送显。

I/O 线程：主要用于异步的文件 I/O 读写，同时该线程会创建一个离屏的 GL

（Graphics Library，图形库）环境，这个环境和 GPU 线程的 GL 环境在同一个共享组中，可以共享资源，图像资源解码的内容可直接通过该线程上传以生成 GPU 纹理，实现更高效的图像渲染。

不过需要注意，以上线程都为逻辑上的概念，实际运行时根据配置，可能运行在相同或不同的线程实体上。

3. 渲染流程

UI 渲染整体流程主要就是应用的 UI 代码在运行时渲染出相应的 UI 视图的过程。图 11-21 以手机平台上的类 Web 范式为例，描述了一个鸿蒙 JavaScript 应用的启动及渲染流程。

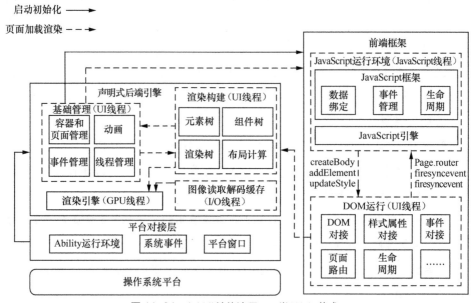

图 11-21　ArkUI 渲染流程——类 Web 范式

可以看到，当一个应用启动时，最早是从 Ability（HarmonyOS 运行的最基础单元）出发，Ability 包含 UI 框架。前端框架的整体职责就是加载、解析和运行 JavaScript 应用，并完成前端开发范式的组件树到声明式后端渲染框架的组件树的复杂对接。后端渲染框架是实现整个渲染流水线管理的核心部分，维护了 3 棵与渲染相关的树：组件（Component）树、元素（Element）树和渲染（Render）树。一些耗时的 I/O 操作，例如与图像相关的获取和加载放在单独的 I/O 线程中，这些都纳入容器的统一管理，配合动画、事件等，完成 UI 线程的绘制，最终由渲染引擎负责光栅化及合成上屏，从而构建高效的渲染流水线。这当中完全使用多线程设计，也就是说，前端部分、

JavaScript 线程、UI 线程，以及 I/O 线程都可以并行处理，从而达到较高的执行效率及性能。这就是一个大致的 ArkUI JavaScript 应用的启动及渲染流程。

整体 UI 渲染中的关键流程包括前端脚本解析、渲染管线构建、布局和绘制机制、光栅化合成机制、局部更新机制。

（1）前端脚本解析

ArkUI 可以支持不同的开发范式，并对接到不同的前端框架上。

以类 Web 范式为例，开发者开发的应用通过开发工具链的编译，会生成引擎可执行的 Bundle 文件。应用启动时，会将 Bundle 文件通过 JavaScript 线程进行加载，并且将该文件内容作为输入，使用 JavaScript 引擎进行解析执行，最终生成前端组件的结构化描述，并建立数据绑定关系。例如，包含若干简单文本的应用会生成类似图 11-22 所示的树形结构（组件树），每个组件节点会包含该节点的属性及样式信息。

（2）渲染管线构建

如图 11-23 所示，经过前端框架的解析，根据前端框架对组件的定义，向前端框架对接请求创建 ArkUI 渲染引擎提供的组件。

```
{
id: 1
type: div
flexDirection: column
justifyContent: center
...
}

{
id: 2
type: text
font: 100px
...
}
```

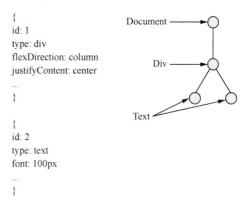

图 11-22　UI 树形结构

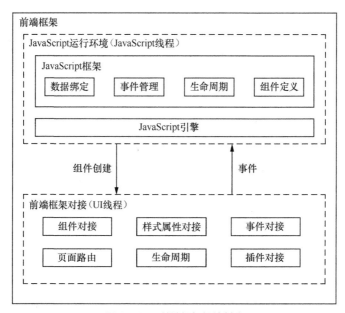

图 11-23　前端框架组件创建

前端框架对接通过 ArkUI 提供的 Component 实现前端组件定义的能力。Component 是一个由 C++ 实现的 UI 组件声明式描述，它描述了 UI 组件的属性及样式，用于生成组件的实体元素。每个前端组件都会对接一个 Composed 组件，表示一个组合型的 UI 组件，通过配置不同的子组件组合出前端对应的组件。每个 Composed 组件是前后端对接的一个基础更新单位。

以图 11-22 所示的前端组件树为例，每个前端节点会使用一组 Composed 组件进行组合描述，对应关系如图 11-24 所示。该对应关系只是一个示例，实际场景中的对应关系可能会更复杂。

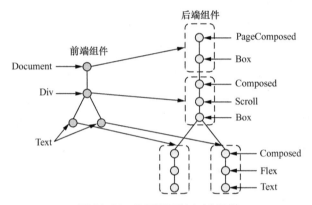

图 11-24　前后端组件树对应示例

有了每个前端节点对应的组件，就可以形成一个完整页面的描述结构，通知渲染管线挂载新的页面。

在页面挂载之前，渲染管线已经提前创建了关键的核心结构：元素树和渲染树。

元素树： 元素是组件的实例，表示一个具体的组件节点，由它形成的元素树负责维持界面在整个运行时的树形结构，以便计算更新时的局部更新算法。另外，对于一些复杂的组件，在该数据结构上会实现对子组件逻辑的管理。

渲染树： 针对每个可显示的元素，为其创建对应的渲染节点（RenderNode），它负责显示节点的信息，由它形成的渲染树维护整个界面渲染需要用到的信息，包括位置、大小、绘制命令等，后续的布局、绘制都是在渲染树上进行的。

当应用启动时，最初形成的元素树只有几个基础的节点，一般包括 Root、Overlay、Stage。

Root： 元素树的根节点，仅负责全局背景色的绘制。

Overlay： 全局的悬浮层容器，用于弹窗等全局绘制场景的管理。

Stage: Stack 容器，作为全局的"舞台"，每个加载完成的页面都要挂载到这个"舞台"下，它管理应用的多个页面之间的转场动效等。

在创建元素树的过程中，也会同步创建渲染树，其初始状态如图 11-25 所示。

当前端框架对接通知渲染管线页面准备好了，并且下一个帧同步信号（Vsync）到来时，就会在渲染管线上进行页面的挂载，具体流程是通过组件来实例化生成元素，为可见的元素同步创建对应的渲染节点。

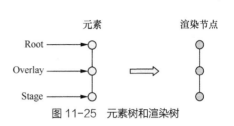

图 11-25　元素树和渲染树

如图 11-26 所示，将整个页面的组件描述挂载到 Stage 上时，由于当前 Stage 下还没有任何元素节点，此时会递归地逐一生成组件对应的元素节点。对于组合类型的复合元素，会同时把元素的引用记录到一个复合映射（Composed Map）中，方便后续更新时的快速查找。对于可见类型的容器节点或渲染节点，则会创建对应的渲染节点，并将其挂在渲染树上。

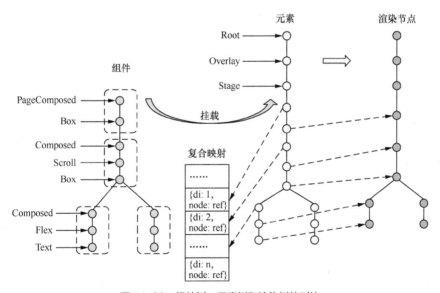

图 11-26　组件树、元素树和渲染树的对比

当生成了当前页面的元素树和渲染树后，构建过程就结束了。

（3）布局和绘制机制

布局和绘制都是在渲染树上进行的。每个渲染节点都会实现自己的布局算法和绘制方法。

布局的过程就是通过各类布局算法计算出每个渲染节点在相对空间上的真实大小和位置。如图 11-27 所示，当某个节点的内容发生变化时，就会将自己标记为 needLayout，并一直向上标记到布局边界（Relayout Boundary）。布局边界是重新布局的一个范围标记，一般情况下，如果一个节点的布局参数（LayoutParam）信息是强约束的，例如布局期望的最大尺寸和最小尺寸是相同的，那么它就可以作为一个布局边界。

布局是一个深度优先遍历的过程，从布局边界开始，父节点自上而下将布局参数传给子节点，子节点自下而上计算得到自己的大小和位置。对每个节点来说，布局分为以下 3 个步骤。

① 当前节点递归调用子节点布局算法，并传递布局参数，包括布局期望的最大尺寸和最小尺寸等。

② 子节点根据布局参数，使用自己定义的布局算法来计算自己的大小。

③ 当前节点获取子节点布局后的大小，再根据自己的布局算法来计算每个子节点的位置，并将相对位置的设置保存在子节点处。

根据图 11-27 所示流程，经过一次布局遍历后，每个节点的大小和位置就都计算出来了，此时可以进行下一步的绘制工作。

与布局一样，绘制也是一个深度优先遍历的过程，遍历过程中会调用每个渲染节点的绘制方法，此时的绘制只是根据布局计算出大小和位置，在当前绘制的上下文中记录每个节点的绘制命令。

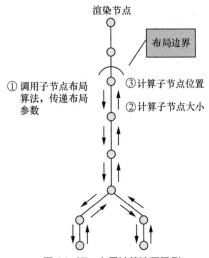

图 11-27 布局计算流程示例

为什么是记录绘制命令，而不是直接绘制渲染呢？在现代的渲染引擎中，为了充分使用 GPU 硬件加速能力，一般都会使用 DisplayList 机制，即绘制过程中仅将绘制的命令记录下来，在 GPU 渲染的时候，统一将其转换成 OpenGL 的指令执行，最大限度地提高图形的处理效率。所以在上面提到的绘制上下文中，会提供一个可以记录绘制命令的画布（Canvas）。每个独立的绘制上下文可以看作一个图层（Layer）。

这里引入了图层的概念。为了提高性能，通常会将渲染内容分为多个图层进行加速。对于会频繁变化的内容，将其单独创建为一个图层，那么它的频繁刷新就不会导致其他内容重新绘制，从而达到提升性能并减少功耗的目的，而且还可以进行 GPU 缓存等方面的优化。所以，每个渲染节点都可以决定自己是否需要单独分层。

如图 11-28 所示，绘制流程会从最近的需要绘制并且需要分层的节点开始，自上而下地执行每个节点的绘制方法。对于每个节点，其绘制分为以下 4 个步骤。

① 如果当前节点需要分层，那么创建新的绘制上下文，并提供可以记录绘制命令的画布。

② 在当前画布上记录背景的绘制命令。

③ 递归调用子节点的绘制方法，记录子节点的绘制命令。

④ 在当前画布上记录前景的绘制命令。

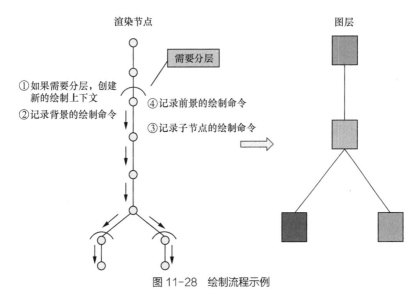

图 11-28　绘制流程示例

完整的一次绘制流程结束后，可以得到一棵完整的图层树，图层树上包含这一帧完整的绘制信息，如每个图层的位置、Transform、Clip 信息，以及每个元素的绘制命令。

（4）光栅化合成机制

绘制流程结束后，会通知 GPU 线程开始进行合成的流程。

如图 11-29 所示，UI 线程在渲染管线中的输出是图层树，它相当于一个生产者，将生产的图层树添加到渲染队列中。GPU 线程的合成器（Compositor）相当于消费者，在每个新的渲染周期中，合成器会从渲染队列中获取一个图层树进行合成。

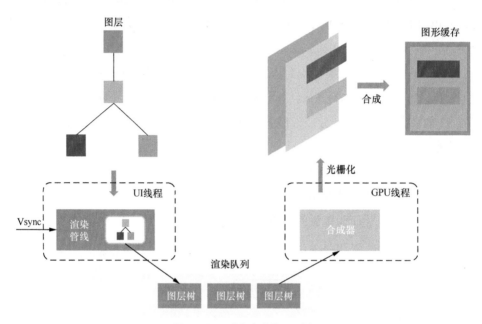

图 11-29 渲染合成流程示例

对于需要缓存的图层，执行光栅化，生成 GPU 纹理。所谓光栅化，就是将图层里记录的命令进行回放，生成每个实体像素的过程。像素存储在纹理的图形缓存（Graphic Buffer）中。

合成器会从系统的窗口中获取当前的 Surface，将每个图层生成的纹理进行合成，最终合成到当前 Surface 的图形缓存中。这块内存中存储的数据就是当前帧的渲染结果。最终还需要将渲染结果提交到系统合成器中合成显示。

系统的合成过程如图 11-30 所示。当 GPU 线程的合成器完成一帧的合成后，会进行一次 SwapBuffer 操作，将生成的图形缓存提交到与系统合成器建立的帧缓冲队列（Frame Buffer Queue）中。系统合成器会从各个生产端获取最新的内容进行最终的合成。以图 11-30 为例，系统合成器会将当前应用的内容和系统的其他显示内容，例如系统 UI 的状态栏、导航栏，进行一次合成，最终写入屏幕对应的帧缓冲区（Frame Buffer）中。液晶屏的驱动就会从帧缓冲区读取内容进行屏幕的刷新，最终将内容显示到屏幕上。

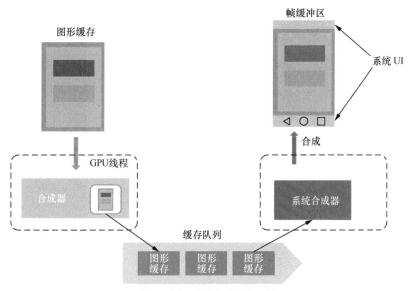

图 11-30　系统合成流程示例

（5）局部更新机制

经过上述流程，应用完成了首次渲染，在后续的运行中，如用户输入、动效、数据改变，都有可能导致页面更新，如果只是部分元素发生了变化，并不会导致全局更新，那么怎么做到局部更新呢？

以图 11-31 为例，JavaScript 代码更新了数据，通过数据绑定模块会自动触发前端组件属性的更新，然后通过 JavaScript 引擎异步发起更新属性的请求。前端组件会根据变更的属性，构建一组新的 Composed 补丁作为渲染管线更新的输入。

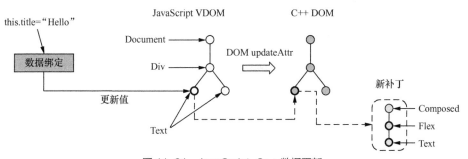

图 11-31　JavaScript-C++ 数据更新

在下一个 Vsync 到来时，渲染管线会在 UI 线程中开始更新流程，如图 11-32 所示。通过 Composed 补丁的 ID，在复合映射中查询到对应的 Composed 元素在元素树上的位置。通过补丁对元素树进行更新。以 Composed 元素为起点，逐层进行对比，如果节点类型一致，则直接更新对应属性和对应的渲染节点；如果不一致，则重新创建新的元素和渲染节点，并将相关的渲染节点标记为 needLayout 和 needRender。

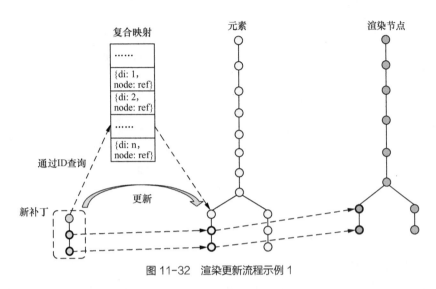

图 11-32　渲染更新流程示例 1

根据标记，对于需要重新布局和重新渲染的渲染节点，从最近的布局边界和绘制图层开始进行布局和绘制，生成新的图层树，只需要重新生成、变更渲染节点对应的图层即可，如图 11-33 所示。

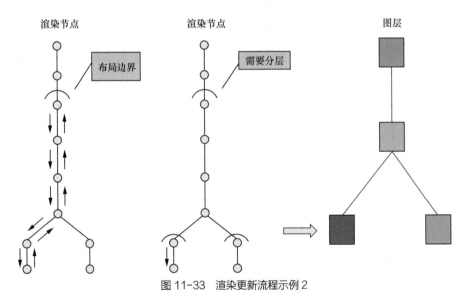

图 11-33　渲染更新流程示例 2

将更新后的图层树作为输入，在 GPU 线程进行光栅化和合成。对于已经缓存的图层则不需要重新进行光栅化，合成器只需要将已缓存的图层和未缓存或未更新的图层重新进行合成即可。最终经过系统合成器的合成，就会显示新一帧的内容，如图 11-34 所示。

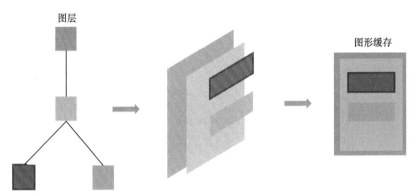

图 11-34　系统合成器的合成

以上就是一个 ArkUI JavaScript 应用的渲染及更新流程。最后，通过图 11-35 和图 11-36 回顾一下整体流程。

ArkUI 中定义了基于 TS 扩展（ArkTS）的声明式范式，其整体渲染流程和上述基于 JavaScript 扩展的类 Web 范式略有不同。声明式范式主要包括 ArkTS 源码通过相应的编译工具链编译成的 IR（会使用 ArkUI 的 API），以及方舟编译运行时运行相应的字节码（也可以是 AOT 编译后的代码），最终程序通过 ArkUI 运行时完成完整的渲染流程。

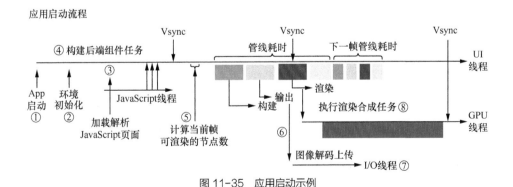

图 11-35　应用启动示例

图 11-36 所示为主要的渲染流程，其中有以下几个关键特征。

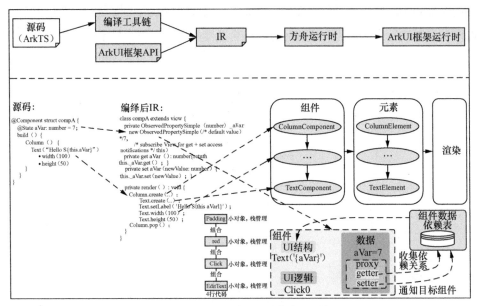

图 11-36 ArkUI 扁平化渲染流程示例

扁平化按需组合的渲染管线：通过声明式 UI 前后端的融合设计，开发范式中的 UI 描述基本可以直接映射到后端组件。同时，后端组件的相关属性基于组合方式按需构建，进一步提高构建速度并降低内存开销。

数据依赖的自动收集：开发者只需要通过相关的装饰器修饰好状态变量，ArkUI 就会结合语言的相关特性（如属性代理等机制）来自动识别并构建相应的依赖，实现相应的渲染更新。

通过方舟编译器以及运行时，基于类型的编译优化及 AOT 机制，实现语言执行性能的进一步提升。在上述基础上，ArkUI 渲染架构做了进一步升级，如图 11-37 所示。

渲染架构主要进行以下 3 个方面的升级。

第一，多节点按需组合模型单节点 + 属性按需组合模型。

原先架构下的组件树在构建时，同一组件的不同属性是通过基础节点叠加相应的额外属性节点来按需构建的，这在复杂场景下容易造成节点过多，从而引发性能变差及与内存相关的问题。新的架构实现了单节点模型，增加了按需的属性集合及相应的任务处理器，从而大幅减少了节点树的层级。另外，通过对相关任务处理器的分离，也为后续进一步的细粒度并行化改造打下了基础。

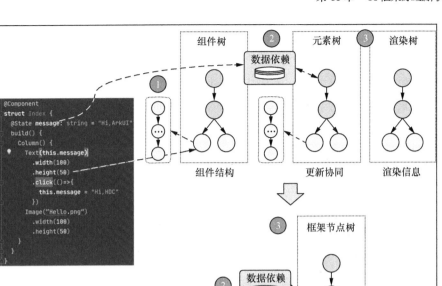

图 11-37　ArkUI 渲染架构升级示例

第二，数据依赖组件级更新、细粒度函数级更新。

原先架构下的数据依赖只跟踪到了自定义组件层级。新的架构引入了最小化更新机制，将自定义组件中的 build 函数进一步分解为细粒度函数的组合，并实现了将数据依赖直接定位到相应的子节点上，从而实现了更精细化的更新，进一步提高了 UI 更新效率。

第三，3 棵树简化为 1 棵树。

原先架构下多棵树存在的主要目的是实现差量比较更新。引入最小化更新机制后，差量比较不再必要，同时，该机制结合数据结构重构，可在相关节点上生成渲染信息，这样原先的 3 棵树合并成了 1 棵树，进一步提高了组件渲染速度并减少了内存占用。

4. 动效机制

在介绍 HarmonyOS 动效机制前，让我们先了解一下"动效"这个概念。从笼统的概念来说，动效就是动态的效果，这里面有两个关键指标：一个是动态（动画），一个是效果。动态是一个时间上的概念，效果是一个视觉上的概念。那么总结起来就是，在一个连续的时间段内，发生视觉效果的连续变化，则可称为动效。动态指标一般体现在动画上，也就是相关联的一组图像按照一定频率连续变化，使观看者形成视觉残象，产生错觉，而误以为图像或物体本身活动起来了。在 HarmonyOS 中，动效是怎么划分的呢？HarmonyOS 将动效分为动画和效果两个部分，通过动画控制时间的变化，通过效果控制视觉的变化，结合起来组成 HarmonyOS 的动效集合。动效能力是 UI 框架必不可少的组成部分，是提升用户使用体验的关键，使用合适的动效能够突出用户业务主题、吸引用户关注、高效传达信息，同时在应用中使用一致的动效能够起到黏合剂的作用，将独立的应用界面"黏合"起来，使其在交互体验上更为统一。

　　动效的分类方式有很多种，按照不同的视角，分类也有很大差异。从设计维度，动效可分为转场类、展示类、引导类和反馈类；从动效视觉效果的维度，可分为二维动效和三维动效；从动效触发对象的维度，可分为应用动效和系统动效；从动效操作元素的维度，可分为组件动效和窗口动效。不同的分类方式产生的动效的种类也千差万别。从功能维度分别对动画和效果进行分类，如图 11-38 所示，动画可分为以下几种类型：属性动画、转场动画、过渡动画、帧动画、矢量动画、自定义动画；效果就很多了，常见的效果包括平移、旋转、缩放、尺寸变化、位置变化、颜色变化、透明度变化、边框样式变化等，还有一些特殊效果，如阴影效果、模糊效果等。

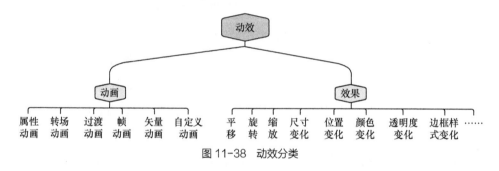

图 11-38　动效分类

　　对于广大的前端开发者，CSS 动画是广泛使用的动画接口，HarmonyOS 中采用相同或相似的接口设计，极大地降低了开发者的学习成本。从动画体验上来说，高性能是 HarmonyOS 设计者在进行动画架构设计时的一个重要考量标准。图 11-39 展示了动画系统的结构，在引擎创建完 UI 组件后，会进行动画配置，启动定时器，接入系统垂直刷新信号 Vsync，根据选用的动效曲线逐帧计算动画变化属性值，控制渲染节点进行重新绘制等。

　　帧率是动画体验好坏的重要指标，高帧率的动效能给用户极佳的视觉体验。平滑无卡顿是重要的体验指标，这就要求动画系统能够在一帧的时间内将全部内容处理并绘制完成，才能在视觉上达到平滑的效果。通常，屏幕刷新率为 60 Hz，也就是每秒刷新60 次，随着硬件的不断升级，出现了 90 Hz 和 120 Hz 的设备，这也减少了每帧能提供给动画的处理时间。先介绍一下传统的 UI 动画架构，如图 11-40 所示。

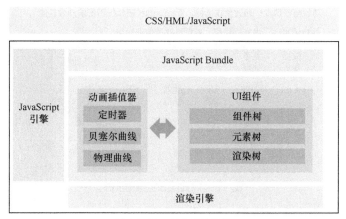

图 11-39　动画系统结构

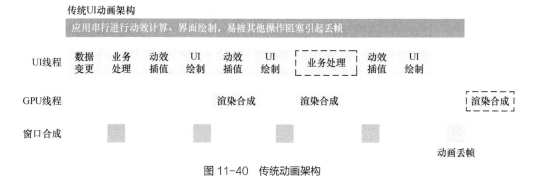

图 11-40　传统动画架构

在 UI 线程中需先进行应用业务的处理，然后进行属性更新，之后根据时间曲线进行动画属性的插值计算，接下来进行绘制，将绘制命令通过 GPU 合成，最终更新到屏幕上。采用此种流水线生成动画的一个问题是将业务逻辑和动画放在一帧的时间内进行处理，由于应用逻辑的不确定性，每次绘制命令提交的时间各不相同，UI 交互等任务极易对动画的效果产生影响，造成动画体验的下降，尤其是在高帧率的设备上，每帧的处理时间更为关键。为此有两个优化方向，一个是从语言层面提高代码执行速度，采用执行效率更高的语言或提升语言运行环境处理速度；另一个是将动画和业务执行分割处理，使动画执行和应用逻辑执行互不影响。ArkUI 动画架构在两个方向上都进行了优化，首先是采用高性能的 C/C++ 实现 UI 的布局计算、交互处理和绘制逻辑，保障逻辑执行的速度；其次是将应用的业务逻辑放在 JavaScript 线程中执行，而将动画、布局等能力通过线程分离的手段放在 UI 线程中执行。采用上述方案，解决了复杂的业务逻辑对动画产生影响的问题，保障了动画的高性能体验，如图 11-41 所示。

图 11-41　动画改进架构示例

（1）动效执行流程

我们结合一个具体示例，进一步说明动画的执行流程。如图 11-42 所示，定义了一个旋转动画，动画时长为 5 s，旋转角度从 10° 到 360°。图 11-42 所示代码将在编译时，通过编译工具被转换为 JavaScript Bundle 文件，通过 JSON 对象方式进行描述。JavaScript 引擎加载应用程序后，开始进行组件创建与动画设置，根据需要执行动画的不同，创建不同的动画对象节点。本例中，CSS 中的动画描述解析为旋转动效，之后创建动画后端对象，设置旋转变化的属性值。DOM 侧解析完成后，根据功能不同，创建不同类型的组件，本例中需要创建 TransformComponent 提供旋转效果，通过 TweenComponent 提供动画能力，通过构建 Animation 与 Animator 进行动画管理，随着 Vsync 的上报，不断触发动画回调，在 Animator 中进行动画曲线计算，并触发 RenderTransform 的更新，从而完成动画的更新。

```
<!-- hml -->
<div class="image-style">
    <div class="item {{rotate}}">
        <image class="image-size" src="{{srcImage}}"></image>
    </div>
</div>
```

```
// css
.rotate {
  animation-name: rotate;
  animation-duration: 5000ms;
  transform-origin: 300px 300px;
}

@keyframes rotate {
  from {
    transform: rotate(10deg);
  }
  to {
    transform: rotate(360deg);
  }
}
```

图 11-42　旋转动画代码示例

图 11-43 所示是与变换动画执行流程。除了这种动画之外，框架还支持其他属性动画，如颜色变化动画、位置变化动画等，根据变化的属性不同，创建不同的动画参数。

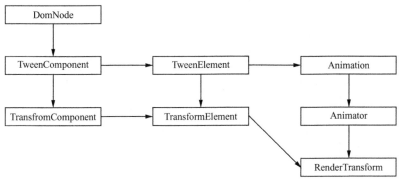

图 11-43　变换动画执行流程示例

（2）声明式范式动效设计

前文介绍了与 ArkUI 动效相关的设计与流程，相信读者对动效的概念已经有了一定的了解，下面主要针对 ArkUI 声明式范式动效的使用和设计进行说明。声明式范式的主要思想是通过预先描述 UI 结构，采用数据绑定的方式，对变化的条件进行数据绑定，通过触发数据的变化，驱动 UI 更新。那么，动画能力在这个过程中是如何运作的呢？

在声明式范式中，动画不再提供动画控制接口，如常见的 start、stop 等动画控制接口，而是通过隐含的方式，在数据发生变化时，进行数据插值实现动效。此种动画方式称为"隐式动画"。与之对应的是"显式动画"。ArkUI 也提供显式动画能力。与隐式动画设计相同，显式动画也是通过控制数据变化进行 UI 更新的。与隐式动画的区别在于，显式动画可在运行时进行动画触发，通过指定需要采用动画的数据，显式地在改变数据的时候进行动画的设置，可触发与该数据绑定的属性的变化动画。

（3）声明式范式数据驱动动画设计

在声明式范式解析过程中，进行绑定了可变数据的属性收集，当识别到设置动画参数方法后，将收集的属性数据绑定为动画属性，注册数据变更回调，以便在数据发生变化时进行动画的触发。我们通过一个具体的示例进行分析，图 11-44 所示为一个简单的

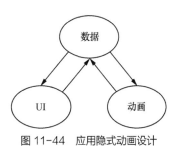

图 11-44　应用隐式动画设计

应用隐式动画设计，对一个文本设置了平移属性，并配置属性变化时的动画参数。通过点击触发属性变更，进而触发动画的执行。图 11-45 所示为隐式动画代码。图 11-46 所示为显式动画代码。

```
@Entry
@Component
struct MyComponent {
  @State transitionX: number = 0
  build() {
    Text('Hello World')
      .translate({x: this.transitionX})
      .animation({duration: 500})
      .onClick(() => {
        this.transitionX = 200
      })
  }
}
```

图 11-45 隐示动画代码

```
@Entry
@Component
struct MyComponent {
  @State transitionX: number = 0
  build() {
    Text('Hello World')
      .translate({x: this.transitionX})
      .onClick(() => {
        AnimationTo {
          this.transitionX = 200
        }
      })
  }
}
```

图 11-46 显示动画代码

工具链首先对应用程序进行编译，将组件属性设置过程转换为函数调用过程。当应用加载执行时，依次进行属性设置。当执行到动画创建过程时，先创建前端动画对象，设置动画属性，并与当前文本组件绑定。在进行动画绑定时，触发真正的后端动画组件的创建，同时将前端的动画属性设置到后端中。当触发状态数据更新时，重新创建前端对象，根据新的属性值进行平移动画目标值设置，之后进行动画回调注册与启动，开始进行动画过程。

如图 11-47 所示，声明式范式从模块上进行了功能划分，应用通过显式动画、隐式动画接口，进行动画业务逻辑组织；状态更新监听器用于监听绑定动画的属性；动画对象提供具备动画参数存储能力的数据结构，动画参数包括动画持续时间、动画曲线、延迟时间等；组件树提供真实组件渲染节点，包含平移、旋转、缩放等效果的渲染节点；

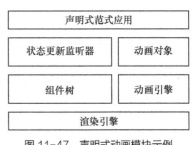

图 11-47 声明式动画模块示例

动画引擎提供动画驱动能力，最终触发节点的重新绘制，将命令送入渲染引擎进行 UI 更新。

5. 多设备 UI 框架

为了支持"1+8+N"设备，确保同一个界面在不同设备上均能达到最佳体验。HarmonyOS 提供了多设备 UI 框架解决方案。该方案主要包含多态控件技术、原子化布局能力、栅格系统及统一交互等。

（1）多态控件技术

多态控件技术主要解决的是不同设备运行时控件的最优体验问题。控件作为界面的基础组成部分，需要在视觉、交互、动效等表现形式上针对当前设备进行必要调整，以达到最佳体验。因此，同一控件在不同设备上会呈现不同的形态，这称为多态控件。

HarmonyOS 提供多态控件，同时开发者也可以根据自己的需要自定义多态控件。多态控件需要从设计上保证，对于同一个接口，运行时决定实例对象。

运行时控件逻辑进行动态适配。编译和运行多态是一个组合，用于解决不同时期不同类型的问题。多态控件应该具备以下特点：覆盖手机、折叠屏、平板计算机，兼顾智慧屏、车机、智能穿戴等终端；场景一致性，在对应的使用场景下，多态控件的交互、视觉、动效要保持一致，在设计上，属性参数保持一致；针对设备做优化，多态控件在不同设备上的呈现应该是该设备下的最佳效果，因此在保证一致性的同时，还需要针对设备的特点进行优化；多态控件在不同设备上的对外表述一致，内部有不同的实现，不同的设备上有符合该设备特征的实现。

（2）原子化布局能力

原子化布局能力主要用于适配设备屏幕规格的多样性。当前的应用开发有40% ～ 50% 的工作量都在进行界面设计和开发。设计师和开发者花费大量的精力在不同尺寸屏幕的适配工作上。为了解决这一问题，HarmonyOS 提供原子化布局能力，通过实现任意的拉伸、缩放等效果，呈现理想的响应式布局效果，快速适配多设备屏幕设计。

原子化布局能力分为两种，一种是自适应变化能力，另一种是自适应布局能力。

自适应变化能力是指当布局可用空间发生变化时，拥有自适应变化能力的元素可以通过自身的变化去适应可用空间的改变。自适应变化能力有两种：拉伸能力和缩放能力。

拉伸能力：可以固定一个元素在容器中的边距，容器发生水平或垂直方向上的拉伸时，元素保持设定的边距不变进行拉伸。拉伸能力的可调参数包括固定边距和拉伸极限。固定边距需要固定元素在容器中各个方向上的距离。拉伸极限定义元素宽、高的最大值和最小值。定义最大值后，若可用区域继续变大，元素宽、高维持最大值。定义最小值后，若可用区域继续变小，元素宽、高维持最小值。

缩放能力：可以固定一个元素在容器中的宽高比例，自动计算并调整组件的尺寸，避免手动拖曳修改尺寸带来的排版错乱等问题。缩放能力的可调参数包括可用空间和放大极限。可用空间需要应用定义元素在容器中水平和垂直方向可用空间占总空间的百分比。放大极限定义元素缩放的最大值和最小值。当按照可用空间百分比计算得出的宽度或高度超出了放大极限的定义时，则按照相应的放大极限进行显示。

自适应布局能力是指当屏幕尺寸发生变化时，拥有自适应布局能力的组件可以通过调整组件间的相对位置，来适应屏幕变化引起的可用空间的改变。自适应布局能力包括隐藏能力、折行能力、均分能力、占比能力及延伸能力。

隐藏能力：根据容器可用空间大小，动态计算容器内适合展示的元素，若空间无法容纳全部元素时，自动隐藏显示优先级低的元素。隐藏能力的可调参数包括隐藏方向和隐藏顺序。隐藏方向是指容器可以指定水平方向还是垂直方向有隐藏能力，组件排成一行或一列时，隐藏能力才会被触发。隐藏顺序是指当容器某一方向的空间发生变化时，元素根据定义的隐藏优先级，实现隐藏效果。在设置隐藏优先级时，数值越大，代表越优先隐藏，当有多个元素的隐藏优先级相同时，将同时显示或隐藏。

折行能力：根据容器的宽度计算出每行可容纳的元素个数，当容器宽度缩小，横向空间不足时，元素将自动向下折行。折行能力的可调参数包括折行方向、对齐方式、元素间距和折行参考值。折行方向定义折行后的位置顺序。对齐方式定义元素的对齐情况。元素间距定义元素之间的间距。折行参考值定义各元素折行的参考值，当容器的可用宽度大于参考值之和时，体现为行布局，如未定义，默认的折行参考值等于各元素的实际宽度值。

均分能力：根据容器尺寸变化，重新调整内部组件与组件之间的距离，使其始终保证相等。均分能力的可调参数包括均分方向、边距定义和间距极限。均分方向是指容器可以指定水平方向还是垂直方向有均分能力。边距定义可以定义首尾两端的元素边距是否参与均分，或指定固定的边距值。间距极限允许应用定义均分后的最小间距和最大间距。若达到定义的间距极限时，整体按定义的极限值，在空间中心对齐布局。

占比能力：按百分比把容器划分为多个可用空间，指定每个元素在各自的比例空间中进行布局。占比能力的可调参数包括占比方向和比值定义。占比方向是指容器可以指定水平方向还是垂直方向有占比能力。比值定义是指当容器尺寸发生变化时，组件内元素根据当前定义好的占比规则，分别在各自可用的容器区域内进行布局。

延伸能力：可以根据容器大小，动态计算容器中可以显示的元素个数，自动延展或隐藏元素来适应容器大小。延伸能力的可调参数包括延伸方向、间距定义、露出特征和间距极限。延伸方向是指容器可以指定水平方向还是垂直方向有延伸能力。间距定义需要应用给出图层之间的间距，可显示的组件数量根据可用宽度和此值计算得出。露出特征是指可以定义是否需要有露出特征，用具体的虚拟像素值进行定义。间距极限是指在有露出特征的情况下，根据推荐间距、露出特征、当前宽度动态计算出可显示的元素个数和最终间距。允许定义最小间距。当最终间距小于最小间距时，可显示的元素个数减 1。

（3）栅格系统

栅格系统作为一种辅助布局的定位工具，在平面设计和网站设计中起到了很好的作用，对移动设备的界面设计有较好的借鉴作用。总结栅格系统对移动设备的作用，主要有：给布局提供一种可循的规律，解决多尺寸、多设备的动态布局问题；给系统提供一种统一的定位标准，保证各模块、各设备的布局一致性；给应用提供一种灵活的间距调整方法，满足特殊场景的布局调整需求。

栅格系统有 Margins、Gutters、Columns 这 3 个属性。

Margins：用来控制元素与屏幕边缘的距离，可以根据设备的尺寸，定义不同的 Margins 值作为断点系统中的统一规范。

Gutters：用来控制元素和元素之间的距离，可以根据设备的尺寸，定义不同的 Gutters 值作为断点系统中的统一规范。为了实现较好的视觉效果，通常 Gutters 的取值不会大于 Margins 的取值。

Columns：用来辅助布局定位，不同的屏幕尺寸匹配不同的 Columns 数量来辅助布局定位。在保证 Margins 和 Gutters 符合规范的情况下，根据实际设备的宽度和栅格数量，自动计算每一个栅格的宽度。

栅格系统定义了不同水平宽度设备与栅格数量的关系，形成了一套断点规则定义。栅格系统以水平 vp 值作为断点依据，不同的设备根据自身当前水平宽度 vp 值在不同的断点范围内的情况，显示不同数量的栅格。当水平宽度 vp 值大于 0 且小于 320 时，显示 2 Columns 栅格；当水平宽度 vp 值大于或等于 320 且小于 600 时，显示 4 Columns 栅格；当水平宽度 vp 值大于或等于 600 且小于 840 时，显示 8 Columns 栅格；当水平宽度 vp 值大于或等于 840 时，显示 12 Columns 栅格。

由于栅格系统会针对不同的屏幕设备提供不同的栅格属性，应用可以利用此天然的栅格属性作为定位和布局的依据，结合具体的业务诉求给出布局的特殊处理。

（4）统一交互

随着数字化的发展，越来越多的智能终端设备走进人们的日常生活，输入设备广泛存在于智能手机、平板计算机、桌面计算机、智能手表、电视、车载系统、虚拟现实和增强现实设备及其他智能设备上。对用户而言，不同的输入设备有各自标准的或符合用户习惯的交互方式（例如用户倾向于使用手指或触摸笔直接在触摸屏上交互、使用鼠标和键盘与 PC 交互、使用遥控器和旋钮等方式间接地与非触摸屏幕交互、使用隔空手势与空间虚拟界面交互等）。

统一交互是指首先把不同设备的交互输入归一为同一个操作，然后使用控件完成对应的统一响应。HarmonyOS 为开发者提供标准事件和统一事件的开发模式。标准事件包含所有事件的原始信息，统一事件包含点击、双击、长按、缩放和旋转等。统一事件可大大提高开发效率。

例如，开发者需要在一个按钮上实现点击功能。传统情况下，开发者需要完成基于触摸屏的触摸事件响应，同时还要开发基于遥控器、键盘、鼠标左键和车机旋钮的按键事件。统一交互提供统一的高级事件接口，开发者基于点击事件接口，只需要开发一次，就能完成不同外围设备的适配工作。这不仅减少了开发者的工作量，也给消费者带来了多设备之间的一致性体验。

6. 扩展机制

扩展机制是框架必备的能力之一。良好的可扩展性可以方便开发者增强框架开发能力。扩展机制涉及多方面的内容，与 UI 相关的扩展主要包括语言和范式扩展、UI 控件和组件扩展。

（1）语言和范式扩展

为了提高框架的开发效率和性能，ArkUI 使用了新的语法特性和语法糖。如使用拖尾 lambda 来表示父子组件关系，使用状态器 @ 生成样板代码，使用 FFI 机制来实现跨语言能力。

一般来说，编译流程分为前端和后端，前端解析语言并生成数据结构（即 AST）来管理语言，进一步生成 IR，后端负责优化 IR 并生成不同硬件体系结构的硬件指令，如图 11-48 所示。

前端又分为词法分析、语法分析、语义分析这 3 个阶段来生成 AST 数据结构，如图 11-49 所示。需要说明的是，在开始编译流程之前，一般会对语言进行预处理，类似 C 的宏，预处理不属于编译流程。

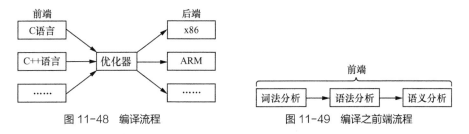

图 11-48　编译流程　　　　　　　图 11-49　编译之前端流程

此外，有的语言在前端处理后并没有生成 IR，而是转译为其他语言。典型的有 TS，其流程如图 11-50 所示。

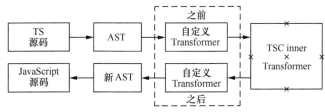

图 11-50　TS 转译为 JavaScript 的流程

显然，如果要增强语言特性，需要在前端对其 3 个阶段进行处理。但这种方式的开发门槛高，需要开发者熟悉编译流程。在有语言维护权限能修改语言规范，并能承受烦琐的流程的前提下，优先采用这种方式，能有效避免语言的碎片化。为了降低开发门槛，一般语言都提供元编程能力（如 Java 中的 Annotation、反射代理及字节码增强）以实现语法扩展或生成样板代码，甚至暴露编译器 API，如 TS 中的编译器 API，从而实现对编译前端生成的 AST 进行定制处理来支持新的语法。具体来说，我们可以在 TS 编译器流程的自定义 Transfomer 模块对 AST 进行修改，来实现对父子组件的范式支持。

如前所述，ArkUI 通过定义 DSL 来定义新的 UI 范式，其中部分范式依赖语言扩展特性。而上述语言扩展方式由于没有引入新的编译流程，只是在当前宿主，即 GPL（TS）的流程上做了定制，故本质上属于 eDSL。一般来说，这种方式也是推荐的范式扩展和代码生成方式。这种方式由于没有独立的编译流程，调试更加方便。此外，因为 GPL（TS）本身就是一种语言，故其能直接使用宿主 GPL 的语法能力，如表 11-12 中的 if 语法，当然还有 for、switch 等。此外，基于编译扩展机制实现的逻辑可以方便地复用到其他语言中，从而实现 ArkUI 的开发范式解耦。

表 11-12　ArkUI 范式

项目	范式语法增强代码	等价的代码（只是为了说明问题，实际无须生成）

修改 AST	Column() {
	if (condition) {
	Text('Hello')
	.fontSize(100)
	}
	}
		Column(() => {
		if (condition) {
		Text('Hello')
		.fontSize(100)
		}
		})

修改 AST
生成样板
代码
	@State counter：number = 1	_counter = new StateImpl<number>(1)
		public get counter(): T {
		return this._counter.value;
		}
		public set counter(newValue: T) {
		this._counter.value = newValue;
		}

　　前文介绍的通过扩展编译流程来增加语言特性的方式本质上属于 eDSL，而 JSX 基于 JavaScript 实现类 XML 范式，如图 11-51 所示。相对于 JavaScript，JSX 本质上是一种外部 DSL，具体通过第三方编译器，如 Babel，将类 XML/HTML 的范式转译成 JavaScript 代码。这种方式存在一些问题，由于转译生成了新的 JavaScript 代码，这在一定程度上影响了调试，而且无法无缝使用 GPL 的语法特性。当然，相对于其他外部 DSL，如 Vue 模板，JSX 灵活性更好，但是跟 eDSL 相比还是有一定差距。当然，外部 DSL 在某种程度上方便在编译阶段插入运行提示信息从而提高性能，故性能比 JSX 更优，而这一点 eDSL 同样能做到。

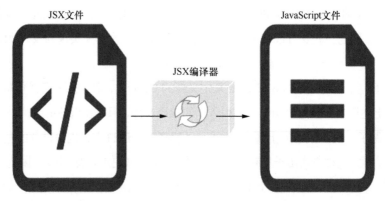

JSX文件　　　　　　　　JSX编译器　　　　　　　　JavaScript文件

图 11-51　JSX 基于 JavaScript 实现类 XML 范式

（2）UI 控件和组件扩展

ArkUI 提供扩展机制以方便第三方开发者扩展生态，如功能更丰富或性能更优的 UI

元素(包括控件或组件及其样式、事件等),同时也提供高效复用存量生态的复杂 UI 元素(比如 Android/Web 生态的地图、游戏、WebView 等) 的方式。而扩展的功能一般以独立的二进制的形式存在,并托管到具体的仓库 (类似 npm、Maven 等),开发者可以通过 IDE 或脚手架命令配置编译脚本,将第三方扩展库集成到自己的应用工程目录中。

具体来说,主要有以下几种机制来实现 UI 控件扩展:组合、XComponent、自定义绘制和布局。

- 组合

如前所述,组合是声明式的典型特征。通过组合,可以将现有的控件和属性样式等封装成新的控件或组件。控件维度的组合如表 11-13 所示。属性样式维度的组合如表 11-14 所示。

表 11-13　控件维度的组合

组合现有控件	当作普通控件使用

@Component
struct MyButton {
bUIld() {
Column() {
Button() {
Text('A Button')
}
}
}
}
	//...
	Column() {
	Text('Hello')
	.fontSize(100)
	Divider()
	MyButton()
	}

表 11-14　属性样式维度的组合

组合现有的样式	当作普通控件使用

@Extend(Text) function fancy(a: number) {
.fontSize(a)
}
@Extend Text.superFancy(size:number) {
.fontSize(size)
.fancy(Color.Red)
}
@Extend Button.fancy(color:string) {
.backgroundColor(color)
.width(200)
.height(100)
}
	//...
	Row() {
	Text("Just Fancy")
	.fancy(Color.Yellow)
	Text("Super Fancy Text")
	.superFancy(24)
	.height(70)
	Button("Fancy Button")
	.fancy(Color.Green)
	}

- XComponent

ArkUI 的核心框架基于 C++ 实现,这种方式适合跨平台,多语言前端支持,性能更优,但是对不熟悉 C++ 技术栈的前端 / 客户端开发者来说,UI 扩展功能实现难度较大。此外，部分 UI 元素本身非常复杂，对性能要求高，其核心引擎一般都基于 C++ 来实现，如地图、WebView、游戏、第三方自渲染框架等。基于这些原因，ArkUI 封装了一套基于外接渲染或解析第三方框架并创建 ArkUI 原生组件等的 UI 扩展机制——XComponent。

XComponent 可以理解为一个 UI 控件占位符（Placeholder），实现了 ArkUI 从 JavaScript 到 C++ 框架相关功能逻辑，使开发者无须了解 ArkUI 的框架逻辑即可实现 UI 扩展。使用 XComponent 扩展 UI 的开发者，称为插件开发者，其开发的插件由 ArkUI 加载，并提供给应用开发者使用。

XComponent 提供以下能力：基础渲染能力，通用属性，私有属性扩展机制，插件化打包、部署、托管。

具体来说，XComponent 提供外接渲染和解析第三方框架的方式进行扩展。

外接渲染有多种实现方式，包括并行渲染直接上屏、外接纹理合成、序列化外部渲染指令合成、序列化外部虚拟 UI 相关节点后动态创建真实组件挂载等。XComponent 支持通过参数配置，实现基于不同的场景采用不同的方案。下面主要讲解并行渲染直接上屏方式。

并行渲染直接上屏方式提供标准绘制底座和 OpenGL ES 绘制能力供第三方开发者调用。同时，XComponent 作为一个类似 Text 的空间，支持 UI 元素的通用属性、样式、事件等。而它的私有属性可以通过跨语言调用机制（如 N-API）实现。此外，基于 XComponent 扩展的控件逻辑代码支持以二进制方式打包，并支持在编译态下配置到应用开发者工程中，同时在运行态下由 ArkUI 动态加载运行，类似浏览器的插件。此外，对于不可信的 XComponent 插件，支持通过安全沙盒、稳定性捕获能力、"看门狗"能力等保障安全隐私、稳定性，防止 ANR（Application Not Responding，应用程序无响应）问题。

总的来说，XComponent 具备以下优势，其框架机制如图 11-52 所示。

低成本：框架逻辑对插件开发者透明。

独立管理：插件独立编译、发布等。

EGL/GLES 标准：跨平台，使用独立线程（后续支持其他标准）。

跨语言高效：直接使用 C++ 实现绘制，渲染接口无跨语言调用。

渲染高效：ArkUI 通过共享纹理合成等方式支持插件渲染、无冗余的数据复制、不产生渲染 Context 切换导致的性能降低、插件和框架渲染解耦。

插件市场：基于 XComponent 实现的插件可以发布到插件市场，供普通开发者使用。

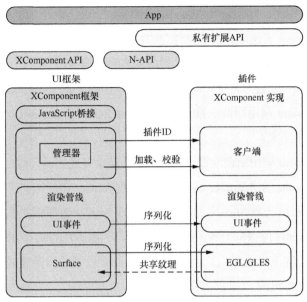

图 11-52　XComponent 框架机制

XComponent 的关键流程如图 11-53 所示。

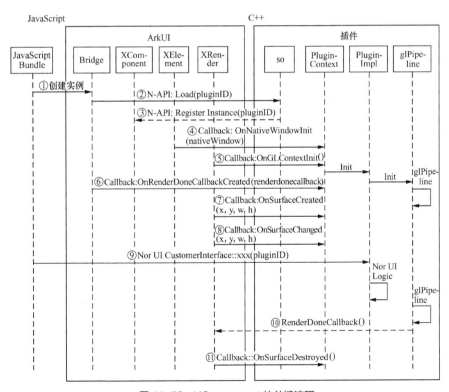

图 11-53　XComponent 的关键流程

① 框架解析应用,并创建 XComponent 实例。

② XComponent 实例动态加载插件包中的 so 等资源。

③ XComponent 从插件中获取插件对应的各种回调接口。

④ XComponent 创建本地虚拟窗口,调用回调函数让插件更新本地窗口句柄。

⑤ XComponent 调用回调函数,让插件创建 EGL(Embedded Graphic Interface,嵌入图形接口)上下文。

⑥ XComponent 调用回调函数,让插件更新渲染完成回调接口。

⑦ XComponent 创建 Surface 后,让插件实现 Surface 创建相关逻辑。

⑧ XComponent 更新 Surface 后,让插件实现 Surface 更新相关逻辑。

⑨ 应用调用插件提供基于 N-API/Channel 等机制实现的私有 API。

⑩ 应用处理完渲染逻辑后,调用 XComponent 设置的渲染完成回调接口,告知 XComponent 可进行渲染。

⑪ XComponent 销毁 Surface 后,让插件实现 Surface 销毁相关逻辑。

下面以地图应用场景为例,介绍 XComponent 的使用方法。

地图厂商直接使用 XComponent 的渲染能力完成渲染绘制,包括渲染的底座窗口(eglwindow)、图形绘制接口(OpenGL ES)、控制类接口(如窗口大小、变换矩阵信息、时间戳、同步机制 Vsync 信号等)、原始事件接口等,如图 11-54 所示。

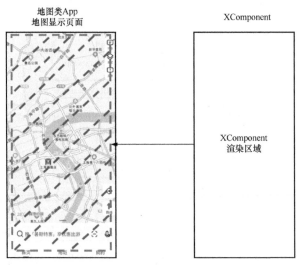

图 11-54　XComponent 渲染示意

插件开发者直接使用 XComponent 及其他组件开发自定义的地图显示组件,并以 SDK 的形式提供给应用开发者使用,如图 11-55 所示。

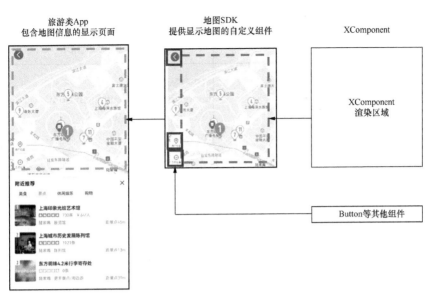

图 11-55　地图场景下的 XComponent 实现说明

表 11-15 和表 11-16 所示为插件示例代码（以类 Web 范式为例）。

表 11-15　插件示例代码 1

HML	JavaScript

``
<div class="amapcontainer">
<input type="button" onclick="ZoomIn" />
<input type="button" onclick="ZoomOut"/>
<XComponent ref="amap"
id = {{pluginId}}
onXComponentinit = "MapInit">
</XComponent>
</div>
``
	``
	class AMap {
	constructor(pluginId) {
	this.pluginId = pluginId;
	}
	search() {
	var instance = mApplugin
	.instanceMap.get(this.pluginId);
	if (instance) {
	instance.searchlocation();
	}
	}
	};
	var mApplugin = {
	data:{
	instanceMap: null,
	},
	getContext: (id) => {
	return new AMap(id)
	},
	};
	export default mApplugin;
	``

表 11-16　插件示例代码 2

HML	JavaScript

`<! - - index.hml -->`
`<div>`
`<element name='amapcomponent'`
`src='amap'>`
`</element>`
`</div>`
`<div class="mAppage">`
`<amapcomponent id='amap'`
`plugin-id='amap-plugin'>`
`</amapcomponent>`
`<button onclick="searchLocation">`
搜索
`</button>`
`</div>`
	`//index.js`
	`import XComponentplugin from`
	`'XComponentplugin'`
	`export default {`
	`data: {`
	`modelinstance: null,`
	`}`
	`onXComponentInit() {`
	`this.modelInstance = XComponentplugin`
	`.getContext('amap-plugin')`
	`},`
	`searchLocation() {`
	`this.modelInstance.searchLocation("上海");`
	`}`
	`}`

- 自定义绘制和布局

上文介绍的 XComponent 本质上是通过在 Native C++ 侧进行渲染的方式实现的，更适合重度应用（如地图应用、游戏应用、直播应用等）使用。当然，第三方插件开发者可以进一步通过跨语言调用支持 JavaScript 等其他语言完成渲染。但对于普通的控件（如自定义类 Flex）扩展，使用 XComponent 方式太烦琐，在类 WebkitIDL 跨语言代码自动生成的机制未提供的前提下，基于 XComponent 实现自定义的控件。以布局为例，第三方应用在基于第三方布局引擎（如 Yoga）实现布局能力后，进一步通过跨语言机制（如 N-API）才能供普通 eTS（extended TypeScript）开发者使用。使用这种方式性能固然最优，但是开发门槛太高，适合框架类开发者使用。基础开发者的诉求，更多的是基于应用语言，如 TS、JavaScript 等，扩展 UI 实现更优或定制化的渲染、布局、动效能力，如定制化的按钮等。具体涉及下面几个方面的 UI 扩展相关能力：定制化布局，定制化绘制，定制化动效，复用通用属性、样式、事件等，覆盖重写通用或扩展的属性或方法，定制化私有属性和声明式范式支持（如链式调用等）。

定制化绘制和定制化布局的典型示例如表 11-17 所示。

表 11-17 定制化绘制和定制化布局的典型范式示例

能力	代码
定制化布局 + 链式调用等	```\n@Component\nstruct MyFLex(children: Children) {\n@Prop(true) justfyContent: string\nconst builder: ()=>void = null\n onlayout(children: number, contrain: Constrain) {\n// 基于 this.justfyContent 执行\n}\n}\nMyFLex() {\nText("hello")\nImage("xx.png")\n}.justfyContent("flex-start")\n```
定制化绘制 + 复用通用属性 + 覆盖重写	```\n@Component\nstruct MyText {\n@Prop(true) fontSize: number\nconst builder: ()=>void = null\nonDraw(canvas: Canvas) {\n// 执行\n}\n}\nMyText("hello").fontSize(10).width(10)\nMyText("world").fontSize(10).onclick(()=>{})\n@Override @Extend(MyText)\nfunction ondraw(canvas: Canvas) {\n// 执行\n}\nMyText({data: "hello"}).fontSize(10)\n```

7. 预览机制

预览，一般指的是 PC 预览，即可以在 PC（如 macOS 计算机或 Windows 计算机）上通过 IDE 看到 UI 框架的渲染效果，而不需要额外的设备。理想的预览效果关键特征主要包括：一致性渲染，指和目标设备一致的 UI 呈现效果；实时预览和双向预览，通过改动相应的代码，实时呈现相应效果，代码能够和 UI 互动，代码改动，UI 也随之实时改变，UI 改变，代码也可以相应地改动；多维度预览，包括页面级预览、组件级预览和多设备预览。

上述关键特征都需要 ArkUI 提供对应的能力支撑，图 11-56 所示为 ArkUI 预览机制整体架构。

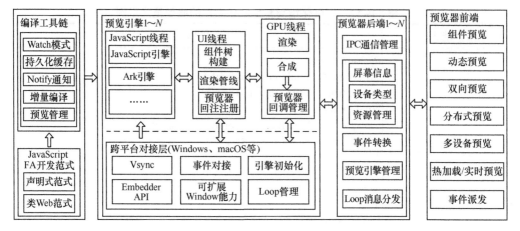

图 11-56　ArkUI 预览机制整体架构

（1）一致性渲染

一致性渲染是指 PC 预览和目标设备呈现一致的 UI 效果。图 11-57 展示了一致性渲染框架模块组成。一致性渲染主要通过如下几个方面得到保证。

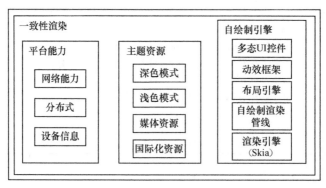

图 11-57　一致性渲染框架模块组成

自绘制引擎：ArkUI 采用自绘制引擎，可有效保障 UI 渲染效果的一致性，提供跨平台多端高度一致的渲染体验。从广义上讲，PC 预览也是 HarmonyOS 应用跨平台的一种体现。相比模拟器，PC 预览只保留了 UI 渲染引擎。自绘制引擎是跨平台 UI 框架渲染一致性的基石，如 HarmonyOS、Android 与 iOS 控件显示风格均不同，主要是因为不同平台的渲染引擎对每个控件都有自己不同的设计风格，即不同平台的 UI 控件会呈现不同的风格。ArkUI 作为新一代跨平台 UI 框架，其自绘制引擎保证了跨平台 UI 渲染效果的一致性，PC 预览作为 ArkUI 在 PC 平台上的渲染引擎，必然要和物理设备呈现一致的渲染效果。

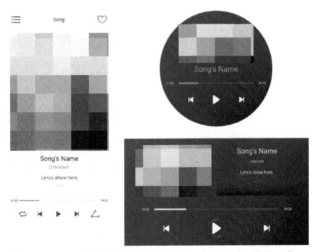

主题资源：UI 控件渲染使用系统主题资源，如深色模式、浅色模式、媒体资源和国际化资源等。PC 预览引擎通过加入主题资源解析模块，在系统主题资源随 HarmonyOS SDK 进行发布后，预览时可直接读取和解析 HarmonyOS SDK 中的系统主题资源，以保证 PC 预览和物理设备显示效果一致。

平台能力：设备信息和网络能力也是影响预览一致性的关键因素。UI 渲染时，屏幕参数（分辨率、屏幕密度、横竖屏等）和设备类型（手机、平板计算机、智慧屏、智能穿戴、车机、带屏 IoT 设备等）等设备信息对渲染结果的呈现形式也有相应的影响，如图 11-58 所示。例如，分辨率会影响图像选择加载和布局的计算；屏幕密度会影响组件的相对布局计算；横竖屏会影响资源选择、布局计算和内容展示；设备类型则会影响资源主题类型的加载，因为不同类型的设备，其默认的主题样式不同。PC 预览引擎启动时，由预览器后端对屏幕参数和设备类型进行管理，并将其传递给预览引擎，预览引擎根据设备信息对 UI 和布局进行计算、渲染，实现预览与显示效果一致。UI 渲染时，网络能力（如 Image 组件的网络图像加载和网络请求 API 的请求结果）对渲染结果的呈现形式也会有影响。例如，从网络下载的图像和网络请求的数据都会对页面 UI 布局产生影响。PC 预览器对这些影响页面布局的平台能力没有使用 Mock 机制，而是进行 PC 平台迁移和实现，来保证迁移前后页面布局渲染结果的一致性。

图 11-58　一致性渲染效果示例（手机、智能手表、智慧屏）

（2）实时预览和双向预览

预览作为新一代跨平台 UI 框架中重要的一环和开发态体验关键竞争力，可以极大提高开发效率，降低开发成本。实时预览和双向预览是 PC 预览的重要特性。下面将从编译态、运行态和调度策略这 3 个维度阐述实时预览和双向预览。

实时预览就是代码和界面保持同步，代码修改后可实时更新预览界面。如何保证实时预览的"实时性"呢？

首先，ArkUI 支持声明式范式（ArkTS）和类 Web 范式（JavaScript）开发，编译时都采用 webpack 进行 Bundle 化。实际上，webpack 的编译性能优化一直备受业界关注，有从缓存角度出发的优化方案（如 cache-loader 和 hard-source-webpack-plugin），可以提高第二次编译的速度，也有从资源并行解析角度出发的优化方案（如 thread-loader 和 HAppyPack），针对复杂工程，可提高第一次编译的速度。缓存和资源并行解析会给 HarmonyOS 应用的编译和打包带来性能提升，但对实时预览（修改完代码 1 s 内完成渲染显示）没有本质提升。因为 webpack 的启动时间太长，尤其是在插件较多时，这严重影响了 PC 的预览速度。如何解决 webpack 启动耗时问题？最直接的方法是 webpack 启动监听模式，一直轮询监听文件的变化，当被监听的文件发生变化时，立即进行编译打包。虽然这种方法可以带来编译性能的提升，但是监听模式会使 webpack 进程常驻后台并持续轮询监听每个文件的状态。当轮询时间较长、页面文件较少时，实时预览性能将会劣化；当轮询时间较短、页面文件较多时，轮询会发生死锁，引起实时预览性能变差、CPU 占用过高。这里，监听模式需要改为通知模式，当代码或资源发生变动时，由预览器前端进程通知监听进程某个文件发生了变动，解决轮询机制带来的死锁、页面较少时的性能劣化和 CPU 占用高的问题。换句话说，可联合 webpack 监听模式、增量编译（持久化缓存机制）和通知机制解决实时预览编译性能问题。

其次，ArkUI 支持预览引擎初始化，预览引擎初始化主要包括设备类型和屏幕参数的解析、加载，并根据上述参数加载对应的主题资源和应用自定义资源，完成基本的页面 UI 预览。设备类型由预览器前端解析应用清单文件获取，其他屏幕信息根据设备真实参数进行设置，这些参数和资源文件都通过预览器后端进程启动预览渲染引擎时进行设置。预览器相比物理设备或模拟器，删除了 BMS 和 AMS（Ability Manager Service，能力管理服务）等系统服务，节省了打包（生成 HAP）和包解析时间，缩短了端到端页面 UI 显示的"路径"。通过上述步骤，预览器完成页面 UI 渲染之后，接下来就是调试页面代码，并实时更新预览界面。从调试页面代码到渲染完成，主要包括两种方法，一种是预览引擎直接加载已修改页面的 JavaScript Bundle，完成当前调试页面的预览，另一种是通过热加载完成调试页面的预览。相比前者新加载，热加载可以保留页面状态，实时性能更好。

最后，ArkUI 基于不同场景选择不同的预览调度策略，涵盖对已有节点属性样式的修改、对节点的新增与删除，以及业务代码修改等场景。预览调度策略包含热加载和编译构建，通过预览器前端完成智能调度。

双向预览是在实时预览的基础上，增加预览界面到代码，再到预览界面的过程。双向预览包含双向定位和双向预览两种能力。

首先，双向定位是基础，可保证页面代码和预览界面之间相互映射。如何保证双向定位映射的准确性，需从编译时和运行时两个维度出发。PC 预览 JavaScript Bundle 编译时，针对页面中每个组件新增所在页面路径、行号和列号这 3 个属性，用于预览界面到页面代码的映射和定位。PC 预览 JavaScript Bundle 运行时，生成当前页面的组件树，针对页面中每个组件的新增位置和宽高等属性，用于页面代码到预览界面的映射和定位。

其次，当 PC 预览具备双向定位和实时预览能力，双向预览可基于这些能力来实现。对于正向过程，即从页面代码到预览界面的过程。这里，主要的不同是当开启双向预览（Inspector）时，如果开发者在代码编辑页点击某个组件，预览界面上对应的组件会新增一个 mask 蒙层，用于表示开发者选中的组件。在介绍反向过程之前，先介绍一下双向定位中提到的节点树，当开发者打开双向预览功能时，预览引擎会生成当前页面 UI 的节点树。节点树除了包含组件通用属性样式和私有属性样式之外，还包含上述提到的组件所在页面的路径、行号、列号、渲染的位置和宽高等属性，以及预览引擎为每个组件生成的唯一 ID。预览器前端根据节点树生成 GUI 结构展现在 IDE 上，当然，用于双向定位的新增辅助属性不会直接展现在 IDE 上。反向过程，即从预览界面和节点树到代码的过程。当开发者点击 GUI 节点树上某个节点时，预览界面和代码编辑页会同时对相应组件的 mask 蒙层进行标注。当开发者点击预览界面上某个组件时，节点树和代码编辑页会同时对相应组件的 mask 蒙层进行标注。在双向预览模式下，开发者点击代码编辑页组件、预览界面组件或节点树节点中的任何一个时，预览器前端都会显示当前组件的属性样式列表，开发者可在属性样式列表中直接修改组件的属性和样式，通过热加载完成预览界面的更新，同时代码编辑页也会根据属性样式列表的变动做出相应的修改。

最后，基于不同场景选择不同的预览调度策略，覆盖属性样式修改、节点增删改和业务代码修改等场景。预览调度策略包含双向预览、热加载和编译构建，并通过预览器前端自动完成智能调度。

图 11-59 给出了 Foot Detail 页面实时预览示例。

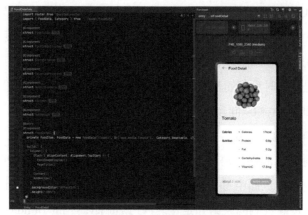

图 11-59　Foot Detail 页面实时预览示例

图 11-60 给出了基于节点树的代码和预览结果的 Text 组件双向定位示例。

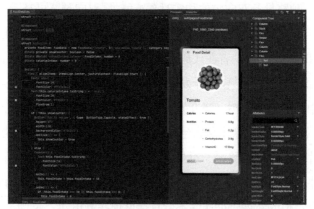

图 11-60　基于节点树的代码和预览结果的 Text 组件双向定位示例

图 11-61 给出了通过代码编辑页或属性列表进行双向预览的示例。

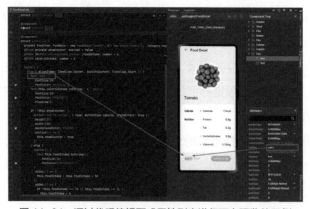

图 11-61　通过代码编辑页或属性列表进行双向预览的示例

（3）多维度预览

多维度预览主要包括组件预览、静态预览、动态预览、多设备预览。下面分别介绍这些预览及相关技术。

组件预览包含基础组件和自定义组件预览，例如 Text 基础组件和 Component 自定义组件。通过 @Preview 装饰器进行标注，即预览器加载页面时，将创建并渲染由 @Preview 装饰的自定义组件。组件预览包含两个重要的特性：一是页面内部不同组件可同时进行预览；二是支持组件进行自定义大小或默认大小预览。

Component 组件预览如图 11-62 所示。

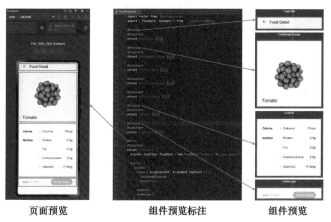

| 页面预览 | 组件预览标注 | 组件预览 |

图 11-62　Component 组件预览

静态预览主要是指单页面预览，支持组件事件响应和弹框，不支持路由能力。静态预览功能设计主要从预览性能角度考虑。首先，在编译上，静态预览只对单个页面进行编译，占用的编译时间和编译内存相比全量编译会少很多，尤其对于复杂工程，首次启动的体验更好。其次，在运行上，单页面加载相比整个工程（包括资源文件）加载，时间更短。最后，在调试上，单页面预览断点调试性能体验较好，因为模块较多时，生成 sourcemap 和二进制转换都存在耗时较多的情况。

动态预览主要是指在静态预览的基础上新增页面路由跳转支持。相比静态预览，动态预览需按照正常包编译和加载流程进行渲染。从预览一致性角度来看，动态预览与物理设备呈现的动态效果表现一致，如图 11-63 所示。

多设备预览主要是指不同的设备（如手机、智能手表、智慧屏、车机等）可以同时预览，也可以独立预览，渲染结果能适配设备，如图 11-64 所示。不同设备的预览通过不同的进程实例进行处理。多设备预览的一致性主要是通过加载系统主题资源和模拟读取设备信息（屏幕参数和设备类型）实现的。

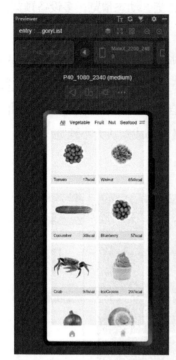

图 11-63　食物列表路由到食物详情页的动态预览示例

图 11-64　多设备预览：同一套代码同时在不同设备上的预览

11.5　ArkUI 的探索和优化

面向开发者的极简开发、面向消费者的流畅酷炫的体验，以及能够高效地在不同设备和不同平台上部署，这些都需要 UI 框架持续演进。ArkUI 会不断在这些方面进行深度探索和优化，包括结合语言更进一步简化开发范式，结合运行时在跨语言交互、类型优化等方面进一步增强性能体验；进一步结合并行化能力、分布式能力等。当然，应用生态还涉及很多方面，例如第三方插件的繁荣、更多的平台扩展、更具创新的分布式体验等，这些都需要持续的创新和演进。

Chapter 12 / 第 12 章

图形子系统原理解析

  HarmonyOS 图形子系统承担了 HarmonyOS 图形渲染与显示输出的功能，为 2D/3D UI、高帧率、动效等系统业务提供渲染和显示服务。通过对 CPU、GPU、DSS（Display SubSystem，显示子系统）等系统硬件资源的合理、高效利用，为用户提供流畅、精致的体验。

  图形子系统向上为 ArkUI 提供渲染通道和能力，向下对接 GPU、屏幕显示硬件，提供渲染后的显示内容。本章通过对图形子系统的设计目标、逻辑架构及关键模块的介绍，解析 HarmonyOS 图形子系统原理。

12.1 图形子系统的设计目标

HarmonyOS 图形子系统的整个设计目标可以抽象为 3 个词——实时、沉浸和交互：通过稳定流畅、超低能效实现"实时"；通过精致图形、端云渲染实现"沉浸"；通过物理真实、精准感知实现"交互"，如图 12-1 所示。

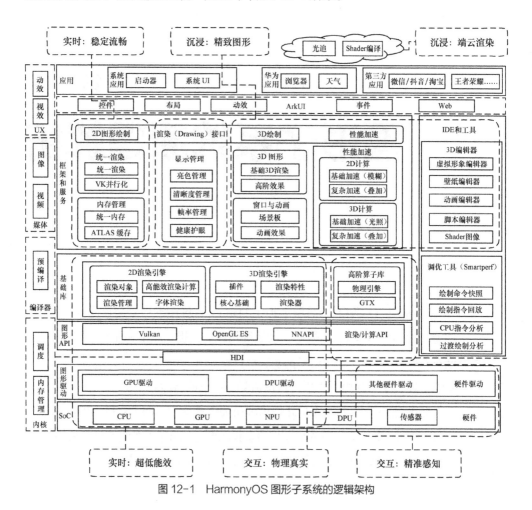

图 12-1 HarmonyOS 图形子系统的逻辑架构

实时：对移动设备而言，实时意味着在固定时间内以较低的能耗完成所要求的帧率。渲染的实时性更是如此，以 120 frame/s 的帧率为例，需要在 8.33 ms 内完成渲染任务。这就要求管线处理（Graphics Pipeline）阶段及图像渲染（Graphics Rendering）阶段的处理时间满足设定的帧率要求。

沉浸：一个好的图形栈可以让用户沉浸其中，就好像身处影院中欣赏电影一样。HarmonyOS 图形子系统通过高端、精致的动效来达成这个目的，这种沉浸体验需要采用 2D、3D 甚至 2D/3D 融合渲染的方式来提供。同时，沉浸和实时存在一定的矛盾，处理好两者之间的平衡是图形子系统设计的关键。另外，也可以通过端云结合的方式来达成这种平衡，把实时渲染任务放在端侧，而高消耗类的渲染任务放在云侧。

交互：除了实时与沉浸，为了让用户有更好的体验，还需要提供相应的交互方式，而其中最为重要的就是物理真实，HarmonyOS 图形子系统的 3D 渲染引擎通过与物理引擎相结合，让交互变得更加真实。另外，通过设备对用户的感知，基于意图渲染，获得最佳渲染和显示效果，形成交互。过去我们通过键盘、鼠标、触控来操作设备，而未来则可以通过手势、眼球运动来操作设备。

为了更好地支持实时、沉浸和交互的图形栈，HarmonyOS 图形子系统的关键技术如表 12-1 所示。

表 12-1　图形子系统的关键技术

支撑目标	关键技术	技术解释
实时	统一渲染管线	在渲染机制上，支持统一的绘制策略，以达成缓存复用、节点合并、并行处理的低功耗、高性能渲染效果
	数据驱动的渲染	2D 和 3D 渲染引擎实现基于数据驱动的渲染结果，可以实现更高的并行度，减少 CPU 上的负载，更好地达成 CPU 和 GPU 之间的平衡
	基于 Vulkan 的渲染	基于 Khronos 的 Vulkan 渲染 API，实现 2D 和 3D 的渲染后端均为 Vulkan，并且扩展对应的 Vulkan API，支持高阶算法
	软硬芯结合	结合海思自研 GPU 实现高阶算子库、GTX（GPU Turbo X）游戏加速算法；结合 LTPO 和显示模块，实现真实、清晰、流畅的效果
沉浸	合一桌面	通过将负一屏、大桌面、控制中心、通知中心等应用合一进行统一管理，应用窗口化，同时提供统一模板实现动效
	2D/3D 融合	使 2D 渲染和 3D 渲染实现融合，让用户可以感知到空间感、层次感
交互	真实感渲染	提供物理真实的渲染结果，让用户体验接近真实世界的渲染结果，并通过传感器等设备感知用户意图

12.2 图形子系统的逻辑架构

HarmonyOS 图形子系统的逻辑架构如图 12-1 所示，可以看到，图形子系统包含的内容广泛，按功能维度可重点分为窗口与动画、统一渲染、2D 渲染引擎、3D 渲染引擎、显示管理、高阶算子库和图形驱动（含图形 API）7 个模块，各模块说明如表 12-2 所示。

表 12-2 图形子系统的各模块组成

模块	能力特性
窗口与动画	轻量的、链式的、物理连续的动画实现，并通过合一服务场景板（Scene Board）实现应用窗口化、模板动画的能力
统一渲染	统一渲染部件是图形栈中负责界面内容绘制的模块，主要职责是对接 ArkUI 框架，支撑应用的界面显示，包括控件、动效等 UI 元素，以及合成应用渲染的图层，并将其送至显示器
2D 渲染引擎	提供 2D 的渲染（Drawing）接口以及基于数据驱动的形状、样式绘制算法
3D 渲染引擎	基于 ECS（Entity Component System，实体组件系统）架构，提供 3D 渲染能力
显示管理	作为渲染服务的后台，提供硬件合成、送显、Vsync 及显示设备、Surface、BufferQueue 轮转、本地平台化窗口等能力
高阶算子库	提供基于海思自研 GPU 的物理引擎以及 GTX 游戏加速算法
图形驱动（含图形 API）	在 GPU 之上的软件层，支持指令到硬件的翻译

场景板、渲染服务、2D 渲染引擎、3D 渲染引擎、图形 API 模块的关系如图 12-2 所示。

场景板实现了窗口控件化，让动效转场更加流畅。渲染服务对所有应用的渲染请求进行合并，进行高效的渲染。DDGR（Data Driven Graphics Rendering，数据驱动图形渲染）是基于数据驱动的 2D 渲染引擎。AGP3D（Advanced Graphics Pipeline 3D，高级图形管线 3D）是基于 ECS 架构的 3D 渲染引擎。Vulkan API 遵循 Khronos 标准，并进行一定的扩展。GPU 是图形渲染处理单元。

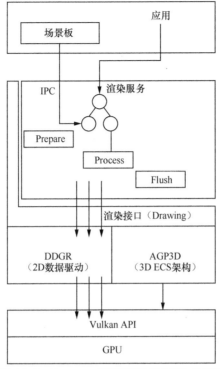

图 12-2　Harmony 图形子系统核心模块的关系

12.3　图形子系统的关键模块

12.3.1　窗口与动画

　　动画的本质是在事件的驱动下，让操作对象在时间和空间维度上按一定的规则运动而形成的界面连续变化过程。如图 12-3 所示，动画的操作对象可以分为窗口、页面和组件。动画衔接平滑、连贯是体验流畅的必要条件。HarmonyOS 动画系统设计了多个关键架构来解决不同类操作对象的动画衔接问题，如场景板服务解决窗口间以及窗口与组件的动画衔接问题；页面转场动画框架解决页面动画问题；属性动画框架提供基础的动画能力，支撑组件动画的实现。

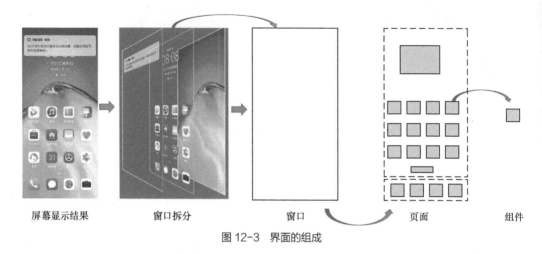

屏幕显示结果　　　　窗口拆分　　　　　　窗口　　　　　　　页面　　　　　　组件

图 12-3　界面的组成

1. 场景板服务（合一窗口模块）

场景板作为一个系统级服务，集成了窗口管理模块、任务管理模块、应用 0 级界面等功能模块，通过窗口控件化能力，控制应用窗口的生命周期，并作为唯一的窗口动画控制者，实现应用启动桌面图标组件和应用窗口的无缝衔接。场景板的核心功能模块介绍如下。

窗口管理模块：负责应用窗口的创建和销毁等生命周期管理，窗口位置和层级关系的计算，以及窗口状态和尺寸发生变化时的重布局。

任务管理模块：负责系统任务栈的管理和显示，通过 IPC 通信与元能力管理服务配合，实现应用进程的创建和销毁，具备实时多任务显示能力。

应用 0 级界面：包括桌面、控制中心、负一屏等核心业务模块的 0 级界面，确保跨 0 级界面的转场动画平滑衔接。

2. 页面转场动画框架

页面转场包括层级转场（或父子转场）、搜索转场、新建转场、编辑转场等细分场景，部分转场（如层级转场）需要提供共享元素过渡的能力。可以通过导航转场、模态转场、共享元素转场等能力实现上述转场样式，对应的动画能力如下。

导航转场动画能力：常用的转场方式，该方式是一个界面消失、另一个界面出现的动画，如设置应用一级菜单切换到二级界面。为了支持跨页面的共享元素能力，需要对组件的布局进行抽象，系统将页面布局设计成图 12-4 所示的通用的布局样式，不同的转场实际上是对不同的内容区做动画，标题栏可以选择隐藏或不隐藏。

模态转场动画能力：新的界面覆盖在旧的界面之上，旧的界面不消失，新的界面出现，如弹出弹框就是典型的模态转场动画。

图 12-4　导航转场的页面布局设计

共享元素转场动画能力：共享元素转场是在页面切换时，对相同的元素匹配位置和大小的过渡动画效果。

3. 属性动画框架

以组件节点属性的变化为基础，通过对组件节点属性的计算更新实现组件动画。属性动画框架具备以下能力。

基础动画能力：系统属性和自定义绘制属性的计算与更新机制，支持属性动画、关键帧动画、弹性动画等。

基础的转场动画能力：支持出现—消失的转场动画效果，以及共享元素的动画效果。

基于物理规律的动画：支持多种动画曲线，如淡入、淡出、贝塞尔曲线、弹性动画曲线等。提供动画与动画之间、手势与动画之间的惯性衔接能力，模拟真实世界的运动规律，提供更加自然的动画体验。

隐式动画：通过隐式的动画接口，系统自动检测渲染节点属性的变化，对有变化的属性添加动画。

动画与 UI 线程分离：动画不在 UI 线程中运行，保证了动画和交互的体验流畅。

4. 关键动画能力

（1）动画与 UI 线程分离

动画与 UI 线程分离的设计目的是确保动画不会因为 UI 线程的阻塞而丢帧，尽可能保障用户的体验流畅。由图 12-5 可见，将动画从 UI 线程分离，在 UI 线程被阻塞的情况下，动画的计算及渲染都可以正常执行，并且通过动画衔接算法保证属性值变化和速度变化的连续，让用户的体验更流畅。

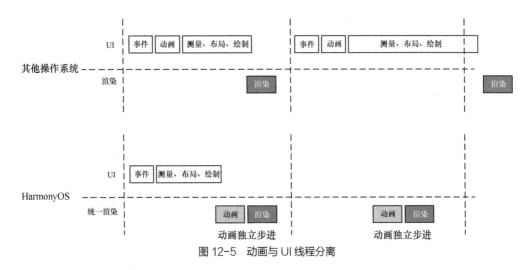

图 12-5　动画与 UI 线程分离

（2）支持的动画属性

窗口与动画模块中将属性作为动画的基础，当更改动画样式时，只需要更新对应的节点属性值，即可完成动画变化。窗口与动画模块支持的属性如表 12-3 所示。

表 12-3　窗口与动画模块支持的属性列表

属性分类	说明
外观	透明度、圆角、边界颜色、边界线宽、背景颜色、阴影
位置大小	宽／高、$x/y/z$ 坐标、$x/y/z$ 锚点
仿射变换	平移、旋转、缩放、3D 变换
滤镜	模糊、色彩增强、灰度变换等
自定义绘制属性	除了上述通用的属性，还支持对自定义绘制内容属性的更改

（3）隐式动画

渲染节点不仅提供隐式动画能力，还提供打开／关闭隐式动画接口，打开隐式动画时设置动画参数。组件在为渲染节点设置属性时，如果隐式动画打开，则根据控件设置的动画参数创建动画，并将动画添加到渲染节点，如图 12-6 所示。

5. 效果框架

图 12-7 所示为效果框架。效果框架为 HarmonyOS 提供图像、图像效果的处理能力，支持效果算法在整个效果框架内共享，统一效果处理时的数据格式，根据终端能力自适应选择不同的算法，为 CPU、GPU 等提供算法支持。

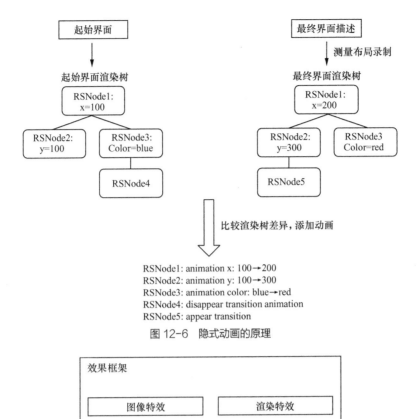

图 12-6　隐式动画的原理

图 12-7　效果框架

6. 图像特效

图像特效的处理流程如图 12-8 所示。

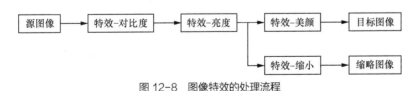

图 12-8　图像特效的处理流程

在图像特效的处理过程中，开发者只需要按照自己想要的效果处理顺序构建效果链，无须关注不同算法间的衔接、格式等问题，也无须关注算法的执行机构，此类问题将由效果框架在设计上予以解决。

7. 渲染特效

为开发者提供在图形渲染管线中插入渲染特效的机制，通过控件和窗口提供特效配置能力，如阴影、模糊、开发者自定义效果等。

开发者通过控件、窗口提供的特效配置接口，配置自己想要的渲染效果，由渲染模块保证将特效插入渲染的指令集中，从而在实现渲染时为开发者提供需要的算法。整体流程如图 12-9 所示。

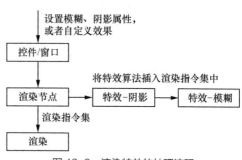

8. 特效算子库

提供了对比度、亮度、饱和度、缩放、模糊等算子，未来将进一步丰富特效算子库，以构建完整的特效处理能力。

图 12-9　渲染特效的处理流程

12.3.2　统一渲染

1. 渲染的功能

统一渲染部件是图形栈中负责界面内容绘制的模块，主要职责就是对接 UI 框架，支撑应用的界面显示（包括控件、动效等 UI 元素的显示），并合成不同应用渲染的图层，将合成结果发送给显示设备。

统一渲染有如下几个核心目标：支持 UI 元素的显示，负责在屏幕上显示应用描述的 UI 元素（控件、控件动效、窗口、窗口动效）；支持流畅的交互和动效，支持不同帧率下稳定、流畅的界面绘制，支持交互的快速响应，并提供框架完成复杂的动效；支持多屏、多窗口及虚拟屏幕，支持渲染多窗口，支持渲染到多个屏幕或者渲染到虚拟屏幕；支持渲染数据的 Dump、Trace 和自动化测试等 DFX 能力，帮助开发者定位和分析显示问题，并帮助用户快速了解新的平台、版本的硬件需求和软件瓶颈。

2. 统一渲染整体架构

统一渲染整体架构如图 12-10 所示。

图 12-10　统一渲染整体架构

各模块的详细说明如表 12-4 所示。

表 12-4　统一渲染的各模块说明

模块	特性	说明
服务（Service）	渲染管线	定义渲染过程阶段
	线程	统一渲染进程中的线程：主线程和资源调度；消息处理，包括 Vsync、IPC 等
	渲染树管理	渲染命令处理
	绘制	绘制执行
	合成	合成图层发送给 HWC，在切换备用时进行 GPU 合成
	动效	动效执行
	截屏 / 录屏 / 分屏 / 虚拟屏	渲染目标对象管理。渲染根节点定义了屏幕 ID，屏蔽渲染管线间的差异
客户端（Client）	API	上层框架的绘制 API
	动效	动效执行
	绘制	渲染树绘制为缓冲区的像素
	IPC	IPC 的客户端，负责传递数据到服务端
	渲染管线	定义渲染过程阶段
基础（Base）	IPC	和客户端的 IPC 是一一对应的，客户端数据通过 IPC 发送到服务端
	图层管理	管理当前缓冲区图层的生成和销毁。主要包括动态缓冲区轮转、静态缓冲区合并等
	屏幕窗口管理	屏幕和窗口的接口封装
	策略调度	统一和分离的渲染策略
	动效框架	使用动效和图形库，进行动效启动与动画步进
	绘制框架	渲染树遍历生成 Drawop，向图形引擎提交 Flush

　　软件栈主要通过基础模块提供公共能力，服务模块提供系统统一的渲染服务进程能力，客户端模块提供对接应用的接口。

　　图形渲染是系统的核心能力，对性能、功耗、稳定性的要求非常高。这样的系统能力一般通过固定的流程来提供，即渲染管线。

　　渲染管线定义了从 UI 描述到屏幕像素的过程。业界的渲染管线，根据应用渲染的时序不同，分为分离渲染和统一渲染，如图 12-11 所示。

　　分离渲染：应用渲染由应用进程管理，系统渲染服务只负责合成图层，如 Android 系统采用分离渲染。

　　统一渲染：应用渲染由系统渲染服务统一管理，如 iOS 采用统一渲染。

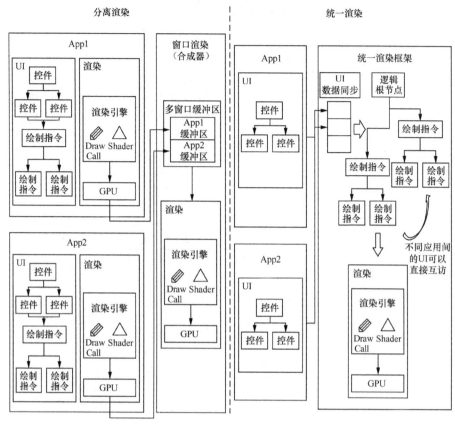

图 12-11 分离渲染与统一渲染的流程对比

统一渲染下的数据交互如图 12-12 所示。

（1）foundation 进程

• WMS 为窗口管理，刷新窗口属性。

• DMS 为屏幕管理，刷新屏幕属性。

（2）应用进程

• Vsync 是统一渲染的 Vsync 分发器传递给应用的进程，触发一次 UI 界面刷新。

• UIDirector 负责 UI 线程管理，UI 创建渲染数据发送给渲染线程，经过统一渲染，发送给统一渲染进程。

• 2D 渲染引擎负责 2D 渲染。

• Surface 负责自绘制的应用，如相机、视频、游戏等，2D 渲染业务或自绘制对象均需要从统一渲染进程获取绘制的 Surface 对象。

（3）render_service 统一渲染进程

• Surface BufferQueue 提供创建、释放 Surface 等的生命周期管理。

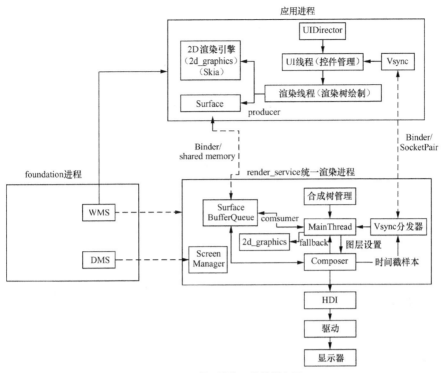

图 12-12　统一渲染下的数据交互

- Screen Mananger 管理屏幕接口。

- MainThread 为主流程线程，负责管理合成数据，提交给 Composer（合成器）。

- Composer 收到需要合成的图层后，提交给屏幕的 HDI，完成上屏操作。

3. 统一渲染的优势

随着移动终端的发展，消费者对图形动效能力的诉求越来越高，传统的 UI 渲染管线如图 12-13 所示，在实现动效时受到越来越多的设计约束。

传统 UI 渲染管线的能力不足主要表现在以下 3 个方面。

应用跨进程无法实时获取资源：各应用分属不同的进程，获取的资源是截图，无法以控件级别实时获取资源。

跨窗口控件无法联动：跨窗口控件各自绘制进程，无法联动。

控件、窗口动效无法联动：控件动效在应用进程，窗口动效在窗口渲染进程，无法实时同步与联动。

UI 动效对 UI 渲染管线的诉求表现为以下 3 个方面。

- UI 与窗口实时共享资源，这样更容易实现跨窗口与 UI 动效（如实时模糊）。

- 跨窗口 / 控件间动效联动，支持多窗口间的控件动效联动。

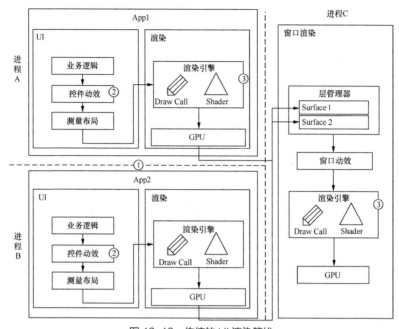

图 12-13　传统的 UI 渲染管线

●控件与窗口动效渲染实时联动，支持控件动效与窗口动效统一在帧同步时渲染。

因此，为了解决传统框架在跨窗口联动时遇到的问题，HarmonyOS 设计了统一渲染的管线能力，框架如图 12-14 所示。

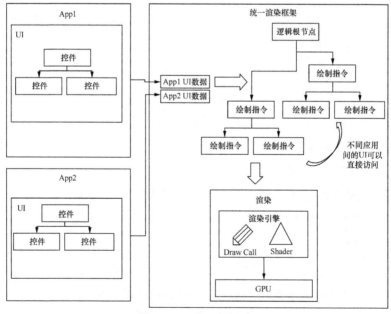

图 12-14　统一渲染框架

统一渲染负责渲染树的管理、绘制、显示，以及对动效能力的支持。

传统的分离渲染时序（见图 12-15）与统一渲染时序（见图 12-16）存在差异。如图 12-15 所示，GPU 的渲染分散在 App 和合成器中。

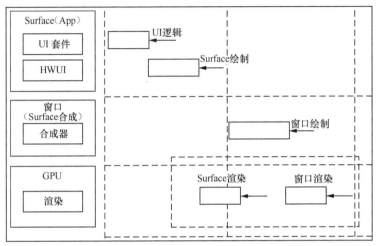

图 12-15 传统的分离渲染时序

如图 12-16 所示，统一渲染框架统一了 GPU 渲染时序，从机制上保证了绘制能效的提升。

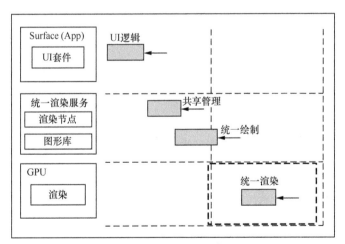

图 12-16 统一渲染时序

由于系统整体的渲染数据得到同步，用户看到的屏幕上的元素边界被打破，可以非常简单地完成所有元素之间的交互同步。同时，计算元素之间的遮挡关系，也可以快速剔除不需要绘制的元素，实现所见即所绘。对于一些需要多重渲染管线的高阶动效，如窗口间模糊效果，在统一渲染下，也可以一次完成。

4. 统一渲染线程模型

分离渲染线程模型如图 12-17 所示。

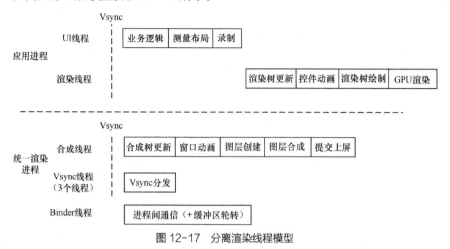

图 12-17 分离渲染线程模型

应用进程包括 UI 线程和渲染线程。UI 线程是应用主线程，也是 ArkUI 核心工作线程，对统一渲染部件而言，其主要负责生成渲染节点需要的属性值信息和绘制指令信息。每个应用进程中只有一个渲染线程，负责维护渲染树状态，执行属性动画和真正的渲染动作。统一渲染进程包括合成线程、Vsync 线程和 Binder 线程。合成线程是统一渲染主线程，负责维护合成树信息，执行窗口动画，根据合成树创建图层栈，并提交硬件合成器上屏。Vsync 线程负责 Vysnc 的分发，一共有 3 个线程（由合成器部件维护），分别负责生成 Vsync 及给统一渲染和应用做分发。Binder 线程按需创建，负责执行 IPC（包括 BufferQueue 轮转的 Binder 部分）。

统一渲染线程模型如图 12-18 所示。

应用进程内的 UI 线程与分离渲染线程相同，但不再有渲染线程。统一渲染进程包括统一渲染线程、硬件线程、Vsync 线程、反序列化线程和 Binder 线程。统一渲染线程是主线程，负责维护统一渲染树、执行动画及节点渲染动作。硬件线程负责渲染完毕后缓冲区的提交上屏动作，此外，由于硬件相关的接口调用需要在同一个线程，类似屏幕亮度调节、屏幕热插拔等操作也会在该线程中执行。Vysnc 线程模型与分离渲染线程模型相同。反序列化线程负责将一些大块图形数据反序列化，大块图形数据用专门的线程反序列化主要是为了便于调整线程优先级，以及与主线程进行同步。Binder 线程按需创建，负责执行 IPC（包括 BufferQueue 轮转的 Binder 部分），比较小的图形数据会直接在 Binder 线程进行反序列化。

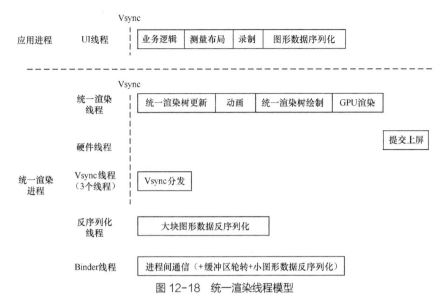

图 12-18　统一渲染线程模型

　　由于 UI 和渲染请求接收 Vsync 需要创建对应的 Looper 线程（EventRunner），导致在应用进程中存在过多的线程，CPU 负载高时，Vsync 线程存在时延，调度不及时会出现丢帧现象。如图 12-19 所示，EventRunner 调度时出现了 Runnable 等待过长的情况，导致错过了一个 Vsync 信号。优化措施是将 Looper 线程与 EventRunner 线程进行合并，删除了原来的渲染线程，把 Drawframe 过程放到 EventRunner 线程进行。

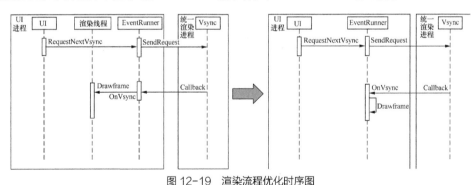

图 12-19　渲染流程优化时序图

　　I/O 相关的操作可能会阻塞 UI 主线程，I/O 相关耗时操作（如资源申请、解码）耦合主线程时会造成卡顿，这里以应用滑动场景为例，说明造成卡顿的逻辑。

　　图 12-20 所示为逻辑主线程卡顿。

　　① 动效计算不能匹配动效渲染引入的卡顿，动效计算联动的测量布局带来 UI 主线程卡顿。

　　② I/O 业务不能匹配渲染时序引入的卡顿，I/O 资源申请与解码任务重带来 UI

主线程卡顿。

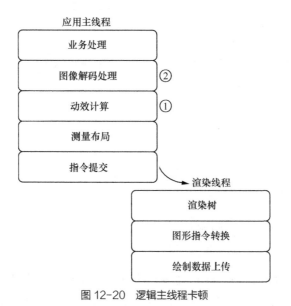

图 12-20　逻辑主线程卡顿

HarmonyOS 图形子系统针对这个问题，设计了 I/O 线程池机制，从本质上解决 I/O 带来的图形渲染性能问题，如图 12-21 所示。

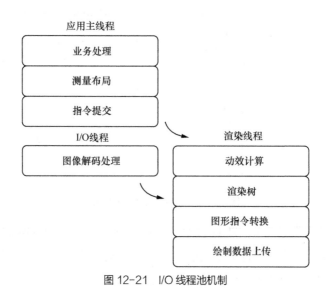

图 12-21　I/O 线程池机制

5. 统一渲染优化技术

由于所有应用的绘制数据都需要汇总到渲染服务进程统一处理，会存在跨进程数据传输、绘制工作量集中、冗余绘制等问题，为了解决此类问题，对统一渲染架构进行了如下几个方面的优化，以提升渲染效率。

（1）共享内存资源传递

从整条渲染管线来看，数据需要从应用进程传输到渲染服务进程，而每个进程的数据量是不同的，这就容易使进程间的数据传输时长过长，导致渲染卡顿。

IPC 采用 Parcel 打包数据，分成 3 个阶段。

第一阶段是序列化，将数据复制，并调整为 Parcel 数据结构。

第二阶段是 IPC 传递，Parcel 通过 IPC 传递到其他进程。

第三阶段是反序列化，按照用户数据结构读取 Parcel 数据。

IPC 传递下的序列化与反序列化如图 12-22 所示。

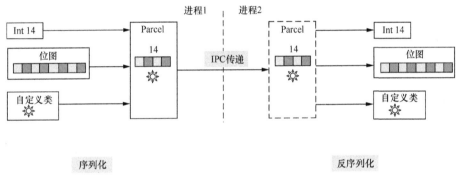

图 12-22　IPC 传递下的序列化与反序列化

UI 框架会将渲染变化的部分（如动画、属性、绘制指令、节点管理）生成差分的命令列表。然后进行序列化、IPC 传递，并在对端进程完成反序列化，合成到统一渲染总的渲染树中去，进行渲染。

直接使用 IPC，其性能会很差，而且性能和数据量成反比。IPC 影响渲染管线的时序、渲染帧率，如图 12-23 所示。

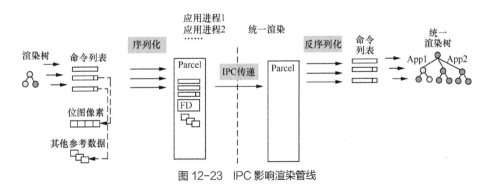

图 12-23　IPC 影响渲染管线

通过共享内存的方式，使进程间只需要传递内存的文件描述符，从而达到非常高效稳定的传输效率，如图 12-24 所示。

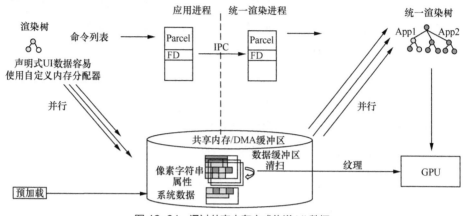

图 12-24　通过共享内存方式传递 UI 数据

这一过程中，应用进程通过共享内存存储渲染命令，然后通知统一渲染进程已准备好设备数据，统一渲染进程直接读取数据。

在使用共享内存的情况下，序列化和反序列化不阻塞渲染流程。

（2）并行渲染时序

从系统渲染管线全局来看，渲染的过程涉及多个阶段、多个进程、多台器件设备。为了分析方便，我们把这些阶段按照执行的器件设备简化为以下 3 个部分。

CPU Build：UI 的界面描述加载为渲染树数据结构，处理事件和用户交互更新渲染树，并提交给渲染服务。

GPU Draw：通过 2D 渲染引擎，将渲染树转换为 3D 渲染指令，并提交 GPU 渲染到帧像素。

DSS Compose：多个图层的帧像素提交给合成器，合成器读取对应区域的像素，将其合成到一个图层，并提交给显示屏。

如果 3 个阶段都处理同一份数据，那么流水线只能依次执行，帧间隔就等于每个过程的时间的总和。DSS 合成器如图 12-25 所示。

如果我们提供 3 个数据缓冲区，前面的阶段执行完第一份数据的处理，提交给第二个阶段后，就可以不等待第一份数据，继续输出第二份数据，如图 12-26 所示。

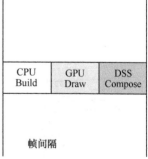

图 12-25　DSS 合成器

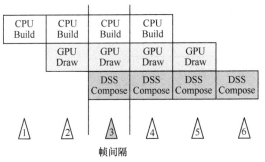

图 12-26　DSS 合成器多帧流水

这样，帧间隔就等于最长阶段的时间。虽然帧率提升了，但启动第一帧的时间还是等于每个过程的总和。

这里需要注意的是，如果 3 个阶段本身并不操作同一份数据，我们可以只提供更少的数据备份。

在分离渲染的策略下，CPU、GPU、DSS 都需要锁定渲染帧数据（也就是我们常说的缓冲区）进行处理，所以需要提供 3 份帧数据。

在分离渲染的策略下，CPU 阶段并不需要帧数据，只完成渲染树的构建，所以只需要 2 份帧数据，额外增加 1 份渲染树数据。缓冲区数据量和分辨率有关，一般都是十几 MB 的量级。渲染树的数据量则要小得多，一般在 5 MB 以下，而且和当前帧的变化有关，如果界面上只发生了一个微小的变化，例如界面的按钮被点击了，那么这份额外的数据量可能只有几 KB。

另外，反过来说，如果我们期望的帧率是 60 frame/s，那么期望的帧间隔就是 16.7 ms。如果其中一个阶段，如 GPU Draw 的帧率超过了 16.7 ms，那么 CPU 和 DSS 在 60 Hz 的频率下，就无法获取空闲的缓冲区来进行处理，将出现掉帧的情况。这种情况下，有两种处理方式。

第一，增加缓冲区的数量，并且提前渲染（延迟显示）。假设提前的时间是 t_0，GPU 每帧渲染的间隔是 dur，帧率是 f，渲染的总时间为 T。那么 GPU 在时间 T 内总共要产生的缓冲区数量应该等于帧率需要的缓冲区数量。

$$(T + t_0) / \mathrm{dur} = T \times f$$

例如，执行一个滑动动效，时长是 200 ms，GPU 每帧渲染的间隔是 20 ms，则需要提前 100 ms 进行渲染。

第二，对重负载的阶段进行分解，如图 12-27 所示。把重负载的阶段继续分解为多个阶段，将其并行化，可以更有效地解决这个问题。例如，GPU 每帧渲染的间隔是

20 ms，那么把它分解为指令生成和像素绘制两个阶段。

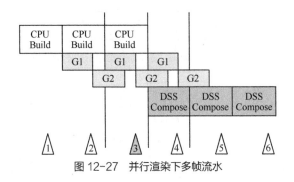

图 12-27　并行渲染下多帧流水

虽然启动的时长延长了，但是从第一帧显示开始，后面的帧率可以得到保证。

由于第一帧的显示时间总是等于所有过程的总时长，那么要缩短第一帧的显示时间，就需要对各阶段本身的时长进行优化。随着技术的不断发展，硬件一直在升级，渲染数据的复杂度和分辨率也同时在提升，所以我们总是会发现，虽然现在的硬件性能比过去提升了几千倍，但流畅度并没有提升相应的程度。而 HarmonyOS 是一个支持万物互联的系统，要考虑到不同设备的硬件形态不同，充分优化算法对体验的优化是至关重要的。

渲染可以分为准备阶段、执行阶段和清洗阶段。

● 准备阶段完成待绘制数据的准备。对于 IPC，使用统一的内存，以及压缩性能更优、压缩率更高的算法；对于 ProcessCommand，使用更适合渲染的数据结构；对于 Animation，使用更高级的数学、物理算法和像素运算库；还可以使用更高效的遍历算法，如脏区遍历算法、提前做剪枝算法。

● 执行阶段生成绘制指令。可选择的优化算法包括遮挡剔除，对不透明的遮挡区域进行剪枝优化；树遍历生成 DrawOp 指令，使用更高效的遍历算法，如提前做剪枝算法。

● 清洗阶段生成 GPU DDK 指令，并提交 GPU 绘制。对于 Draw，可对 DrawOp 指令进行预处理、合并、排序等优化；将 DrawOp 转译成 GPU DDK 指令，灵活使用 GPU 扩展指令；提交 GPU 执行，使用更高效的 GPU 指令集。

还有一些通用的方法，例如内存换性能；编译器的指令优化；CPU、GPU、DSS 等设备提供高级的特性指令支持 2D 渲染的场景。

系统流畅性的关键体现在动效上。一个常见的系统，其动效的执行涉及以下多种算法。

步进算法：一般时长动效由时间驱动，交互动效由输入驱动，转场动效由场景驱动。

变化算法：根据动效的类型，关键帧动效计算中间过程的差值，帧动效计算当前显示第 N 帧，粒子等物理动效计算物理量。

绘制算法：计算变化的区域，绘制新的像素，保持界面的层级结构。

动效的实现原理并不复杂，简单来说，设置一个函数，输入值、计算、输出变化的结果，并在动效过程中重复执行。但是动效的性能瓶颈一般在系统本身。

例如，步进算法是交互动效，输入源可能会卡顿，上报的数据频率低于动效的帧率，或者上报的数据点不平滑。这个时候就需要进行平滑化处理。在转场动效的情况下，场景本身的加载需要过长的时间。

所以在系统设计过程中，不仅要考虑静态的系统，还需要考虑动态的系统。

对于动态的系统，不稳定因素一般不是一直存在的，会在一定的情况下表现出来。例如，启动一个应用，并不是所有应用的加载时长都一样。这个问题看似无解，或许我们可以给出的解释是，应用自身性能太差，所以要让应用自己去优化。

但是，系统本身可以做得更好，就是把动效和这些不稳定因素解耦。系统需要在静态下保证自身运行是流畅的，也就是说，系统关闭动效，所有界面的变化都是瞬间完成的。这种情况下，系统如果卡顿，那么动效也无法解决这些问题。

使用声明式的表达方法，UI 线程只是声明要做什么动效、使用什么数据，其他工作全部交给渲染服务来完成。由于动效的执行从多模块变成单模块，性能的优化也可以集中在一起，渲染服务可以集中精力做一个性能稳定的系统。

这个系统称为同步动效系统，主要技术如下：在动效启动前完成耗时的计算，动效的执行只更新属性；动效的数据统一存储在渲染服务中，可以同步访问。

以布局动效为例，在动效启动时，计算好 A 布局和 B 布局。动效的每一帧只是计算中间布局。

动效算法的计算不一定完全能在第一帧完成，但是总是可以把一些公共的、统一的步骤提前，如计算贝塞尔曲线，可以在第一帧计算好全部 N 个点的值，动效执行的时候只是从数组中完成查表操作。

（3）全场景绘制去冗余设计

传统的渲染系统总是存在冗余绘制，如图 12-28 所示。

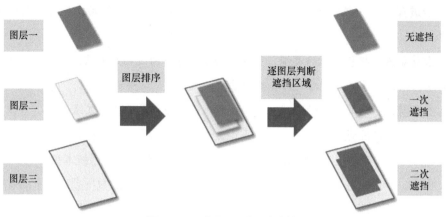

图 12-28　多图层下的冗余绘制

解决冗余绘制需要实行全场景的绘制去冗余策略，其优化思路是做到全场景控件级剪枝策略。

- 对于图层排序，渲染服务进程根据应用窗口的 Z-order 对所有图层进行排序。

- 对于遮挡判断，按 Z-order 从大到小的顺序进行图层遍历，依次计算每个图层的遮挡区域。

- 对于剪枝，深度优先遍历每棵渲染树，对落在遮挡区域内的渲染节点进行剪枝优化。

- 对于绘制，未被剪枝的渲染节点生成绘制指令，提交 GPU 渲染。

图 12-29 所示为冗余剔除优化。

图 12-29　冗余剔除优化

整体流程如图 12-30 所示。

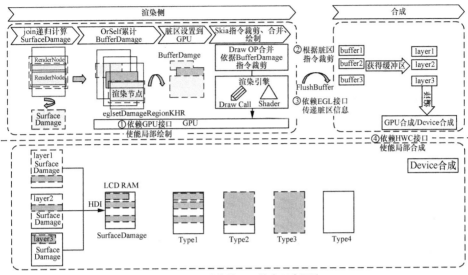

图 12-30　渲染流程下的去冗余设计

渲染侧局部刷新流程如下。

准备阶段在节点遍历过程中，由 RsRootRenderNode 管理当前 Ability 的 dirtyManager，确定当前帧的脏区大小。执行阶段为 EGL 使能流程，在获取当前 Surface 后，dirtyManager 更新当前 Surface，用于内部数据对齐。通过 EGL 接口查询 Surface 对应的 Buffer Age，若 Buffer Age=−1，即查询失败，不会调用 EGL 接口设置脏区，仅更新 dirtyManager 的历史脏区；若 Buffer Age ≥ 0，即查询成功，更新 dirtyManager 的历史脏区后，调用 EGL 接口设置脏区（SetDamageRegion）。

然后，收集所有的 Surface，对 Surface 进行脏判断，根据 Z-order，从上往下对各个窗口进行遮挡关系计算，并为 occlusionVisible_ 赋值，在执行阶段，对 occlusionVisible_ 为 false 的窗口进行去冗余绘制。

遮挡计算如图 12-31 所示。

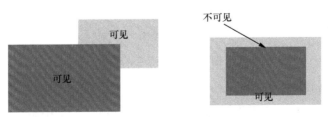

图 12-31　遮挡计算

脏区计算如图 12-32 所示。

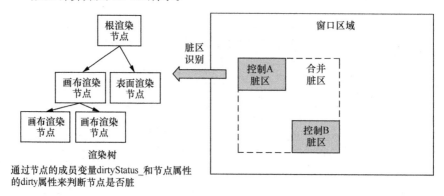

图 12-32　脏区计算

图 12-33 所示为脏区合并计算。

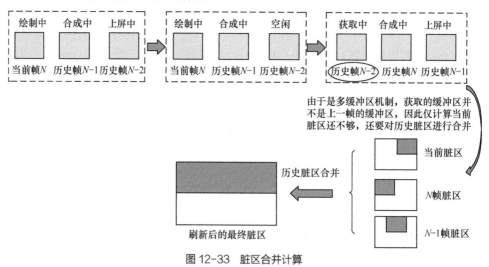

图 12-33　脏区合并计算

（4）数据流和缓存机制

以图 12-34 的 List 页面为例，开发者通过图 12-35 所示的代码或 xml 文件描述界面结构。

list Animation
Animation
Animation Test
Animation Test
Get

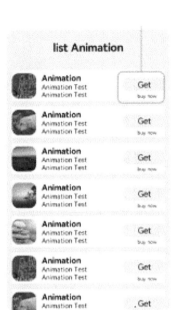

图 12-34　一个典型的 List 页面

```
Flex({direction: FlexDirection.Column, alignItems: ItemA
    Button() {
        Text('Get')
        .fontSize(this.fontSize)
    }
    .width(this.BtnWidth)
    .height(this.BtnHeight)
    .backgroundColor(0xE7E7E7)
    .margin({top: 10, left: 0, right : 10})

    Text('buy now')
        .fontSize(this.fontSize - 6)
        .margin({top : 3})
        .backgroundColor(Color.White)
}.margin({left: 10})
```

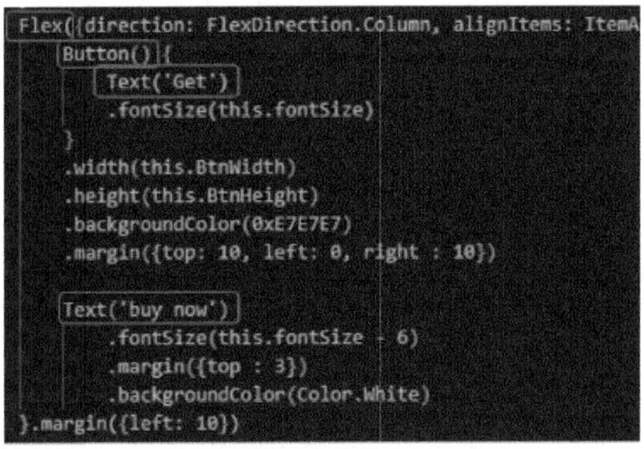

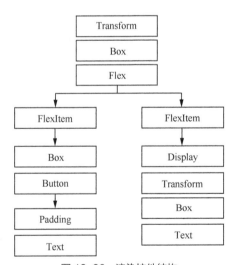

图 12-35　界面结构代码

然后 UI 通过 build 在内存中加载界面的渲染树，渲染控件结构如图 12-36 所示。

Transform
Box
Flex
FlexItem
FlexItem
Box
Button
Padding
Text
Display
Transform
Box
Text

图 12-36　渲染控件结构

渲染树在每一帧刷新时，会计算变化的部分，建立命令列表，打包发送到统一渲染。

从整个系统（见图 12-37）来看，应用向统一渲染传递的数据分为两种类型——控件和图层：控件就是文本、按钮等界面的控制组件；图层就是相机的预览功能，以及视频、游戏等应用渲染后的结果，如图 12-38 所示。

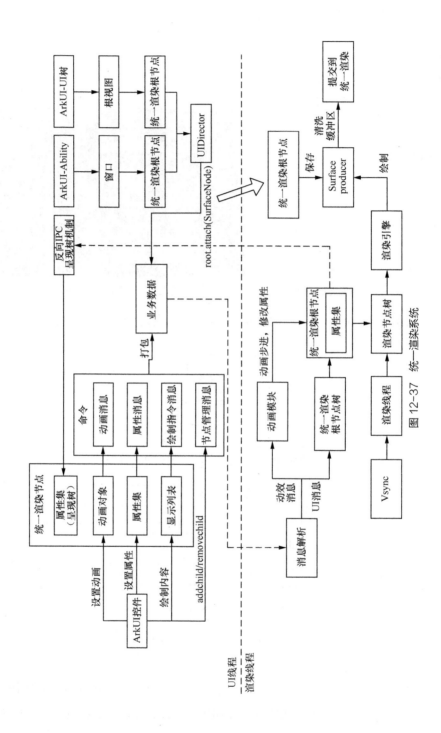

图 12-37 统一渲染系统

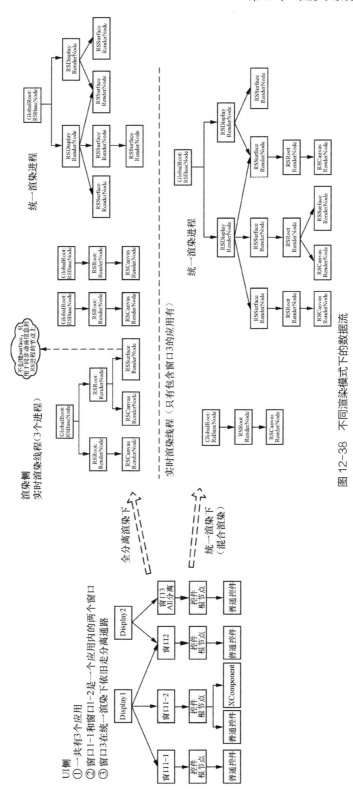

图 12-38　不同渲染模式下的数据流

统一渲染会根据节点的不同类型，执行不同的渲染策略。统一渲染把如下的命令列表更新到统一渲染的渲染树上，开始渲染，把渲染树的数据描述转化为 2D 渲染引擎的 DrawOp。

```
------------------------
opList: 9422 Recording (TextureOp, opID: 113081)
Bounds [L: 995.20, T: 235.48 R: 1564.80 B: 805.08]
<Op information unavailable>
Outcome:
Backward: FirstOp
opList: 9422 Recording (TextureOp, opID: 113082)
Bounds [L: 1064.79, T: 410.71 R: 1495.21 B: 629.85]
<Op information unavailable>
Outcome:
Backward: Intersects with chain (TextureOp, head opID: 113081)
opList: 9422 ForwardCombine 11 ops:
0: chain (TextureOp head opID: 113081) -> Intersects with chain
(TextureOp, head opID: 113082)
1: chain (TextureOp head opID: 113082) -> Intersects with chain
(TextureOp, head opID: 113083)
2: chain (TextureOp head opID: 113083) -> Intersects with chain
(TextureOp, head opID: 113084)
3: chain (TextureOp opID: 113084) -> Reached max lookahead or end of
array
4: chain (FillRectOp opID: 113085) -> Reached max lookahead or end of
array
5: chain (FillRectOp opID: 113086) -> Reached max lookahead or end of
array
6: chain (FillRectOp opID: 113087) -> Reached max lookahead or end of
array
7: chain (TessellatingPathOp opID: 113088) -> Reached max lookahead or
end of array
8: chain (FillRectOp opID: 113089) -> Reached max lookahead or end of
array
9: chain (FillRectOp opID: 113090) -> Reached max lookahead or end of
array
10: chain (FillRectOp opID: 113091) -> Reached max lookahead or end of
array
------------------------------------------------
```

然后提交给 GPU 进行渲染，执行 GPU 的渲染管线，如图 12-39 所示。

GPU 渲染管线把提交的顶点和纹理数据渲染成屏幕上的像素，如图 12-40 所示。

在这个过程中，渲染的引擎需要加载一些渲染的数据文件，如果每一帧都加载，则性能不会很好，所以需要缓存机制。例如，GPU 在进行渲染的时候，需要加载用于着色的着色器文件。着色就是在确定顶点后，为屏幕上的每一个顶点着色的过程。这些着色器文件只需要加载一次，不需要每一帧都加载，所以系统会在应用初始化的时候进行加载。

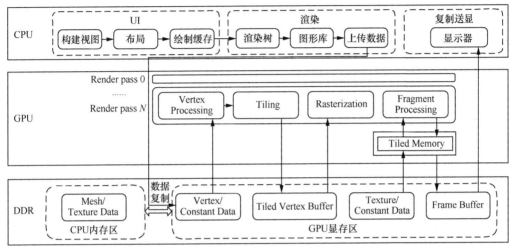

图 12-39　GPU 渲染流程

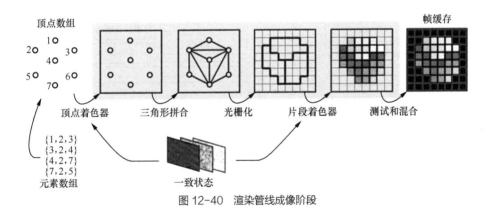

图 12-40　渲染管线成像阶段

6. 渲染服务模块的未来演进

从功能和架构维度考虑，以下几点是 UI 渲染后端未来演进的主要方向。

第一，支持跨平台的 UI 框架会在后续迭代中构建统一 IR 来支持多平台 UI 框架的接入，如图 12-41 所示。

第二，并行化，开发 GPU 图形相关的并行计算能力。

第三，服务化，设计线程池管理，GPU 渲染服务化，如图 12-42 所示。

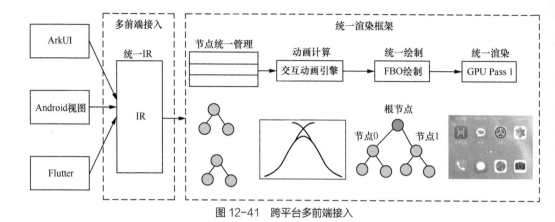

图 12-41 跨平台多前端接入

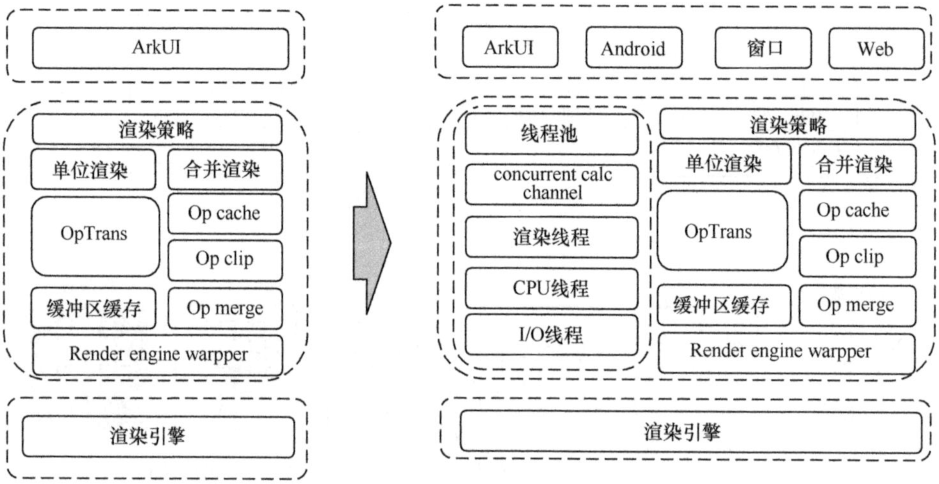

图 12-42 GPU 渲染服务化

12.3.3 2D 渲染引擎

1. DDGR Painter 模块

DDGR Painter 模块提供了一套面向 2D UI 的绘制引擎，用于实现更为高效的 2D UI 绘制，支持统一渲染及 ArkUI。该模块可提供矢量图元、文本、图像、图元样式、变换 / 裁剪、视效等绘制能力的实现，如图 12-43 所示。

DDGR Painter 模块提供的 2D 绘制能力，并不直接暴露给调用者，而是通过 Drawing 组件进行 API 封装，提供给统一渲染服务和自绘制 2D 应用，以实现绘制接口与引擎实现的解耦。Drawing 组件的 API 与 DDGR Painter 的关系如图 12-44 所示。

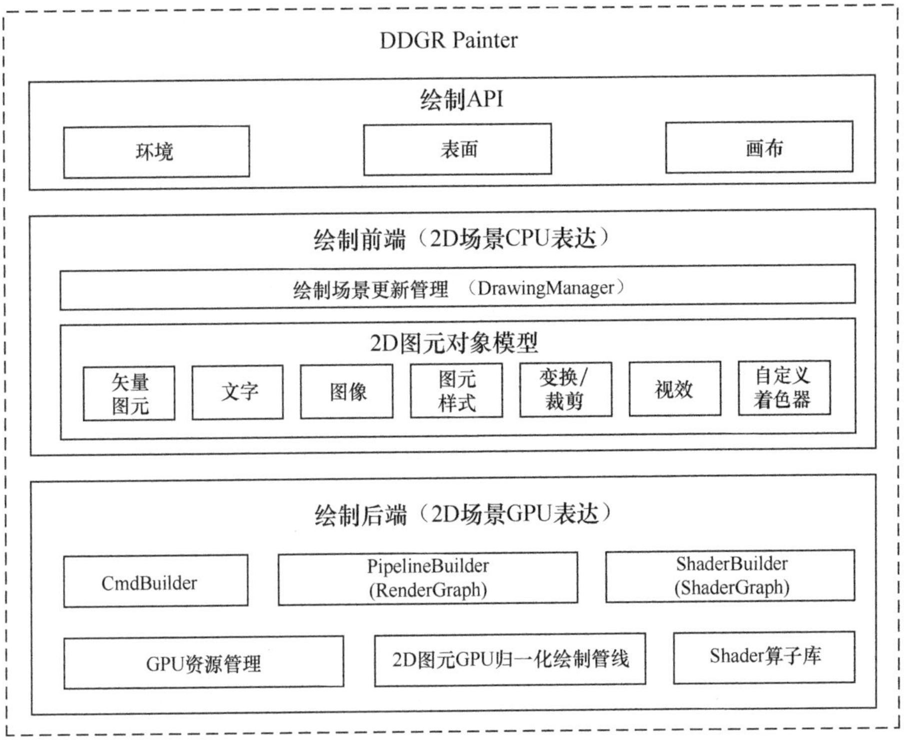

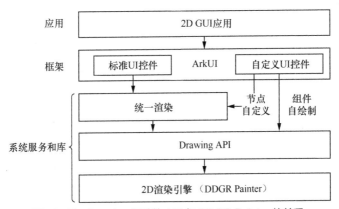

图 12-43　DDGR Painter 模块

图 12-44　Drawing 组件的 API 与 DDGR Painter 的关系

（1）DDGR Painter 模块的功能

DDGR Painter 模块作为自研 2D 渲染引擎，在支撑 GUI 绘制功能及其扩展的前提下，核心使命是从数据及系统架构层面，围绕能效优化绘制框架及图元核心算法，实现 2D GUI 应用的 SoC + DDR 能效提升。在功能层面，DDGR Painter 模块包含以下功能：提供点、线、圆、矩阵、路径等基础图元的图形绘制功能；提供文字处理功能；

提供填充及描边功能；提供 Shadow、Blur 等特效功能，以及蒙版 / 遮罩、图像滤镜等功能；提供反色样功能。

具体功能如图 12-45 所示。

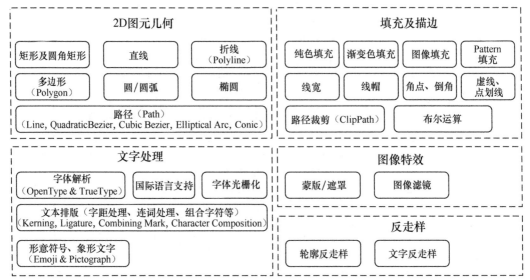

图 12-45 DDGR Painter 的功能

（2）DDGR Painter 模块的关键能力

DDGR Painter 模块的关键能力包括原生低负载、UI 直通数据驱动、DrawOp 增量更新。

原生低负载： 传统 2D 的渲染引擎基于完全独立的 CPU、GPU 功耗设计，尚未结合上层应用特征和底层系统软件在 CPU、GPU 功耗上的差异特性，DDGR Painter 模块则瞄准 GUI 应用交互、数据及 CPU-GPU 的运算特点，充分利用 CPU-GPU 在绘制流程的协作关系，驱动绘制负载在流程中的合理分布。主要的改进思路如下，大多数 2D 图形引擎（如 Skia、Cairo、QT 等）均是将 2D 图元转换为三角形图元后再提交给 GPU 光栅化管线进行处理，DDGR Painter 模块则省去了三角化阶段，直接利用 GPU 着色器实现图元绘制；类似于 Ray Casting 流程，将每个像素并行计算 Overlap 的 2D 图元列表，然后对这些图元进行采样着色，充分利用不同粒度的缓存机制；数据驱动函数式编程模型，高度并行。

UI 直通数据驱动： 当前 ArkUI 控件绘制时，在录制流程中直接打包 DDGR Painter 模块绘制所需的数据来提供绘制信息，并在回放流程中直接生成 DDGR Painter 模块，来绘制相关的数据结构，省去数据结构的转换开销。

DrawOp 增量更新：将统一渲染和 2D 渲染引擎间的交互从立即模式向保留模式演进，通过将场景中生成的 DrawOp 缓存在引擎侧并复用，避免每一帧花费大量时间重复生成绘制所需的 DrawOp 列表，从而大大减少处理开销。更进一步，DrawOp 在 2D 引擎侧的缓存格式可以是最终的图形指令格式，这意味着可以减少渲染流程中将 DrawOp 转换成图形指令的开销。

（3）DDGR Painter 模块的未来演进

在实现功能完备性的基础上，更应关注能效问题，DDGR Painter 模块的未来演进有以下两点值得关注：与 GPU 数据驱动 API 相结合，减少 CPU 侧的 DrawCall 数量；与 GPU 硬件特性深度整合，构建更为高效的图元绘制实现。

2. Drawing 模块

Drawing 模块提供了一套通用的绘制接口，用于支持统一渲染及 ArkUI，该模块可提供图形、文本、效果、图像、变换、并行绘制等绘制能力，如图 12-46 所示。

Drawing 模块支持对接不同的 2D 渲染引擎，提供了引擎适配器模块，用于适配不同的 2D 渲染引擎，如 DDGR Painter、Skia 等，又能抽象为统一的北向绘制 API，从而隔离应用开发过程中对 2D 渲染引擎的显性依赖。

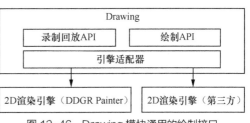

图 12-46　Drawing 模块通用的绘制接口

（1）Drawing 模块的功能

Drawing 模块是 2D 渲染器功能接口的抽象层，架构上将 2D 渲染器与上层应用解耦，方便后续 2D 渲染器的替换。Drawing 模块包含以下功能：提供图形子系统的 2D 绘制 Drawing API，保证 HarmonyOS 上统一渲染及 ArkUI 使用同一套 API 来绘制；提供点、线、圆、矩阵、路径等基础图元的图形绘制功能；提供文本绘制功能；提供图像绘制功能；提供 shadows、Blur 等特效功能；提供坐标系统用于坐标变换；屏蔽 2D 渲染引擎实现差异；支持多线程安全调用。

（2）Drawing 模块的关键能力

Drawing 模块的关键能力包括流畅的绘制性能、安全的多线程访问能力、简单且方便的扩展开发接口和系统级通用的特效能力。

流畅的绘制性能：对移动端的操作系统而言，流畅的绘制性能是系统最核心的指标之一，卡顿会严重影响用户的使用体验。因此，Drawing 模块把流畅的绘制性能作为核心考量指标之一，从并行化、GPU/ CPU 的合理分工、灵活调度方面做了大量的改进，主要的改进思路如下，充分利用现代处理器的多核架构，并行化渲染管线；并行渲染指令的生产、渲染指令的提交，以及渲染指令因改变而引起的转换这 3 个关键过程，减小渲染负载；充分利用不同粒度的缓存机制；CPU 和 GPU 更灵活的调度策略。

安全的多线程访问能力： 当前的移动设备能力越来越强大，并行化加速成为业界比较通用的提升性能的手段，面对这种情况，支持多线程安全也是需要考虑的关键设计；支持并行化绘制，充分利用多核特性，提升绘制性能；均衡 CPU、GPU 负载，权衡性能收益。

简单且方便的扩展开发接口： Drawing API 为开发者提供符合图形基本范式（canvas、pen、brush）的接口是基本的要求，在符合图形基本范式的基础上提供更加丰富、更加简单的组合模式，能让开发者基于少量代码快速实现复杂的显示效果。保证存取接口不变，以嵌套组合的模式叠加不同的 Geometry Transform；保证存取接口不变，以嵌套组合的模式叠加不同的 Color Effect；将 Geometry Transform 和 Color Effect 切分为两个独立的流程，通过简单组合进行连接。

系统级通用的特效能力： 对移动终端操作系统而言，丝滑、细腻的绘制效果可以提升用户体验，为了适应拟物化的图形显示趋势和多模交互的演进趋势，HarmonyOS 把 Depth、Shadow、Blur 等高级显示特效封装为通用的能力以方便开发者使用。

HarmonyOS 以插件的机制封装特效库，方便用户加入自定义特效，为系统带来扩展性；提供简单的连接层，方便 UI 控件使用这些特效能力库；以 sub-pixel 作为反走样的核心算法加入 Gamma 矫正，实现不同显示比例最佳的显示效果；引入部分简单的 Physical-Based 渲染模式，改进渲染效果；增加多色叠加效应，实现更炫目、更丝滑的绘制效果。

（3）Drawing 的未来演进的思考

从功能和架构维度考虑，Drawing 模块的未来演进方向包括支持用户自定义绘制管线，实现自定义绘制能力；对上、对下支持更多的应用开发需求和操作系统类型。

12.3.4　3D 渲染引擎

1. 功能描述

图形子系统还配备了一款轻量、高性能的 3D 渲染引擎 ArkGraphics 3D，旨在为应用开发者提供开箱即用的 3D 动效开发能力。ArkGraphics 3D 是一款基于 PBR

（Physically Based Rendering，物理渲染）的引擎，内置标准的 PBR 材质模型，支持光照、阴影、反射以及丰富的后处理特效。此外，ArkGraphics 3D 还提供了灵活的动画能力和高性能的物理模拟能力。借助 ArkUI API，开发者可以轻松搭建画面精致、动画流畅、交互有趣的 3D 界面。

2. 软件架构

ArkGraphics 3D 的核心是一个基于 C++ 的渲染库，它以 3D 控件的形式嵌入 ArkUI 的布局中，并对开发者暴露 ArkUI API 用于操作 3D 场景。ArkGraphics 3D 采用的是插件化分层架构，如图 12-47 所示。其中，Base 和 Engine 属于引擎的基础设施，实现了一个基于 ECS 的插件化底座，并对其上的插件提供诸如数学库、容器库、工具函数、文件系统、多线程库等通用能力。在此之上，引擎提供了关键的 Render 插件，它封装了不同的图形 API（如 OpenGL、GLES、Vulkan），并提供了一个基于节点图的渲染架构。在 Render 插件的基础上，引擎提供了 3D 渲染插件，真正提供了与 3D 渲染直接相关的能力，如 3D 节点系统、动画系统、相机组件、光源组件、材质组件等。最后，引擎还提供了一系列的扩展和增强插件，如 KTX 加载插件、Physics 模拟插件等。当然，第三方开发者也可以开发和定义自己的插件。

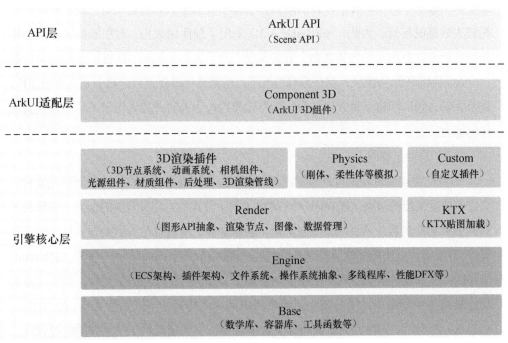

图 12-47　ArkGraphics 3D 插件化分层架构

3. 设计思想

（1）ECS 架构

ArkGraphics 3D 采用 ECS 架构来进行数据管理，场景中的每个节点对应一个实体（Entity）单元，节点的属性由节点携带的组件（Component）类型及其中的数据进行描述。组件中的数据的逻辑修改则由对应的操作集合 System 来处理。由于不同的实体持有的是组件类型的不同实例，本质上都是数据，且相互正交、互不相关。因此，不同的组件数据可以天然进行并行操作，且操作过程中不需要加读写锁，减小开发难度的同时可以提升性能。此外，组件数据在存储时是按照顺序表的方式排布在内存中的，系统在处理组件数据时依次对每个组件类型的数据进行处理。这样的处理方式可以使系统在执行逻辑代码时，所需要的数据在内存上是连续的，以显著提高缓存命中率，提升性能。

（2）插件化架构

HarmonyOS 是面向多设备的操作系统，这也要求 3D 引擎在面向不同规格的计算设备时具备伸缩能力。举例来说，3D 引擎既需要支撑车－机－人－机交互这类对效果要求比较高、对功耗要求较低的场景，也需要支撑手表表盘这类对性能、存储和功耗较为敏感的场景。为此，ArkGraphics 3D 采用了插件化架构，对引擎的各类功能模块进行拆分，应用可以按需加载。在轻载情况下，ArkGraphics 3D 可以退化为只绘制一个全屏矩形的渲染模块；而在重载情况下，引擎又可以处理包含数十万三角形面片，复杂光影、物理和粒子特效的场景。插件化架构也为高阶开发者提供了扩展自定义插件的能力。

（3）自定义管线

插件化架构允许开发者以粗粒度来组装和拼接所需要的模块，为了允许开发者以更细的粒度来组织渲染，HarmonyOS 提供了基于节点的自定义管线的能力。引擎将不同的渲染功能封装为节点，如光照计算、阴影计算、材质着色、后处理计算、粒子计算等。开发者可以按需挑选节点，描述它们之间的依赖关系，从而形成一个节点图（Node Graph）。引擎读取节点图后，渲染前端会遍历节点进行相应的数据处理，并将节点的功能转换为中间命令；随后渲染后端会将中间命令转换为不同图形 API（如 GLES、Vulkan）的调用。同时，为了简化开发者的工作，引擎还提供了一系列的内置管线，如轻量前向渲染管线、重型前向渲染管线、延迟渲染管线等，开发者可以根据自己的需求选择合适的管线模板。

（4）多线程架构

为了充分利用多核计算设备的能力，ArkGraphics 3D 还设计了多线程架构。如前所述，ArkGraphics 3D 分为前端（将节点图转换成中间命令）和后端（将中间命令转换成图形 API 调用）。在渲染前端，ArkGraphics 3D 会并行地处理节点。在 Vulkan 后端，引擎充分利用现代图形 API 的优势，并行地提交渲染命令给 GPU；而在 GLES 后端，引擎受限于图形 API 的能力，只做单线程渲染提交。

4. 3D 编辑器

除了提供 ArkTS API 来使能开发者创建和描述场景，HarmonyOS 还提供了一款编辑器（ArkGraphics Studio）来帮助开发者以可交互的形式编辑和打造更为复杂的场景，为各行各业的专业人士提供全面的解决方案和高效的开发工作流。ArkGraphics Studio 界面如图 12-48 所示。

图 12-48　ArkGraphics Studio 界面

ArkGraphics Studio 的主要功能包括如下几项。

导入内容：用户可以使用标准文件格式（如 .png、.jpg、.svg、.gltf、.glb 等）从第三方内容创建工具和资源库中将图像和 3D 模型等项目资源导入 ArkGraphics Studio，如图 12-49 所示。

图 12-49　导入内容

3D场景编辑：用户导入标准格式的场景后，可以调节场景的层级关系、空间位姿、材质类型和着色器效果来创建身临其境的3D可视化效果，如图12-50所示。编辑好的场景可以保存为Studio的场景格式，方便导入其他场景或者分享给合作伙伴。同时，用户编辑好的场景可以通过ArkTS API加载到应用中。

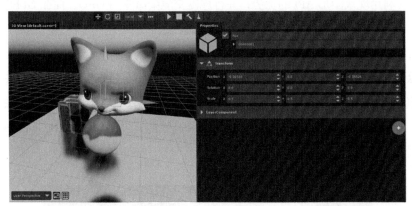

图 12-50　3D 场景编辑

材质编辑：可以调整材质参数，实现各种外观，如图12-51所示。内置的基于物理的材质提供了灵活性，可以逼真地模拟不同的表面类型，如木材、皮革和橡胶等。材质库使用户能够将材质组织到集合中，并在项目中重复使用它们。

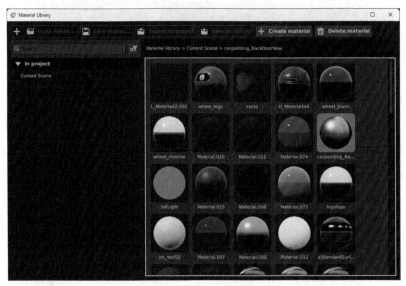

图 12-51　材质编辑

可视化着色器：可以使用用户友好的可视化编辑器制作着色器，从而创建自定义材质类型和效果，如图 12-52 所示。此外，用户还可以创建自定义着色器代码块，并在不同的项目中重复使用。

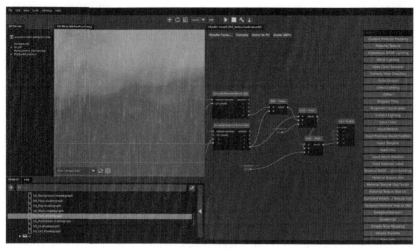

图 12-52　可视化着色器

动画和运动：可以给场景中的各类属性（包括节点的位姿、材质的属性、光源的属性等）制作动画，如图 12-53 所示。借助时间轴视图，用户可以便捷地创建物体的运动动画、材质光影的变化，以及人物的骨骼动画和表情动画。

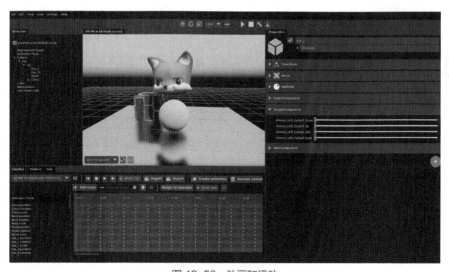

图 12-53　动画和运动

视觉效果：通过调节各种内置的后期处理效果，打磨最终的渲染画面，如图 12-54 所示。

图 12-54　视觉效果

预览和部署：设计人员可以在 ArkGraphics Studio 中进行实时预览，在本地运行预览应用程序，如图 12-55 所示，还可以在部署对话框中单击构建项目，将其部署到目标设备中。

图 12-55　预览和部署

ArkGraphics Studio 为场景编辑、材质编辑、动画和运动、视觉效果提供了全面的解决方案。作为多功能场景编辑器，ArkGraphics Studio 使用户能够轻松创建和操作虚拟环境。受 Figma 和 Unreal 等 3D 工具的启发，ArkGraphics Studio 支持传统的场景设置功能与交互式场景的强大编程模型相结合。

12.3.5 显示管理

显示管理负责渲染、显示阶段的色彩管理，以及图形的显示与内存管理。

1. 图形色彩管理

图形色彩管理为系统在渲染、合成阶段提供色彩管理能力，支持图像、视频、UI 的显示色彩管理，管理不同绘制资源和显示设备的色域映射，确保为终端使用者提供准确的色彩显示。图形色彩管理支持 sRGB、P3、BT2020 等多个色域，以及HDR10、HDR10+、HLG 等 HDR 视频图像的显示管理。

图形色彩管理的基本处理流程如图 12-56 所示。

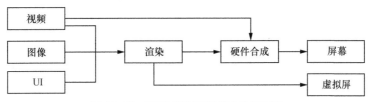

图 12-56 图形色彩管理的基本处理流程

输入内容包括视频、图像和 UI：图像支持 HDR、SDR、P3 等不同格式的色域图像；UI 默认为 SDR 格式；视频等自绘制内容支持 SDR、HDR 等格式。

输出内容包括输出到主显示缓冲区，视频图层和 UI 图层输出到 HWC；输出到虚拟屏，例如截屏、录屏场景。

图形色彩管理根据输入内容中设置的色域信息和屏幕支持的色域信息，选择最终显示的色域（在不超过屏幕性能的前提下，选择所有输入色域中最大的色域）。

与色域类似，图形色彩管理根据是否含有 HDR 内容及屏幕的性能，决定是否要进行 HDR 显示（即 10 bit 模式）。

目前仅包含 HDR 视频，根据视频是否支持硬件合成，分为以下两种情况。一是若支持视频硬件合成，UI 和图像通过渲染合成到一起，在渲染过程中，将进行色彩空间的转换，把图像和 UI 从原色域转换到目标色域，然后和视频一起送到硬件合成器合成送显，硬件合成器在合成的同时，把接收的不同色域的内容（UI 和视频）转换到屏幕的色域，如果是 HDR 视频，还会同时进行 HDR 的相关处理。二是若不支持视频硬件合成，UI、图像、视频都通过渲染合成到一起，在渲染过程中，将进行色彩空间的转换及 HDR 的相关处理，然后送到硬件合成器合成送显。

图形色彩管理的关键能力包括色域 API、渲染色域管理、合成色域管理、HDR内容的显示与输出。

色域 API：支持开发者查询系统支持的色域和 HDR 能力，设置应用窗口的色域、虚拟屏的色域等。

渲染色域管理：根据开发者设置的目标色域，对渲染资源进行目标色域的转换，支持硬件转换和 GPU 软件转换，此过程在分离渲染时进行。

合成色域管理：根据显示设备的色域，通过硬件或 GPU 软件将渲染好的内容从渲染色域转换到设备色域上。

HDR 内容的显示与输出：支持 HDR 视频的显示，直通给显示设备或通过系统转化为显示设备色域，从而支持 HDR 视频的显示。通过设置虚拟屏的输出 HDR，可以支持截屏、录屏等场景输出 HDR 内容。

图形色彩管理的未来演进包括支持 HDR Vivid 等更多业内的 HDR 视频标准；支持投屏、多屏场景的色彩管理。

2. 显示与内存管理

显示与内存管理属于操作系统图形的基础，基于硬件显示能力为上层图形业务提供合成、显示、内存、画布等功能的基础管理能力，如图 12-57 所示。

图 12-57　显示与内存管理架构

显示管理基于硬件 Display 抽象，提供如下图形基本能力：图层的创建、合成策略以及相应的合成和送显；对显示设备的设置和获取的接口能力，色域的设置（包括对 HDR、广色域、HDR10 等的支持），保存 Display 的相关信息、管理硬件 Vsync 的注册、回调机制；提供 Layer 和 Display 相关控制接口的能力；提供软件 Vsync 的能力，支持 Vsync 的申请和分发，支持对用户应用程序和系统程序的分级管理。

内存管理是图形栈中负责 Surface、BufferQueue 轮转、本地平台化窗口的模块，主要职责是对接图形、多媒体服务，支撑图形绘制内容、视频流等缓冲区数据在生产者、消费者角色间高效流转。

内存管理的核心目的包括支持缓冲区的跨进程流转，负责在不同进程中流转缓冲区内容的生产者、消费者，满足视频播放、相机、游戏等业务场景对缓冲区管理的需求；支持本地平台化窗口的适配，负责对 EGL、Vulkan 等图形 API 在操作系统的适配，为 Skia、游戏等图形引擎提供支持。

除了基本的固定帧率能力外，随着移动设备屏幕的不断演进，当前主流旗舰手机已经采用 LTPO 屏幕，此类屏幕支持在多个挡位（1 Hz/30 Hz/45 Hz/72 Hz/90 Hz/120 Hz 等）之间切换屏幕帧率。

众所周知，对于快速变化的画面，如射击游戏、交互动画等，帧率越高，画面越流畅，但是相对的功耗也会越高；而低速变化的画面，如游戏大厅、时钟更新动画等，画面更新频率较低，使用相对低的帧率，用户也不会觉得卡顿，相对的功耗就比较低。

针对这种屏幕特性，帧率管理提供基于显示内容的可变帧率能力，在快速变化的界面提高系统帧率，在低速变化的界面降低系统帧率，从而在性能体验和功耗间取得平衡。帧率管理的主要能力如下：系统支持根据动画的速度、位移、缩放、旋转等属性的变化速度，换算成对应的最优帧率，随着动画的进行，不断调整系统的帧率（1 ~ 120 Hz）；目前 ArkUI 已经适配此特性，开发者使用 ArkUI 的控件和动效时，无须额外适配，就可以享受可变帧率特性带来的功耗收益。

系统也支持开发者定制帧率，提供 API 控制属性动画与显示动画、自绘制 UI、自绘制内容（如游戏、视频、第三方开发框架接入等）的帧率。

开发者可以设置期望的最优帧率和能够接受的帧率范围 ExpectedFrameRateRange (expected, min, max)，通过 API 描述此场景下期望的绘制帧率，由系统整体决策后给出最终的绘制帧率。系统汇总控件、动效、自绘制内容下发的期望绘制帧率，结合屏幕支持的帧率，统一决策每个应用的实际绘制帧率和屏幕的最终刷新率，通过 Vsync 模块统一发送给不同的应用和统一渲染服务，驱动渲染管线运行。支持不同的应用有不同的绘制帧率，在同一个窗口内，支持不同的动画有不同的绘制帧率。

对外提供开发接口设计如下。

```
.animation({
        ...
      desirableFrameRate:120
      minFrameRate:1
      maxFrameRate:120
    })
.animateTo ({
        ...
```

```
            desirableFrameRate : 120
            minFrameRate : 1
            maxFrameRate : 120
        })
DisplaySync ({
            Callback : callback
            desirableFrameRate : 120
            minFrameRate : 1
            maxFrameRate : 120
        })
```

游戏场景由于帧率不稳定，为了减少卡顿，提升跟手性，系统支持 Adaptive Vsync。在游戏模式下，对于送显有延迟的游戏帧立即送显，从而减小送显时延，提升游戏跟手性。

12.3.6 高阶算子库

高阶算子库包括基于自研 GPU 的高能效算法、基于物理引擎的加速算法和基于游戏的加速算法。

基于自研 GPU 的高能效算法：提供高能效着色器，如模糊、阴影、圆角等高能效算法。这部分基于 Vulkan 的扩展 API，实现对使用方的算法加速。

基于物理引擎的加速算法：物理引擎是图形 3D 渲染中的重要组成部分，实现了刚体、柔体、水体、毛发等真实场景的模拟，如表 12-5 所示。

表 12–5　物理引擎简介

物理引擎	简介
PhysX	出自英伟达旗下公司，Unity 和 UE 均使用了 PhysX
Havok	曾被英特尔收购，当前属于微软公司。微软 Xbox 系列相关游戏产品和其他元宇宙类产品都深度使用 Havok
Bullet	Bullet 曾获得 AMD 投资，当前为开源物理引擎，拥有较好的开源社区生态

可以看到，当前行业内的三大物理引擎 PhysX、Havok 及 Bullet 被一些关键的硬件、操作系统厂商所拥有并推广。当前，HarmonyOS 图形子系统也拥有一个高效、实时的物理引擎。

基于游戏的加速算法（GPU Turbo X）：HarmonyOS 图形栈一直以来针对游戏都有优化技术，如 2018 年推出的 GPU Turbo 技术，使游戏在满足性能帧率的要求下，维持较低功耗和高效的散热。

12.3.7 图形驱动

1. 图形驱动介绍

图形驱动是连接操作系统和计算机图形硬件的桥梁，为高质量、高性能的图形用户体验提供底层能力支撑。图形驱动主要分为显示驱动、内存管理驱动、GPU 驱动，其中 GPU 驱动主要分为 SoC 厂商闭源驱动和开源的 Mesa 驱动。图 12–58 所示为图形驱动框架，为了屏蔽硬件层的差异，图形驱动在用户态定义了多个南向接口进行抽象。

Display Buffer HDI：*负责内存分配，基于 DMA-Buf 框架支持 DRM、FBDev、DmabufferHeap 等多种内存驱动实现。*

Display GFX HDI：*用于简单图形的硬件 2D 绘制，功能包括矩形填充、图像搬移、混合、图像选择等特性，可以用于离线合成。*

Display Composer HDI：*负责显示设备特性管理，包括屏幕显示、在线及离线硬件合成、硬件 Vsync、显示设备色彩管理等，当前同时兼容 DRM 和 FBDev 两种显示架构。*

3D 图像 API：*采用 Khronos Group 定义的标准图形 API 及其扩展，支持 2D 和 3D 图形绘制接口，如 OpenGL ES、EGL、Vulkan、WSI 扩展，渲染引擎通过这些标准接口和 GPU 硬件进行通信。*

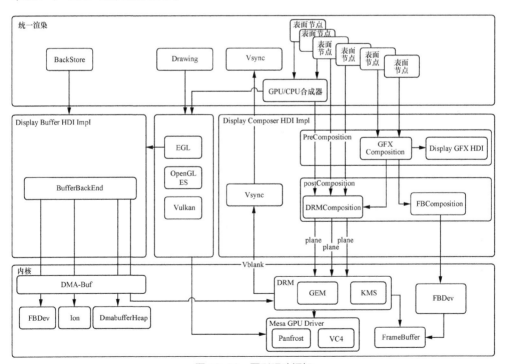

图 12-58 图形驱动框架

387

2. 显示驱动

显示驱动架构主要包括 FB 驱动架构和 DRM 显示架构。

FB 驱动架构：主要实现图形显示功能，不支持 Fence 异步、多显示设备、多图层管理等功能，使用时需要重新开发内核驱动程序来实现这些功能。

DRM 显示架构：DRM 显示架构是当前主流的显示架构，在内核架构层面已支持当前图形系统的大部分需求，例如内存管理、Fence 同步、GPU 驱动、多图层在线叠加、Vsync 信号等。

DRM 显示架构将检测到的每台显示设备和 GPU 硬件作为 DRM 设备，并创建对应的设备节点，提供给用户态进行操作。整体架构主要分为 3 个部分。

LIBDRM 接口层：对底层提交接口进行抽象，为用户层提供通用的 DRM 接口，对设备进行操作，在图形南向接口实现中就是通过 LIBDRM 的接口完成对显示设备的管理。

KMS：显示设备管理层，主要负责显示设备的管理、模式设置、图形送显、异步提交，例如设备的热插拔、显示分辨率和帧率的设置、多图层叠加设置、Vsync 信号通知等功能。

GEM 模块：基于 DMA-Buf 架构提供了一种内存管理的方法，包括对图形内存的申请和释放、DMA-Buf 文件句柄映射，为图形内存跨进程、跨硬件模块共享提供支持。

3. GPU 驱动

GPU 是图形系统中专门用于图形渲染的硬件单元，渲染引擎在渲染时会将图形绘制指令转化为图形 API（如 OpenGL ES 或 Vulkan 接口），然后再由 GPU 驱动将图形 API 转换为具体的 GPU 硬件指令提交给硬件单元执行，完成渲染任务。GPU 驱动主要分为内核态驱动和用户态驱动。

（1）内核态驱动

内核态驱动负责管理 GPU 硬件资源，将用户态提交的任务转换为 GPU 硬件指令并提交给 GPU 执行，以开源图形驱动 Mesa3D 为例，在内核态不同的 GPU 硬件上基于 DRM 框架进行具体的实现，例如 Panfrost 驱动就是对应的 ARM 公司的 Midgard 和 Bifrost 架构实现，对于支持 Linux 内核驱动的操作系统，内核态驱动可以完全复用，只需要对具体的硬件寄存器进行配置即可，当前 OpenHarmony 社区也完成了在 RK3568 芯片平台上对 Panfrost 架构的适配验证。

（2）用户态驱动

用户态驱动负责图形 API 的实现，将图形 API 转换为具体的内核 ioctl 命令，以开源图形驱动 Mesa3D 为例，如图 12-59 所示，Mesa Core 模块实现了 OpenGL ES 及 EGL 的接口用于图形渲染，其中 EGL 接口会与系统平台窗口进行交互，包括绘制表面的创建、渲染缓冲区的申请释放和绑定等功能。Mesa3D 在实现 EGL 接口时，通过平台层对不同的系统进行抽象。

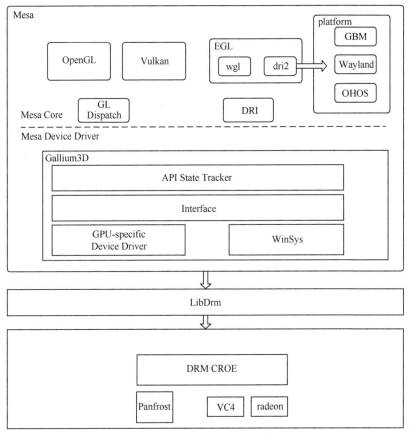

图 12-59　Mesa3D 图形驱动框架

　　EGL 接口实现的关键在于如何和系统的窗口 Surface 进行交互来完成渲染缓存的申请，以及如何将渲染完成的缓存送回窗口，为此图形系统提供本地窗口（NativeWindow）接口来对 Surface 和内存管理进行 C 语言的封装，便于外部模块进行接口调用。实现 EGL 接口时，只需要通过本地窗口提供的接口来进行对接，主要涉及如下关键接口。

　　eglCreateWindowSurface：该接口主要是通过操作系统的本地窗口来创建一个 EGLSurface，用于后面的绘制送显，使用时渲染引擎需要将创建的 Surface 通过 CreateNativeWindowFromSurface 转换成本地窗口句柄，再传递到 eglCreateWindowSurface

接口，后续图形驱动通过使用该句柄来完成对 Surface 的操作。

eglSwapBuffers：在完成一帧渲染指令的提交后，渲染引擎会调用该接口完成缓冲区的更新，该接口会将当前的渲染缓冲区内存刷新到内存队列，同时也会从缓冲区队列中获取一个新的缓冲区进行下一帧的渲染。实现时需要调用本地窗口的 NativeWindowRequestBuffer 和 NativeWindowFlushBuffer 两个接口。

eglCreateImageKHR：图形渲染引擎通常将操作系统本地缓存 NativeWindowBuffer 创建为 EglImage，用于纹理或离屏渲染，在实现该接口时，需要通过 NativeObjectReference 接口对缓存对象进行引用计数加 1 操作，避免缓存被系统释放。

开源图形驱动 Mesa3D 实现将 EGL 接口实现层抽象出 dri2_egl_display 模块进行跨平台和系统适配，再通过 load_extensions 和 dri2_egl_display_vtbl 两类接口完成对 Surface 的操作，适配时需要将这些接口对接到本地窗口提供的 C 接口封装来完成对图形子系统的支持。

12.3.8 游戏体验

游戏是图形使用最为复杂的场景，同时也是最吸引开发者、用户的图形领域。游戏对渲染的要求不断推动图形硬件 GPU 和相关渲染技术的演进。例如，图形中的 Z-buffer、曲面细分技术都是早期为了支撑游戏开发演进而来的，而最新的图形技术（如 VRS、超分、Ray Tracing 等）也是最早源于游戏场景的需求而演进的。下面针对游戏场景，介绍 HarmonyOS 图形栈对游戏场景的支持。

众所周知，游戏生态是一个非常复杂的领域，包含的上下游厂商众多，如果想为玩家提供好的游戏体验，单靠某一层面的厂商是难以完成的，需要以下不同的关键角色共同参与。

标准制定者：中国信息通信研究院、开放原子开源基金会等。

引擎厂商：Unity、Cocos 和 Unreal 等。

游戏开发商：腾讯、网易、米哈游、完美世界、西山居等。

操作系统：HarmonyOS、iOS、Android 等。

硬件厂商：海思、高通、瑞芯微、英特尔、AMD 等。

标准制定者定义好游戏体验的关键指标，如帧率、功耗、发热量、网络、触控跟手性。而操作系统连接游戏／游戏引擎与硬件，最终将渲染结果送到用户的显示设备上。

好的游戏体验主要由以下 5 个维度来评估，如图 12-60 所示。其中的卡顿、续航、发热及显示效果（画质）相互之间存在矛盾，如何在操作系统层面平衡这几个因素将是关键。

以性能、功耗和发热量为例，HarmonyOS 定义了一系列 KPI，如图 12-61 所示。性能维度的 3 个指标——平均帧率、抖动率和低帧率用来衡量游戏的流畅程度，平均电流关系到用户的续航，壳温则影响发热量。这几个指标如何做到组合最优是决定游戏体验的关键。

1. 游戏适配

对于一个全新的操作系统，游戏可玩是基础。因此，在操作系统维度上，需要先把游戏和游戏引擎移植到操作系统中。游戏适配的整体架构如图 12-62 所示。

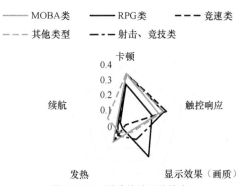

图 12-60　游戏体验评估维度

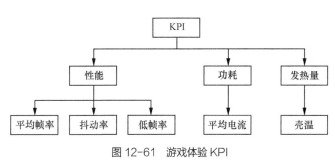

图 12-61　游戏体验 KPI

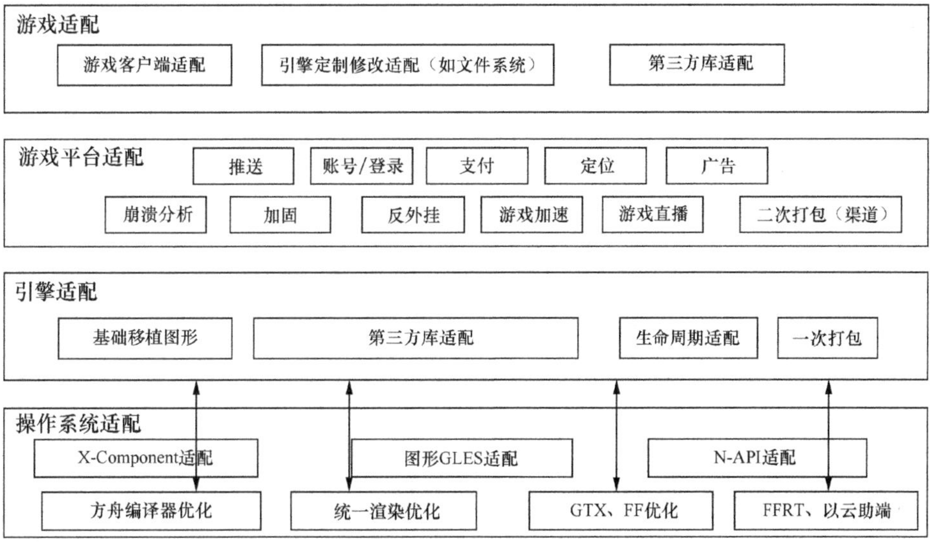

图 12-62　HarmonyOS 游戏适配的整体架构

可以看到，游戏的适配包括 4 层的工作，分别是操作系统适配、引擎适配、游戏平台适配和游戏适配。

操作系统适配： 需要进行 X-Component 适配、图形 GLES 适配、N-API 适配等。

引擎适配： 需要进行基础移植图形、第三方库适配、生命周期适配及一次打包。

游戏平台适配： 需要把登录、支付、广告等相关 SDK 适配到 HarmonyOS 平台上。

游戏适配： 包含游戏主要代码的适配。

2. 游戏优化

游戏的流畅体验在一定程度上取决于性能、功耗和发热量的平衡。从整体上看，游戏优化和游戏适配比较相似，都是分层的。例如，游戏的优化可以发生在应用层、引擎层、操作系统层、驱动层或硬件层，如图 12-63 所示。

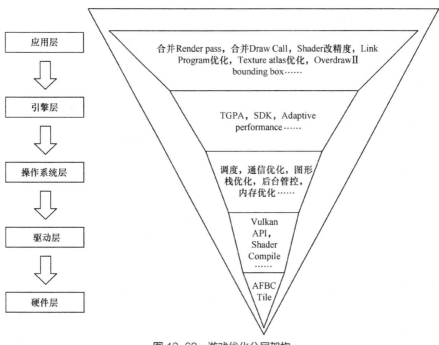

图 12-63　游戏优化分层架构

而操作系统本身处于引擎层和驱动层中间，可以在游戏优化上做的工作很多，例如传统的调频、调帧。但是，如果想要真正为用户提供更优的游戏体验，仅靠硬件参数或调度参数的简单调整是难以达到目标的。

要先建立一套成熟的游戏分析能力，如图 12-64 所示。

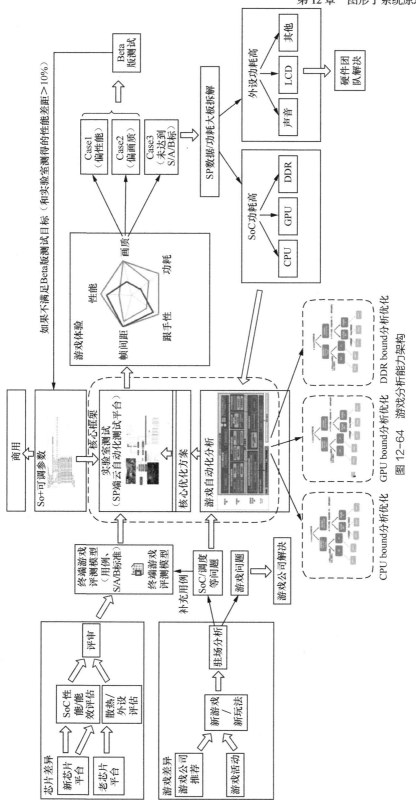

图 12-64　游戏分析能力架构

　　可以看到，任何一款新的芯片或游戏出现，都会先导入这个模型中进行分析。基于游戏评测模型进行评估后，进行游戏的测试、分析，在性能、功耗、画质等几个维度进行评估后，如果满足要求，进入 Beta 版测试；反之，则进行 SoC 级别的分析，对 CPU、GPU、DDR 的性能问题进行评估和分析，推导出优化方案，进行循环评估。如果 Beta 版测试满足最终指标要求，则可以推向商用。

　　优化方案有很多种，这里介绍两种比较有效的方案：插帧，基于前后帧内容进行预测，有内插和外插两种方法；超分，基于原始分辨率，选择使用较低的分辨率进行渲染，然后通过图像算法超分至原始或更高的分辨率，达成追平的画质或更优画质的效果。

Chapter 13 / 第 13 章

多媒体子系统原理解析

HarmonyOS 多媒体子系统提供用户视觉、听觉信息的处理能力，如音视频的采集、压缩存储、解压播放等。在操作系统的实现中，通常基于不同的媒体信息处理内容，将媒体服务划分为音频服务、视频服务 (也称为播放录制服务)、相机服务、图像服务等。本章将针对这几个媒体服务展开介绍。

13.1 多媒体子系统概述

多媒体子系统整体框架如图 13-1 所示。多媒体子系统北向提供相机应用、音视频应用、图库应用的接口 / 框架，南向提供对接不同硬件的适配 / 加速功能，中间以媒体服务形态提供媒体核心功能和管理机制。

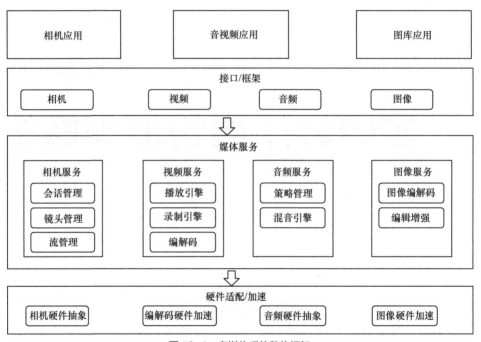

图 13-1 多媒体系统整体框架

其中，各核心媒体服务的职责如表 13-1 所示。

表 13-1 核心媒体服务的职责

核心媒体服务	职责
相机服务	提供会话管理、镜头管理、流管理的能力
视频服务	提供播放、录制和编解码的能力

核心媒体服务	职责
音频服务	提供策略管理、混音能力
图像服务	提供图像编解码和图像编辑增强能力

HarmonyOS 多媒体子系统旨在提供专业级音视频功能服务，总体遵循如下设计思路（见图 13-2）。

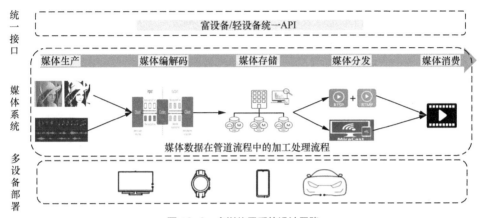

图 13-2 多媒体子系统设计思路

专业级功能设计：覆盖音视频基础播放录制、编辑创作、趣味增强场景化需求，提供高清、流畅、低时延音视频功能设计。

性能优先的体验设计：纵向打通软硬件设计，最大化加速 / 硬化音视频处理性能；横向按照统一媒体流 Pipeline 设计，拉通音视频采集、音视频播放前后端流程，减少模块间数据交互成本。

一致性的生态体验设计：在开发者生态上，提供所有应用平台化功能接口，减少应用开发成本，确保所有第三方功能体验和效果体验一致。

可大可小的部署能力设计：使用部件化可拼装设计，既可满足大型设备高清、实时、高质量音视频能力要求，又可满足小型音箱、安全摄像头等轻量设备低资源使用要求。

13.2 音频服务

音频服务是用户使用频率最高的媒体服务之一，用于音乐播放、通话、闹钟、系统提示音、游戏等各种业务场景，同时还涉及跨设备的音频播放、音频控制，因此音频服务相对比较复杂，不但要负责各设备上不同音频流的并发管理、混音处理和音效处理，还要管理不同音频 I/O 设备的选择与切换，以及针对不同音频流、音频设备的音量控制，为时延敏感的音频业务场景提供低时延音频通路，都是音频服务需要实现的机制和完成的功能。

13.2.1　音频服务框架

音频服务框架负责各种音频流的处理，支持音频流的播放、录制，支持混音、调节音量、调节音效等音频控制，支持音频策略及音频设备管理。音频服务框架主要包括以下功能：支持本地以及跨设备多音频流的播放与采集；支持音频采样率转换和重采样功能；支持音频设备的管理及切换；支持实时及低时延音频功能；支持音频策略的管理；支持音频音量的管理。

音频服务框架包括对外的音频 SDK 接口、音频框架及音频服务。音频框架通过适配器接口与音频服务交互，避免在升级或者更改音频服务组件的实现时，改变音频框架组件的实现。音频服务通过音频 HDI 实现与底层音频物理设备（如扬声器、麦克风）的通信。音频服务框架如图 13-3 所示。

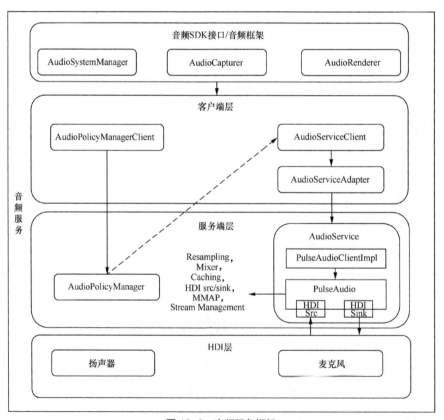

图 13-3　音频服务框架

音频服务由客户端层和服务端层两部分组成，总体采用 C/S 模式的独立服务架构，其中，C/S 模式依赖 HarmonyOS 基础 IPC 能力，便于统一管理服务。

1. 音频 SDK 接口 / 音频框架

AudioSystemManager：负责音频流类型、音量、音频设备等的音频控制与设置。

AudioCapturer：负责音频采集流的创建，音频采集参数（如采样率、声道数以及编码格式等）、采集设备的设置。

AudioRenderer：负责音频播放流的创建，以及播放参数（如采样率、声道数、音频流类型等）、输出设备的设置。

2. 客户端层

AudioPolicyManagerClient：AudioPolicyManager 服务的客户端接口，负责与 AudioPolicyManager 服务通信。

AudioServiceClient：AudioService 的客户端接口，负责与 AudioService 通信。

AudioServiceAdapter：AudioServiceClient 与 AudioService 通信的适配器接口。

3. 服务端层

AudioPolicyManager：负责音频流类型选择、音频设备选择、音量控制等音频策略的管理。

AudioService：基于 PulseAudio 开源实现，负责音频流的混音、音效、音频重采样、增益等处理。

4. HDI 层

HDI 层负责音频物理设备的初始化、打开 / 关闭，并通过 HDI Src、HDI Sink 对音频输入流、输出流进行管理。

13.2.2　音频播放

音频播放主要包括音频 PCM（Pulse Code Modulation，脉冲编码调制）数据流的渲染输出，以及音频播放过程中的音量、音效和播放进度的控制等。通过音频渲染（AudioRenderer）支持长时间播放音频的场景，例如本地音乐文件或在线流媒体的音频流，支持同时播放多个音频流。通过短音播放（SoundPlayer）支持较短音频片段的播放场景，例如游戏声音、按键音、铃声片段等，支持同时播放多个音频片段。支持低时延播放，适合卡拉 OK 及 VoIP（Voice over IP，互联网电话）等场景。

应用播放音乐时，通过音频渲染接口输入音频 PCM 数据流，经过音频服务的混音、音效、增益等处理，调用音频 HDI 把音频数据送给音频物理器件实现渲染输出。音频播放流程如图 13-4 所示。

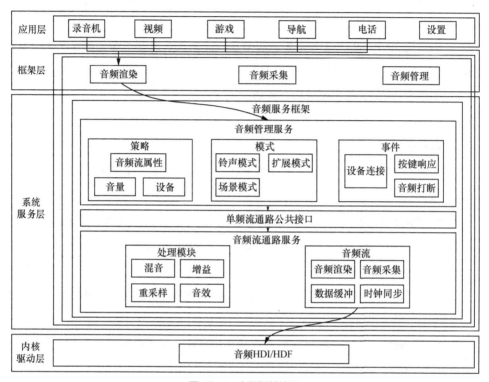

图 13-4　音频播放流程

13.2.3　音频采集

音频采集主要支持音频 PCM 流的采集，提供音频录制相关功能，包括设置录制音频的格式、采样率、声道数等。AudioCapturer 是系统进行音频采集的功能接口。在音频采集过程中，通过 AudioCapturer 可持续获取音频硬件设备采集的音频数据。开始采集音频时，AudioCapturer 需要初始化相关联的音频缓冲区，用来保存新的音频数据。音频数据从音频硬件中读出；录音数据可通过初始化缓冲区大小，分多次读出。

应用播放音乐时，音频硬件设备采集的音频数据通过音频 HDI 传输给音频服务，音频服务再通过 AudioCapturer 传输给应用。音频采集流程如图 13-5 所示。

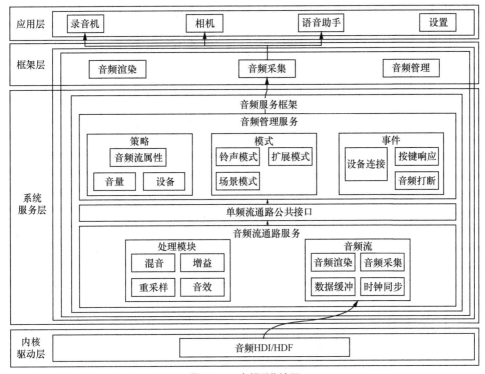

图 13-5　音频采集流程

13.2.4　音频策略管理

　　音频策略管理主要管理系统上多个音频之间的冲突，维护系统内音频的播放秩序，如系统播放音乐时，同时有来电、通知消息或导航音时，系统需要优先保证通话的音频通道，抑制音乐、导航、通知等其他音频。音频策略管理会根据音源优先级及音频流类型、音频流使用场景，来决策是否要为某个音频流提供音频通道。

　　音频流分类是指根据系统音源使用场景，把系统中音源分为媒体类、游戏类、通信类、语音类、提示音等类别，并对这些音源进行优先级分类。音频策略仲裁原则采用高优先级抢占低优先级，相同优先级的采用后入优先原则，通信类音频除外，后来的通信类音频不能中断先来的同类音频。

　　应用向音频策略管理中心申请音频播放通路，音频策略管理中心根据当前系统内音频状态仲裁该音频是否可以播出以及如何播出。若可以播出，则该音频会通过软混音器进行混音，或者流转到音频物理设备里进行混音，混音后的音频经过功率放大器流转到扬声器，从数字信号转化为音频信号。

音频策略管理音频的输入与输出，它决定了音频优先送往系统的哪个输出设备，以及以什么样的方式使用。音频策略支持以 XML 文件的形式进行配置，该文件包含系统中存在的音频设备的信息及其配置信息，如采样率、声道数、位宽等。音频策略配置文件包括用于设置默认 I/O 设备、默认路由设备优先级及音量表等部分的信息。图 13-6 所示为音频策略管理框架。

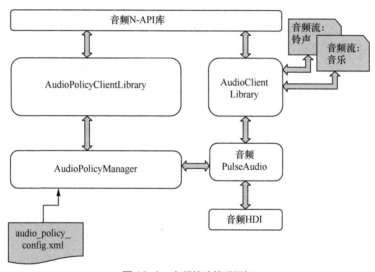

图 13-6　音频策略管理框架

AudioPolicyManager 服务通过读取解析 audio_policy_config.xml 配置文件，获取 3 个部分的信息：模块（Module）、路由（Routing）及音量（Volume）。模块主要包括当前的音频设备信息，内置设备如扬声器、麦克风，有线设备如 USB、HDMI（High-Definition Multimedia Interface，高清多媒体接口）设备，无线设备如蓝牙耳机等，以及音频设备是否支持音频输入（Input）/ 输出（Output）功能。路由主要包括各种设备的优先级设置信息。音量主要包括设备和音频流的配置信息。AudioService 在接收到音频流的处理信息和音频设备、音量等的设置时，把音频流类型、设备选择、音量索引值等信息传递至 AudioPolicyManager 服务，使用对应的音频策略，具体的流程如图 13-7 所示。

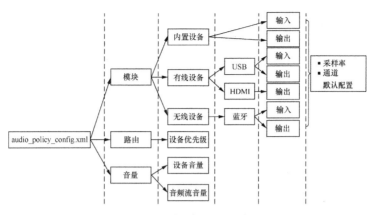

图 13-7　音频策略配置解析

13.2.5　音量管理

音量管理主要是管理和定义各种设备、各种音频流的音量，并定义每种音频流的默认音量和最大音量，包括系统主音量控制、每种类型音频流的音量控制，定义每个设备的音量级别（如 0 ～ 15 级、0 ～ 7 级），保存默认音量、用户设置音量，以及运行时的音量信息。AudioPolicyManager 维护一个内部音量映射表，它在启动时，会针对所有音频流类型使用 MAX_VOLUME（1.0）进行初始化，并根据后续音量设置请求，不断更新该音量映射表。从音频服务客户端输入的音量级别（0 ～ 15 级），将映射到音频服务中的 0.0 ～ 1.0。AudioPolicyManager 允许针对设备类型，以及音频流类型设置不同的音量值。音量管理流程如图 13-8 所示。

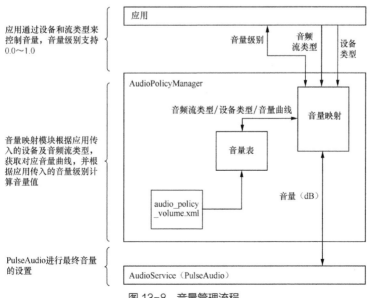

图 13-8　音量管理流程

13.2.6　音频低时延

音频服务基于 PulseAudio 构建，PulseAudio 支持各种音频输出模式，快速模式（Fast Mode）将会绕过 PulseAudio，用于对时延敏感的音频应用场景。基础模式（Primary Mode）和深缓冲区模式（Deep Buffer Mode）支持多个音频流同时工作，除此之外的模式仅支持一路音频流，音频服务框架会根据底层硬件设备的能力来接受或拒绝相关工作模式的运行。

音频低时延主要通过针对硬件采用最佳采样率、最佳缓冲区长度的机制，对系统音频播放通路进行合理配置，使音频数据传输通路带宽最大、快速在实际音频物理设备上输出。采用硬件原生采样率和缓冲区长度，避免系统对音频数据进行重采样和帧缓冲；构建音频流的快速模式，即打通应用层和 HDI 的数据直传通道，减少传输时延。

音频低时延实现原理如图 13-9 所示。

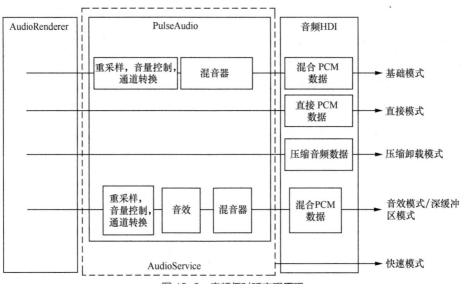

图 13-9　音频低时延实现原理

13.3　视频服务

视频服务是用户最广泛的使用需求之一，包括本地视频文件播放、视频录制、流媒体点播等基础业务，同时还涉及投屏播放、视频通话等复杂业务。视频服务设计理念的核心是要让开发者简单、高效开发视频应用，最大化地使用系统提供的硬件编解码能力，并提供平台化的播放控制能力等。视频服务处理的消息不仅包含压缩的视频文件（如 MP4 格式视频），还包含压缩的音频文件（如 MP3 格式音频），视频服务需要具备处理上述文件的机制和功能。

13.3.1　视频服务框架

视频服务框架主要提供音视频文件、流媒体等不同格式媒体文件的解析、解码、输出等功能；北向为开发者提供 AudioPlayer、VideoPlayer 等 JavaScript 接口，支持媒体资源输入，并提供播放控制（启动、暂停、快进、快退）等功能接口；播放服务则基于开源引擎和自研播放引擎相互协同，实现媒体解析、解码、播放等功能。

视频服务框架主要包括如下基础功能：媒体文件播放、录制（录像、录音）、音视频编解码、媒体文件封装 / 解封装、元数据 / 缩略图。

视频服务框架的设计主要遵循以下基本要求：简单、通用的南北向接口设计，支持接口兼容演进，业界兼容的标准 API，如 OMX（Open Media Acceleration，开放多媒体加速）接口编解码；功能可扩展，支持播放器引擎的整体替换。视频服务架构如图 13-10 所示。

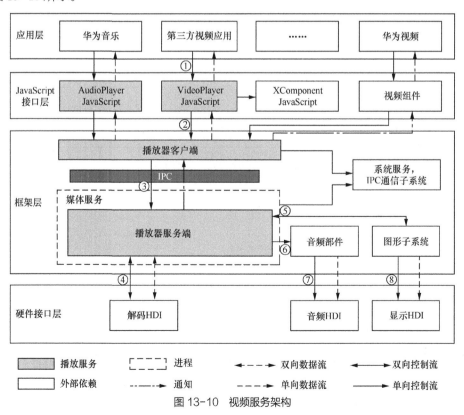

图 13-10　视频服务架构

视频服务框架总体采用基于 C/S 模式的独立服务架构，支持多客户端并发使用；媒体服务（MediaService）默认提供两套引擎，一套基于 GStreamer 实现的播放引擎，用于富交互设备媒体场景；另一套基于 HiStreamer 实现的轻量级媒体引擎，用于轻交互设备场景。同时，为保证引擎可替换，要求对服务和引擎接口层进行高度抽象，并定义媒体引擎的统一标准接口。开发者基于该标准接口，可开发自研的媒体引擎，方便完成引擎替换。

视频客户端的请求流程如图 13-11 所示。

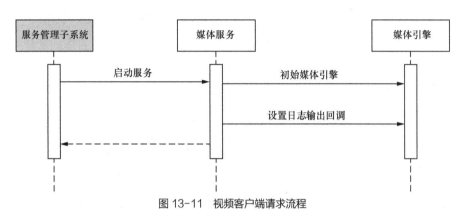

图 13-11　视频客户端请求流程

视频客户端请求详细流程如图 13-12 所示。

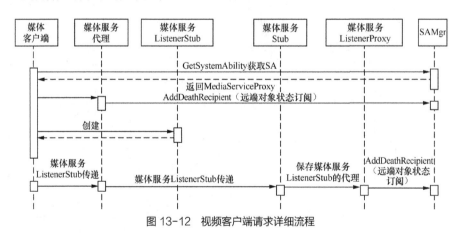

图 13-12　视频客户端请求详细流程

13.3.2　音视频播放

音视频播放功能是媒体服务的核心能力，通过为使用者提供一套播放器接口，完成对目标媒体中的音视频数据渲染。

从用户功能上看，音视频播放支持以下基本功能：支持本地文件、流媒体，如 HTTP、HLS（HTTP Live Streaming，HTTP 实时流媒体）等的播放；支持常见操控（如启动、停止、暂停、快进等）；支持常见的文件封装格式（如 TS、MP4 等）；支持常见的音视频 codec（视频如 H.264，音频如 AAC、MP3、Vorbis 等）；支持设置循环和单次播放模式。

从播放流程来看，系统会基于播放引擎构建播放流水线（Pipeline），能将压缩文件进行还原处理。同时，在播放过程中，支持响应用户的基本播控操作。完整的音视频播放包括解析承载码流的协议得到包含容器格式的码流数据；容器格式解析得到音视频编码 ES（Element Stream，基本码流）及解码信息；解码音视频 ES 分别得到 PCM 码流、YUV 视频图像流，对其分别基于参考时钟进行音视频同步；音频给音频部件输出；视频给图形子系统输出，如图 13-13 所示。

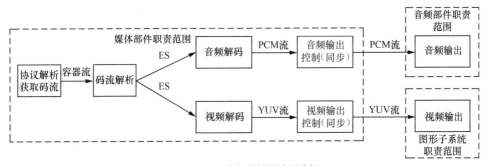

图 13-13　音视频播放流程分解

播放器视频播放实例如图 13-14 所示。

首先，创建播放实例。然后设置播放源，通过播放实例对象接口，设置目标播放地址，通常用 URL（Uniform Resource Locator，统一资源定位符）表示，如 http://×××。最后，设置输出，通过设置 VideoSurface，使视频画面输出至显示设备。

通过播放实例对象接口，完成准备播放动作开始播放。在视频播放过程中，可进行暂停、重启、恢复、跳转等基本播控操作。图 13-15 所示为播放器视频播放过程控制。播放服务端内部维护播放状态机，如图 13-16 所示。对于富媒体设备，视频播放功能以服务形式存在，对外提供相应的功能。对于轻量设备，播放功能以动态库形式提供，和调用者在同一进程运行。对外原生（Native）接口保持一致，使用者无须感知功能提供形式。

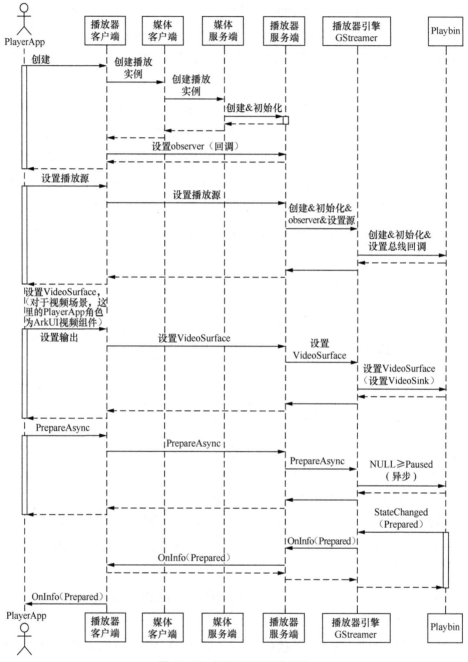

图 13-14　播放器视频播放实例

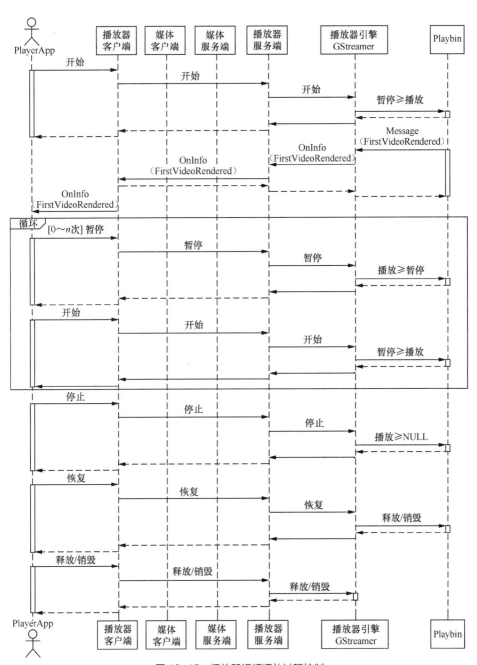

图 13-15　播放器视频播放过程控制

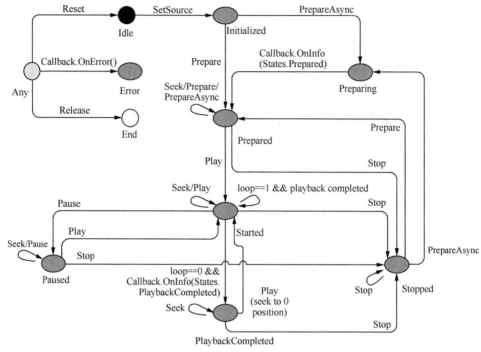

图 13-16　播放器引擎工作状态机

播放服务设计如下：系统支持多播放引擎，默认提供开源 GStreamer 引擎，用于支持富媒体设备，并提供 HiStreamer 引擎用于支持轻量设备。基于 PlayerEngineFactory 架构，也可以实现扩展其他播放器引擎，让播放器服务模块根据支持度选择合适的播放引擎。

播放器引擎存在如下两种：静态支持多播放引擎，播放器服务模块定义统一的播放引擎接口，不同设备部署所需要的媒体引擎实现；动态支持多播放引擎，相同的系统、不同的播放业务根据输入 URI 选择合适的播放引擎。

动态支持多播放引擎如图 13-17 所示。

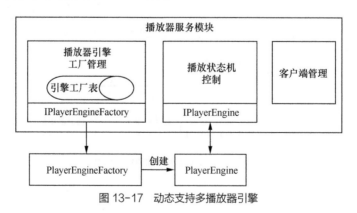

图 13-17　动态支持多播放器引擎

13.3.3　音视频录制

音视频录制功能包括录像、录音。在音视频录制过程中，支持暂停、恢复操作。音视频录制功能依赖相机服务、音频服务、硬件编码等服务。

录制引擎（见图 13-18），包含如下主要功能模块。

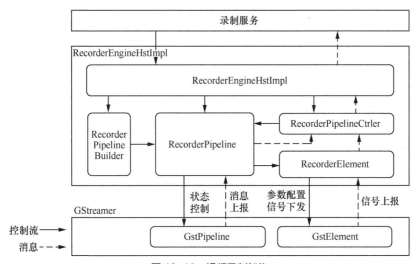

图 13-18　视频录制架构

录制服务（RecorderService）是录制功能的服务层，对上提供原生接口，对下提供录制引擎接口。它的功能包含参数设置、接口调用等 IPC 实现及录制权限的校验。

RecorderEngineHstImpl： 录制引擎的对外接口实现层，用于管理各组件的生命周期。

RecorderPipelineBuilder： Pipeline 的图谱生成与实例化模块，其功能包括定义录制 Pipeline 可能的模板集合；根据录制参数决策 Pipeline 图谱并实例化各元件；转发录制参数配置到各元件；完成 Pipeline 搭建与元件的连接。

RecorderPipeline： 作为录制 Pipeline 在引擎层的具体实现，其功能包括封装并管理 GStreamer 的 Pipeline 对象，完成录制接口到 GStreamer 元件状态切换的转译；封装 GStreamer 元件切换的异步、同步行为，对上呈现同步接口；监听 GStreamer 的 Pipeline 消息总线，完成消息与异常处理；分发命令至各元件。

RecorderPipelineCtrler： 作为 Pipeline 的消息与命令调度层，其功能包括封装同步任务队列，将接口调用转换为队列任务，保障接口调用按顺序依次执行；封装异步消息队列，将下层上报的信息与错误异步上报给录制用户。

RecorderElement： 作为录制元件在引擎层的具体实现的基类，其功能包括实现子类封装并管理对应 GStreamer 元件,完成录制参数转发;子类处理对应元件录制各阶段的细节工作。

视频录制流程如图 13-19 所示。

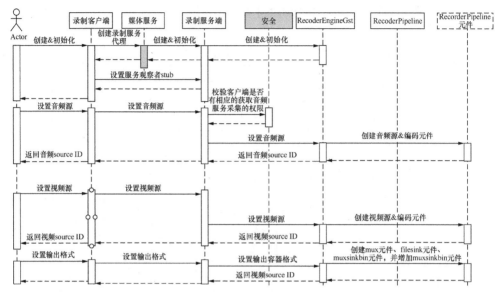

图 13-19 视频录制流程

视频录制状态机如图 13-20 所示。

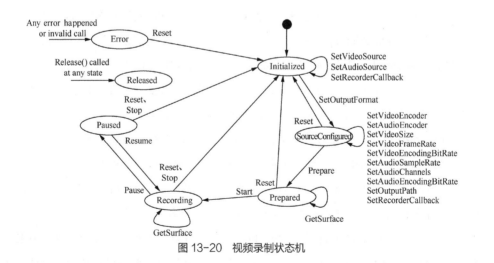

图 13-20 视频录制状态机

13.3.4 音视频编解码

媒体子系统除提供完整的媒体文件播放功能,还可单独提供音视频的编码、解码功能。音视频编解码包括硬件编解码和软件编解码。硬件编解码的好处是速度快，且系统自带，不需要引入外部第三方库，但支持的规格受限。软件编解码速度慢、功耗高，但压缩率比较高，支持的规格丰富。下面分别对软件编解码和硬件编解码进行介绍。

图 13-21 是典型的软件编解码架构，App 将编码后的音频数据提交给 AVCodecServer，AVCodecServer 通过 GStreamer 完成解码，并将解码后的数据通过共享内存传递给 App。图中承载编解码的为 GStreamer 和 FFmpeg 软件，这两款开源软件集成了目前主流音频和视频 codec 的软件实现，如 H.264、H.265、MP3、AAC 等。这些软件音视频 codec 以插件的形式实现，在实际使用时可以通过编译的方式使用或者隔离。

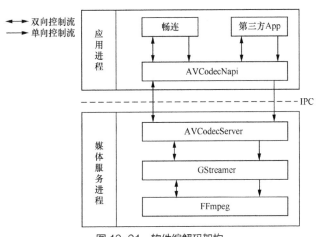

图 13-21　软件编解码架构

各个模块功能说明如下。

第三方 App：调用 JavaScript 框架的音频解码接口完成解码功能，并获取解码后的数据。

AVCodecNapi：JavaScript 转原生接口模块。

AVCodecServer：提供音频解码能力的服务。

IPC：提供基础的服务管理，IPC 通信框架，完成服务注册、进程启动。

GStreamer：提供音频解码 Pipeline 组件。

FFmpeg：提供音视频解码算法库。

图 13-22 为硬件编解码架构，其中上半部分与软件编解码架构类似，区别在于硬件编解码主要由 HDI 和硬件完成，因此在框架上必须打通引擎与这两者之间的通路。AVCodec HDI 提供硬件编解码的相关接口，引擎通过 AVCodec Bin 以插件的方式实现

与 AVCodec HDI 的对接，AVCodec HDI 再通过南向接口与硬件编解码器件交互。

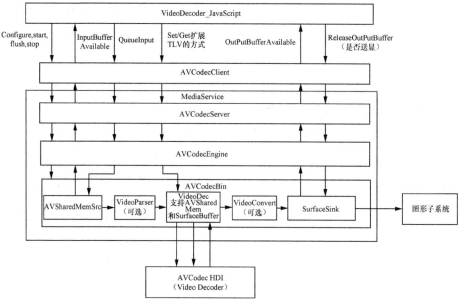

图 13-22　硬件编解码架构

图 13-23 所示为软硬件编解码状态机，状态机的主要状态与播放、录制状态机类似，主要包括 Initialized、Configured、Prepared、Running、EOS（End Of Stream）这几个状态，并且软硬件编解码的状态机对各状态间的切换也进行了限制。具体状态转换限制如图 13-23 所示。

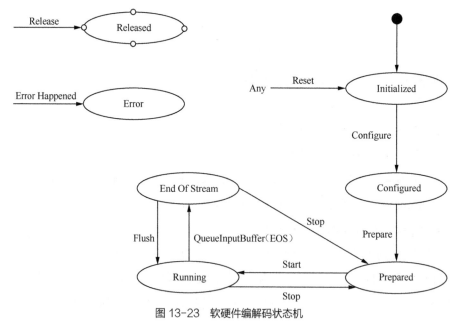

图 13-23　软硬件编解码状态机

13.3.5　封装 / 解封装

媒体处理服务还向应用提供对音视频数据的封装功能以及对媒体文件的解封装功能。封装就是把压缩好的视频、音频、字幕数据按照一定格式放到一个文件中。目前主流的音视频文件有 MP4、TS 等。

解封装是封装的逆过程，即将封装好的媒体文件中的音视频数据分离，并将分离后的音视频基本流数据提供给应用。

图 13-24 所示是封装 / 解封装架构。系统在框架层提供封装 / 解封装的独立 API 供应用调用，具体实现由服务中的相关模块提供。封装 / 解封装是纯软件方案，因此不涉及对 HDI 的依赖。

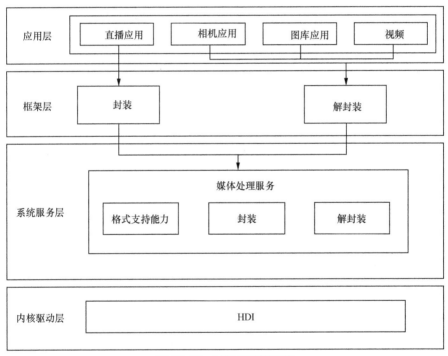

图 13-24　封装 / 解封装架构

13.3.6　元数据 / 缩略图

缩略图功能是指主要根据应用设置的音视频码流、想要获取的目标图像所在位置的时间戳、颜色格式、目标图像的宽高，生成显示正常的视频缩略图。

图 13-25 所示为元数据 / 缩略图架构。应用在获取媒体文件元数据和缩略图时，

首先需要通过媒体数据扫描服务，对全盘媒体文件进行扫描，并将解析后的数据保存在媒体数据管理模块中，再通过相关的元数据 / 缩略图引擎接口来获取。具体实现时，元数据和缩略图的获取大量复用了媒体播放的能力，包括媒体文件的打开、解封装、解码。因此，在对外依赖上，应用还需要依赖 HDI 提供硬件解码的能力。

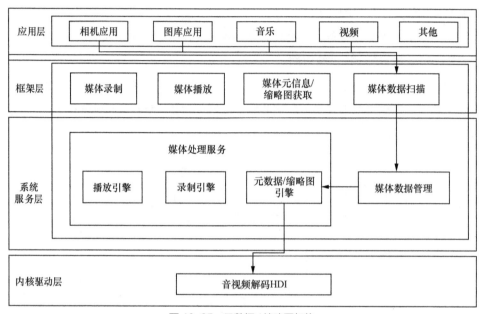

图 13-25　元数据 / 缩略图架构

13.4　相机服务

近些年，相机成为用户必不可少的影像设备，它可以随时记录用户生活中的精彩画面。相机经历了从独立数码相机到智能手机集成相机的发展历程，智能手机集成的镜头个数越来越多，分辨率也越来越高，用户对智能手机拍照质量和性能要求也越来越高。另外，在道路安防、家居娱乐等场景下，相机镜头也得到了广泛的应用。这些镜头设备形态各异（智能手机内置、TV 外接、远程分布式等），以及设备的能力（变焦、分辨率、运行内存占用）各异，这些都给相机服务及其应用开发带来了新的挑战。

13.4.1　相机服务建模思路

相机服务基于镜头控制曝光后，进行视频信息采集、效果合成加工等处理，其核心是精确控制镜头，灵活输出不同格式要求的画面帧，满足多镜头协同（如广角、长焦、TOF）、多业务场景适配（如分辨率、格式、效果等）的要求。

相机服务基于数据流 Pipeline 模型进行设计，以简化开发者对底层镜头硬件及算法的控制，并增强相机输出数据的丰富性。相机 Pipeline 被抽象成一个会话，Pipeline 的一端对接硬件镜头进行输入，另一端对接应用进行预览流、拍照流、视频流输出。相机服务建模如图 13-26 所示。

图 13-26　相机服务建模示意

基于相机会话 Pipeline 模型，相机的总体设计目标如下。

简单高效：通过相机会话 Pipeline 模型，屏蔽相机会话内部复杂的硬件控制、算法控制等实现，提供应用简明、功能显性的控制接口。

极致性能：通过软硬件结合架构，相机服务框架内部实现启动、预览、拍照性能的体验要求。

灵活扩展：解耦 Pipeline 两端 I/O，支持设备输入、数据输出灵活配置，满足不同复杂度相机业务需求。

架构统一：一套相机系统适用于轻量级和标准配置 HarmonyOS 设备，满足兼容扩展要求。

在当前相机服务架构下，相机会话 Pipeline 负责生命周期管理，相机会话 Pipeline 下的输入设备（镜头）和输出数据（预览流、录像流）是可以独立配置、灵活切换的，以满足镜头快速切换、相机业务流动态增减等需求。

此外，相机系统已经逐渐从本地镜头采集视频数据，逐渐发展到支持跨设备镜头采集视频数据，由此构成了相机业务分布式能力。因此，在 HarmonyOS 相机系统中，为简化跨设备镜头的使用，相机系统基于一套超级相机架构来支持本地和分布式相机能力，如图 13-27 所示。

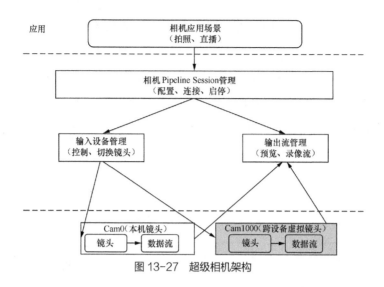

图 13-27　超级相机架构

13.4.2　相机服务框架

　　HarmonyOS 相机服务框架从北向应用接口到中间相机服务再到南向设备接口，完全基于相机会话 Pipeline 模型设计，如图 13-28 所示。

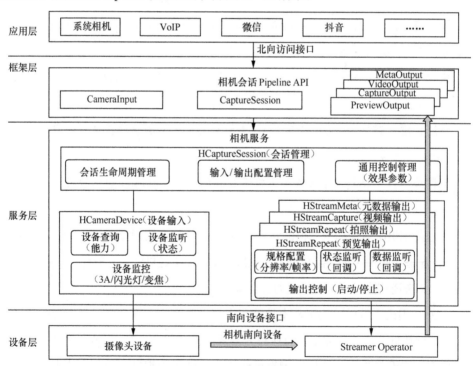

图 13-28　相机服务框架

　　北向访问接口：框架层提供北向访问接口，接口提供相机全量控制能力，能够满足不同形态设备（如轻量配置的 IPCamera 或者丰富配置的手机相机）的要求。同时，通过一套相机北向接口支持本地和分布式相机编程，旨在让开发者更专注于业务开发，轻松使用相机资源，减少应用的开发成本。

相机服务：服务层提供统一相机服务框架，实现针对本地相机、分布式相机的硬件控制功能和数据流输出功能。相机服务提供相机会话 Pipeline 模型的具体实现，支持输入设备和输出流动态按需配置，即在会话构建后，允许动态更改输入镜头或输出流配置，而不需要重新构建会话，这样可极大增强应用使用相机资源的灵活性。并且相机服务对底层设备层是按需控制的，即相机服务无须参与相机的每一帧图像的采集控制，只在用户的控制需求变化时，才下发相应的控制指令。相机服务的按需控制解决了相机服务和相机设备工作流水线之间的耦合问题，使其可以适配资源受限的小型设备和分布式相机设备。

南向设备接口：相机南向设备接口提供"相机设备＋相机流"控制，无缝对接相机服务的相机会话 Pipeline 模型控制。南向设备接口支持在相机运行过程中进行数据流的动态增加、修改、删除，以匹配相机会话多数据输出可动态配置的能力。

相机工作流程如图 13-29 所示。相机系统以 Session 为控制中心，管理相机会话生命周期，并提供独立、解耦的设备输入和数据输出控制。相机设备输入控制通过相机服务、相机驱动，一直控制到底层的相机传感器。可以理解为相机设备输入主要控制相机前端图像采集。数据输出通过相机服务，接收采集到的相机数据，并通过不同的数据输出 Pipeline，将数据传递给应用。

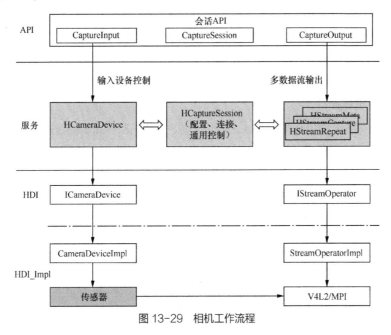

图 13-29　相机工作流程

相机基本控制过程包含以下 5 个步骤，如图 13-30 所示。

① 创建会话。

② 配置会话，创建相机设备输入，并将其配置给相机会话；创建相机数据输出，并将其配置给相机会话。

③ 启动会话，预览数据输出随相机会话启动一起启动。

④ 操作会话，通过相机设备输入控制相机图像采集及效果处理，如 3A 控制或美肤效果控制；控制相机数据输出，如控制拍照输出拍摄一张照片。

⑤ 关闭会话，释放会话资源。

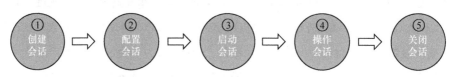

① Session=new CaptureSession()

② Session.beginConfig();
Session.addInput(CameraManager.createCameraInput(CameraPosition.BACK));
Session.addOnput(new PreviewOutput(surface));
Session.addOnput(new PhotoOutput(surface));
Session.commitConfig();

③ Session.start(callback);

④ Session.setBeauty (type，level);
CameraInput.setZoomRatio(ratio);
PhotoOutput.capture(setting);

⑤ Session.stop();
Session.release();

图 13-30 相机基本控制过程

13.4.3 相机控制

1. 关键控制接口

相机系统基于相机会话 Pipeline 模型，提供相机会话（CaptureSession）、相机设备输入（CaptureInput）、相机数据输出（CaptureOutput）这三大类控制接口，如图 13-31 所示。相机会话包括管理相机采集会话生命周期；协调匹配设备输入和数据输出；支持输入、输出动态切换。相机设备输入包括管理相机设备（查询、监听），创建相机输入；提供相机输入端图像数据采集控制能力。相机数据输出包括基于业务特性，提供差异化数据输出管理；预览流跟随会话启停，其他数据输出流独立控制启停；支持动态调整数据流规格（如视频帧率）。

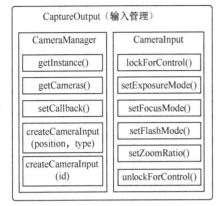

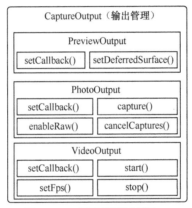

图 13-31　相机关键控制接口

2. 相机会话控制

相机会话主要基于 CaptureSession 类实现，与输入、输出类关系如图 13-32 所示。

CaptureSession 主要实现以下 3 个方面功能：相机会话创建销毁，基于 HarmonyOS 服务统一权限管理方案，实现相机访问权限管理；匹配设备输入与数据输出，同类型设备输入只能添加一个，例如仅支持添加一个相机输入，同类型数据输出可添加多个（基于服务和南向设备能力），例如添加 2 路视频输出，支持设备输入和数据输出动态添加、删除；相机会话使能，运行控制，预览流随相机会话使能输出数据，随相机会话关闭而停止输出数据，支持相机通用功能和算法的查询、控制（如美颜、虚化、滤镜等），支持功能和算法单独控制，也支持批量控制，通过 SessionCallback 实现相机会话运行状态监听，如系统压力、运行错误等。

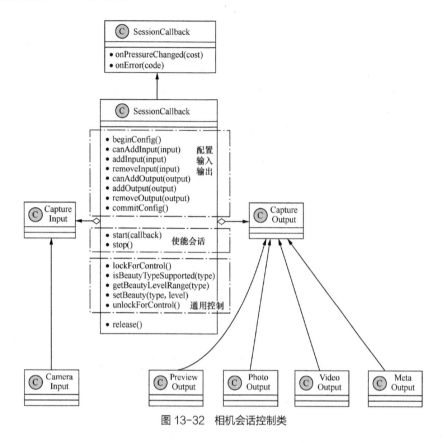

图 13-32　相机会话控制类

3. 相机设备输入控制

相机设备输入控制主要基于CameraManager、Camera、CameraInput这3个类实现，类关系如图13-33所示。

CameraManager：管理Camera，创建CameraInput。Camera查询、监听相机上下线（通过CameraCallback返回）。创建CameraInput，基于相机位置、相机类型快速获取相机输入，基于相机ID，创建指定相机输入。

Camera：用于描述一个相机，主要包括如下属性，相机位置（后置、前置、未指定）、相机类型（广角、超广角、长焦、逻辑相机、深度相机）、连接类型（内置设备、USB、远程相机）。

CameraInput：相机输入端图像采集能力查询、控制。支持查询可用状态、能力范围、当前设置；支持单个设置和批量设置两种相机设备输入参数设置方式；支持分类、按需反馈控制结果。控制结果通过专有Callback（如Exposure Callback、Focus Callback）返回。

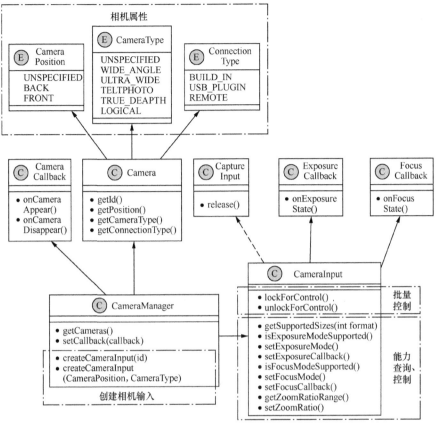

图 13-33　相机设备输入控制类

4. 相机数据输出控制

相机数据输出控制当前主要提供预览、拍照、视频和元数据这 4 类数据输出，分别由 PreviewOutput、PhotoOutput、VideoOutput 和 MetadataOutput 实现，类关系图如图 13-34 所示。

PreviewOutput：控制预览数据输出。不支持单独控制数据捕获，数据捕获跟随会话启停；支持延迟预览设置，提高相机应用启动性能；监听预览输出状态，如启停、运行错误等。

PhotoOutput：控制拍照数据输出。支持捕获 JPEG、Raw、QuickView 等多种格式静态照片数据；独立控制数据捕获，可单拍或多张连拍；拍照参数精准控制，如压缩质量、旋转角度、位置等；提供照片捕获流程精确回调，如开始、启动曝光、结束、捕获错误等。

VideoOutput：控制视频数据输出。独立控制数据捕获，支持动态调整数据输出，如帧率等；监听视频输出状态，如启停、运行错误等。

MetadataOutput：元数据输出。设置需要监听的元数据信息类型；持续获取元数据信息，如人脸检测信息。

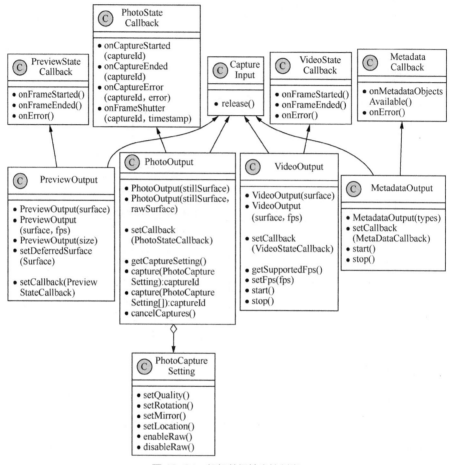

图 13-34　相机数据输出控制类

13.4.4　相机预览

相机预览作为相机应用最基础的功能之一，一般都具备预览参数配置、预览画面实时显示和预览过程中动态控制（如缩放）等功能，这些关键功能需要在不同的阶段完成。

预览参数配置：需要在配置会话阶段完成，在这个阶段，开发者可以完成相机镜头的选择、预览画面尺寸和格式的配置。

预览画面实时显示配置：需要在进入配置会话阶段前完成，一般来说，用户需要指定预览显示的视图，如 XComponent，并且从这个视图中获取 Surface；然后使用这个 Surface 创建相机的预览流。

预览过程中动态控制：这个功能只能在会话启动后才能生效。开发者可以根据会话提供的能力，对相机功能类（如对焦、缩放等）或效果类（如滤镜、美肤等）进行控制。

相机预览的调用流程如图 13-35 所示。

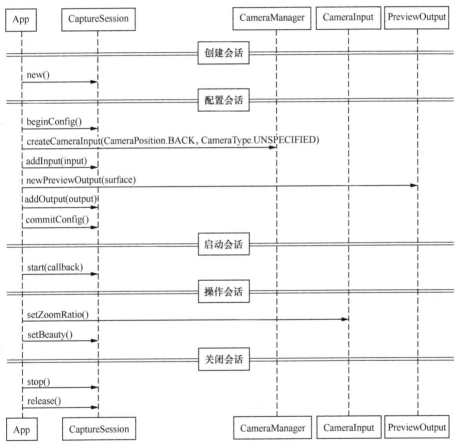

图 13-35 相机预览的调用流程

13.4.5 相机拍照

相机拍照主要包含拍照输出尺寸、格式配置、拍照参数配置和图像接收等关键功能，这些关键功能需要在不同的阶段完成。尺寸、格式配置在配置会话阶段完成，拍照业务需要在这个阶段明确具体的拍照尺寸和格式；在会话运行后，如需要更改尺寸或格式，需要重新创建拍照数据流。拍照参数配置类似照片旋转角度、地理位置信息等，可以在每次拍照时设置，且在本次拍照生效。这些参数被包装成 PhotoOutputSetting 数据包在调用拍照命令时传入。图像接收使用 ImageReveiver 作为图像接收器，需要在进入配置会话阶段前创建。开发者可以在拍照时获取图像数据流，拿到图像数据后可存储或做二次处理。

相机拍照的调用流程如图 13-36 所示。

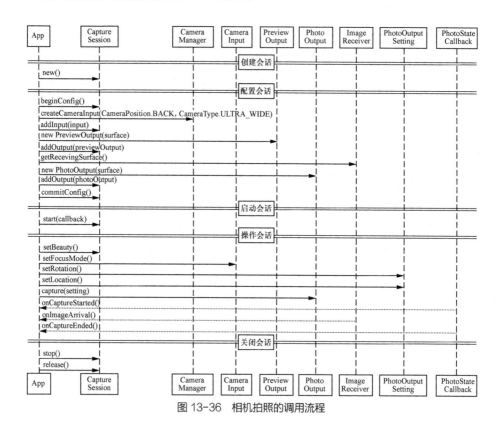

图 13-36　相机拍照的调用流程

13.4.6　相机录像

相机录像主要包含录像尺寸、格式、帧率配置，录像参数配置，录像启停、暂停恢复和录像图像编码等关键功能，这些关键功能需要在不同的阶段完成。尺寸、格式、帧率配置在配置会话阶段完成，录像业务需要在这个阶段明确具体的拍照尺寸、格式和帧率；在会话运行后，如需更改，需要重新创建录像数据流；只要这些配置信息不变，录像流可以多次复用，无须重新创建。录像参数配置在会话启动生效后，每次录制开始前，可以配置录像参数，如录像防抖参数等。录像启停、暂停恢复这些动作在会话启动生效后，在会话有效期内可以重复使用，无须重启会话。录像图像编码使用 VideoRecorder 作为编码器，应用需要在进入配置会话阶段前创建。录制开始后，相机系统会自动把录像流数据发送至编码器编码成视频文件。

相机录像的调用流程如图 13-37 所示。

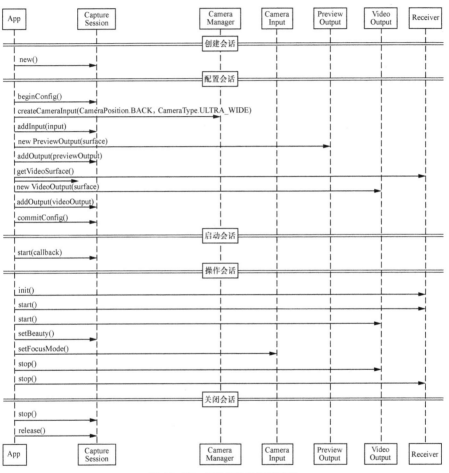

图 13-37　相机录像的调用流程

13.5　图像服务

图像作为广泛使用的用户视觉信息载体，在计算机领域有着悠久的历史。随着智能手机的迅猛发展，图像的使用更加广泛和频繁，例如手机用户几乎每天都会生成大量的拍摄照片。图像服务的重点在于提供对通用格式图像数据的解码、编码等功能，为用户提供性能流畅、格式兼容的图像编解码服务能力。目前，图像系统仅提供对基础 JPEG、PNG、HEIF、GIF 等格式的支持。

图 13-38 所示为图像服务架构，其总体基于分层架构来设计，提供灵活的编解码算法插件能力。

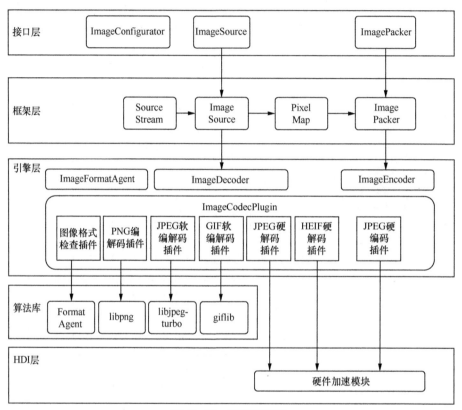

图 13-38　图像服务架构

1. 接口层

接口层提供应用开发 API。

ImageSource： 提供图像解码功能，支持将图像解码为 Bitmap 等形式；引入 ImageSource 类的主要价值为便于处理文件中包含多幅图像的场景，便于处理增量数据图像，也可以减少同一文件多次处理时的重复步骤。

ImagePacker： 提供图像编码功能，支持将 Bitmap 和其他信息压缩打包为 JPEG 等格式。

ImageConfigurator： 提供下行框架配置功能，目前支持向图像框架添加 App 提供的编解码插件。

以上 3 个类接口关系如图 13-39 所示。

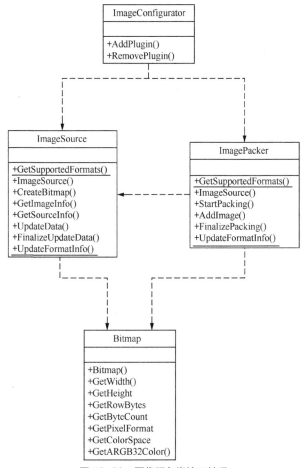

图 13-39 图像服务类接口关系

2. 框架层

框架层与接口层一一对应，在框架层完成功能逻辑管理。

3. 引擎层

引擎层实现图像解码或编码的核心处理，其内部以插件形式提供不同格式的图像
解码和编码功能。

ImageDecoder：与具体格式无关的 ImageDecoder 流程实现，每个 ImageDecoder
具备提供一种格式的能力，也具备提供多种格式的能力。

ImageEncoder：与具体格式无关的 ImageEncoder 流程实现，每个 ImageEncoder
具备提供一种格式的能力，也具备提供多种格式的能力。

PNG 编解码插件：基于开源 libpng 库，提供 PNG 格式的 ImageDecoder 和 ImageEncoder 的功能插件。

JPEG 软编解码插件：基于开源 libjpeg-turbo 库，提供 JPEG 格式的 ImageDecoder 和 ImageEncoder 的功能插件。

JPEG 硬编解码插件：通过硬件层实现 JPEG 的硬编解码加速，提供 JPEG 格式的 ImageDecoder 的功能插件。

4. 算法层

当前算法层，使用业界性能较好的 libpng、libjpeg-turbo 等开源库作为基础算法，未来会跟随业务场景的需求，逐渐实现算法演进或替换，提供更高效、资源占用更少的图像编解码算法，并且满足更多格式支持的要求。

13.5.1　图像解码

图像解码在当前系统中主要提供解码处理功能。图 13-40 描述了 ImageSource 解码生成 Bitmap 的流程。

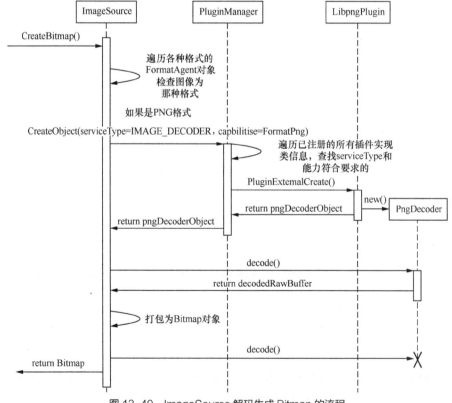

图 13-40　ImageSource 解码生成 Bitmap 的流程

遍历 FormatAgent 检查确认图像的压缩格式，另外，如果 ImageSource 提供了
FormatHint 信息，则优先检查这个格式；选择使用的解码器进行解码处理，当既有硬解码
能力的插件类也有软解码能力的插件类时，优先使用硬解码能力的插件类；ImagePacker
获取支持的编码格式流程、ImagePacker 编码打包流程与上述流程类似，此处不再赘述。

13.5.2　图像编解码插件管理

为支持图像编解码能力灵活"伸缩"，应用可扩展使用自带的图像编解码能力，
系统通过插件式框架支持编解码能力插件化扩展。ImageConfigurator 添加 App Plugin
流程序列如图 13-41 所示。

在上述流程中，系统通过 ImageConfigurator 接口来提供应用插件的注册和移除操
作，并限制应用添加的插件只在本进程中可以引用，并不影响其他 App 和媒体系统服
务层使用的插件，具体接口如表 13-2 所示。

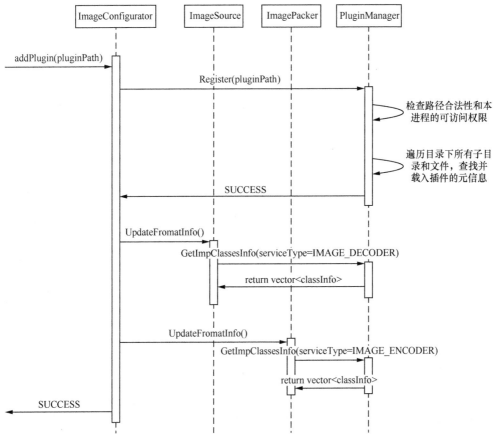

图 13-41　ImageConfigurator 添加 App Plugin 流程序列

表 13-2　图像配置接口

接口	说明
int addPlugin (string path)	添加 App 提供的插件，目前只支持图像编解码器插件，插件新增的图像格式在 ImageSource 和 ImagePacker 相应的编解码和格式查询方法中体现，其行为与内置支持的格式无差异
int removePlugin (string path)	删除 App 提供的插件；只允许删除本 App 添加的插件，不允许删除系统内置插件或其他 App 添加的插件；该 App 卸载时自动删除其增加的插件

在图像引擎层内部则通过 ImageCodecPlugin 模块实现插件模块管理，实现对不同 ImageCodec 对象的生命周期管理，包含注册、使用、移除等。ImageCodecPlugin 模块由如下几个部分组成（见图 13-42 和表 13-3）。

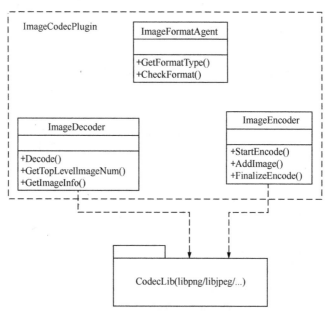

图 13-42　ImageCodecPlugin 模块组成

表 13-3　图像解码关键数据结构

子模块名称	说明
ImageFormatAgent	图像格式代理类，用于检查图像数据是否为某种格式
ImageDecoder	ImageDecoder 实现类，提供特定格式的图像解码功能
ImageEncoder	ImageEncoder 实现类，提供特定格式的图像编码和打包功能

ImageFormatAgent 继承 ImageFormatAgent 插件接口（AbsImageFormatAgent 虚基类）和 PluginManager 定义的插件类基类 PluginClassBase；ImageDecoder 继承 ImageDecoder

插件接口（AbsImageDecoder 虚基类）和 PluginManager 定义的插件类基类 PluginClassBase，封装底层第三方或开源编解码库的解码功能；ImageEncode 继承 ImageEncode 插件接口（AbsImageEncoder 虚基类）和 PluginManager 定义的插件类基类 PluginClassBase，封装底层第三方或开源编解码库的编码功能。

13.5.3　图像使用优化

多媒体系统既支持软件实现的图像编解码插件来进行图像使用优化，也支持厂商基于硬件加速编解码插件，以提升图像编解码的性能。硬件实现的编解码遵循 ImageCodec 基类的定义即可，这部分由厂商来实现，这里不再赘述。

13.6　媒体数据管理框架服务

个人终端数量及媒体数据量剧增、智能查找及共享需求，共同推动媒体数据（包含分布式媒体数据）管理的发展。

随着智能手机、平板计算机、PC 和智能家电等数字化设备的普及和发展，家庭数据呈现爆发式增长；特别是拍照手机的发展使个人影像内容大量出现，分布式存储和共享成为普遍需求；随着 5G 技术发展，单设备存储消费者数据资产的压力会越来越大，数据都放在云侧，查找使用时会非常麻烦，无法满足数据存储的要求。用户对媒体数据管理的诉求和痛点如图 13-43 所示。

图 13-43　用户对媒体数据管理的诉求和痛点

13.6.1　媒体数据管理框架

媒体数据管理服务媒体库统一管理和处理用户媒体数据，包括来自本地、跨设备、云、HDC（Home Data Center，家庭数据中心）等不同存储空间的媒体数据（如图像、视频、音频、文件等），为应用提供统一的北向接口，支持应用无差别访问全场景设备的媒体数据，为用户提供统一的业务体验。媒体数据管理框架（虚线框）如图 13-44 所示。

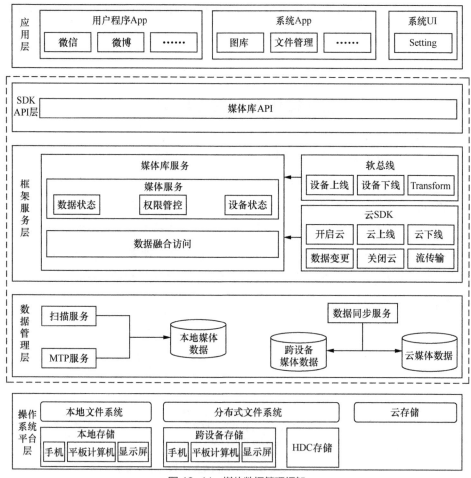

图 13-44　媒体数据管理框架

SDK API 层：媒体库提供统一的接口，封装媒体对象，屏蔽数据库操作，精简、灵活。HarmonyOS 应用可通过媒体库开放的统一接口访问超级终端的媒体资源。

框架服务层：提供本地、分布式、云文件系统的媒体资源管理能力，实现本地、分布式、云上媒体服务管理和媒体资源的融合访问；支持基于终端与云空间的连接状态实现文件数据的状态管理；支持媒体资源融合访问。

数据管理层：实现能力融合，屏蔽存储位置和数据库操作细节，对上层提供无差别的数据和文件操作能力；支持即插即用，本地、分布式、云的元数据解耦，主要描述数据属性（Property）的信息，如文件名、文件类型、文件路径、文件大小、文件作者、文件描述、文件播放时长等，用来支持如指示存储位置、历史数据、资源查找、文件记录等功能，快速同步；支持按需缓存，用户操作或应用触发，按需缓存，实现类的本地极速操作体验。

调用媒体库 API，应用可以实现对媒体对象的操作动作。媒体对象包括媒体库、相册集、相册、媒体资产、媒体文件等；操作动作包括查询媒体对象、创建媒体对象、编辑媒体对象、删除媒体对象等，如图 13-45 所示。

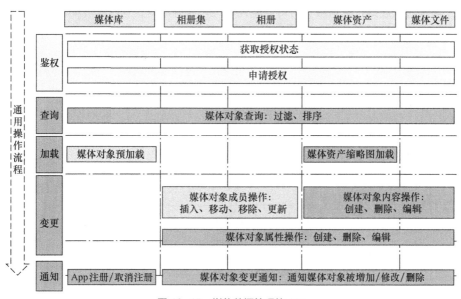

图 13-45　媒体数据管理的 API

查询媒体对象：接口对应用屏蔽了存储位置的差异，开发者无须感知媒体文件的真实存储位置（如本地、云、跨设备、HDC 等）。

创建媒体对象：接口支持创建本地媒体文件，也支持创建分布式媒体文件。

编辑媒体对象：接口支持编辑本地媒体文件，也支持编辑分布式媒体文件。

删除媒体对象：接口支持删除本地媒体文件，也支持删除分布式媒体文件。

媒体库北向 API 接口类包括对象类和接口类。

其中，关键对象类如下。

AlbumList（相册集）：映射一组媒体库中的几个资源集合，例如一年的所有"时刻"或一组用户创建的相册。

Album（相册）：映射媒体库中的一个资源集合，例如用户创建的相册、智能相册（如最近删除、视频列表和收藏等的系统相册）等。

Asset（资产）：映射媒体库中的一个资源，可能是一个图像、视频、音频或文件。

关键接口类如下。

变更通知接口：提供给应用的媒体元数据变更注册接口，使应用可以实时监听超级终端的媒体数据变化。

数据查询接口：提供给应用的媒体元数据查询接口，使应用可以实时查询超级终端的全部或特定媒体数据。

操作对象接口：提供给应用的超级终端文件操作接口，包括文件创建、修改、删除等。

媒体数据管理接口类如图 13-46 所示。

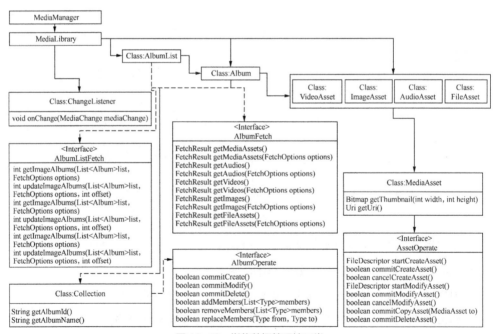

图 13-46　媒体数据管理接口类

13.6.2　媒体数据同步与访问

分布式组网是全新的应用场景，分布式系统对成员设备之间媒体数据同步和媒体数据访问有特殊的要求。分布式系统由手机、智能手表、TV、车机、音响等智能终端设备组成，分布式系统中的成员设备是平等的，不存在主从关系。分布式系统的应用、服务、数据等资源分散部署在不同的系统成员设备上；系统成员设备可用的资源包含本地资源和分布式资源，每个成员设备保持系统数据信息的同步。分布式系统不要求成员设备实时在线，成员设备离线时，本设备的用户仍然可以使用本地资源（本设备的应用、服务、数据等资源）；成员设备在线时，分享本地资源（本设备的应用、服务、数据等资源）给系统其他成员设备的用户无感使用；同时本设备的用户可以无感使用分布式资源（系统中其他成员设备的应用、服务、数据等资源）；成员设备重新上线时，本设备分享本地资源的同时，将本地资源状态同步到分布式系统，并同步系统的分布式资源状态。分布式系统的成员设备通过分布式中间件交互，实现本地资源和分布式资源状态的一致性、本地资源和分布式资源数据的可用性、成员设备全状态（在线 / 离线）下的资源有效性 / 容错性。

媒体数据跨设备同步是针对智能终端分布式系统需求的有状态全异步数据同步方法，包括状态树数据、状态、设备变更同步与状态树数据安全保护等，支持任意网络条件下提供本地服务能力及数据安全保护的能力，如图 13-47 所示。

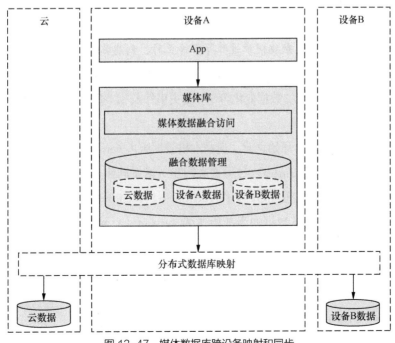

图 13-47　媒体数据库跨设备映射和同步

媒体数据跨设备同步主要包括关键数据体、关键数据操作等相关内容。

关键数据体包括同步记录（Synchronous Recording）、更改列表（Change List）、节点链表（Peer List）。

同步记录：每次数据批量同步的时候会形成一条同步记录，其中包含同步 ID、同步时间戳、父同步 ID、本次同步变更内容、本次同步的设备。

更改列表：记录每次数据同步后的媒体资产的变更，一旦生成则不可变更；记录可以是创建、修改、删除、移动等常规操作日志，也可以是扩展属性的变更操作日志，或者其他类型的日志；pre-hash 是基于父节点内容和父节点 pre-hash 值的哈希结果。

节点列表：本次批量数据同步过程中，完成数据同步的设备或节点。

关键数据操作包括 TOP 节点更新、Root 节点更新、设备列表节点删除、创建临时中间节点这 4 类操作。

TOP 节点更新：新的同步发生时，创建新 TOP 节点，原 TOP 节点蜕变为中间节点。

Root 节点更新：Root 节点设备列表中的设备数减为 0 时，删除本 Root 节点，相邻中间节点成为新 Root 节点。

设备列表节点删除：如果中间节点设备列表中的设备数减为 0，删除本设备的节点。

创建临时中间节点：数据同步过程异常终止时，创建临时中间节点。

媒体数据跨设备同步状态机包含 Unknown、Active、Inactive 等 3 种状态，设备发现、设备上线、设备下线、数据变化等 5 种变更事件及相关事件触发的数据同步处理，如图 13-48 所示。

首次同步 / 增量同步开始之前，记录本机数据版本 version-a；将本机的数据版本 version 加 1，记录为 version-b；对于首次同步 / 增量同步过程中的实时数据变化，不进行实时同步，记录变更 SQL 文件 version-b、version-c……首次同步 / 增量同步完成后，记录对端设备数据的当前版本为 version-a；遍历 SQL 文件列表，补齐对端设备的数据。

媒体库支持应用通过跨设备传递全局 URI，实现同账号或异账号跨设备访问目标设备的文件，同时支持分布式场景下，应用无缝跨设备访问终端设备、云、家庭存储等媒体数据，如图 13-49 所示。

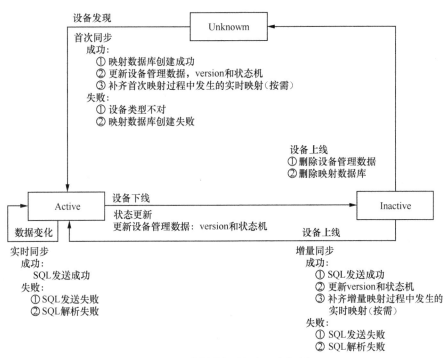

图 13-48　媒体数据跨设备同步状态机

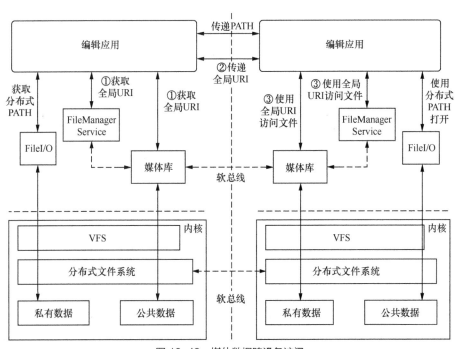

图 13-49　媒体数据跨设备访问

应用基于全局 URI，实现跨设备操作的流程如下。

终端设备 A 的编辑应用操作本地文件或跨设备文件；设备 B 满足协同操作或分享条件（设备 B 靠近设备 A，或者用户在设备 A 上操作，通过设备 A 分享给设备 B 等）；设备 A 的编辑应用获取被操作文件的全局 URI；设备 A 的编辑应用将文件的全局 URI 传递给设备 B 的编辑应用程序；设备 B 的编辑应用接收到全局 URI，使用全局 URI 访问文件。

通过缩略图代理和原图代理机制，保持文件和缩略图访问接口不变，减少应用对文件的跨设备访问，提升媒体数据访问性能和业务体验，如图 13-50 所示。

应用无感接入超级终端，保持本地访问接口不变，访问超级终端文件资源，无须感知文件资源的真实存储位置；使用宫格页面浏览照片时，支持按需下载缩略图；浏览大图时，默认下载高清图，下载完成后刷新显示；浏览视频时，支持点击播放；下载云侧、跨设备的照片 / 视频时，由系统提示下载进度。

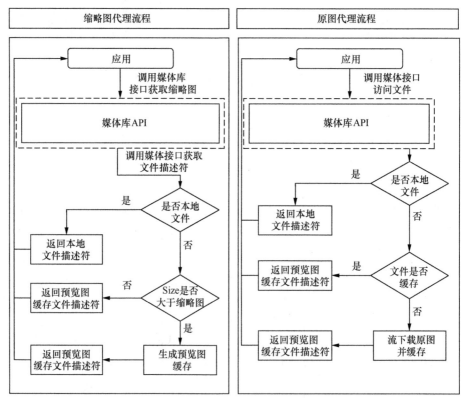

图 13-50　缩略图代理和原图代理机制

缩略图代理流程如下。应用调用系统接口，获取缩略图。媒体框架截获读取原图 FD 动作，判断原图是否为分布式文件。进行本地文件处理，返回本地 FD。进行分布式文件处理，判断目标缩略图大小，如果不大于缓存的缩略图，直接返回缓存的缩略图 FD；如果大于缓存的缩略图，返回 LCD 图 FD；如果本地未缓存 LCD 图，临时下载 LCD 图，并返回 LCD 图 FD。

原图代理流程如下：应用调用媒体接口，获取原图。判断原图是否为分布式文件。进行本地文件处理，返回本地 FD。分布式文件处理，如果原图本地已经缓存，返回原图缓存 FD；如果原图本地未缓存，返回原图逻辑 FD，并支持流下载能力，下载完成后，缓存。

13.6.3 媒体数据变更通知

由应用注册本地或分布式数据的变更通知，当媒体对象发生变更时，本端设备发送媒体文件变更通知给注册通知的应用，流程如图 13-51 所示。

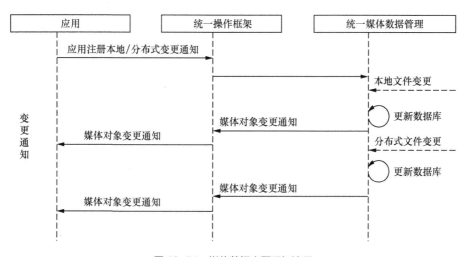

图 13-51 媒体数据变更通知流程

通知接口如下。

注册回调接口如下。

```
void MediaLibrary.registerChange(ChangeListener listener)
```

取消回调注册接口如下。

```
void MediaLibrary.unregisterChange()
```

通知消息接口如下。

```
boolean MediaNotice.isEmpty()
void MediaNotice.remove(String key)
void MediaNotice.clear()
interface MediaNotice.Callback
```

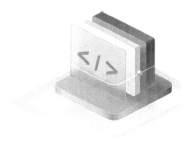

Chapter 14 / 第 14 章

安全子系统原理解析

本章详细介绍 HarmonyOS 的安全性技术和功能。安全从业人员可以理解 HarmonyOS 安全的具体实现，HarmonyOS 开发者能够将 HarmonyOS 平台提供的安全能力与开发的程序很好地结合起来，保障用户数据的隐私和安全。

14.1　HarmonyOS 安全理念

HarmonyOS 支持将所有设备组合形成超级终端，支持文件和数据的无缝流转，支持应用程序从单体 App 变成分布式原子化服务，这对用户隐私与网络安全保护提出了更高的要求。所以，HarmonyOS 提出了一套基于分级安全理论体系的分布式安全架构，围绕"正确的人，通过正确的设备，正确地访问数据"，来构建一套新的纯净应用和有序透明的生态秩序，为消费者和开发者提供安全的分布式协同保护、严格隐私保护与数据安全的全新体验，如图 14-1 所示。

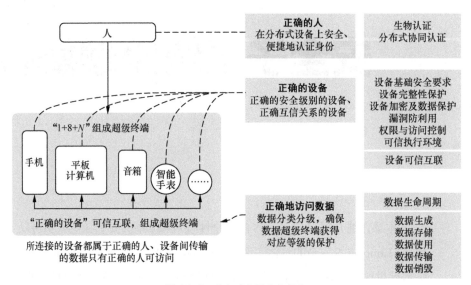

图 14-1　分布式分级安全架构

14.1.1　HarmonyOS 安全风险评估

本节基于安全风险评估模型——风险 = 资产 * 威胁，结合 HarmonyOS 的分布式架构特征，对 HarmonyOS 的安全风险进行简要介绍。

HarmonyOS 的关键资产包括设备资源池化后的各种硬件和传感器资源、消费者隐私敏感的数据资源、应用程序独占的数据资源，以及设备操作系统、固件信息等关键数据。

　　HarmonyOS 面临的关键威胁包括设备资源滥用，如摄像头、麦克风、位置信息等，因滥用带来的隐私跟踪、窃听等；消费者数据的泄露，如照片、消费记录、通信记录等；应用程序数据泄露，如应用程序商店被破解，导致开发者利益受损；操作系统、固件数据完整性被篡改，操作系统被植入木马、被劫持控制，导致操作系统被控制。

　　HarmonyOS 面临的主要安全风险如下。

　　超级终端安全能力强弱不均带来的风险：所有设备组合形成 HarmonyOS 超级终端，设备之间形成了一种"默认信任"的安全模型，一台设备和另一台设备一旦建立了安全可信连接，就可能导致互相"污染"，攻击者只需要突破一台设备，就有机会将其作为跳板去攻击其他设备。

　　分布式数据管理的数据安全与隐私泄露风险：基于分布式数据管理平台，能够方便文件和数据的无缝流转，但是也使得传统单机终端上的用户隐私保护和数据安全机制要从单设备转移到整个分布式系统，如果任何一个环节出现安全防护能力不足，就有可能成为攻击的切入口。

　　原子化服务 / 分布式任务调度带来的风险：应用程序从单体 App 变成分布式原子化服务，且原子化服务可以在不同设备之间互相调用和跨设备运行，这使应用程序的权限控制、沙盒隔离等机制变得更加复杂。

14.1.2　HarmonyOS 安全架构

　　HarmonyOS 参考业界主流计算机系统安全理论模型并根据自身特点，提出了自身的安全架构。

1. 业界安全理论模型与 HarmonyOS 安全模型

　　1985 年，美国国防部发布的计算机安全橘皮书——TCSEC（Trusted Computer System Evaluation Criteria，可信计算机系统评估标准）将系统安全划分成 7 个等级：D1、C1、C2、B1、B2、B3 及 A1。TCSEC 成为计算机安全等级标准中流传最广泛的划分方法，被多个国家吸纳成为安全标准。

　　随着安全测评技术的发展，CC（Common Criteria，通用准则）建立了一套系统性的安全测评标准和技术方法。通常认为，CC 的安全测评认证等级划分与 TCSEC 的安全等级之间也建立起了映射关系。CC 将安全测评认证等级划分成 EAL1 ～ EAL7 共7 级，和 TCSEC 的 7 个等级一一对应。

HarmonyOS 在 IoT 时代将所有分布式设备连接起来，由于涉及用户数据安全和隐私保护，部分设备涉及个人生命财产安全（如智能门锁），其安全等级要求必然很高。

在充分评估系统安全性、产品易用性和用户体验后，我们选择以 TCSEC B2 级、CC EAL5 级为目标的安全架构，HarmonyOS 的核心安全理论模型基于分级安全理论，通过结构化的保护机制，主体在访问客体的时候，需要遵循的安全模型是：机密性保护模型（BLP 模型）和完整性保护模型（Biba 模型）。

2. 计算机安全等级模型

根据 TCSEC，计算机安全等级分为 7 级，如表 14-1 所示。

表 14-1　计算机安全等级

等级	描述
A1	可验证的设计，必须采用严格的形式化方法来证明系统的安全性
B3	要求用户工作站或终端通过可信任途径连接网络系统，必须采用硬件来保护安全系统的存储区
B2	结构化保护，要求计算机系统中所有对象加标签，并且为设备（如家庭中枢、控制设备和 IoT 设备）分配安全级别
B1	支持 MLS（Multilevel Security，多级安全）模型
C2	引入受控访问环境（用户权限级别）的增强特性，如 RBAC（Role Based Access Control，基于角色的访问控制）
C1	要求硬件有一定的安全机制，具有完全访问控制的能力，不足之处是没有进行权限等级划分
D1	对用户没有进行验证，也就是任何人都可以使用计算机系统

在主流的操作系统中，MS-DOS 大体在 D1 级，Windows NT/UNIX 大体在 C1 ~ C2 级。B1 级采用多级安全模型，它为敏感信息提供更高级的保护，例如安全级别可以分为秘密、机密和绝密级别。B2 级要求计算机系统中所有对象加标签，包括对主体、环境、客体进行严格的标记，在严格的标签等级基础上，实施机密性和完整性保护。

为了与 TCSEC 的计算机安全等级模型匹配，CC 定义了 EAL1 ~ EAL7 的 7 级认证测评模型，来和 TCSEC 安全等级映射，如表 14-2 所示。

表 14-2　7 级认证测评模型

等级	英文全称	对应的 TCSEC 计算机安全等级
EAL1	Functionally Tested	D1
EAL2	Structurally Tested	C1
EAL3	Methodically Tested and Checked	C2
EAL4	Methodically Designed, Tested, and Reviewed	B1
EAL5	Semiformally Designed and Tested	B2

等级	英文全称	对应的 TCSEC 计算机安全等级
EAL6	Semiformally Verified Design and Tested	B3
EAL7	Formally Verified Design and Tested	A1

HarmonyOS 旨在成为最严格保护用户数据和隐私的操作系统，严格保护消费者智能终端安全，确保关键数据在系统被攻陷后仍然不会泄露。因此，HarmonyOS 选择在整体上达到 B2 级水平，对关键数据，如消费者生物认证特征、支付、电子身份证、银行卡盾等数据，通过 B3 级专用安全芯片和处理器来存储和处理，采用 A1 级的形式化验证技术来保证关键的 TEE（Trusted Execution Environment，可信执行环境）操作系统的安全性。

3. BLP 模型

1973 年，贝尔（Bell）和拉帕杜拉（LaPadula）将军事领域的访问控制规则形式化为 Bell-Lapadula 模型，简称 BLP 模型。

BLP 模型架构如图 14-2 所示。

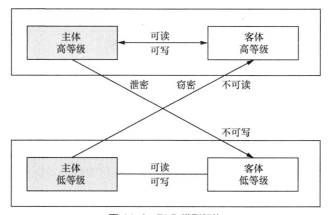

图 14-2　BLP 模型架构

BLP 模型的机密性访问控制原则包括不上读，即主体不可读取安全级别高于它的客体的数据；不下写，即主体不可向安全级别低于它的客体写入数据。

HarmonyOS 严格实施 BLP 模型的机密性访问控制原则，来确保用户数据和隐私不泄露，确保高安全数据不会在用户无感的场景下从高安全等级设备泄露到低安全等级设备，也确保低安全等级设备不能获取高安全等级设备的数据。

4. Biba 模型

BLP 模型从数学角度证明了可以保证信息隐私性，但是没有解决数据完整性的问题。因此，肯·比巴（Ken Biba）在 1977 年提出了 Biba 模型，如图 14-3 所示。

Biba 模型核心规则包括不下读，即主体不能读取安全级别低于它的客体的数据；不上写，即主体不能向安全级别高于它的客体写入数据。

HarmonyOS 严格履行 Biba 模型定义的访问控制逻辑，确保高安全等级设备不会安装来自不可信来源的应用程序、补丁等，只有通过 HarmonyOS 官方认证并签名的软件才能被引入 HarmonyOS。同时，HarmonyOS 也禁止低安全等级设备向高安全等级设备发起控制指令，例如通过运动手表控制手机进行大额支付。

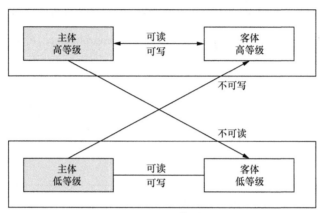

图 14-3　Biba 模型架构

5. 正确的人：主体正确模型

HarmonyOS 的安全架构模型选择以 TCSEC B2 级为目标的结构化保护，对 HarmonyOS 中的主体（开发者、应用程序、自然人、设备等）、环境（运行 HarmonyOS 的设备、网络环境）、客体（如数据、文件、外围设备等）进行严格的安全等级标记。

在 HarmonyOS 安全架构中，确保结构化安全模型有效的前提是所有主体、环境、客体必须可信。在严格的安全等级标记的基础上，HarmonyOS 需要保证这些主体身份、应用程序环境和客体标签真实、完整、不可篡改，也就是 HarmonyOS 要实现"正确的人，通过正确的设备，正确地访问数据"。

为保证当前使用者是"正确的人"，HarmonyOS 提供用户作为主体的保护措施。

对用户身份"正确"的鉴别由 HarmonyOS 通过多种认证手段（如密码、指纹、人脸、协同认证等）确保对自然人用户的认证，使仿冒的攻击者无法访问用户数据。同时，由于应用作为"正确的人"操作访问入口，所以 HarmonyOS 提供以应用为主体的保护措施。

对开发者"正确"的鉴别由 HarmonyOS 开发者网站对开发者进行实名认证，以确保开发者承担相应的责任并履行相应的义务，享受相应的权利和收益。

对应用程序"正确"的鉴别由 HarmonyOS 应用市场对运行的应用程序签名，以确保仿冒、伪造的应用无法运行。

对原子化服务"正确"的鉴别通过 HarmonyOS 对每个原子化服务进行严格的身份权限定义来完成。

6. 正确的设备：访问环境正确模型

在保证 HarmonyOS 主体身份正确的基础上，需要保证 HarmonyOS 运行在一个可信的、与业务需求匹配的硬件设备上。HarmonyOS 针对设备的安全，提供以下能力。

设备来源可信：HarmonyOS 生态中的所有设备，均应遵循统一的安全能力定义，经过检测认证后，由 HarmonyOS 运营平台颁发设备安全能力和等级证书，证书由华为官方签名，以确保设备来源可信。

设备安全等级匹配数据隐私要求：确保设备的安全能力，和它上面承载和处理的业务及数据的安全隐私要求匹配。低安全级别的设备不能处理高敏感度的数据，需要遵循严格的分级规范。

设备的互信关系认证：为保证分布式可信互联，超级终端上的所有设备都会有对应互信关系（同账号设备、点对点绑定设备）的认证凭据，通信时基于双方的认证凭据来完成设备可信关系的认证，可防止攻击者在分布式组网内植入恶意节点，保证在 HarmonyOS 上流转的数据、程序、指令的机密性、完整性、不可抵赖性。

设备系统可信：HarmonyOS 要求全系列产品具备可信启动、可信运行的能力，在生命周期内实施完整性保护，确保设备数据不被篡改。

7. 正确地访问数据：访问控制模型

HarmonyOS 对数据进行严格的分级标签管理，在业务进行数据处理的时候，严格遵从 BLP 模型与 Biba 模型的机密性、完整性保护规则，以达到整体的结构化防护目的。HarmonyOS 严格遵从欧盟 GDPR（General Sata Protection Regulation，通用数据保护条例）和《中华人民共和国个人信息保护法》等法律法规，对数据进行严格定义和分级，并将其级别进行标签化管理。数据分级的国际标准理论依据为 FIPS 199、NIST 800-122。隐私分类参考了华为的企业标准，同时参考了业界的最佳实践。

HarmonyOS 的数据分级如下。

严重：法律法规中定义的特殊数据类型，涉及个人最私密领域的信息或一旦泄露可能会给个人／组织造成重大不利影响的数据。

高：数据泄露可能会给个人或组织造成严峻的不利影响。

中：数据泄露可能会给个人或组织造成严重的不利影响。

低：数据泄露可能会给个人或组织造成有限的不利影响。

在数据分级基础上，对数据的访问严格遵循数据分级的生命周期管理。

数据访问生命周期管理如图 14-4 所示。

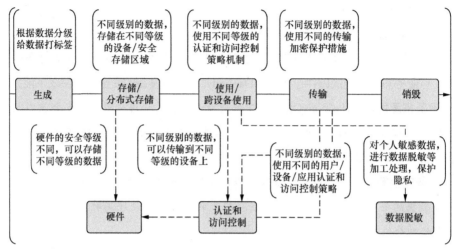

图 14-4　数据访问生命周期管理

同时，HarmonyOS 结合用户分级、设备分级、业务分级和数据分级，完成分布式访问控制。

HarmonyOS 分布式访问控制模型如图 14-5 所示。

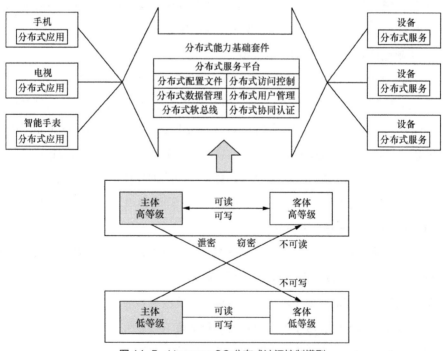

图 14-5　HarmonyOS 分布式访问控制模型

14.2　HarmonyOS "正确的人" 身份管理与认证

HarmonyOS 除提供数字密码、图形密码等传统身份认证方式，还提供指纹识别、人脸识别等生物认证手段。不同认证方式根据其安全能力和特点，可应用于相应的身份认证场景，如设备解锁、应用锁、移动支付等。

同时，针对分布式业务场景，为提升用户认证的便捷性，HarmonyOS 提供了分布式协同认证能力，使用户可便捷地以近端设备为入口完成用户身份认证。

14.2.1　IAM 身份认证架构

HarmonyOS IAM 身份认证架构如图 14-6 所示。

HarmonyOS IAM 身份认证架构构建了统一用户身份认证能力，对端侧不同用户、不同类型的身份认证凭据进行统一管理，并支持多种用户身份认证方式，包含 PIN 码认证、人脸认证、指纹认证等。

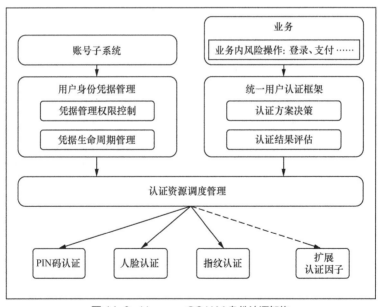

图 14-6　HarmonyOS IAM 身份认证架构

IAM 身份认证架构提供以下关键能力。

用户身份凭据管理：提供端侧统一的用户身份凭据管理功能，维护用户身份 ID 与用户身份凭据 ID 的对应关系，是统一用户认证框架完成认证方案生成和认证结果评估的依据。在整体管理过程中，提供以下安全性。

用户仅可以管理自己的身份凭据，设置锁屏 PIN 码后，用户录入、修改或删除任何身份凭据前，都需要先通过锁屏 PIN 码认证是本人，避免他人在机主无感知情况下修改其身份凭据。

用户身份凭据的安全保护，用户身份凭据相关信息基于系统安全存储能力进行保护，避免攻击者窃取用户身份凭据。

统一用户认证框架：支持多种认证方式，向业务提供统一的用户身份认证接口，使业务无须分别对接不同的认证方式。同时，其内部实现用户身份认证方案生成和认证结果评估，使用户身份认证达到目标安全等级要求。

认证资源调度管理：提供本地认证资源统一管理和调度能力，后续版本可以扩展支持可信设备范围内的分布式认证资源统一管理和协同调度。

14.2.2 PIN 码认证

HarmonyOS 提供锁屏 PIN 码认证能力。在设备首次开机后，只有验证锁屏 PIN 码通过后，才能进入系统，访问用户数据、使用已安装的应用。PIN 码认证能力可提供以下安全性。

在线防暴力破解安全性：HarmonyOS 对 PIN 码认证过程中的尝试次数进行计数，并对重复尝试认证的次数进行了限制，用指数级增长冻结重试时间方式，使攻击者无法在有限时间内进行无限制重复尝试。

离线防暴力破解安全性：用户锁屏 PIN 码是整机数据安全的保障。为防止相关数据泄露，在整体数据保护过程中，由用户 PIN 码认证凭据与设备唯一的硬件相关密钥共同参与数据保护，限定在该设备上口令认证通过后，数据密文才能被解密。同时保证攻击者无法通过复制数据密文的方式，在其他设备上进行离线穷举破解用户 PIN 码。

14.3 HarmonyOS "正确的设备" 系统安全架构

计算机系统安全理论模型在 20 世纪七八十年代已经形成，出现了使用访问控制规则的 BLP 模型、具备数据完整性的 Biba 模型、信息安全的 CIA 属性等，提出了主客体访问控制的层级访问控制策略（Reference Monitor）的概念。1985 年，美国国防部的 TCSEC 正式提出 DAC、MAC（Mandatory Access Control，强制访问控制）、TCB（Trusted Computing Base，可信计算基）等概念，用于指导计算机系统安全的具体开发。

在上述理论模型基础上，发展出了进程隔离，内核与用户态隔离，以用户为主体、文件为客体、读写执行为访问控制粒度的访问控制框架，并逐步形成了权限分离、权限最小化、开放设计等操作系统安全设计基本原则。在上述操作系统访问控制框架中，恶意用户或恶意程序被认为是主要威胁。1988 年 Morris 蠕虫病毒的出现，标志着漏洞攻击正式登上历史舞台。在 PC、移动互联网时代，通过漏洞获取远程代码执行的攻击威力大增，各类蠕虫、恶意软件频繁出现，逐渐成了影响互联网服务的关键因素，围绕漏洞的攻防对抗也成了计算机系统安全的重中之重，并横跨了整个 PC、移动互联网时代，在可预见的未来也将长期存在。

HarmonyOS 在采用计算机系统安全理论模型的基础上，借鉴典型的安全设计理念（如可信计算），同时强调在对攻击行为进行学习的基础上，展开主动对抗。

14.3.1　HarmonyOS 系统安全逻辑架构

HarmonyOS 系统安全能力根植于硬件实现的 3 个可信根，即启动、存储、计算，以基础安全工程能力为依托，重点围绕设备完整性保护、数据机密性保护、漏洞攻防对抗构建相关的安全技术和能力。

HarmonyOS 系统安全逻辑架构如图 14-7 所示。

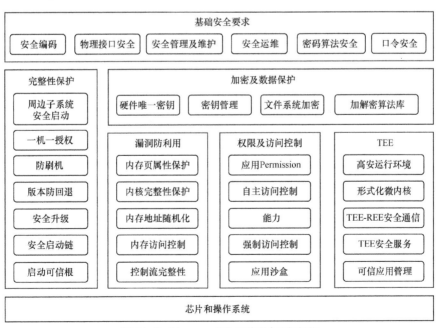

图 14-7　HarmonyOS 系统安全逻辑架构

HarmonyOS 系统安全能力的构建根植于芯片和操作系统，主要由完整性保护、权限及访问控制、漏洞防利用、加密及数据保护、TEE 这五大模块构成。系统的构建和实现遵循基础安全要求（如安全编码、密码算法安全等）。其中，完整性保护是指确保平台运行的固件和软件是来源合法的、未被篡改的，完整性保护是构建全系统安全能力的底座；权限及访问控制则提供系统上运行的软件访问软硬件资源的合法性管理框架和机制，系统需要参考"权限最小化"的原则配置资源访问策略，正确的权限管理策略可极大程度保证设备中数据的机密性和完整性；漏洞利用犹如"穿墙术"，攻击者通过对漏洞的利用可绕过系统中已有的安全防护机制，从而达成攻击目的，漏洞的治理大致可分为开发过程中漏洞的消减、运行过程中漏洞防止被利用及缓解漏洞被利用带来的危害等环节，漏洞防利用主要专注于后面两个环节；加密及数据保护主要服务于系统中数据全生命周期的安全，提供诸如密钥管理、加解密计算服务和落盘存储数据加密等能力；当前述的操作系统中常规系统安全机制失效，攻击者获得操作系统特权的时候，可信执行环境提供最后一道安全隔离防线，确保系统最核心敏感的数据依然无法直接被攻击者获取。

图 14-7 所示的 HarmonyOS 系统安全逻辑架构，基础安全要求部分主要涉及开发过程的安全编码、安全管理及维护、密码算法安全等常规红线要求，整体上遵循行业最佳安全实践，本书不做进一步展开介绍。

14.3.2　完整性保护

计算机系统安全基础理论在 20 世纪七八十年代基本形成，成了后来诸多作为计算机系统安全设计的指导性原则，如 Reference Monitor（见图 14-8）、TCB、权限最小化等。萨尔策（Saltzer）和施罗德（Schroeder）在调研当时计算机系统设计的进展后，提出计算机系统中数据保护的基本原则：机密性、完整性和可用性，即信息安全三元组的 CIA。

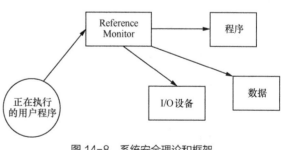

图 14-8　系统安全理论和框架

数据的机密性保护是计算机系统安全的核心目标，主要依赖于计算机系统的 Reference Monitor 来实现。计算机系统的完整性保护是实现正确的 Reference Monitor

的前提，也可视为计算机系统安全构筑的基石。计算机系统的完整性保护，特指系统运行的固件、操作系统、配置文件、应用程序不被未授权地篡改。必须防止黑客在计算机设备生命周期的各个阶段通过各类软硬件攻击方法，破坏系统的完整性，进而劫持系统，篡改或窃取敏感数据。

从实现层面而言，完整性保护的核心在于确保软件的正确、合法，未被非法篡改、降级。一旦计算机系统软件被非法篡改，或者被非法回退到具有某些特定已知漏洞的版本，计算机系统安全的基石将不复存在。

因此，构建足够健壮、可靠、完善的系统软件完整性保护，是确保"正确的设备"的前提和基础，也是 HarmonyOS 构建系统安全的核心目标之一。

下面重点从安全启动和安全升级两个环节介绍系统软件的完整性保护。

1. 安全启动

安全启动流程如图 14-9 所示。

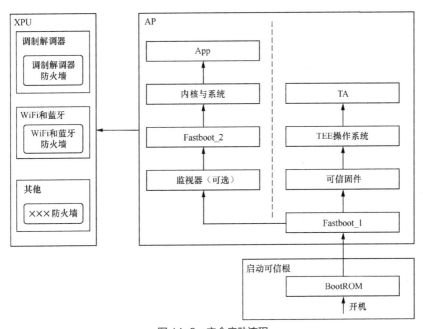

图 14-9　安全启动流程

可信启动和安全启动是计算机系统中常用的启动阶段系统完整性保护技术，前者基于"度量 + 证明"的方式保护系统完整性，启动过程中不校验正确与否；后者则采用逐级校验的方式，在系统镜像的逐级加载过程中同步校验软件的合法性及完整性。HarmonyOS 设备当前主要采用安全启动的方式保护系统完整性。

安全启动主要由两个要素构成是启动可信根和启动链安全。前者指系统启动需要一个无法被篡改的信任锚点，并由该信任锚点对后续待加载的对象进行安全校验。启动可信根实现的核心要求是无法被篡改，启动可信根至少需要包含两部分：设备上电时用于执行安全校验的逻辑，以及用于支撑安全校验所需的设备根公钥。HarmonyOS 设备启动时最初执行的是固化在芯片当中的一段代码，称作片内引导程序。这段代码在芯片制造时被写入芯片内部只读 ROM 中，出厂后无法修改，片内引导程序执行基本的系统初始化，从闪存中加载二级引导程序。HarmonyOS 设备软件采用 PKI（Public Key Infrastructure，公钥基础设施）体系进行签名，数字签名的私钥一般存储在签名服务器其至签名服务器的 HSM（Hardware Security Module，硬件安全模块）中，而公钥则需要写入设备，并确保不被篡改（防止伪造签名）。用于存储根公钥的一般为芯片内部熔丝空间（Fuse 工艺，一旦熔断不可更改），而为了节省熔丝的存储空间，熔丝中一般只存储根公钥的哈希值，在系统启动阶段依据熔丝中公钥的哈希值对签名证书中的公钥进行合法性验证后，片内引导程序再利用公钥对二级引导程序镜像的数字签名进行校验，成功后运行二级引导程序。二级引导程序再加载、验证和执行下一个镜像文件。

启动流程中的每一步都会对启动对象的数字签名进行校验，以确保设备在启动过程中加载并运行合法授权的软件，直到整个系统启动完成，从而保证启动过程的信任链传递，防止未授权程序被加载运行。图 14-9 为典型的 HarmonyOS 设备安全启动流程，其中包括启动引导程序、内核、基带、短距固件等镜像文件。在启动过程的任何阶段，如果签名校验失败，则启动流程终止。启动流程如下。

第 1 步，系统上电，运行 BootROM 中的引导程序。

第 2 步，BootROM 完成必要的系统初始化后将 Fastboot_1 镜像从 Flash 加载到 DRAM 中，并完成安全校验。

第 3 步，系统开始运行 Fastboot_1，此时 Fastboot_1 运行在系统安全模式。

第 4 步，Fastboot_1 在进行必要的初始化后，加载其他镜像（依次加载）。将可信固件镜像从 Flash 加载到安全 DRAM 中，将 Fastboot_2 镜像从 Flash 加载到 DRAM 中，将 TEE 操作系统镜像从 Flash 加载到安全 DRAM 中。

第 5 步，AP（Application Processor，应用处理器）核从 Fastboot_1 跳转到可信固件运行。

第 6 步，可信固件运行完后，AP 核跳转到 TEE 操作系统，初始化并运行 TEE。

第 7 步，AP 核从 TEE 操作系统跳转回可信固件。

第 8 步，AP 核从可信固件跳转到 Fastboot_2，执行 Fastboot_2（如系统需运行 Hypervisor，则此处运行 Hypervisor）。

第 9 步，由 Fastboot_2 将内核及根文件系统从 Flash 加载到 DRAM，并执行安全校验。

第 10 步，内核启动其他单元，包括但不限于调制解调器、短距通信系统等协处理器。

上述启动过程中的镜像校验，均基于公钥算法和 PKI 体系的签名，数字签名格式在 X.509 的基础上进行适当的扩充。

值得注意的是，上述只是常规的启动可信根、启动链，为确保启动阶段的完整性，还需要考虑对版本进行合理的管控；即使是合法签名的软件，也需要防止版本被非法回退。此外，启动链和启动可信根的实现，需从工程实现角度严格控制安全基础质量，避免启动部件存在漏洞而被攻击者非法绕过启动校验逻辑，从而导致启动过程的完整性保护被破坏。

2. 安全升级

除了保证启动阶段系统软件的完整性及合法性，HarmonyOS 设备在 OTA（Over The Air，空中下载）升级及其他升级过程中，还要保证平台软件的完整性及合法性，以做到软件全生命周期的完整性保护。

系统软件更新时，会对升级包的签名进行校验，以确保来源的可信和升级包未被篡改，只有通过校验的升级包才被认为合法并安装。

此外，HarmonyOS 支持对系统软件更新的管控，当完成 OTA 并开始升级时，需向服务器申请升级的授权，将由设备标识、升级包版本号、升级包哈希值及设备升级 Token 组成的摘要信息发给 OTA 服务器，OTA 服务器验证摘要信息以确认软件升级包是否可以提供授权。若可以提供授权则对摘要信息进行签名并返回给设备，设备鉴权通过后才允许升级，否则提示升级失败，防止对系统软件的非法更新，尤其是防止可能带有漏洞的版本升级，给设备带来风险。

14.3.3　加密及数据保护

1. 设备唯一密钥

加密是保护数据传输和存储安全的重要方法，密钥的安全是基于密码学的安全方案的基础。

密钥的强度随着密钥的使用次数的增加而下降。因此设计良好的密钥管理通常采用多层级的密钥体系，如图 14-10 所示，以减少关键密钥的使用频次。此外，多层级密钥管理体系可实现灵活的访问控制策略，例如通过删除某个密钥，可以使其加密的密钥无法使用，而无须删除所有被加密的数据。在多层级密钥管理体系中，根密钥的保护还是依赖非密码学的系统安全能力。

图 14-10　多层级密钥管理

设备唯一密钥是在硬件中固化的一个唯一标识，在设备制造阶段写入。它作为 HarymonyOS 设备多层级密钥管理体系的根密钥，用于密钥派生。

在更高安全等级的 HarmonyOS 设备中，对设备唯一密钥的访问控制会更加严格，如软件无法访问该密钥，仅能通过硬件密码引擎访问，以提高设备唯一密钥自身的安全性，进而提高整个系统的数据安全水平。

2. 密钥管理

HarmonyOS 给应用提供密钥管理服务 HUKS（Huawei Universal Keystore，华为通用密钥库系统）。该服务提供密钥全生命周期管理（密钥生成、密钥使用、密钥传输、密钥存储）、数据保护、证书管理等功能。HarmonyOS 应用开发者基于 HUKS 可进行密钥、证书的生命周期管理和加解密算法调用。HarmonyOS 密钥管理逻辑架构如图 14-11 所示。

HarmonyOS 对密钥访问做了严格的权限控制。密钥仅可由生成密钥的应用访问。在密钥生成时，HUKS 记录了应用的 UID（Unique IDentifier，唯一标识符）、签名、包名等信息，供应用访问密钥时进行身份验证。密钥生成过程如图 14-12 所示。

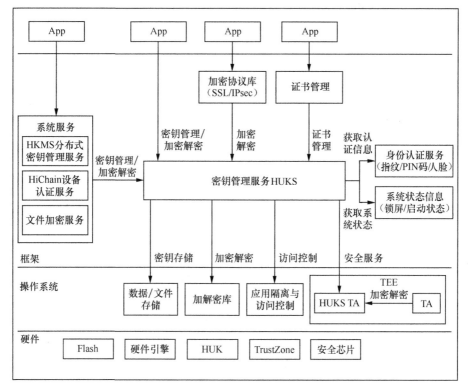

注：HUK 即 Hardware Unique Key，硬件唯一密钥。

图 14-11 HarmonyOS 密钥管理逻辑架构

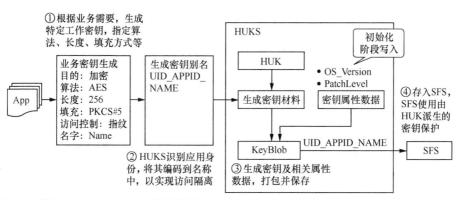

注：SFS 即 Scalable File Service，弹性文件服务。

图 14-12 密钥生成过程

HarmonyOS 应用可以使用身份认证功能来增强对密钥的访问控制，常见的身份认证功能如生物认证和 PIN 码认证。HUKS 确认身份认证结果后才允许相应的密钥访问操作。密钥使用及权限控制如图 14-13 所示。

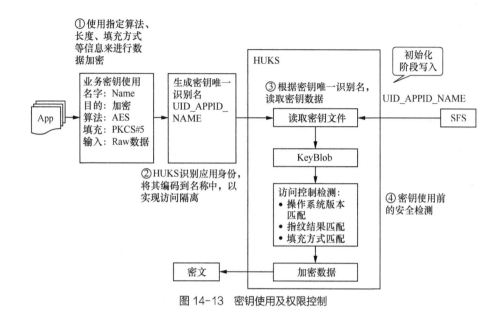

图 14-13 密钥使用及权限控制

HarmonyOS 提供 Key Attestation 功能，该功能可以基于注入至设备的设备证书对密钥进行认证。设备证书是设备唯一的，每个设备都拥有自己的设备证书。同时，HarmonyOS 提供 ID Attestattion 功能，该功能可以向云侧提供可信的设备 ID 认证能力，包括认证 SN（Serial Number，序列号）、IMEI（International Mobile Equipment Identity，国际移动设备标志）等设备标识。

在高安全等级的 HarmonyOS 设备中，密钥管理服务逻辑架构的实现会发生变化，如在高安全 HarmonyOS 设备中，密钥管理服务会基于可信执行环境甚至高安全芯片来实现。

3. 硬件加解密引擎

现代处理器中集成了部分密码学指令，如哈希和对称算法指令，这类指令借助处理器的高性能，往往可具有较高的运算性能。而专用密码学计算电路则指各类 SoC（System on Chip，单片系统）中的硬件加解密引擎。相比于软件基于处理器专用指令实现密码算法，这类引擎在能效比上优势明显，且支持更多类型的算法。此外，硬件加解密引擎可提高密码学计算的安全性，包括密钥的安全性和计算过程的安全性，如对于设备唯一密钥，软件无法访问，仅硬件加解密引擎可访问，可极好地提升密钥的安全性。

HarmonyOS 设备提供硬件加解密引擎，用于数据加解密及密钥派生等操作。在具备硬件加解密引擎的 HarmonyOS 设备上，硬件加解密引擎支持的主要算法如下。

对称算法：AES-128、AES-256、SM4 等。

哈希算法：SHA256、HMAC-SHA256、SM3 等。

公钥算法：ECDSA-P256、ECDH-P256、SM2 等。

真随机数发生器：设备应支持随机数的生成，用于密钥、IV（Initialization Vector，初始向量）、盐值生成。应采用密码学意义上的安全随机数，保证不可预测性。

HarmonyOS 设备提供符合 NIST SP 800-90A 标准的 CTR_DRBG 随机数发生器，及满足 NIST SP 800-90B 标准要求的硬件熵源。

图 14-14 所示为典型的硬件加解密引擎原理。

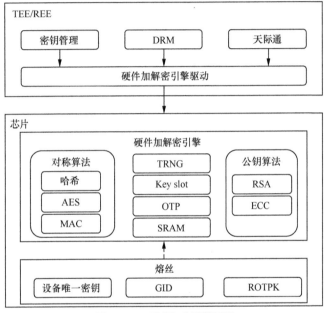

图 14-14　硬件加密引擎原理

4. 文件加密

HarmonyOS 支持文件加密功能，通过内核的加密文件系统模块和硬件加解密引擎，采用 AES-256 算法的 XTS 模式实现加密，保护数据在 "At Rest" 状态的机密性。

为兼顾用户数据安全和应用体验，HarmonyOS 提供以下方案：与设备锁屏密码配合的数据加密方案（CE、SECE、ECE）和与设备锁屏密码无关的数据加解密方案（DE），默认采用前者，此类方案中加密数据的类密钥（Class Key）与锁屏密码相关，被用户锁屏密码和设备唯一密钥共同保护。

典型的文件加密实现的逻辑架构如图 14-15 所示。由安全硬件对文件加密类密钥进行保护，文件加密主要通过 UFS 里的 inline 加密引擎实现，加解密过程对软件透明。

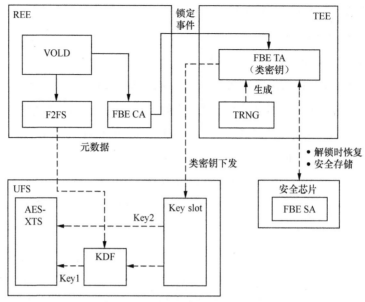

图 14-15　文件加密实现的逻辑架构

14.3.4　权限及访问控制

权限及访问控制本质上是限制动作发起方（主体）对资源（客体）的操作。典型的权限及访问控制有DAC和MAC。DAC是指由用户有权对所创建的访问对象进行访问。MAC是指系统对用户所创建的对象进行统一的强制性控制。设备根据不同的资源提供不同的访问控制机制，从资源范围的角度来看，各访问控制的管控范围如图14-16所示。

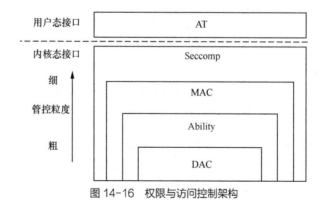

图 14-16　权限与访问控制架构

1. 应用沙盒

（1）应用程序访问控制架构

在 HarmonyOS 服务化的应用程序框架中，一切程序都是服务（元能力）。应用权限是"元能力"访问系统资源和使用系统能力的一种通行方式。

当前，ATM（Access Token Manager，访问令牌管理器）提供的应用权限校验功能基于统一管理的 TokenID 实现。TokenID 是每个应用的访问控制身份标识，ATM 通过应用的 TokenID 来管理应用的 AT（Access Token，访问令牌）信息，包括应用身份标识 App ID、子用户 ID、应用分身索引、应用 APL（Ability Privilege Level，元能力权限等级）、应用权限授权状态等信息。通过 ATM，系统提供统一的应用权限访问控制功能，支持应用程序或者其他服务程序查询、校验应用的权限、APL 等信息，实现系统归一化的权限管理体系。

对于运行在设备上的应用程序，ATM 为每个程序定义唯一身份 TokenID，通过 TokenID 作为唯一身份标识获取对应程序的权限授权状态信息，并依此进行鉴权，管控程序的资源访问行为。ATM 管理服务框架如图 14-17 所示。

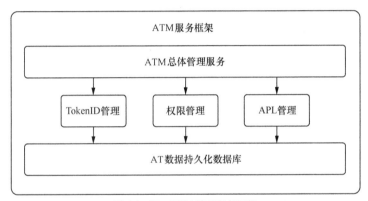

图 14-17　ATM 管理服务框架

在 TokenID 与 AT 信息一一对应的基础上，TokenID 管理模块提供 TokenID 及其对应 AT 信息的创建、初始化、查询、更新及删除等服务。目标程序被拉起时，ATM 会为其分配唯一身份标识 TokenID，对应地，ATM 会保存程序的初始化 AT 信息，如应用安装时的初始化信息包含应用身份标识 App ID、子用户 ID、应用分身索引、权限信息等。每个 AT 信息由一个 32 位的设备内唯一身份标识 TokenID 来标识。值得关注的是，HarmonyOS 支持多用户特性和应用分身特性，因此同一个应用（相同的 App ID）在不同的子用户和不同的应用分身下有各自的 AT，这些 AT 的 TokenID 也是不一致的。

权限管理模块则主要提供对应用权限定义信息、应用权限授权状态信息的处理服务。权限管理模块在 TokenID 管理模块的基础上，向业务提供应用的权限信息查询、授权、鉴权等服务，管理应用权限的使用记录，构筑 ATM 的应用权限访问控制功能。

APL 管理模块主要提供权限申请管理。APL 管理模块基于唯一身份标识 TokenID，提供应用的权限申请合法性校验功能，规范权限申请范围，进行权限最小化管理。如图 14-18 所示，应用的 APL 可以分为 3 个等级。在进行系统能力的权限管控设计时，权限也被分为同样的 3 个等级。

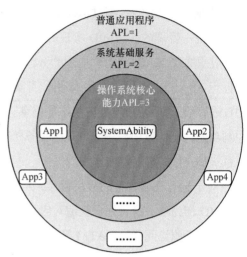

图 14-18　APL 等级模型

在当前 APL 的划分规则的基础上，如果应用想要提升自身的 APL，需要通过应用市场的审核。APL 的划分规则如下。

规则一： 操作系统核心能力 APL 为 system_core（APL = 3）。

操作系统核心能力是系统最核心的底层服务，它们需要拥有所有权限以便实现对系统的管理，该类服务如果被攻破，将导致操作系统底层无法正常运行。

禁止应用类程序、业务类程序申请自身的 APL 为 system_core。

规则二： 系统基础服务 APL 为 system_basic（APL = 2）。

在操作系统核心能力基础上，为操作系统提供的基础服务，属于系统提供或预置的基础功能，包括应用形式的系统服务、应用形式的最小 UI 交互类系统应用。系统基础服务包括：最小集基础应用，提供用户进行设备操作时所必需的最小集基础应用，如系统启动、系统设置、身份认证、系统调度和管理等；系统调度和管理应用，提供系统最基本的性能、功耗、后台应用的管理功能。

规则三： 普通应用程序 APL 为 normal（APL = 1）。

第三方应用默认 APL 为 normal；预置应用，即不在系统基础服务范围内的应用，默认 APL="normal"。

不同 APL 可申请的权限范围也不一样，APL 等级定义如表 14-3 所示。

表 14-3　APL 等级定义

APL 等级	定义
system_core	该等级的应用提供操作系统核心能力。这类应用可申请的权限涉及开放操作系统核心资源的访问操作，鉴于该类型权限对系统的影响程度非常大，目前只向系统服务开放

APL 等级	定义
system_basic	该等级的应用提供系统基础服务。这类应用可申请的权限涉及允许访问操作系统基础服务相关的资源
normal	普通系统应用和所有第三方应用。这类应用可申请的权限给用户隐私以及其他应用带来的风险很小

通过对程序实行严格等级制度，可实现如下管控目标：权限范围可控，应用无法获取与其业务不相关的权限；权限高的代码质量有保障，操作系统的核心代码 APL 最高。

（2）应用沙盒

为保护应用和系统免受其他恶意应用的攻击，HarmonyOS 内所有的应用均被隔离形成独立的应用沙盒。HarmonyOS 将在底层内核识别和隔离应用资源，同时通过 rootfs 限制每个应用可见或可访问的目录与资源视图，将每个应用的可访问数据范围和执行权限缩小到最小。每一个应用拥有一个独一无二的 ID 以标识自身，并基于此 ID 进行应用沙盒访问的识别与限制行为，这使每个应用被限制在自己的进程中运行并且只能访问被允许访问的受限资源。应用的 ID 在系统中是全局唯一的。对于大多数应用来说，默认可见或可访问的数据范围如图 14-19 所示。

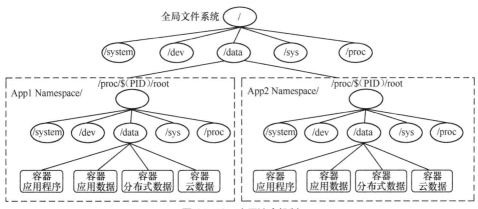

图 14-19 应用沙盒机制

应用沙盒限定了只有目标受众才能访问应用内的数据，也限定了应用只能访问受限的数据。应用程序的安装目录以 R+X（Read，Execute）权限访问，用于存放本应用的安装程序文件。应用沙盒的数据目录以 RWX（Read，Write，Execute）权限访问。应用沙盒的数据目录可以分布在 4 个不同的加密区内，例如默认应用数据目录存储在用户凭据加密区（el2），也可以通过切换 context 的方式访问和将数据存储在其他几个加密区。应用沙盒的分布式数据目录以 RWX 权限访问。应用在分布式数据目录下存放的文件能够在整个超级终端内共享，可被超级终端内其他设备上的同应用访问。应用需保证放置在分布式数据目录下的子目录和文件与其他设备上存储的不冲突，特殊情况下系统也会对发生冲突的文件进行处理；应用沙盒的云数据目录以 RWX 权限访问。应用放置在云数据目录下的文件或子目录会被系统在特定的时机备份到云侧。

出于对应用的数据安全考虑，应用私有的数据不应设置为可供所有应用访问。如果需要将文件数据提供给其他应用进行访问或需要访问其他应用的文件数据，可使用应用间文件分享方式。一般情况下，由于应用沙盒对应用可见数据视图的限制，应用无法获知用户公共文件数据的存在。如果应用需要访问用户的公共数据，如图像、音视频等媒体文件，可利用用户公共存储空间的机制进行访问。

（3）Seccomp-BPF 沙盒

Linux 内核早期版本引入了 Seccomp 机制，以白名单的方式将进程可用的系统调用限制为 4 种：read、write、_exit、sigreturn。在 Seccomp 机制管控的安全模式下，如果调用上述 4 种之外的系统函数时，内核就会使用 SIGKILL 或 SIGSYS 终止该进程。但是由于 Seccomp 限制太强而实际作用并不大，因此在实际场景中需要更加精细的限制。为了解决此问题，HarmonyOS 引入了 Seccomp‑Berkley Packet Filter（Seccomp-BPF）沙盒。Seccomp-BPF 沙盒是 Seccomp 和 BPF 规则的结合，它允许用户使用可配置的策略过滤系统调用，该策略使用 BPF 规则实现。Seccomp-BPF 沙盒可以对任意系统调用及其参数（仅常数，无指针取消引用）进行过滤。此外，BPF 使得 Seccomp 的用户不会遭受系统调用插入框架中常见的 TOCTOU（Time-Of-Check-To-Time-Of-Use，检查时间－使用时间）攻击。

HarmonyOS 使用 Seccomp-BPF 沙盒对系统进程、应用进程以及特殊进程（例如渲染进程）进行差异化的系统调用权限管控，大致流程如图 14-20 所示。

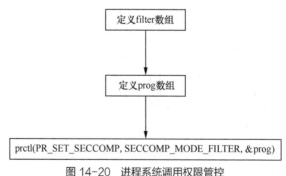

图 14-20 进程系统调用权限管控

系统通过 Seccomp–BPF 白名单策略文件管控进程的系统调用范围，每一类进程都有对应的白名单策略文件。在系统编译阶段使用脚本解析白名单策略文件，生成 BPF 规则的 filter 数组。Seccomp–BPF 代码模块对外提供 API，不同进程启动后调用此 API，就可使用对应的 filter 数组来定义 prog 参数，最后调用 prctl 函数使能 Seccomp–BPF 沙盒。

Seccomp–BPF 沙盒根据不同的白名单策略文件，使各类进程能够访问的系统调用范围最小化。针对一些高危特殊进程，支持提供差异化的白名单配置文件，使该进程的系统调用范围最小化，从而进一步提高系统的安全性。

2. DAC

TCSEC 中提出了两种著名的访问控制模型：DAC 和 MAC。DAC 广泛应用于文件系统权限设计。DAC 包含经典的 UNIX 权限检查和访问控制列表，是基于用户、组、权限来实现的；拥有文件的用户可以将对象的权限分配给其他用户，称为"自主"。

DAC 模型的特点是授权的实施主体自主负责赋予和回收其他主体对客体资源的访问权限。数据存取权限由用户控制，系统无法控制。内核通过访问控制列表来实现，在内存中维护用户 / 文件的 cred 结构，涵盖每个文件的 UID/GID（Group ID，组标识）与 RWX 控制位，通过这些属性可以控制文件及进程的操作权限。不同的 UID 代表着不同的用户身份，用户只能访问自己 UID 之下的文件。DAC 机制的权限可传递，管理较为松散，所提供的安全防护相对较弱，如图 14-21 所示。

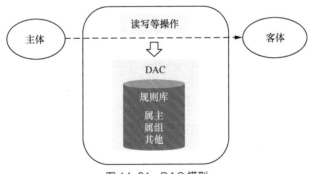

图 14-21　DAC 模型

root 用户拥有所有权限，所以 DAC 对 root 用户的限制是无效的。在引入 capability 机制之前，如果应用程序或服务需要执行修改资源限制、设置文件权限等高权限操作时，需要被授予 root 权限才能正常执行操作。任意一个类似的应用程序被劫持后，基本上劫持程序就具备了 root 用户的所有权限。因此，为了减少攻击面及相关程序被劫持之后带来的影响，HarmonyOS 引入了完整的 capability 机制，对 root 权限进行分类，并通过 setcap 等操作赋予进程或文件相关的权限。在执行操作时，Linux 的

LSM（Linux Security Module，Linux 安全模块）会检查对应的进程是否有相关的权限，以达到减少攻击面的目的。

3. MAC

如前文所言，在 DAC 的权限模式下，用户可自主传递权限，安全性相对不足。即使增加了 capability 机制，也仅针对特权操作的权限增加了管控，其他非特权操作依然存在风险，这时应采用 MAC 机制。

MAC 限制用户（主体）对其创建的对象（客体）的控制级别。在 DAC 中用户（主体）对其拥有的文件、目录拥有完全的控制权，而 MAC 则为所有的文件系统对象增加了额外的标签。用户和进程必须拥有对这些标签的适当的访问权限，方可访问这些对象。开启 MAC 之后，即使是 root 进程也将接受 MAC 策略的检查。

MAC 策略在设备启动时加载到内核中，无法动态更改。该特性对所有进程访问目录、文件、设备节点等操作资源实施 MAC，当主体（例如某应用）尝试访问某客体（例如某文件）时，内核中的 MAC 策略执行服务检测访问向量缓存，该缓存中缓存了主体和客体的权限。若基于缓存中的数据如果无法做出决策，则 MAC 策略继续向安全服务器发出请求，安全服务器在矩阵中查找应用程序和文件的安全上下文。查找完毕后做出授予或否决的权限控制。主体和客体的安全上下文从安装的策略中获得，该策略同时提供了填充安全服务器矩阵的信息。MAC 原理如图 14-22 所示。

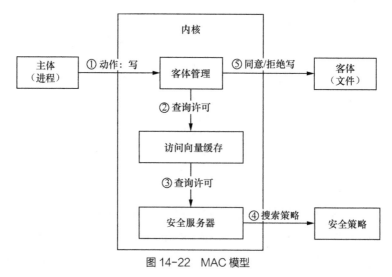

图 14-22 MAC 模型

14.3.5　漏洞防利用

如果说计算机系统的访问控制、权限管理如同围绕信息访问修筑的各类墙壁，这些墙壁本可以有效管控对信息数据的访问，那么当漏洞出现并被利用之后，这些墙壁上就出现了各种窟窿。攻击者利用漏洞实现远程代码执行、权限提升，就如同随意穿墙而过的穿墙术，计算机系统的分层设计、访问控制框架在漏洞面前的作用近乎为 0。为了让这些墙壁继续发挥作用，防守方开始提出各种漏洞治理方法，围绕漏洞的攻防博弈成了安全研究的核心主题。

在漏洞成为威胁计算机设备安全的主要威胁后，学术界和工业界一直尝试回答如下问题：如何在设计阶段消除漏洞，如何在开发阶段提高代码安全性，如何在运行阶段阻隔漏洞被利用，如何减少漏洞被利用后对系统造成的破坏。其中后两个问题是计算机系统安全设计需要回答的问题。

漏洞的成因较为复杂，其形态也较为复杂，大致上可分为硬件漏洞、内存错误漏洞、逻辑错误漏洞。其中，较为典型的硬件漏洞是近年来 Spectre、Meltdown 等计算机硬件中存在的固有漏洞，这类漏洞的成因主要是处理器在设计过程中设计的各类出于性能提升目的的预测、乱序等机制。当前在学术界对漏洞的研究较为热门，漏洞修复多以处理器厂商为主导。逻辑漏洞大多数是业务设计缺陷引入的，漏洞缺乏普适模型，其修复方法也是需要具体问题具体分析。而内存崩溃漏洞，则是主要的漏洞类型（见图 14-23），且对其修复具备明确的内存安全模型。

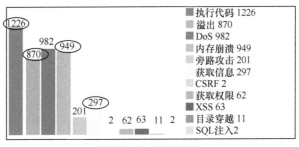

图 14-23　漏洞分布

HarmonyOS 在设计过程中，充分借鉴优秀的防漏洞设计思路，围绕漏洞消减做了大量的工作，限于篇幅，本书无法一一列举。下面引述几项典型的防漏洞技术，重点介绍漏洞防利用的典型思路。

1. 栈保护

栈溢出的出现是漏洞攻防对抗大幕揭开的标志性事件。栈溢出指在函数执行过程中，复制数据到局部变量过程中，没有正确检查数据长度，导致栈上的重要数据被破坏。

对于图 14-24 所示的函数，攻击者可控制 len 变量，则 memcpy 就可能复制过多的数据到栈上，从而破坏栈上数据。

在函数调用过程中，栈往低地址方向生长，以存储函数参数、返回地址、寄存器临时缓存和局部变量。一旦局部变量在向上复制的过程中发生溢出，则可能导致函数返回地址

```
int foo(char* src, int len){
    char dst[256];
    memcpy(dst, src, len);
    return 0;
}
```

图 14-24　函数

遭到破坏，从而劫持函数控制流。其中，当控制流被劫持到栈上数据区域时，程序就会执行注入的数据指令（shellcode）。典型的通过栈溢出实现的攻击类型包括保护 shellcode、return2libc、ROP（Return Oriented Programming，返回导向编程）/JOP（Jump Oriented Programming，跳转导向编程）等。

栈保护是对抗栈溢出漏洞性价比最高的方案。大多数栈溢出攻击都具有一个典型的特征：连续覆盖。连续覆盖意味着在破坏函数返回地址之前，栈溢出同样会破坏栈上其他数据。栈保护在编译阶段，通过在局部变量和函数返回地址中间插入一个 Canary 变量；在函数返回前，通过比对栈上 Canary 和堆上的副本就可以判断返回地址是否被破坏。栈保护对性能影响较小，安全防护效果较好。

图 14-25 所示为栈保护原理。

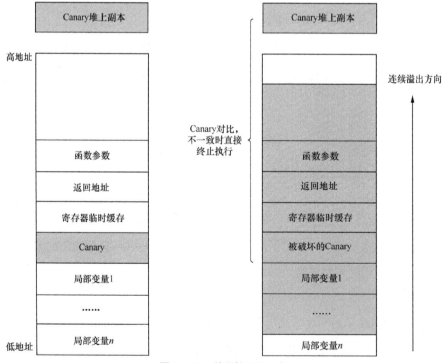

图 14-25　栈保护原理示意

2. 地址空间随机化

在早期的栈溢出漏洞利用中，由于目标程序在不同主机的栈起始位置几乎一样，攻击者通过在自己的环境中获取栈信息，即可准确预测远程攻击对象上统一程序的栈位置。攻击者触发漏洞后，可以将返回地址指向栈自身进而导致 shellcode 的执行。解决此问题的思路之一就是改变栈的起始位置，使地址空间布局难以预测，进而提升攻击难度、提高安全性。

仅实现栈空间起始地址的随机化并不能完全阻隔攻击，攻击者在无法使用栈空间的 shellcode 后开发了 ret2libc 类的攻击技巧，利用被广泛使用的动态链接库 libc 中为数众多的"危险"函数，如 system 函数，攻击者不需要执行栈上的 shellcode，只需要把返回地址指向 system 函数，即可达到执行 shellcode 的效果。因此除了栈随机化，还需支持全地址空间随机化。

图 14-26 所示为地址空间随机化原理（进程随机化、内核随机化原理类似，此处不赘述）。

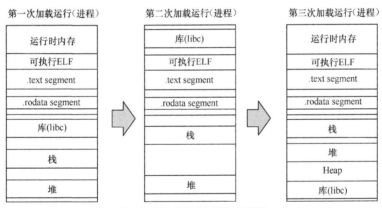

图 14-26　地址空间随机化原理

如今，随机化技术已经成了业界主流操作系统的基础安全机制。图 14-27 所示为各操作系统的随机化技术发展时间线。HarmonyOS 设备支持完整的地址空间随机化，保护对象包括栈、共享库、mmap 接口、vDSO 代码、堆等。

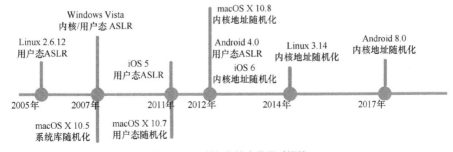

图 14-27　随机化技术发展时间线

值得注意的是，32 位设备的随机熵过低，大量核心数据被硬编码在固定地址上，在大量数据被分配后，攻击者有一定的概率可预测某些固定占用的地址范围，地址空间随机化的价值较低。随机化技术在 64 位环境下方能发挥更高的作用，HarmonyOS 要求安全性能要求高的设备需支持 64 位环境。

3. 数据不可执行

阻隔缓冲区溢出漏洞利用的另一种方法是阻断注入代码的执行。由于注入的 shellcode 位于数据区域，解决策略就是禁止 CPU 把数据区域当作代码执行。

现代计算机系统对内存权限（读、写、执行，即 RWX）的控制由处理器提供硬件层面的支持，极大地提升了效率。下面以移动设备及 IoT 设备中广泛使用的 ARM 处理器为例，介绍 DEP（Data Execution Prevention，数据执行保护）的使用原理。

图 14-28 所示为 ARMv8 架构处理器对内存页的权限管理。数据不可执行主要依赖页表高位的 UXN（XN）、PXN 位，页表低位的 AP[2:1]，以及 SCTLR 寄存器的 WXN，三者协同定义 ARM 处理器在不同特权模式下对某内存页的执行权限。详细内容可参考 ARM 处理器的手册。

单纯的数据不可执行，只能阻止 CPU 执行某数据区域，但并不能阻止攻击者注入新的恶意代码，在没有地址空间随机化的环境下，攻击者只需要利用 ret2libc 类的攻击技巧，把 shellcode 所在页面添加可执行权限后（如利用 UNIX/Linux 的 mprotect 函数给目标页面增加执行权限），就可以顺利跳转至 shellcode 执行了。此外，在浏览器环境中，对 JavaScript 代码 JIT 编译需要使用具备 RWX 权限的内存，攻击者定位到 RWX 内存页面后，通过把 shellcode 部署到该页面也可获得执行权限。

数据不可执行叠加地址空间随机化，方可发挥较好的安全保护效果。在系统启用地址空间随机化后，攻击者难以定位 mprotect 等函数的地址，无法轻易更改内存页面权限。地址空间随机化叠加数据不可执行，也是 HarmonyOS 设备的基础安全机制。

4. PAN 和 PXN

HarmonyOS 使用 PAN（Privileged Access Never，特权模式访问禁止）和 PXN（Privileged Execute Never，特权模式执行禁止）技术保护内核，禁止内核访问用户空间中的数据和执行用户空间中的代码。

在某些针对内核的攻击方法中，攻击者通过篡改某些内核使用的数据结构内的数据指针，使其指向攻击者在用户态准备好的数据结构，从而影响内核的行为达到攻击目的。PAN 技术阻止了内核访问用户态数据，这种攻击行为会被阻止。在某些针对内核的攻击方法中，攻击者通过篡改某些内核使用的数据结构内的代码指针，使其指向用户态的攻击程序，并通过系统调用触发攻击程序执行。PXN 技术阻止了内核直接执行用户态代码，这种攻击行为会被阻止。

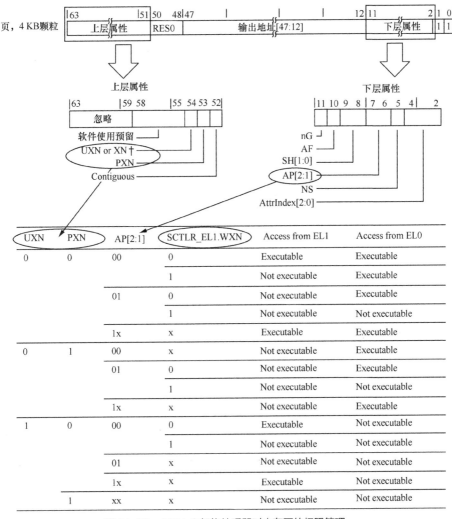

UXN	PXN	AP[2:1]	SCTLR_EL1.WXN	Access from EL1	Access from EL0
0	0	00	0	Executable	Executable
			1	Not executable	Executable
		01	0	Not executable	Executable
			1	Not executable	Not executable
		1x	x	Executable	Executable
0	1	00	x	Not executable	Executable
		01	0	Not executable	Executable
			1	Not executable	Not executable
		1x	x	Not executable	Executable
1	0	00	0	Executable	Not executable
			1	Not executable	Not executable
		01	x	Not executable	Not executable
		1x	x	Executable	Not executable
1		xx	x	Not executable	Not executable

图 14-28　ARMv8 架构处理器对内存页的权限管理

ARM 平台上的 PAN 和 PXN 技术分别对应 x86 平台的 SMAP（Supervisor Mode Access Prevention，管理模式访问保护）和 SMEP（Supervisor Mode Execution Prevention，管理模式执行保护）技术，其逻辑如图 14-29 所示。处理器对 PAN 和 PXN 的支持，主要依赖页表的高低权限位。

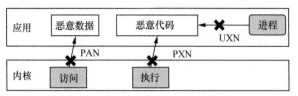

图 14-29　PAN 和 PXN 的逻辑示意

5. 控制流完整性

使用地址空间随机化技术之后，数据不可执行的效果开始显现。攻击者较难采用 ret2libc 类的攻击技巧修改页面权限。此外，在 64 位环境下函数传参方式发生了较大的改变（处理器通用寄存器数量增多，函数参数优先采用寄存器传递），原有的 ret2libc（利用栈上数据做参数）类的攻击技巧对函数参数的控制也变得较难实现。攻击者如果要继续实施 ret2libc 类的攻击技巧，必须找到办法控制函数参数。

函数 ret 的指令返回前，会从栈上恢复寄存器环境。这种从栈上恢复寄存器环境再执行 ret/BL 类程序控制流更改的指令片段叫作 gadget。攻击者通过控制栈上数据，串接多个 gadget 并执行，就可以实现对参数寄存器的控制，实现 ret2libc 类的攻击。这类攻击叫作 ROP/ JOP，是通过程序漏洞将程序控制流重定位到现有程序的代码片段的一种攻击。研究结果表明，ROP/JOP 的计算能力是图灵完备的，通过串接多个 gadget，攻击者可以实现执行任意代码。

实施 ROP/JOP 攻击的前提是知道 gadget 的位置，地址空间随机化技术的价值在此再一次得到体现，在支持"数据不可执行 + 地址空间随机化"的系统中，攻击者需要先利用漏洞获取地址空间信息以定位 gadget，然后通过 ROP/JOP 把注入的 shellcode 增加内存的执行属性后执行 shellcode，或完全使用 ROP/JOP 实现攻击。

由于实现 ROP/JOP 攻击的常用方法是利用程序漏洞来覆盖内存中的函数指针，因此可有针对性地进行检查。CFI（Control Flow Integrity，控制流完整性）技术通过添加额外的检查来确认控制流停留在预先设定的范围中，以避免 ROP/JOP 攻击，如果检测到程序发生未定义的行为，则终止程序执行。尽管 CFI 技术无法阻止攻击者利用已知漏洞或改写函数指针，但它可严格限制可被有效调用的目标范围，这使得攻击者在实践中利用漏洞变得更加困难。

HarmonyOS 采用 CFI 及栈保护技术以避免 ROP/JOP 攻击威胁：在每个间接分

支之前添加检查，以确认目标地址的合法性，防止间接分支跳转到任意代码位置；编译器支持 LTO（Link Time Optimization，链接时优化），以获得完整的程序可见性，从而确定每个间接跳转分支的所有合法调用目标；支持运行时加载内核模块，通过在编译时使能（cross-DSO），使每个内核模块包含有效本地分支目标的信息，内核可根据目标地址和模块的内存布局，从正确的模块中查找信息；在函数退出时对栈空间进行检查，防止通过栈溢出漏洞修改返回地址。

前向 CFI 技术可解决大部分控制流劫持类问题，但若要解决所有这类问题，系统还应该支持后向 CFI 技术。

此外，随着 ARMv9 架构的处理器逐渐普及，业界普遍开始采用基于硬件的 CFI 技术，如基于 PAC（Pointer Authentication Code，指针认证代码）的 CFI 技术；在硬件条件具备后，HarmonyOS 的产品同样也将支持 CFI 技术，可同时做到前后向的 CFI 覆盖。

6. 内核完整性保护

HarmonyOS 的内核完整性保护技术通过 ARMv8 处理器提供的虚拟化扩展模式对内核进行保护，防止在漏洞被利用且攻击者获得内核权限后，篡改系统关键寄存器、页表、代码等数据，从而达到系统运行时的完整性保护的目的。

内核完整性保护技术不但实现了对代码及只读数据段等静态数据的保护，而且实现了稀有写（Write-Rare）保护机制对部分动态数据的保护。利用稀有写保护机制保护了内核里大部分时间被读取而极少被更改的数据。攻击者即使通过漏洞获取了内核级别的内存写能力，也无法修改这部分数据。

目前，HarmonyOS 的内核完整性保护技术支持如下安全保护机制：内核及驱动模块的代码段不可被篡改、内核及驱动模块的只读数据段不可被篡改、内核非代码段保证不可执行、内核关键动态数据不可被篡改、关键系统寄存器设置不可被篡改。

内核完整性保护原理如图 14-30 所示。Hypervisor 比操作系统权限更高，可实现对操作系统访问关键数据及资源的权限管控；当攻击者篡改内核代码、安全策略、页表、页表基地址寄存器、系统控制寄存器等关键资源时，可根据预先的安全配置，触发异常陷入 Hypervisor，根据预配置的安全策略处理。注意，当前，HarmonyOS 仅在部分设备上提供该技术。

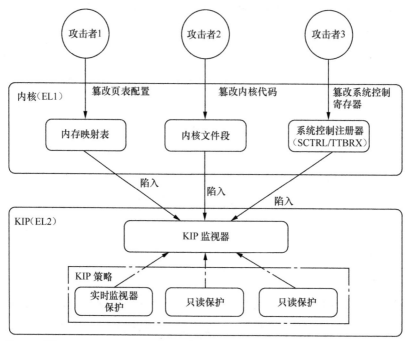

注：KIP 即 Kernel Integrity Protection，内核完整性保护。

图 14-30　内核完整性保护原理

14.3.6　TEE

　　HarmonyOS TEE 基于 TrustZone 技术实现。TrustZone 技术是硬件级别的安全技术，它兼顾了性能、安全和成本。TrustZone 技术将处理器的工作状态分为安全世界（TEE）和非安全世界 REE（Rich Execution Environment，富执行环境）。该技术通过 SMC（Secure Monitor Call，安全监测调用）实现在 CPU 的 TEE 和 REE 之间切换来提供硬件隔离。在 TEE 中，TrustZone 技术提供对硬件资源（包括内存、外围设备等）的保护和隔离，通过执行过程保护、密钥保密性、数据完整性和访问权限控制实现端到端的安全，可防止来自 REE 的恶意软件攻击。

　　HarmonyOS TEE 支持多核多线程能力，可创建多个安全任务，并可运行在多个 CPU 中，极大提高了 TEE 的算力。此外，HarmonyOS TEE 支持基础功能库与数学库（C 库、POSIX API），支持动态库，极大地方便了可信应用的开发和部署。HarymonyOS TEE 架构如图 14-31 所示。

图 14-31　HarmonyOS TEE 架构

HarmonyOS TEE 支持如下能力。

（1）基础安全加固

支持镜像安全启动，可信执行环境在启动、升级过程中通过对镜像签名及验签保证合法性及完整性。支持镜像防逆向，对可信执行环境镜像加密和符号表混淆防止攻击者逆向分析镜像文件。支持漏洞防利用，在镜像编译时添加安全编译选项（-PIC/-PIE、RELRO）及提供地址随机化、栈保护、数据不可执行、代码段及函数指针只读等安全机制，提高攻击难度。

（2）安全管理

TEE 支持可信应用程序的生命周期管理，包括可信应用证书签名及吊销、可信应用在安装阶段完整性校验、可信应用生命周期会话管理。

TEE 中可能运行多个可信应用程序，为确保可信应用程序之间的有效隔离，避免可信应用程序漏洞被攻击者利用后对 TEE 进行持续的渗透和破坏，HarmonyOS TEE 支持细粒度的资源访问控制及权限控制。

TEE 存在多个可信应用，服务于 REE 的不同任务，HarmonyOS 支持细粒度的可信应用访问控制，某可信应用可只服务于特定的 REE 应用；HarmonyOS 采用白名单机制，白名单内的 REE 进程可访问某可信应用，在白名单的基础上，HarmonyOS 进一步支持 REE 应用进程代码段的合法性鉴权,防止仿冒。

TEE 负责敏感数据处理,需占用一定的系统资源。为提升系统资源(如内存)利用率,HarmonyOS TEE 支持资源的动态管理,可降低静态资源的比例,如普通内存可动态转换为安全内存。

(3)安全服务

HarmonyOS 可信存储服务提供对关键信息的存储能力,保证数据的机密性、完整性。可信存储服务支持设备绑定,支持不同可信应用之间的隔离,可信应用仅能访问自己的存储内容,无法打开、删除或篡改其他应用的存储内容。HarmonyOS 可信存储分为两种:安全文件系统存储与 RPMB(Replay Protected Memory Block,重放受保护存储区)存储。前者将密文存储到特定的安全存储分区,后者将密文存储到 eMMC(Embedded Multimedia Card,嵌入式多媒体卡)特定的存储区域。RPMB 支持防删除、防回滚。

HarmonyOS TEE 加解密服务支持多种对称、非对称加解密算法以及密钥派生算法,支持同一芯片平台相同密钥的派生,支持设备唯一密钥,支持标准的加密算法,为第三方存储和使用密钥的业务提供 TEE,并遵从 Global Platform TEE 标准。为提高安全性,HarmonyOS TEE 内部的密钥生成和计算,均由独立的硬件芯片完成。

HarmonyOS 可信时间服务提供可信的基准时间,该时间不能被恶意 TA 或 REE 应用修改。

HarmonyOS 提供可信显示与输入能力 TUI(Trusted User Interface,可信用户界面),提供无法截屏的 TUI 显示技术来保护可信应用显示的内容。当可信应用使用 TUI 显示内容时,可以完全阻止 REE 侧所有应用对该显示区域的访问,可防止恶意应用对显示和输入内容的劫持和篡改,确保恶意程序既看不到显示屏上的信息,也无法访问触摸屏。TUI 支持 PNG 图像、文本、按钮和输入框等基本控件,支持显示统一大小的汉字、英文字母、符号和数字,支持定制界面,输入键盘按键随机化、支持丰富的控件支持、窗口管理,界面使用终端的 UI 风格。

如图 14-32 所示,为便于可信应用的开发者使用 HarmonyOS 基于 HarmonyOS TEE 开发安全业务,HarmonyOS TEE 面向开发者提供 TEE 的开放平台能力,提供丰富的 API、完善的 SDK,以及相关参考手册、参考设计,同时提供安全证书管理、应用签名、可信应用生命周期管理、应用上线服务,通过 DevEco Studio 开发环境提供统一的开发者开发界面。可信应用开发者可以基于上述能力进行安全业务的定制开发、调试、应用上线及生命周期安全管理。

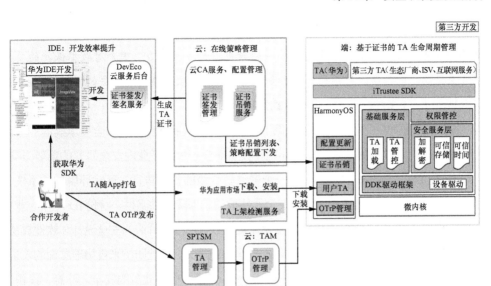

图 14-32　HarmonyOS TEE 面向生态开放

14.3.7　SE 安全芯片

TEE 技术在移动计算平台大放异彩，为安全业务部署提供了较为易用的安全环境，得到广泛应用。该技术是目前 HarmonyOS 设备普遍采用的基础安全机制。当前，移动计算平台中的 TEE 主要基于 ARM 处理器的 TrustZone 技术构建，回顾近几年业界针对 TEE 的攻防案例，该技术存在以下局限。

隔离较弱：TrustZone 技术以特权模式隔离的方式提供隔离，虽然处理器实现了内存、外围设备、总线、缓存的隔离，但本质上依然是特权模式的"软"隔离；除了特权级和隔离粒度的区别之外，在隔离方式上跟传统操作系统、Hypervisor 提供的进程或虚拟机的隔离，并没有本质差别。TEE 和 REE 之间存在较多系统层面，甚至微架构层面的资源共享，可被攻击者用来窃取 TEE 中的机密信息。

TCB 过大：在可信计算的定义中，TCB 是最核心的定义。TCB 是计算机系统实施安全保护机制的合集。为确保 TCB 自身尽量少出错，需要尽量控制 TCB 的规模。在 TCSEC 中关于可信计算系统的定义中，更是将最小化 TCB 作为可信计算系统的五大核心技术之一。对移动计算设备来说，TEE 在一定程度上就是其可信运行的 TCB。理论上 TEE 的规模应该尽可能精简，并且 TEE 漏洞应被消除。事实上，当前 TEE 的代码规模相对比较庞大，TEE 漏洞无法完全被消除。近年来，业界每年都会出现多个 TEE 漏洞被利用的案例。

不支持物理攻击防御：TrustZone 技术的设计目标中并不包含防物理攻击。而随着移动计算设备上存储了越来越多的机密数据，行业、标准、用户对数据保护的要求也日益提高。近年来，业界也出现了多个物理攻击和软件侧信道攻击的案例（Spectre、Meltdown），行业对防物理攻击也日益重视。

TEE 技术为安全业务的部署提供了可靠的安全机制，但对于安全要求高的业务而言，需要进一步提供更安全的运行环境。独立安全芯片成了业内安全研究的重要方向。

安全元件（Secure Element）是一个提供芯片级的安全执行、存储环境的子系统。HarmonyOS 支持安全元件的部署，安全元件被用于保障移动支付、身份 ID 等核心业务及数据的安全。相对于 TEE 方案，安全元件解决方案通过芯片级的安全设计和软件算法，提供软硬结合的双重防护，不仅具备软件安全防护能力，更能防护来自物理层面的攻击，具有更高的安全性，从根本上保证了 HarmonyOS 设备核心业务的安全。注意，设备厂商采用的安全元件需通过相关的行业和机构认证，以支持移动支付和金融相关业务。

安全元件主要用于特定安全业务的部署，而独立安全芯片则可增强 HarmonyOS 设备的系统安全能力。HarmonyOS 利用独立安全芯片的高安全等级（物理安全级）环境，实现锁屏密码保护、文件加密、生物特征保护与识别、密钥管理、可信根、防回退等安全服务，从而在硬件层面为 HarmonyOS 设备的基础安全能力提供保障。芯片级安全环境架构如图 14-33 所示。

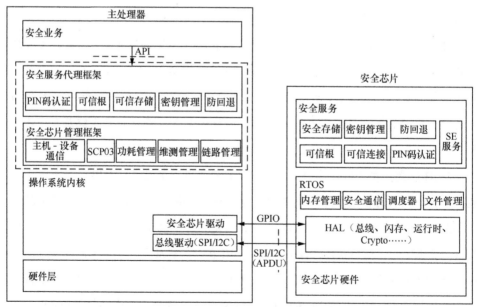

图 14-33　芯片级安全环境架构

如图 14-34 所示，安全芯片可以是 SoC 中的独立安全核，也可以是外置的一颗安全芯片（见图 14-34 右侧）。

其中，安全芯片侧除了必需的硬件资源外，如 CPU 核、独立 ROM、SRAM（Static Random Access Memory，静态随机存储器）、Crypto、真随机数等，还需要预置安全的 RTOS，负责与主处理器建立安全通信连接，同时给安全芯片侧运行的安全服务提供必需的资源管理和公共软件库。

在主处理器侧，除了部署必需的安全芯片驱动程序外，上层还需要部署统一的安全芯片管理框架和安全服务代理框架。安全芯片管理框架用于与安全芯片建立安全通信链路，管理安全芯片的功耗，以及提供必需的可靠性管理。安全芯片服务框架面向安全业务开放，提供核心安全服务的调用接口，如安全存储、密钥管理、设备认证、系统及数据防回退、身份认证等。

14.3.8 HarmonyOS 设备安全分级

分布式是 HarmonyOS 的重要特征，跨设备协同、控制是 HarmonyOS 设备之间的常用场景。分布式的特点给 HarmonyOS 设备带来了巨大的体验上的便利，但不同的 HarmonyOS 设备由于设备资源、能力、业务场景的差异，在软硬件设计上存在较大的差别，体现在安全能力上存在显著的区别。为防止 HarmonyOS 分布式业务中，弱安全能力设备成为攻击入口或跳板从而攻击其他设备，HarmonyOS 设计了一套基于设备安全分级及数据分级的跨设备访问控制逻辑。在这个逻辑中，区分不同设备的安全能力，为不同设备明确赋予不同的安全能力标签。

HarmonyOS 参考可信计算机系统准则（TCSEC）、CC 安全认证、FIPS（Federal Information Processing Standards，[美国]联邦信息处理标准）密码模块安全分级、IoTSF（Internet of Things Security Foundation，IoT 安全基金会）等计算设备的安全分级标准，提供了一套系统安全参考架构，并基于该参考架构，形成了 HarmonyOS 设备安全分级规范。

前文描述的系统安全逻辑架构和关键技术，在不同安全等级的 HarmonyOS 设备上，设备安全分级规范中明确定义了相关的设计和实现要求。HarmonyOS 在参考业界权威安全分级模型的基础上，结合 HarmonyOS 实际的业务场景和设备分类，将 HarmonyOS 设备的安全能力划分为 5 个安全等级：SL1 ~ SL5。在 HarmonyOS 生态体系中，要求高一级的设备安全能力，默认包含低一级的设备安全能力。HarmonyOS 设备安全分级概要如图 14-34 所示。

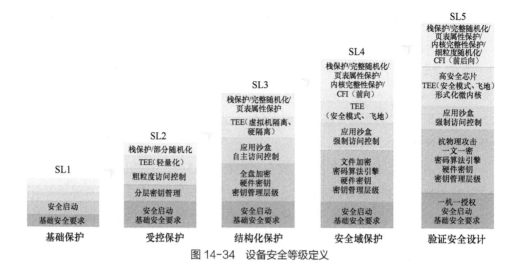

图 14-34　设备安全等级定义

• SL1 为 HarmonyOS 设备中最低的安全等级，这种安全等级的设备通常使用轻量级操作系统和低端微处理器，其业务形态较为单一，不涉及对敏感数据的处理。该安全等级要求消除常见的软件错误，支持软件的完整性保护。若无法满足 SL1 安全等级的要求，则设备只能作为配件受 HarmonyOS 设备操控，无法反向操控 HarmonyOS 设备并进行更复杂的业务协同。

• SL2 安全等级的 HarmonyOS 设备可对其数据进行标记并定义访问控制规则，实现 DAC；要求具备基础的抗渗透能力；可支持轻量化的安全隔离环境，以部署少量、必要的安全业务。

• SL3 安全等级的 HarmonyOS 设备具备较为完善的安全保护能力。它的操作系统具有较为完善的安全语义，可支持 MAC；系统可结构化为关键保护元素和非关键保护元素，其关键保护元素被明确定义的安全策略模型保护；SL3 安全等级的 HarmonyOS 设备应具备一定的抗渗透能力，可对抗常见的漏洞利用方法。

• SL4 安全等级的 HarmonyOS 设备的 TCB 应足够精简，具备防篡改能力，可对关键保护元素的访问控制进行充分的鉴定和仲裁；具备相当好的抗渗透能力，可防御绝大多数软件攻击。

• SL5 安全等级的 HarmonyOS 设备是 HarmonyOS 设备中具备最高等级安全防护能力的设备，对系统核心模块进行形式化验证，关键模块（如可信根、密码计算引擎等）应具备防物理攻击能力，可应对实验室级别的攻击。其硬件具备高安全等级的单元，如专用的安全芯片，用于强化设备的启动可信根、存储可信根、运行可信根。

14.3.9 设备分布式可信互联

为保证分布式系统的连接安全，实现用户数据在分布式场景下各个设备之间的安全流转，设备之间在连接时需要确保彼此正确、可信，即设备和设备之间建立互信关系，并能够在验证互信关系后，搭建受保护的连接通道，以支持数据的安全传输。

设备之间的互信关系，包括登录同一账号设备之间的互信关系，以及点对点绑定的设备之间的互信关系。系统提供创建和使用这两类互信关系的统一入口，设备互信认证架构图 14-35 所示。

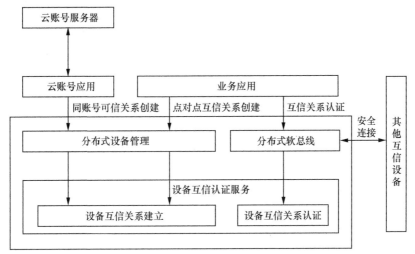

图 14-35 设备互信认证架构

1. 同账号的设备连接安全

为保护登录同账号设备的安全连接，HarmonyOS 提供基于同账号的设备认证能力。设备在登录账号后，会在端侧生成椭圆曲线公私钥对，作为本机在该账号下的身份认证凭据，并向华为云服务器申请对公钥身份认证凭据进行认证。私钥凭据则仅在端侧存储，不会被服务器获取。

当同账号的设备在近场被软总线发现并进行同账号组网时，设备认证服务将基于双方设备的公私钥对进行认证与会话密钥协商。认证成功后，软总线安全通道将使用设备认证服务提供的会话密钥对传输的数据进行 AES-GCM 加密，使得即使蓝牙与WiFi 出现漏洞时，通道上传输的数据也是被端到端加密保护的，从而确保只有同账号的设备能解密数据。该会话密钥仅本次会话有效。

2. 基于设备之间的互信关系的设备连接安全

对于两个设备不是相同账号的场景，如果用户期望在这两个设备之间发起分布式业务，则需要先对这两个设备建立点对点设备之间的互信关系，以确保连接的不是攻击者的设备。HarmonyOS 的设备认证服务提供基于点对点绑定关系的设备认证能力。

为保证这种设备之间的互信关系真实、可信，在其建立时用户需要强感知地手动参与，在两个设备之间建立共享秘密信息，例如扫描另一设备上的二维码、输入另一设备上显示的随机 PIN 码等。

HarmonyOS 的设备认证服务将基于用户参与建立的共享秘密信息，执行 PAKE （Password-Authenticated Key Exchange，密码认证密钥协商）安全协议，在协议认证完毕后，建立安全通信信道。同时，设备端侧将分别生成各自的椭圆曲线公私钥对认证凭据，在已建立的安全通信信道上交换并存储对端设备的公钥身份认证凭据。由于该安全通信信道被用户参与的共享秘密信息保护，因此即使在蓝牙与 WiFi 出现漏洞时，所交换的公钥身份认证凭据也无法被有效劫持、替换，达到防止攻击者植入仿冒身份的目的。

当点对点绑定的设备在近场被软总线发现并连接时，设备认证服务将基于可信关系建立时双方交换存储的对端公钥身份认证凭据进行认证与会话密钥协商。认证成功后，软总线安全通道将使用与同账号类似的方式对通道上传输的数据进行端到端加密保护，以确保只有点对点绑定的设备才能解密数据。

14.4　HarmonyOS "正确地访问数据" 分级访问控制架构

HarmonyOS 为消费者和开发者的数据提供全生命周期的安全防护措施，确保在生命周期的每一个阶段，数据都能获得与用户个人数据敏感程度、系统数据重要程度和应用程序数据资产价值匹配的保护措施。

基于分级安全模型的数据访问控制的核心策略参考了 BLP 模型的机密性防护策略和 Biba 模型的完整性保护策略。简言之，在数据创建时就应该严格指定数据的分级标签，并且基于标签关联数据全生命周期的访问控制权限和策略。在数据存储时，基于不同的数据分级，采取不同的加密措施。在数据传输时，高敏感等级的数据禁止向低安全能力的设备传递；高敏感等级的资源和外围设备禁止向低安全能力的设备发出控制指令。围绕数据全生命周期，"正确地访问数据" 将会基于 BLP 模型和 Biba 模型贯穿整个数据的使用。

14.4.1　数据分级规范

数据分级规范根据数据遭到泄露或遭到破坏所带来的风险对个人、组织或公众的影响进行分级，进而针对不同等级的数据提出不同的防护要求。

根据 FIPS 199 标准，基于数据的机密性、完整性、可用性三大安全目标进行风险评估，主要需要考虑对个人、组织、公众的影响，从而确定数据的风险等级。数据对于个人、组织或公众的影响越大，则其风险等级越高，如表 14-4 所示。

风险评估公式为风险等级 = $F\{$ 机密性，完整性，可用性 $\}$。其中，机密性是指对于信息的访问和披露，通过加密和访问控制等手段进行保护，包括个人隐私和专利信息。完整性是指防止信息被非法修改和销毁，确保信息的完整性和真实性。可用性是指确保信息能够及时、可靠地被访问和使用。

表 14-4　数据风险等级评估

安全目标	机密性	完整性	可用性
低	未授权的信息披露可能会对组织运行、组织资产、个人产生有限的不利影响	未授权的信息修改和信息销毁可能对组织运行、组织资产、个人产生有限的不利影响	对信息或信息系统的使用或访问能力的破坏可能对组织运行、组织资产、个人产生有限的不利影响
中	未授权的信息披露可能会对组织运行、组织资产、个人产生严重的不利影响。例如造成罚款、对形象产生负面影响等	未授权的信息修改和信息销毁可能对组织运行、组织资产、个人产生严重的不利影响	对信息或信息系统的使用或访问能力的破坏可能对组织运行、组织资产、个人产生严重的不利影响
高	未授权的信息披露可能会对组织运行、组织资产、个人产生严重或灾难性的不利影响。例如造成公司重大商业损失、声誉损失、退出特定行业等	未授权的信息修改和信息销毁可能对组织运行、组织资产、个人产生严重或灾难性的不利影响	对信息或信息系统的使用或访问能力的破坏可能对组织运行、组织资产、个人产生严重或灾难性的不利影响

HarmonyOS 按照数据泄露造成的影响程度和业界优秀实践，对数据进行分级（参考 ISO/IEC 27005、FIPS 199、NIST SP 800-122）。个人数据风险等级可分为高、中、低。针对非个人数据，增加"公开"风险等级；针对敏感个人数据（如欧盟 GDPR 要求的

特殊类型个人数据和 GB/T 35273—2020《信息安全技术　个人信息安全规范》中定义的敏感个人信息），增加"严重"风险等级，并为每个等级的数据赋予风险等级标签。

14.4.2　数据安全与用户隐私生命周期管理

HarmonyOS 参照数据的风险分级，提供基于全生命周期的数据保护能力。根据数据在智能终端设备上的处理过程，数据生命周期包括生成（Create）、存储（At Rest）、使用（In Use）、传输（Transmit）、销毁（Destroy）这几个阶段。

生成：智能终端及其上的应用软件通过采集、直接生成、从其他终端接收或其他方式转入等方式产生数据的过程。

存储：数据在智能终端设备上存留的过程。

使用：数据在智能终端设备上被访问、处理等过程。

传输：数据离开源设备、转移到目的设备的过程。

销毁：数据在智能终端设备上被销毁，保证其不可被检索、访问的过程。

14.4.3　数据生成的安全机制

HarmonyOS 提供设置数据风险等级标签的能力，业务在生成文件 / 生成数据的阶段，使用 HarmonyOS 提供的能力设置数据风险等级。设备安全等级与数据风险标签的对应关系如表 14-5 所示。业务 App 可以通过调用设置风险等级标签的 API，设置 App 落盘数据的风险等级，风险等级信息最终存储在应用落盘文件的元数据之中。

业务 App 可根据 HarmonyOS 提供的业务风险等级定义，设置对应文件 / 数据的风险等级。同时，业务 App 需要评估对应设备的安全等级，业务 App 需要存储的数据所对应的风险等级需要与设备的安全等级匹配，这样才能够确保设置了风险等级的数据 / 文件在数据全生命周期受到与其对应的风险等级匹配的系统保护。

表 14-5　设备安全等级与数据风险标签的对应关系

设备的安全等级	数据风险标签
SL5	S0 ～ S4
SL4	S0 ～ S4
SL3	S0 ～ S3
SL2	S0 ～ S2
SL1	S0 ～ S1

14.4.4　数据存储的安全机制

在数据存储阶段，HarmonyOS 提供文件级加密功能。基于不同的数据风险等级，HarmonyOS 提供以下两种存储文件加密保护能力，使攻击者无法在设备关机状态，或设备首次解锁前获取数据明文。

与设备锁屏密码无关的文件加密：数据被 HUK 保护，与设备锁定状态无关，在手机开机后即可访问，如壁纸、闹钟、铃声等。

与设备锁屏密码配合的文件加密：数据被用户的锁屏密码和 HUK 共同保护。在开机后用户首次输入锁屏密码解锁设备之前不能访问数据，如图库、联系人、短信、日历、通话记录等。

14.4.5　数据使用的安全机制

在数据使用阶段，HarmonyOS 提供 DAC（本地文件系统沙盒）及 MAC 能力，确保只有正确的应用才能够访问对应的数据。HarmonyOS 分布式文件系统提供分布式沙盒能力，保证跨设备的数据访问也遵循只有正确的应用才能够访问对应数据的原则。HarmonyOS 通过对文件加密密钥的管控，提供全面加密方案和增强型加密方案文件保护增强能力，用于高风险等级数据在使用过程中的访问控制增强处理，确保有设备访问权限（能够解锁设备）的用户才能够使用这些高风险等级数据。HarmonyOS 通过对文件加密类密钥（ClassKey）采用不同的保护方式，不同的数据加密方案提供了不同的文件保护能力（见表 14-6）。

表 14-6　数据加密方案与数据保护模式的关系

数据加密方案	ClassKey 的生命周期	文件保护模式
设备加密方案	设备开机之后可使用对应的 ClassKey	设备开机之后，可以使用对应的文件
凭据加密方案	设备开机，同时用户输入正确的锁屏密码解锁设备之后，可使用对应的 ClassKey	设备开机，同时用户输入正确的锁屏密码解锁设备之后，可以使用对应的文件
增强型加密方案	设备开机，同时用户输入正确的锁屏密码解锁设备之后，可使用对应的 ClassKey。设备锁屏之后，从系统中临时清除对应的 ClassKey；应用打开已有文件场景下，此时对应的 ClassKey 不可用；应用新建文件场景下，系统临时恢复此文件对应的 ClassKey。设备被用户再次解锁之后，在系统中恢复对应的 ClassKey	在设备锁定时，受 SECE 保护的文件不能打开，但可以新建和写入文件

续表

数据加密方案	ClassKey 的生命周期	文件保护模式
全面加密方案	设备正常使用，并且解锁设备之后，对应的 ClassKey 可用。 设备锁屏之后，从系统中临时清除对应的 ClassKey。 设备被用户再次解锁之后，在系统中恢复对应的 ClassKey	在设备锁定时，受 ECE 保护的文件不能被打开或新建，直至用户解锁设备

14.4.6 数据传输的安全机制

在数据跨设备传输场景下，为了确保用户数据和隐私不泄露，要求高风险等级数据不能在用户无感的场景下从高安全等级设备泄露到低安全等级设备，同时低安全等级设备也不能获取高安全等级设备的高风险等级数据。为了保证用户数据和隐私不被篡改，设备或对应的分布式业务需要考虑接收到的数据是否与发送数据的设备对应的安全等级匹配，防止接收不可信的数据。

基于以上原则，HarmonyOS 分布式系统提供与数据风险等级相应的跨设备访问控制机制，保证跨设备数据传输的目的设备应具备与数据风险等级相匹配的设备安全等级，同时跨设备数据传输的源设备也应具备与数据风险等级相匹配的设备安全等级，如表 14-7 所示。

表 14-7　跨设备数据传输场景下数据风险等级与设备安全等级的关系

数据接收方的设备安全等级	允许传递的数据风险等级
SL5	S0 ～ S4
SL4	S0 ～ S4
SL3	S0 ～ S3
SL2	S0 ～ S2
SL1	S0 ～ S1

如果数据接收方设备不具备与数据风险等级相匹配的设备安全等级，那么必须在数据发送方设备上经过用户明确的授权之后，才能够传输对应的数据；同理，如果数据发送方设备不具备与数据风险等级相匹配的设备安全等级，那么必须在数据接收方设备上经过用户明确的授权之后，才能够传输对应的数据。

上述跨设备访问控制机制在 HarmonyOS 分布式数据库、分布式文件系统中实施，业务可以通过使用此机制，在 HarmonyOS 分布式系统中建立信任关系的设备之间安全地传输数据。

14.4.7 数据销毁的安全机制

普通的恢复出厂设置操作并不保证彻底删除保存在物理空间上的数据。为了提高效率，往往通过删除逻辑地址的方式来实现。这导致实际存储在物理空间中的数据并没有被清除，还可以恢复数据。

HarmonyOS 的恢复出厂设置操作，支持对存储数据的安全擦除。通过给物理空间发送命令，进行覆写操作，完成底层数据擦除。擦除后的数据是全 0 或者全 1，这样能确保用户的敏感数据不能通过软硬件手段恢复，从而保障用户设备转售、废弃后的数据安全。

14.5 HarmonyOS 生态治理架构

HarmonyOS 的目标之一是为用户提供安全、可靠，严格保护用户隐私的安全平台，同时与 HarmonyOS 应用的开发者一起保护用户的隐私安全，构建安全、合规的 HarmonyOS 应用。

HarmonyOS 为应用生态和设备生态都提供了相应的安全机制，来确保运行在 HarmonyOS 超级终端上的应用程序和 IoT 设备满足 HarmonyOS 的安全标准规范，严格遵循数据安全与隐私保护要求，从而保护用户的权益。

14.5.1 HarmonyOS 应用程序生命周期安全管理架构

HarmonyOS 应用程序生命周期安全管理架构如图 14-36 所示。

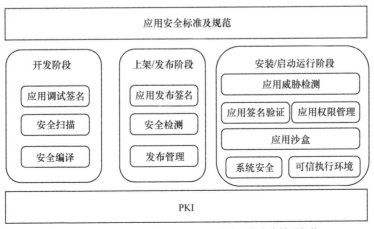

图 14-36 HarmonyOS 应用程序生命周期安全管理架构

HarmonyOS 应用程序生命周期安全管理架构，对应用的开发、上架、发布、安装、运行、卸载，进行全生命周期管理，确保开发者开发出符合安全及隐私规范的高质量应用。应用只有通过上架／发布过程的安全检测，才允许应用上架，获得应用发布签名，做到应用来源可信，同时保证应用在运行生命周期内，通过系统安全构筑的安全运行环境，配合应用权限管理、应用沙盒、应用签名等安全机制，保证应用完整性和应用运行可信，这样消费者的隐私与数据安全才能得到保护。

14.5.2　HarmonyOS 应用程序"纯净"开发

对于开发者，HarmonyOS 提供开发者注册、账号管理、实名认证、开发者证书管理、开发者的应用开发及调测提供配套管理能力。开发工具提供安全能力，帮助开发者进行代码级及二进制相关的安全与隐私检查，确保开发者能够快速开发出高质量的 HarmonyOS 程序。同时，DevEco Studio IDE 为开发者提供应用来源管控和完整性保护的安全能力，例如，DevEco Studio IDE 能够自动帮助开发者进行密钥的生成和管理、签名管理、调试证书管理和调测设备管理，方便开发者开发的应用或服务能够快速上架。

14.5.3　HarmonyOS 应用程序"纯净"上架

当发布系统收到开发者申请发布的应用时，首先检查应用的完整性在上传的过程中是否被破坏，然后按照 HarmonyOS 应用检测规范进行安全隐私自动化检测和人工审核。当应用通过相关检测符合发布标准时，系统会完成检测后的重新签名，确保 HarmonyOS 应用是经过严格审核的。在这个过程中，确保正确的开发者发布了正确的应用。

14.5.4　HarmonyOS 应用程序"纯净"运行

HarmonyOS 在应用安装的时候，会基于 PKI 验证 HarmonyOS 应用的合法性和完整性。HarmonyOS 为应用程序设计了全新的安全隐私保护机制。

应用沙盒：通过 DAC、MAC 等访问控制机制隔离应用资源和不同的应用运行空间，以保护应用自身和系统免受恶意应用的攻击。默认情况下，应用不能彼此交互，而且对操作系统的访问权限会受到限制。

应用签名：HarmonyOS 应用签名包含开发者注册、调试证书、发布证书、能力 profile 证书、应用签名校验等，用于保障应用开发者的合法身份，保证应用来源可信。

应用权限：由于系统通过沙盒机制管理各个应用，默认情况下，应用只能访问有限的系统资源。但应用为了实现扩展功能，需要访问沙盒外的系统或其他应用的资源、数据或能力，系统或应用也必须以明确的方式共享资源、数据或能力。为了保证这些数据或能力不被不当或恶意使用，就需要有一种访问控制机制来保护，这就是权限。权限是程序操作某种对象的许可。如图 14-37 所示，在应用层面，HarmonyOS 使用显式定义且经用户授权的权限控制机制，系统化地规范并强制各类应用程序的行为准则与权限许可。

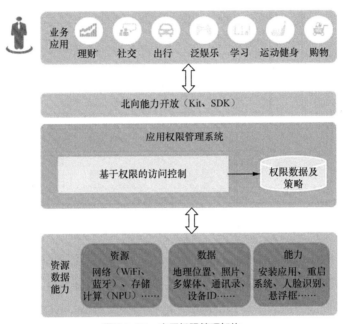

图 14-37　应用权限管理架构

权限管理本地场景： 系统提供权限的安全机制，旨在允许或限制应用程序访问受管控 API 和资源。默认情况下，应用程序没有被授予权限，通过限制它们访问设备上的受保护 API 或资源，确保这些 API 和资源的安全。权限在应用程序安装或运行时由应用程序请求。与用户隐私相关的权限，由用户决定授予或不授予。

权限管理分布式场景： 当分布式应用在不同可信设备之间进行协同工作的时候，分布式权限管理系统会对应用进行严格的访问控制，确保应用在本地及跨设备情况下能够正确地访问分布式资源或能力。只有应用具备了分布式访问权限，才允许其访问可信分布式终端的资源或能力。当分布式应用调用分布式虚拟终端的资源或能力时，分布式权限管理系统会首先检查该分布式应用是否具备分布式权限，若不具备，则不允许跨设备访问分布式虚拟终端的资源或能力。与用户隐私相关的权限，由用户决定授予或不授予。

14.5.5　HarmonyOS 设备生态治理架构

如图 14-38 所示，华为基于 HarmonyOS 及 HMS Kit Framework 构建 HarmonyOS 设备生态治理平台，同时构建对应的 Kit 能力为设备厂商进行赋能。

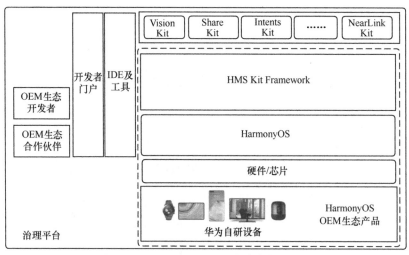

图 14-38　HarmonyOS 设备生态治理平台

为确保 OEM（Original Equipment Manufacture，原厂委托制造）设备合作伙伴厂商的设备能够获得更好的体验，华为提供生态合作伙伴管理平台，确保只有符合资质的厂商和设备完成对应的安全认证测试才能批准接入 HarmonyOS 生态，并提供一套完备的设备开发安全规范，包括 OEM 生态开发者认证、设备安全测评与认证、设备安全的授权凭据管理，帮助 HarmonyOS 设备生态合作伙伴开发出符合生态体验和安全要求的设备。

14.5.6　HarmonyOS 设备生态合作伙伴认证

为了确保加入 HarmonyOS 生态的设备满足 HarmonyOS 生态的体验及安全标准，需要保证设备厂商能够溯源，并且要求设备厂商必须实名认证，首先在华为的官方网站上注册华为账号，并完成实名认证和企业的资质认证，然后在 Device Partner 生态服务平台签署《华为智能硬件合作伙伴服务协议》，签署后才能正式成为华为生态合作伙伴。成为华为生态合作伙伴后，生态合作伙伴在 Device Partner 生态服务平台根据产品的认证类型选择对应的合作伙伴类型，在管理中心中根据提供的合作计划创建产品并登记产品信息，在 Device Partner 生态服务平台上可以获取对应的开发指导和规范，以指导设备的开发。

14.5.7　HarmonyOS 生态设备安全认证

合作伙伴在开发完成设备后，需要根据 HarmonyOS 设备安全分级规范进行安全自检和安全整改，在完成安全自检和安全整改后，向华为生态认证实验室提交对设备进行安全认证测试的申请，在设备满足安全等级认证要求并通过认证测试之后，华为生态认证实验室会颁发对应的认证测试证书和徽标文件。

14.5.8　HarmonyOS 生态设备分级管控机制

为了保证设备的数据在对应的安全等级设备上流动，合作伙伴在选择集成对应的功能时，选择的功能会明确需要的最小安全等级，并且会给出对应的安全等级规范技术要求，设备厂商需要根据对应的安全等级技术规范要求进行设备开发，在开发完成后，设备在安全认证测试阶段会对设备的安全等级进行认证。

只有符合最低的安全等级测试要求后，设备才能被赋予对应的安全等级。华为会在合作方管理平台上登记对应设备的安全等级信息，设备在使用时会获取该安全等级信息。该安全等级信息会在云侧进行签名，云端下发对应的凭据，设备在获取安全等级信息时，会发送对应的挑战消息给云侧，云侧下发经过对挑战消息和安全等级信息签名的凭据下发，设备侧会进行安全等级导入安全可信区，并有对应的防回退机制保障无法回退。

华为提供给生态设备的不同的业务 Kit 能力在设备之间互操作时，需要评估对方的安全等级，只有在确保对方安全等级符合要求的设备上流动，如业务 A 要求只能在 SL2 安全等级的设备上才能传输，因此会在确认对方设备确实符合要求后，才传输数据，华为会为设备提供分级的管控机制。

Chapter 15 / 第 15 章

DFX 框架原理解析

　　提到开发一个产品，我们通常首先想到的是要实现什么样的功能，但是除了功能之外，非功能性需求很大程度上也会影响一个产品的用户体验。那么为什么有的系统故障频发，有的却很少出现问题呢？这就不得不提到 DFX 能力。在设计 HarmonyOS 的时候，引入 DFX 的理念，使其成为操作系统的公共基础设施。通过对应用程序、设备产品等操作系统所服务的对象进行考察，我们归纳出系统所能提供的非功能性需求，并从中提炼出公共的、基础的 DFX 框架和能力。

15.1 常见 DFX 定义

DFX 是指面向产品生命周期各环节的设计，英文全称为"Design For X"，其中 X 代表产品生命周期的某一个环节或特性。DFX 也称为"Design For eXcellence"，即面向卓越的设计。根据包含产品交付、运行、演进的生命周期，将 DFX 对应地分为三大类：产品交付（交付类属性）DFX、产品运行（运行类属性）DFX 及产品演进（演进类属性）DFX。图 15-1 所示是面向产品生命周期的常见 DFX 定义。

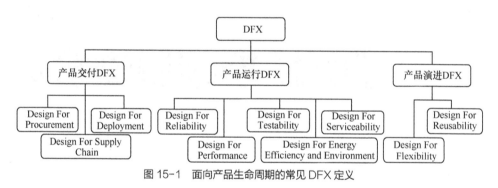

图 15-1 面向产品生命周期的常见 DFX 定义

DFX 涵盖产品所有的非功能性设计，包括研发、制造、运维、服务等环节，对产品开发效率、成本、质量、体验至关重要。常见的 DFX 说明如表 15-1 所示。

表 15-1 常见的 DFX 说明

缩写	英文全称	中文名称	说明
DFR	Design For Reliability	可靠性设计	确保产品可靠运行，包括减少故障发生、降低故障发生的影响、故障发生后能尽快恢复等
DFT	Design For Testability	可测试性设计	提高产品可观测、可分析、可验证、可度量等能力
DFS	Design For Serviceability	可服务性设计	提高系统安装调测与维护管理能力，提高服务效率

续表

缩写	英文全称	中文名称	说明
DFPf	Design For Performance	性能设计	提升时延、吞吐率、资源利用率，提高系统的性能
DFEE	Design For Energy Efficiency and Environment	能效与环境设计	提高能效与资源的有效利用并通过环保设计减少毒害性和资源消耗，保护生态环境
DFP	Design For Procurement	可采购性设计	在满足产品功能与性能前提下使物料的采购便捷且低成本
DFSC	Design For Supply Chain	可供应性设计	提升供应效率，提高库存周转率，减少交付时间
DFD	Design For Deployment	可部署性设计	提高工程安装、调测、验收的效率
DFF	Design For Flexibility	灵活性设计	提升架构接口等方面的灵活性，以适应系统变化
DFRu	Design For Reusability	可重用性设计	产品能够被后续版本或其他产品使用，提升开发效率

15.2　操作系统 DFX

产品的 DFX 聚焦于优化产品全生命周期的体验、效率、质量、成本的具体方案和能力，这些设计大多数随产品的不同而不同。根据通常的产品交付实践，软件生命周期中各阶段对应的 DFX 能力如表 15-2 所示。

表 15-2　软件生命周期中各阶段对应的 DFX 能力

软件生命周期各阶段	常见的 DFX 能力
分析	软件 DFX 方法论，如 FMEA（Fault Mode and Effect Analysis，故障模式与影响分析）
设计	日志 / 事件 / 故障管理
实现	日志 / 事件 / 调试 / 调优
测试	测试工具 / 日志 / 事件 / 监控 / 度量报告
维护	日志 / 事件 / 监控 / 度量报告

操作系统 DFX 通过考察操作系统所服务的应用和设备等产品的非功能需求，归纳提炼出公共、基础的 DFX 框架和能力，使开发者可以根据产品需要直接使用或灵

活扩展，从而完成高质量的产品设计、实现、测试、维护。当前，操作系统 DFX 主要聚焦在日志、事件、剖析、跟踪、观测、故障管理（包含故障检测、定位、恢复等）等基础机制上。

业界主流操作系统提供的 DFX 机制如表 15-3 所示。

表 15-3　业界主流操作系统提供的 DFX 机制

机制	Windows	Android	iOS/macOS	目标用户	使用阶段
日志（Log）	第三方提供	Log API	Log API	App / OEM	开发 / 测试
事件（Event）	Event Log API	Event API	Event API	App / OEM	开发 / 测试
剖析（Profiler）	IDE（Visual Studio）	IDE（Android Studio）	IDE（Xcode）	App / OEM	开发 / 测试
跟踪（Trace）	ETW	Trace/ TraceView	Log API	App / OEM	开发 / 测试
观测（Observability）	SysInternals Tools	dumpsys	ActivityMonitor	OEM	开发 / 测试 / 维护
故障管理（Fault Management）	ETW WER、 System Restore	Dropbox、 Bug Report、 Recovery Mode	Crashes、 Organizer、 Crash Report、 Recovery Mode	OEM/ App/ End User	开发 / 测试 / 维护

除了在系统内部署基础的 DFX 机制外，还有一些操作系统基于基础 DFX 机制提供 DFX 扩展服务，以帮助开发者提升其工作效率。

DFX 扩展服务包括但不限于部署在 IDE 侧的调试调优工具及部署在云服务上的可视化质量分析运维管理平台，产品的设计、开发、测试、维护等全生命周期都提供能力支撑，使开发者聚焦于自身的业务功能设计。面向开发者的 DFX 扩展服务如表 15-4 所示。

表 15-4　面向开发者的 DFX 扩展服务

机制	Windows	Android	iOS/macOS
测试（Test）	UT/UI/Azure	UT/UI/Firebase	XTest/TestFight
事件 / 故障上报（Uploading）	AppCenter	Firebase	App Store Connect
事件 / 故障分析（Analysis）	AppCenter	Firebase	App Store Connect
故障跟踪（Tracking）	AppCenter	Firebase	App Store Connect

15.3　HarmonyOS DFX 框架

HarmonyOS 提供 DFX 框架和基础能力，优先提供对 DFT、DFR 的设计支撑，使能生态应用和设备研发、制造、运维、服务等全生命周期的体验、效率、质量、成本的改进优化。HarmonyOS 面向丰富的终端品类和全场景分布式应用，因此 DFX 框架要能灵活部署在不同资源规格的设备上，需具备多设备统一的能力接口、分布式的调试调优工具。随着生态的快速发展，DFX 框架将不断匹配生态产品需求、新增 DFX 能力并持续演进。

HarmonyOS DFX 框架和基础能力如图 15-2 所示。

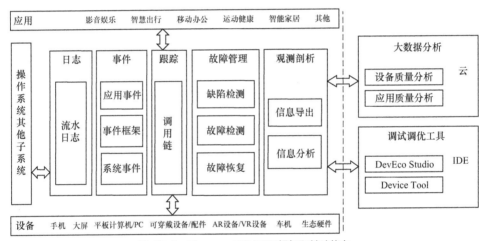

图 15-2　HarmonyOS DFX 框架和基础能力

对于 HarmonyOS 端侧的 DFX 框架及能力，其北向为影音娱乐、智慧出行、移动办公、运动健康、智能家居等各类应用，南向为手机、大屏、平板计算机 /PC、可穿戴设备 / 配件、AR 设备 /VR 设备、车机及广泛的生态硬件，可提供完备的日志、事件、跟踪、故障管理、观测剖析等基础框架和关键能力；对应这些端侧框架和能力，云侧和 IDE 侧提供大数据分析、调试调优工具等能力和工具。

HarmonyOS 端侧 DFX 框架及能力具体说明如下。

流水日志： 支持 JavaScript、C++、C 等多种语言，提供软件全栈的统一流水日志接口和日志系统框架。

事件框架： 全面支持对各种系统事件的采集和对应用事件的采集，其中 HiSysEvent 提供采集系统事件的接口，HiAppEvent 提供采集应用事件的接口。

调用链：提供调用链跟踪功能，支持 JavaScript、C++、C 等多种语言，支持跨进程、跨设备的全栈调用链跟踪。

故障管理：其中，缺陷检测提供运行时代码缺陷扫描功能，支持扫描资源泄露、UI 线程中的耗时操作等代码缺陷；故障检测提供 Crash、Freeze、Panic 等基础故障检测能力，并可生成特征信息；故障恢复提供故障恢复框架。

观测剖析：其中，信息导出提供统一的信息导出功能，能导出编译信息、版本信息、内存信息、CPU 信息、服务信息、包信息、窗口信息、用户信息等；信息分析提供信息分析功能，能分析调用链、内存等信息。

跟端侧 DFX 框架及能力对应，云侧和 IDE 侧提供的能力和工具具体说明如下。

大数据分析：在应用和设备商用后的智能运维平台提供故障定位、质量分析等产品生命周期维护功能。

调试调优工具：构建第三方应用和设备所需的调试调优工具链，部署在 DevEco Studio（面向应用开发的 IDE）和 Device Tool（面向设备开发的 IDE）上。

15.4 HarmonyOS DFX 关键特性

15.4.1 流水日志 HiLog

日志能力用于输出系统运行过程中的关键信息，是一个系统最基础的调试定位能力之一。只要动手写代码，几乎就要问"怎么输出日志"之类的问题。开发者通常将输出日志看成一件很随意的"小事"，然而现代软件系统是大量开发者协作的成果，其规模通常很大，"小事"通常会普遍会带来系统性的严重问题。

例如，日志输出过多导致系统开销过大的情况屡见不鲜。开发者只关心自己的日志是否够用，很少考虑日志对别人的影响。一个模块输出大量日志，其他模块日志可能被冲掉，从而无法通过日志定位、分析问题。而且过多的日志输出会占用宝贵的 CPU 算力和内存资源，使系统出现卡顿，性能严重下降。而要管控这种情况并及时抓出"作恶者"，也是一件费时、费力的事情。定位一个疑难问题常常需要对很长时间内产生的日志进行分析、回溯，如果长时间保存了海量日志，分析和回溯会耗费大量系统存储资源。随着数据安全要求越来越高，随意输出日志还很容易不小心将用户个人数据输出到日志中，造成用户隐私数据泄露。

　　要解决上述问题，除了开发者要改变随意输出日志的不良习惯，用心设计日志以外，操作系统还需要配备好的日志系统。好的日志系统，除了提供基础可靠的日志输出功能，如日志分级分类输出，与调试工具的对接，方便地控制和筛选所需日志等之外，还需要对以上问题进行针对性的设计。

　　HiLog 提供 JavaScript、C++、C 等多种语言日志接口，支持 HarmonyOS 全栈日志输出，支持日志的分级分类输出管理能力。另外，该系统还提供有效的流量管控、灵活的落盘配置、有效的隐私风险规避等功能。

　　HiLog 是如何实现上述功能的呢？先从其基本结构说起。HiLog 的基本结构如图 15-3 所示。C++ 和 C 日志接口如表 15-5 所示。JavaScript 日志接口如表 15-6 所示。

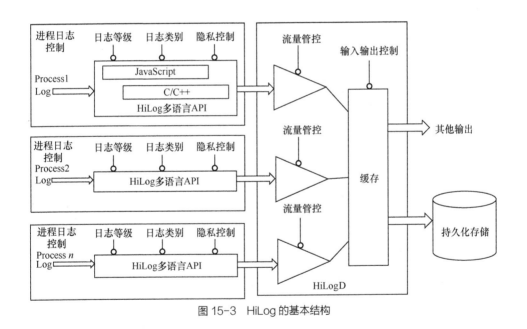

图 15-3　HiLog 的基本结构

表 15-5　C++ 和 C 日志接口

C++ 类	C++ 方法	C 方法 / 宏
HiLog	int Debug(const HiLogLabel &label, const char *fmt, ...)	HILOG_DEBUG(type, ...)

续表

C++ 类	C++ 方法	C 方法 / 宏
HiLog	int Info(const HiLogLabel &label, const char *fmt, ...)	HILOG_INFO(type, ...)
	int Warn(const HiLogLabel &label, const char *fmt, ...)	HILOG_WARN(type, ...)
	int Error(const HiLogLabel &label, const char *fmt, ...)	HILOG_ERROR(type, ...)
	int Fatal(const HiLogLabel &label, const char *fmt, ...)	HILOG_FATAL(type, ...)
		int HiLogPrint(LogType type, LogLevel level, unsigned int domain, const char *tag, const char *fmt, ...)
	boolean IsLoggable(unsigned int domain, const char *tag, LogLevel level)	bool HiLogIsLoggable(unsigned int domain, const char *tag, LogLevel level)

表 15-6　JavaScript 日志接口

JavaScript 命名空间	JavaScript 函数
HiLog	debug(tag: string, fmt: string, ...args: Array<any>)
	info(tag: string, fmt: string, ...args: Array<any>)
	warn(tag: string, fmt: string, ...args: Array<any>)
	error(tag: string, fmt: string, ...args: Array<any>)
	fatal(tag: string, fmt: string, ...args: Array<any>)
	isLoggable(tag: string, level: LogLevel)

HiLog 从日志等级、日志类别、隐私控制这 3 个方面进行进程级的日志控制。

1. 日志等级

日志等级如表 15-7 所示。

表 15-7　日志等级

日志等级	说明
调试等级（DEBUG）	开发调试过程中的信息，默认关闭，调试模式下打开

日志等级	说明
信息等级（INFO）	主要流程跟踪日志，对处理流程的主要节点和信息进行记录。默认打开
告警等级（WARN）	进入非正常业务流程，需要引起注意，但是不会对业务功能产生大的影响或可自动恢复。默认打开
错误等级（ERROR）	严重的错误，会对业务功能产生大的影响，需要处理解决。默认打开
致命等级（FATAL）	超出预期的重大异常，业务功能无法继续执行。默认打开

2. 日志类别

HiLog 提供类型、域、标签这 3 个层级对日志进行分类处理，这 3 个层级的关系如图 15-4 所示。

类型（Type）：HarmonyOS 日志系统将日志分为应用日志（LOG_App）、系统日志（LOG_CORE）、启动日志（LOG_INIT）、内核日志（LOG_KMSG），如表 15-8 所示。

图 15-4 概念关系示意

表 15-8 日志类型

类型	说明
应用日志（LOG_App）	记录 HarmonyOS 应用的日志，应用开发者在输出日志时需要将日志类型设为 LOG_App
系统日志（LOG_CORE）	记录 HarmonyOS 系统的日志，系统开发者在输出日志时需要将日志类型设为 LOG_CORE
启动日志（LOG_INIT）	记录系统启动阶段的日志，启动阶段的日志理论上也属于系统日志，但为了方便定位启动相关的问题，特意将启动阶段的日志独立分类，这样不会被其他类型的日志覆盖，建议启动阶段的关键日志记录使用日志类型 LOG_INIT
内核日志（LOG_KMSG）	提供一种通过 HarmonyOS 日志命令来查看内核日志的方法，为开发者提供查看日志的一致性体验。通常不建议用户态直接使用该类型

域（Domain）：域是领域的意思，是一种业务上的分类。对于系统日志而言，域是可以跨软件层次的。例如通信域可以用同一个域 ID，通信域不同层次（如硬件适配层、框架层、接口层等）、不同模块（如协议、鉴权、组网、传输等）的软代码都使用这个段的域 ID，当需要定位通信领域的问题时，可以通过域 ID 限定只查看该域的日志。域 ID 是一个 4 Byte 的整型值，通常用十六进制数表示，系统日志的域范

围为 0xD000000 ~ 0xD0FFFFF，其中 D0 是固定系统域头，接下来的 12 位用来代表一个大的域，剩下的 8 位用来在一个大的域内做不同模块的划分，如通信域 ID 段为 0xD001500 ~ 0xD0015FF，协议模块使用 0xD001500，鉴权模块使用 0xD001501。系统日志的域 ID 需要在系统域定义文件中分配，且 HarmonyOS 内域 ID 是唯一的；应用日志的域范围为 0x0000 ~ 0xFFFF，每个应用都可以根据自己的软件模块设计来在域范围内自由分配自己的域 ID。

标签（Tag）： 标签是一个字符串常量，用来进一步地细分日志，可以每一个类使用一个日志标签，或者每一个源文件使用一个日志标签，以便开发者定位问题时更精细化地查看、过滤日志。

3. 隐私控制

HiLog 增加了隐私控制特性，通过在输出变量前添加格式化控制符 {public} 来显式地控制敏感信息输出，默认为 <private>，如 HiLog.d(label, "email address: %{public}s", addr)。隐私控制特性默认是开启的，代码调试时可以通过日志服务命令行工具开启或关闭。

4. HiLog 的流量控制

日志系统为整个 HarmonyOS 提供日志输出服务。日志服务中的缓存是有限的，如果某一个域或者模块频繁地输出日志，会导致其他模块的日志被冲掉，同时过于频繁地日志输出也会给日志服务带来很重的负荷，对调用者和日志服务都会产生很大的性能消耗。一些观点认为在商用系统中模块过于频繁地输出日志可以当作对日志系统的 DoS（Denial of Service，拒绝服务）攻击。因此，HarmonyOS 提供了流控机制，流控机制分以下 2 级。

进程级别： 流控机制存在于日志函数库中，运行在日志调用者进程空间中，以秒为单位进行流控。当某个进程每秒内的日志输出超过一定限额时，这 1 秒内不再允许将日志发送到日志服务。

域级别： 流控机制运行在日志服务进程中，以秒为单位进行流控。当某个域每秒内的日志输出超过一定限额时，这 1 秒内不再将该域的日志存到日志缓存中。

系统开发者在具体产品上根据实际情况配置流控机制的默认状态。在产品调试时流控机制也可以通过日志命令行工具开启或关闭。

5. HiLog 的落盘

日志系统提供日志压缩落盘的能力，即直接在日志服务内部对日志缓存进行先压缩后落盘，以减少对系统资源的消耗。设备开发者可以方便地自定义或开发新的压缩算法以适应不同设备场景下压缩算法对性能和资源消耗的平衡。

15.4.2　事件框架 HiView

软件运行时所发生的故障、异常告警、系统或用户行为、状态变更等一切关键的信息都可以用事件来表示。故障与异常告警事件用来改进软件质量,用户行为事件用来分析评估用户体验、用户习惯,系统行为与状态变更事件用来分析和评估软件运行情况。可以说采集、记录事件是软件的基本需求,操作系统通常会提供公共的事件框架,既用来记录自己所需事件,也供设备和应用开发者使用。

一个基础的事件框架包含采集单元、处理单元和输出单元。HarmonyOS 提供 HiView 事件框架,它包括两个部分:系统事件框架和应用事件框架。前者用来满足操作系统和设备开发者需求,后者用来满足应用开发者需求。系统事件框架包括 HiSysEvent 采集接口、系统事件处理、订阅查询接口这 3 个部分。应用事件框架包括 HiAppEvent 采集接口、应用事件存储、应用事件处理 / 订阅 / 查询接口这 3 个部分。HiView 事件框架如图 15-5 所示。

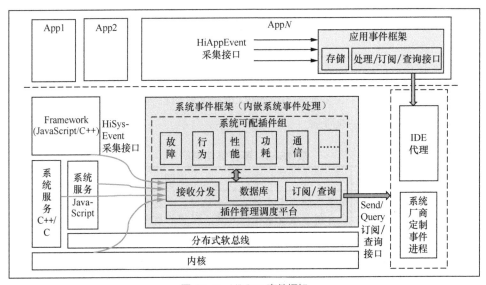

图 15-5　HiView 事件框架

考虑到 HarmonyOS 的特殊性,HiView 事件框架还具备以下关键特征。

1. 开放、服务

与服务于具体产品的事件框架不同,HiView 事件框架需要服务于广泛的应用、设备开发者和厂商。因此,它设计了同时支持 JavaScript/C++/C 全栈的系统事件采集接口 HiSysEvent，定义了规格开放的事件通用结构，在 HarmonyOS 的 Framework 和系统服务中预埋了多种事件。这些规格化事件在开发调试阶段能被 IDE 订阅、查询，各系统厂商自己的事件处理程序也可以订阅和查询，并进行定制化处理。HiView 事件框架也支持开发者自定义事件，以便开发者使用和定制事件。

2. 可大可小、灵活部署

HiView 事件框架需要部署在资源规格不同和应用场景丰富的设备上，需要能够根据需要灵活裁剪，以实现可大可小、灵活部署。为此，在其系统事件框架中设计了插件管理调度平台，故障、行为、性能、功耗等这些业务的事件处理逻辑都以插件的形式实现独立部署，编译时可灵活配置，RAM/ROM 开销可以从几十 KB 到几十 MB。

3. 分布式协同

针对 HarmonyOS 丰富的分布式业务场景，HiView 事件框架支持设备之间协同。例如，在设备通过认证和获得授权后，富设备上的 HiView 事件框架可以帮助没有网络能力的瘦设备上报信息；定位复杂的分布式故障时，也需要 HiView 事件框架能关联多个设备的故障事件，形成故障事件系列，方便开发者精准定位、定界。

HiView 事件框架提供的 HiSysEvent 接口用来采集系统事件。该接口定义了事件分类、通用事件结构，预埋了基本的系统事件打点，并提供了一套完整的采集、查询、订阅接口。

为了后续分析和度量方便，将 HarmonyOS 系统事件分为故障事件（FAULT）、统计事件（STATISTIC）、安全事件（SECURITY）和行为事件（BEHAVIOR）。各种事件类型说明如表 15-9 所示。

表 15-9　事件类型说明

类型	说明
故障事件（FAULT）	记录系统内发生的某一个故障，如进程崩溃。此类型事件可以用来分析、度量系统的可靠、可用的质量情况
统计事件（STATISTIC）	记录系统一段周期内的统计信息，如内存使用情况。此类型事件用来评估系统的运行情况
安全事件（SECURITY）	一种特殊的事件，用来记录系统内发生的和安全相关的一些事件，如用户认证、外部攻击、系统审计等。此类型事件用来分析、评估系统的安全状况
行为事件（BEHAVIOR）	记录系统运行中的一些关键步骤，如开关机、应用启动／退出、亮息屏、系统升级等。此类型事件用来分析用户习惯和用户体验

事件定义包括事件领域、事件级别、事件标签、事件描述和事件参数。

事件领域（Domain）：代表事件发生在哪里。一般来说，一个子系统内发生的事件属于同一个事件领域，如果该子系统比较庞大，也可以进一步拆分。

事件级别（Level）：事件分为关键（CRITICAL）和一般（MINOR）两个级别。

事件标签（Tag）：定义事件时可以给事件打上一个或多个标签，标签通常用来表示事件的作用，不同的事件可以有相同的标签。事件处理插件可以根据标签进行事件订阅。

事件描述（Description）：使用一段符合语法的短语来描述事件，以便使用、查看事件的读者可以更好地理解事件的意义。

事件参数（Param）：通过定义一组关键字来进一步描述事件，如进程崩溃的进程名、进程号、崩溃原因信号等。

系统事件的结构定义以应用崩溃事件定义为例，示例如下。

```
domain: RELIABILITY

App_CRASH:
  __BASE: {type: FAULT, level: CRITICAL, tag: reliability, desc:
Application crash}
  PACKAGE: {type: STRING, desc: Application package name}
  AppVERSION: {type: STRING, desc: Application version}
  PNAME: {type: STRING, desc: Application process name}
  App_TYPE: {type: STRING, desc: Application type}
  REASON: {type: STRING, desc: fault reason}
  LIFETIME: {type: UINT32, desc: time from startup to crash}
  DIAG_INFO: {type: STRING, desc: diagnose info}
  FG: {type: INT8, desc: foreground}
```

HiSysEvent 接口说明如表 15-10 所示。

表 15-10　HiSysEvent 接口说明

C++ 类	C++ 方法	JavaScript 类	JavaScript 方法
HiSysEvent	template<typename... Types> int Write(const std::string &domain, const std::string &eventName, EventType type, Types... keyValues)	HiSysEvent	function write(info: SysEventInfo): Promise<void>
HiSysEvent	template<const char* domain, typename... Types, std::enable_if_t<!isMasked<domain>>* = nullptr> static int Write(const char* func, int64_t line, const std::string& eventName, EventType type, Types... keyValues)	HiSysEvent	function write(info: SysEventInfo, callback: AsyncCallback<void>): void

C++ 类	C++ 方法	JavaScript 类	JavaScript 方法
HiSysEvent Manager	int32_t AddEventListener (std::shared_ptr<HiSysEvent SubscribeCallBack> listener, std::vector<ListenerRule>& rules)	HiSysEvent	function addWatcher(watcher: Watcher): number;
	int32_t RemoveListener (std::shared_ptr<HiSysEventSub scribeCallBack> listener)		function removeWatcher(wathcer: Watcher): number;
	int32_t QueryHiSysEvent(struct QueryArg& queryArg, std:: vector<QueryRule>& query Rules, std::shared_ptr<HiSysEvent QueryCallBack> queryCallBack)		function query(queryArg: QueryArg, rules: QueryRule[], querier: Querier): number;

应用事件的结构定义与系统事件的结构定义保持一致。

应用事件采集接口说明如表 15-11 所示。

表 15-11　应用事件采集接口说明

C 方法	JavaScript 命名空间	JavaScript 函数
int OH_HiAppEvent_Write(const char* domain, const char* name, enum EventType type, const ParamList list)	HiAppEvent	function write(domain:string, eventName: string, eventType: EventType, keyValues: object): Promise<void>
		function write(domain:string, eventName: string, eventType: EventType, keyValues: object, callback: AsyncCallback<void>): void
	HiAppEvent	function onWatch(watcher: Watcher): EventBuffer;
		function offWatch(watcher: Watcher): number;
		interface EventBuffer{ takeEventBuffer(limit: number, callback: AsyncCallback<EventInfo>) : number; removeEventBuffer(takeId: number, callback: AsyncCallback<void>) : void; returnEventBuffer(takeId: number, callback: AsyncCallback<void>) : void; }

15.4.3　调用跟踪 HiTrace

HiTrace 包含 HiTraceChain（调用链跟踪）和 HiTraceMeter（调用耗时测量）两部分。

1. HiTraceChain

HarmonyOS 面向丰富的分布式业务，例如在调试影音娱乐、智慧出行、移动办公、智能家居、运动健康等多设备交互应用的场景时，需要查看、分析不同设备、不同进程的日志 / 事件。由于交互的复杂性，要想清晰、准确地跟踪交互过程以及过程中发生的事件、故障、时延，并定位到自己最关心的部分，是一件很困难的事情。正因为如此，云侧和 IDE 上的分布式调试调优均需要调用链跟踪机制，如图 15-6 所示。

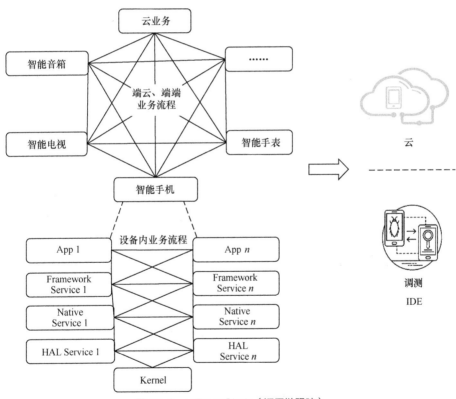

图 15-6　HiTraceChain（调用链跟踪）

HiTraceChain 借用微服务调用链跟踪思想，为 HarmonyOS 开发的一种调用链跟踪实现。在跨设备 / 跨进程 / 跨线程的业务流程中，通过相同的 TraceID 在整个业务流程中传递，将流程处理过程中的调用关系、各种输出信息关联并展现出来，帮助使用者分析、定位问题和进行系统调优。以"手机－大屏－音箱－云"组网为例，如图 15-7 所示。

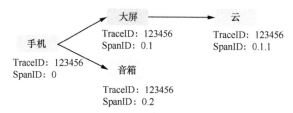

注：TraceID 为主业务流程开始时产生的跟踪 ID。

图 15-7 "手机－大屏－音箱－云"组网

当主业务流程产生不同分支时，会为每个分支产生一个 SpanID，用来跟踪分支业务。基于 TraceID 的传递机制，就可以清晰地将交互过程标识出来，如图 15-8 所示。

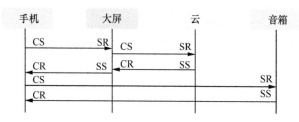

图 15-8 基于 TraceID 的传递机制

图 15-8 中各英文缩写说明如下。

SS（Server Send）：*服务端发送数据到客户端。*

SR（Server Receive）：*服务端从客户端接收数据。*

CS（Client Send）：*客户端发送数据到服务端。*

CR（Client Receive）：*客户端从服务端接收数据。*

图 15-8 所示的过程通过调优工具 Profiler 可以清晰地标示出来。那么，HiTraceChain 是怎么实现 TraceID 在交互过程中的传递的呢？

如图 15-9 所示，HiTraceChain 通过 RPC 实现跨设备的 TraceID 传递；通过 IPC 实现跨进程的 TraceID 传递；通过 ITC（Inter Task Call，任务间调用）实现跨线程或任务间的 TraceID 传递；通过 TLS（Thread Local Storage，线程本地存储）实现 App、本地、内核全栈跨层传递 TraceID；通过在 HiLog、HiSysEvent 中自动添加 TraceID，实现日志、事件与交互过程的有序关联。

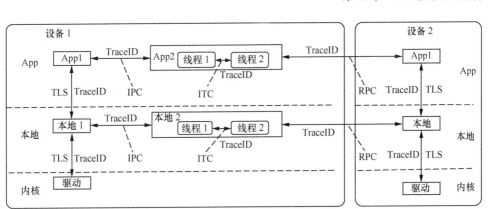

图 15-9　交互过程中 TraceID 的传递

在业务开始和结束的地方（可以是不同设备）分别调用 HiTraceChain 开始和结束的接口，HiTraceChain 即开始生效工作。C++ 和 C 接口如表 15-12 所示。

表 15-12　C++ 和 C 接口

C++ 类	C++ 方法	C 方法
HiTraceChain	HiTraceId Begin(const std::string& name, int flags)	HiTraceIdStruct HiTraceBegin(const char* name, int flags)
	void End(const HiTraceId& id)	void HiTraceEnd(const HiTraceId Struct* pId)
	HiTraceId GetId()	HiTraceIdStruct HiTraceGetId()
	void SetId(const HiTraceId& id)	void HiTraceSetId(const HiTraceId Struct* pId)
	void ClearId()	void HiTraceClearId()
	HiTraceId CreateSpan()	HiTraceIdStruct HiTraceCreateSpan()
	void Tracepoint(HiTraceTracepointType type, const HiTraceId& id, const char* fmt, ...)	void HiTraceTracepoint(HiTraceTracepointType type, const HiTraceIdStruct* pId, const char* fmt, ...)
	void Tracepoint(HiTraceCommunication Mode mode, HiTraceTracepointType type, const HiTraceId& id, const char* fmt, ...)	void HiTraceTracepointEx(HiTraceCommunicationMode mode, HiTraceTracepointType type, const HiTraceIdStruct* pId, const char* fmt, ...)

表 15-13 所示为 JavaScript 接口。

表 15-13　JavaScript 接口

JavaScript 命名空间	JavaScript 函数
HiTraceChain	function begin(name: string, flags: number = HiTraceFlag.DEFAULT): HiTraceId
	function end(id: HiTraceId): void
	function getId(): HiTraceId

JavaScript 命名空间	JavaScript 函数
HiTraceChain	function setId(id: HiTraceId): void
	function clearId(): void
	function createSpan(): HiTraceId
	function tracepoint(mode: HiTraceCommunicationMode, type: HiTraceTracepointType, id: HiTraceId, msg?: string): void

2. HiTraceMeter

HiTraceMeter 是用来支持用户态的打点、采集用户态和内核态的跟踪数据的性能跟踪系统。HiTraceMeter 架构如图 15-10 所示。

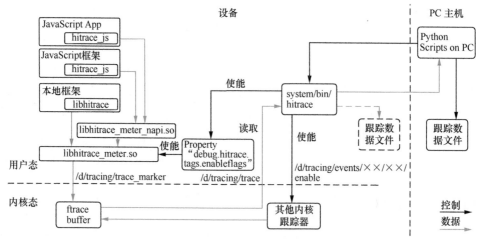

图 15-10　HiTraceMeter 架构

HiTraceMeter 系统主要分为 3 部分：JavaScript/C++ 应用打点 API、跟踪数据采集命令行工具、跟踪数据图形分析工具。

其中，前两者运行在设备端侧，图形分析工具运行在 PC 主机侧。打点 API 部分提供 C++ 和 JavaScript 接口，供开发者在开发过程中打点使用，打点产生跟踪数据流，是跟踪的基础条件。命令行工具用于采集跟踪数据、抓取跟踪数据流并将其保存到文本文件中。跟踪数据可以在图形分析工具中进行人工分析，也可以使用分析脚本进行自动化分析，跟踪图形分析工具以跟踪命令行工具的采集结果（即数据文件）为输入。

HiTraceMeter 跟踪数据使用"类别"分类，称作跟踪标签（Trace Tag）或跟踪分类（Trace Category），一般一个端侧软件子系统对应一个标签。该标签在打点 API 中以类别标签参数传入。跟踪数据采集命令行工具采集跟踪数据时，只采集给定标签类

别选项指定的跟踪数据。应用程序的跟踪数据类别都属于 App 标签，因此 JavaScript
接口不需要输入标签参数，其内部实现用的是 TAG_App。目前，HiTraceMeter 支持
的预定义子系统标签宏定义如表 15-14 所示。

表 15-14　预定义的子系统标签宏定义列表

标签宏定义	标签的含义
HITRACE_TAG_NEVER	This tag is never enabled
HITRACE_TAG_ALWAYS	This tag is always enabled
HITRACE_TAG_NET	Net tag
HITRACE_TAG_NWEB	NWeb tag
HITRACE_TAG_HUKS	Huks tag
HITRACE_TAG_USERIAM	Useriam tag
HITRACE_TAG_DISTRIBUTED_AUDIO	Distributed audio tag
HITRACE_TAG_DLSM	Device security level tag
HITRACE_TAG_FILEMANAGEMENT	Filemanagement tag
HITRACE_TAG_OHOS	OHOS generic tag
HITRACE_TAG_ABILITY_MANAGER	Ability Manager tag
HITRACE_TAG_ZCAMERA	Camera module tag
HITRACE_TAG_ZMEDIA	Media module tag
HITRACE_TAG_ZIMAGE	Image module tag
HITRACE_TAG_ZAUDIO	Audio module tag
HITRACE_TAG_DISTRIBUTEDDATA	Distributeddata manager module tag
HITRACE_TAG_MDFS	Mobile distributed file system tag
HITRACE_TAG_GRAPHIC_AGP	Graphic module tag
HITRACE_TAG_ACE	ACE development framework tag
HITRACE_TAG_NOTIFICATION	Notification module tag
HITRACE_TAG_MISC	Misc module tag
HITRACE_TAG_MULTIMODALINPUT	Multi modal input module tag
HITRACE_TAG_SENSORS	Sensors module tag
HITRACE_TAG_MSDP	Multimodal Sensor Data Platform module tag

标签宏定义	标签的含义
HITRACE_TAG_DSOFTBUS	Distributed Softbus tag
HITRACE_TAG_RPC	RPC and IPC tag
HITRACE_TAG_ARK	ARK tag
HITRACE_TAG_WINDOW_MANAGER	Window manager tag
HITRACE_TAG_ACCOUNT_MANAGER	Account manager tag
HITRACE_TAG_DISTRIBUTED_SCREEN	Distributed screen tag
HITRACE_TAG_DISTRIBUTED_CAMERA	Distributed camera tag
HITRACE_TAG_DISTRIBUTED_HARDWARE_FWK	Distributed hardware fwk tag
HITRACE_TAG_GLOBAL_RESMGR	Global resource manager tag
HITRACE_TAG_DEVICE_MANAGER	Distributed hardware devicemanager tag
HITRACE_TAG_SAMGR	System ability tag
HITRACE_TAG_POWER	Power manager tag
HITRACE_TAG_DISTRIBUTED_SCHEDULE	Distributed schedule tag
HITRACE_TAG_DEVICE_PROFILE	Device profile tag
HITRACE_TAG_DISTRIBUTED_INPUT	Distributed input tag
HITRACE_TAG_BLUETOOTH	Bluetooth tag
HITRACE_TAG_ACCESSIBILITY_MANAGER	Accessibility manager tag
HITRACE_TAG_App	App tag

打点接口提供 JavaScript 接口和 C/C++ 接口。JavaScript 打点接口定义如表 15-15 所示。

表 15-15　JavaScript 打点接口定义

接口类别	接口定义
Async trace func	function startTrace(name: string, taskId: number, expectedTime?: number): void;
	function finishTrace(name: string, taskId: number): void;
Counter trace func	function traceByValue(name: string, count: number): void;

C/C++ 打点接口如表 15-16 所示。

表 15-16　C/C++ 打点接口定义

接口类别	接口定义
Sync trace	void StartTrace(uint64_t label, const std::string& value, float limit = −1);
	void FinishTrace(uint64_t label);
Async trace	void StartAsyncTrace(uint64_t label, const std::string& value, int32_t taskId, float limit = −1);
	void FinishAsyncTrace(uint64_t label, const std::string& value, int32_t taskId);
Counter Trace	void CountTrace(uint64_t label, const std::string& name, int64_t);

HiTraceMeter 接口从功能 / 行为角度划分，主要分为 3 类：同步接口、异步接口和整数跟踪接口。同步接口和异步接口用于跟踪一段代码的执行时间；整数跟踪接口用于输出一个整数值。各类型函数功能细节如下。

● 同步接口（Sync Trace）用于同一线程中，绝大多数情况下用于同一个函数内，度量一个函数或函数内一段代码的执行时间。

● 异步接口（Async Trace）用于在异步操作调用前调用开始打点，在异步操作完成的回调函数中调用结束打点。异步跟踪的开始和结束不是顺序发生的，所以解析时需要通过一个唯一的 taskId 进行识别，这个 taskId 作为异步接口的参数传入。开始打点和结束打点接口可位于一个进程内的不同线程中。

● 整数跟踪接口（Counter Trace）用于需要输出给定的整数的变化的场景。

3 种接口输出数据在图形工具中的显示示例如图 15-11 所示。

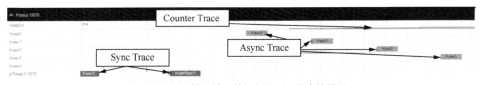

图 15-11　接口输出数据在图形工具中的显示

命令行跟踪数据采集工具 HiTrace 提供 hitrace 命令，用于采集 HiTraceMeter 数据，如下。

```
hdc_std shell hitrace -t 10 ohos > .\myApp_demo.ftrace
```

hitrace 命令支持的选项参数如表 15-17 所示。

表 15-17　hitrace 命令支持的选项参数

选项	意义
-b/--buffer_size N	设置存储跟踪数据的内核缓冲区的大小，单位为 KB，默认值为 2048 KB。采集的跟踪数据量大时，需要设置较大的缓冲区，最大值为 300 MB
-l/--list_categories	列出 HiTraceMeter 支持的 Tag 列表
-t/--time N	设置采集的时间，默认值是 5 s
--trace_clock clock	设置跟踪数据中时间戳使用的时钟类型，支持的时钟类型有 boot（default）、global、mono、uptime 或 perf
--trace_begin	异步命令模式，启动采集
--trace_dump	异步命令模式，dump 出 Trace 数据
--trace_finish	异步命令模式，--trace_begin 启动采集后，使用此命令退出采集
--overwrite	设置内核缓冲区满时为 overwrite 模式，即最近的数据被覆盖。此选项默认不开启，即最先的数据被覆盖
-o/--output filename	设置输出跟踪数据的文件名

使用自动化脚本分析跟踪数据的开发者可以参考如下 HiTraceMeter 数据说明。HiTraceMeter 数据是一段明码的文本，格式如下。

```
    jsThread-1-13978  (-----)  [007]  ....  51776.187493: tracing_mark_write:
B|13970|H:syncTrace-1
    jsThread-1-13978  (-----)  [007]  ....  51776.556812: tracing_mark_write:
E|13970|
    jsThread-1                            // 线程名
    13978                                 // 线程的 Linux PID
    [007]                                 // 表示在几号 CPU 上执行
    51776.187493
// 表示 kernel bootup time 体系的时间戳。注意手机的日志有多个时间体系，HitraceMeter 使用
//kernel bootup time
    tracing_mark_write
// 是 HiTraceMeter 使用的 ftrace 标识码，HiTraceMeter 在实现层面看是 ftrace 的扩展，抓到的
//Trace 最终保存到了 ftrace 里。ftrace 是 linux kernel 的一个 Trace 系统
    B                                     // 表示同步 Trace 的 begin event
    E                                     // 表示同步 Trace 的 end event
    syncTrace-1                           // 是这个 Trace 的 name
```

15.4.4　信息导出 HiDumper

开发者在开发、调试、验证、维护等过程中，需要频繁观测系统的各种信息，

信息导出是最基础的观测能力之一。通常，操作系统都会提供信息导出工具，很多系统甚至提供多种信息导出工具，其信息规格也有很大差异。例如 Android 提供 dumpsys（系统服务信息获取）、memdump（内存信息转储）、bugreport（系统快照信息获取）等多种信息转储的能力。这类设计给开发者带来某些便利的同时，也给初学者带来了困惑。使用自动化测试工具或 IDE 与之适配更是困难。随着产品品类的增加，系统要导出的信息也变得异常丰富，信息导出接口多、能力杂、适配难的问题也日益凸显。

HarmonyOS 提供统一的系统信息导出工具 HiDumper，产品开发者可以用它来进行快捷分析定位问题和系统调优，并结合自动化测试工具和 IDE 使用以跟纷繁复杂的信息导出工具说再见。

系统信息种类丰富、范围广泛，HiDumper 将其分类如下。

基本信息：编译信息、版本信息、内存信息、CPU 信息等。

系统信息：服务信息、包信息、窗口信息、用户信息等。

流水日志：内核日志、服务日志、应用日志等。

存储信息：存储使用信息、块信息、外卡信息、I/O 信息等。

网络信息：IP 信息、路由信息、端口信息等。

通信信息：IPC、RPC 信息等。

进程、线程信息：CPU 占用率、内存信息、阻塞通道、栈信息等。

服务信息：即关键服务信息，如 AA（Atomic Ability，原子能力）服务、应用服务、包服务、input 服务、显示服务等。

针对这些规格各异的丰富信息，HiDumper 提供 3 种信息导出方式：命令导出、文件导出和服务导出。命令导出用来执行信息获取命令，根据命令获取指定的系统信息。文件导出用来导出以文件类型存储的系统信息。服务导出则对接服务的 Dump 接口，导出各种服务的业务运行时信息。文件导出和服务导出需要有系统权限才能进行相关信息导出。HiDumper 基础框架如图 15-12 所示。HiDumper 分

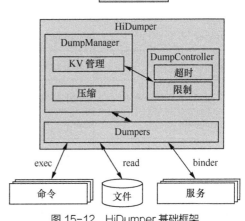

图 15-12　HiDumper 基础框架

为 DumpManager、DumpController 和 Dumpers 这 3 个部分，如表 15-18 所示。

表 15-18　HiDumper 模块介绍

模块名称	模块描述
DumpManager	系统信息导出工具管理者，提供对信息分类、命令请求分发和信息获取方法的管理
DumpController	系统信息导出控制器，进行参数解析并校验，最终分发给对应的命令处理对象
Dumpers	各类信息处理对象集合

DumperController 是信息出口控制者。DumperManager 用于将信息进行有效分类，并分发给各类的 Dumpers。Dumpers 是各类信息导出的执行者，可由系统开发者根据需要自行扩展。

HiDumper 被设计为命令行工具，提供统一的信息导出命令接口规范，以保证 HarmonyOS 设备命令接口统一、参数统一、输出日志格式统一。HiDumper 提供的命令接口如表 15-19 所示。

表 15-19　HiDumper 命令接口

命令接口	命令含义
hidumper	dump cpu usage, memory usage and all tasks
hidumper --cpuusage [pid]	dump the cpu usage
hidumper -e	dump the fault logs
hidumper --mem [pid]	dump the memory usage
hidumper -h	help text for the tool
hidumper --zip	compress in the specified path
hidumper -l [-s/-c]	list all information about clusters or services
hidumper -c	dump information about all clusters
hidumper -c base system	dump information about base and system services
hidumper -s	dump information about all services
hidumper -s aa bb	dump information about aa and bb services
hidumper -a "-x -y"	specify parameters "-x" and "-y"
hidumper -p pid1 pid2	dump process stack about pid1 and pid2

15.4.5 故障检测 FaultDetector

故障检测是故障管理的基础，是故障分析、定位、恢复、质量度量的前提。故障检测是否准确，故障特征日志是否清晰完备，在很大程度上决定了产品的开发效率和交付成本，严重影响产品质量和体验。故障种类异常繁多，产品和软件业务不同，故障的原因和表现也千差万别，分析定位疑难问题是对工程师经验、能力、智慧的多重考验。深层次的疑难问题、小概率问题往往是产品开发团队的噩梦。因此，拥有一套强大的故障检测能力，绝对是开发者的好帮手。

一般来说，我们将故障分成系统基础故障和业务故障。系统基础故障是系统及各业务均会产生的公共类型的故障，业务故障则是具体业务特有的故障。HarmonyOS 提供统一的故障检测 FaultDetector。对于系统基础故障，FaultDetector 提供精准的故障检测器，并生成清晰、完备的故障特征日志；对于业务故障，则结合业务功能设计进行检测。

HarmonyOS 提供的系统基础故障检测功能如表 15-20 所示。

表 15-20 HarmonyOS 提供的系统基础故障检测功能

系统基础故障检测功能分类	HarmonyOS 提供的系统基础故障检测功能
本地进程崩溃检测及定位	CrashDetector
JavaScript 进程崩溃检测及定位	CrashDetector
应用卡死检测及定位	FreezeDetector
整机重启检测及定位	BBOX
不开机故障检测及定位	BootDetector
资源泄露检测及定位	LeakDetector
地址越界检测及定位	MemCollector
分布式故障检测及定位	RemoteDetector

FaultDetector 提供的每一种基础故障的检测框架均包含 3 部分：故障检测点、故障检测器及故障日志采集器。FaultDetector 故障检测框架如图 15-13 所示。

故障检测点：通过系统事件上报接口（HiSysEvent）将检测到的故障事件上报给故障检测器。

故障检测器：接收到故障事件之后，通过系统的事件关联判断是否产生系统失效，同时记录相关的日志信息。

故障日志采集器：对故障检测器生成的相关故障事件及失效日志进行处理，同时开放API给开发者、IDE、云侧诊断服务。

故障检测点提供App框架、服务、本地服务、内核、子系统、Bootloader层统一的故障检测点规格，由业务人员经过失效模式分析后，完成故障检测点的设计。

系统故障检测器采用插件化管理，不同的设备可以配置不同的故障检测器，同时支撑第三方拓展系统故障检测器。默认故障检测器包括整机重启及子系统异常、进程异常、冻屏、不开机、资源泄露、地址越界和分布式故障这7类，如图15-14所示。

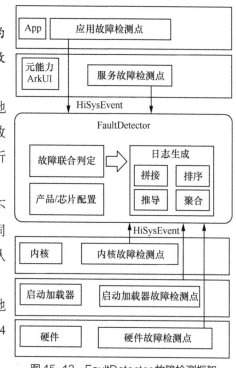

图 15-13　FaultDetector 故障检测框架

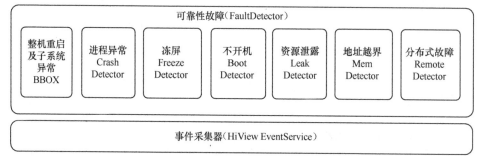

图 15-14　FaultDetector 针对基础故障的具体部署

故障检测器判决为失效事件之后，会通知故障日志收集器，使其根据不同的故障收集不同的日志。

通过 FaultDetector 故障检测框架，除了提供精准的基础故障检测器，生成清晰、完备的故障特征日志，帮助系统和应用开发者快速发现、分析、定位故障之外，HarmonyOS 还能带来以下收益：使用故障检测点、故障检测器和故障日志采集器三位一体的解耦设计，开发者能够根据产品需要，灵活增强或者扩展其中任何一个部分，降低使用成本；提供统一的故障日志获取接口和统一的故障日志格式，减少适配 IDE 工具和云侧诊断分析服务的工作量。

故障检测器检测的故障类型如表 15-21 所示。

表 15-21　故障检测器检测的故障类型

故障检测器	模块名称	故障类型
进程崩溃检测器	CrashDetector	CPP Crash、JavaScript Crash
死机冻屏检测器	FreezeDetector	App Freeze、Systerm Freeze
整机重启检测器	BBOX	System Reset、Subsystem Crash、Hardware Fault
不开机故障检测器	BootDetector	Boot Failed
资源泄露检测器	LeakDetector	MemoryLeak、ThreadLeak、FD Leak
地址越界检测器	MemCollector	KSAN、ASAN
分布式故障检测器	RemoteDetector	DmsRemoteException、NetworkError、DatabaseFault、CommunicationFault

一般来说，操作系统会给故障日志文件设置大小阈值，当故障日志文件大小超过阈值时，会进行截断操作，这有效避免了超大故障日志文件的产生，不过被截断丢失的信息可能恰恰是分析、定位故障所需信息的情况并不少见。HarmonyOS 基础故障日志的设计力求有效、精简，有效是指凡是输出的信息都是为了反映故障的关键特征，杜绝输出无用信息段；精简不仅指信息清晰、简洁，还包括日志信息按照优先级排列，这样在资源受限情况下，当故障日志文件大小超过阈值时，只会将低优先级信息截断。在产品商用阶段，这会给运维带来很大的好处。

日志包含以下 3 类信息。

公共信息： 硬件信息、软件信息、软件模块名、软件模块版本、PID、UID 等。

故障关键信息： 原因、故障线程调用栈、故障信息等。

故障辅助信息： 阻塞链、故障进程调用栈对端进程调用栈、运行时信息、内存信息、页面信息等。

以下列举几种基础故障的故障日志。

进程崩溃日志样例如下。

```
Device info: NOP-AN00                              // 设备信息
Build info:NOP-AN00 11.1.0.39(C00E39R7P1log)       // 版本信息
Module name: com.xxxx.harmony.xxxxx                // 包名
Version:1.0.4                                      // 应用版本号
Pid: 22762                                         //PID
Uid: 10272                                         // 应用 UID
Reason: JS framework load reference failed         // 崩溃原因
Lifetime: 507.000000s                              // 应用存活时间
Ability: com.xxxx.harmony.xxxxx.device_9b.MainAbilitypage: pages/index/
```

```
index.js    //Ability名称
    Js-Engine: v8      // 引擎类型
    Stacktrace:  ReferenceError: aa is not defined
    at Object.onCreate (webpack:///d:/Code/testaaa/entry/src/main/js/default/
App.js:4:9)
    at <embedded>:5:4086
    at Array.forEach (<anonymous>)
    at so.10 [as _emitEvent] (<embedded>:5:4064)
```

CPP Crash 日志样例如下。

```
    Device info:TAS-AL00
    Build info:TAS-AL00 11.0.0.555
    Module name:com.XXX.ohos.XXX.XXX
    Version:1.0.0.80
    Pid:28137
    Uid:10056
    Reason:Signal:SIGSEGV(SEGV_ACCERR)@0x79f6d1e110      // 信号信息
    Process name:com.XXX.ohos.XXX.XXX
    Fault thread Info:
    Tid:28137, Name:os.XXX.XXX
    #00 pc 000000000011e110  [anon:libc_malloc]      // 调用栈信息
    #01 pc 00000000001d6b50  /system/lib64/libagpcoreui.z.so (OHOS::AGP::UILa
yerGroup::RemoveFromSceneGraph()+44)
    #02 pc 00000000001d6b50  /system/lib64/libagpcoreui.z.so (OHOS::AGP::UILa
yerGroup::RemoveFromSceneGraph()+44)
    #03 pc 00000000001d6b50  /system/lib64/libagpcoreui.z.so (OHOS::AGP::UILa
yerGroup::RemoveFromSceneGraph()+44)
    #04 pc 00000000001d6b50  /system/lib64/libagpcoreui.z.so (OHOS::AGP::UILa
yerGroup::RemoveFromSceneGraph()+44)
    #05 pc 0000000000166e7c  /system/lib64/libagp.z.so (OHOS::AGP::UIViewGrou
p::RemoveFromScene()+24)
    Register Info:
    x0 fffffffffffffffc  x1 0000007ff1892540  x2 0000000000000010  x3 00000000000493e0
// 寄存器信息
    x4 0000000000000000  x5 0000000000000008  x6 0000007d540e3000  x7 00000000014d3168
    x8 0000000000000016  x9 96b7332bbfde6c12  x10 0000007ccea0b0f8  x11 0000007cc0000000
    x12 00000000000000c0  x13 000000000eefa510  x14 0002cd1f98de3000  x15 00000cc1617ff7a4
    x16 0000007d51ca6d70  x17 0000007d509aa728  x18 00000000000000fd  x19 0000007ccea851c0
    x20 0000007ccea85268  x21 00000000000493e0  x22 00000000000493e0  x23 0000007ccea851c0
    x24 000000007fffffff  x25 0000007d5403b020  x26 0000007cc3c18f40  x27 00000000701db2a0
    x28 00000000701d72c0  x29 0000007ff18926a0
    sp 0000007ff1892500  lr 0000007d51ca2aa8  pc 0000007d509e6a68
    Memory Stack:    ---- 故障发生附近内存信息
    0000007ff1892520 0000000000000000 0000000000000058  ........X.......
    0000007ff1892530 0000000013378490 0000000013a01b90  ..7.............
```

App Freeze 日志样例如下。

```
Device info:OpenHarmony 2.0 Canary
Build info:OpenHarmony 3.2.6.1
Module name:com.ohos.example.openapi9
Version:1.0.0
Pid:2202
Uid:20010036
Reason:UI_BLOCK_6S
>>>>>>>>>>>>>>>>>>>>>>>>>>>>>>>>>>>>>>>>>>>>>
DOMAIN:ACE
STRINGID:UI_BLOCK_6S
TIMESTAMP:1506037017087
PID:2202
UID:20010036
PACKAGE_NAME:com.ohos.example.openapi9
PROCESS_NAME:com.ohos.example.openapi9
MSG:Blocked thread id = 2202
JSVM instance id = 0
Page: pages/Appfreeze.js
Stacktrace:
at anonymous (\\ets\\pages\\Appfreeze.ets:24:13)
*********************************************
start time: 1506037012091
DOMAIN = ACE
EVENTNAME = UI_BLOCK_3S
TIMESTAMP = 1506037012086
PID = 2202
UID = 20010036
TID = 2212
PACKAGE_NAME = com.ohos.example.openapi9
PROCESS_NAME = com.ohos.example.openapi9
eventLog_action = s,pb:0
eventLog_interval = 0
MSG = Blocked thread id = 2202
JSVM instance id = 0
OpenStacktraceCatcher -- pid==2202 packageName is com.ohos.example.openapi9:
Timestamp:2017-09-21 23:36:52.000
Pid:2202
Uid:20010036
Process name:com.ohos.example.openapi9
Tid:2202, Name:com.ohos.exampl
#00 pc 0000007f86393db0 [anon:ArkJS Heap]
#01 pc 0000007f8639821c [anon:ArkJS Heap]
#02 pc 0000000000000002 Not mApped
Tid:2203, Name:com.ohos.exampl
#00 pc 000000000009aa94 /system/lib/ld-musl-aarch64.so.1(ioctl+156)
```

```
    #01 pc 00000000000427a8 /system/lib64/chipset-pub-sdk/libipc_core.z.so(OH
OS::BinderConnector::WriteBinder(unsigned long, void*)+44)
    #02 pc 0000000000044208 /system/lib64/chipset-pub-sdk/libipc_core.z.so(OH
OS::BinderInvoker::TransactWithDriver(bool)+284)
    #03 pc 0000000000044300 /system/lib64/chipset-pub-sdk/libipc_core.z.so(OH
OS::BinderInvoker::StartWorkLoop()+36)
    #04 pc 0000000000044fc0 /system/lib64/chipset-pub-sdk/libipc_core.z.so(OH
OS::BinderInvoker::JoinThread(bool)+52)
    #05 pc 000000000003f2e8 /system/lib64/chipset-pub-sdk/libipc_core.z.so(OH
OS::IPCWorkThread::ThreadHandler(void*)+244)
```

Kernel Panic 日志样例如下。

```
    <1>Unable to handle kernel NULL pointer dereference at virtual address 00000000
    <1>pgd = dbe54000
    <1>[00000000] *pgd=00000000
    <0>Internal error: Oops: 805 [#1] PREEMPT SMP ARM
    <4>Modules linked in: ohci_platform ehci_platform hi_sdio_detect rtk_
btusb tntfs(PO)
    <4>CPU: 3 PID: 3251 Comm: sh Tainted: P          O     4.9.118_hi3798mv310 #1
    <4>Hardware name: bigfish
    <4>task: db0bdd00 task.stack: dbd0c000
    <4>PC is at sysrq_handle_crash+0x1c/0x28
    <4>LR is at rcu_preempt_qs+0x28/0x58
    <4>pc : [<c096bb74>]    lr : [<c018e008>]    psr: 60010013
    <4>sp : dbd0de90  ip : 00000000  fp : be8ef78c
    <4>r10: 00000002  r9 : b29291e4  r8 : 00000000
    <4>r7 : 00000004  r6 : c1691308  r5 : 00000063  r4 : c16291e0
    <4>r3 : 00000001  r2 : 00000000  r1 : 1de72000  r0 : 00000003
    <4>Flags: nZCv  IRQs on  FIQs on  Mode SVC_32  ISA ARM  Segment none
    <4>Control: 10c5383d  Table: 1be5406a  DAC: 00000051
    <4>
    <4>PC: 0xc096baf4:
    <4>baf4  e58d3018 e58d301c e58d3020 e58d2014 eb145c75 e28d0004 ebe2adff e3500000
    <4>bb14  0a000007 e59f0030 eb145ca4 e59d2024 e5943000 e1520003 1a000004 e28dd028
    <4>bb34  e8bd8010 e59f0014 ebe293ff eaffff4 ebdecd7c c1615548 c16d0440 c162fc2c
    <4>bb54  c1320ebc e92d4010 ebe08257 e3a03001 e59f2010 e5823000 f57ff04e e3a02000
    <4>bb74  e5c23000 e8bd8010 c16f34ac f1080080 eadf5a18 e92d4030 e24dd00c c59f4060
    <4>bb94  e1a05001 e1a0200d e3a01000 e5943000 e58d3004 ebed868a e3500000 ba000009
    <4>bbb4  e59d2000 e3520c03 359f1038 33a00000 3595c010 23e00015 35913010 31cc20b0
    <4>bbd4  32833001 35813010 e59d2004 e5943000 e1520003 1a000001 e28dd00c e8bd8030
    <4>
    <4>LR: 0xc018df88:
    <4>df88  e2811000 e182cf91 e33c0000 1affffa f57ff05b e3110001 e580106c 1a00000b
    <4>dfa8  e5902014 e5903004 e5922004 e0433002 e3530107 4a000001 e3a00001 e12fff1e
    <4>dfc8  e3a03001 e5c03010 e1a00003 e12fff1e e3a00000 e12fff1e e92d4010 e59f0040
    <4>dfe8  eb0d096d e59f403c ee1d3f90 e19430b3 e3530000 08bd8010 e59f002c eb0d0966
```

```
<4>e008  e3a02000 e1a0300d ee1d1f90 e7c42001 e3c33d7f e3c3303f e593300c e5c323a1
.........
<0>Process sh (pid: 3251, stack limit = 0xdbd0c210)
<0>Stack: (0xdbd0de90 to 0xdbd0e000)
<0>de80:                         c16291e0 c096c0fc 00000055 00000002
<0>dea0: 00000000 00000000 de6d7d80 00000000 b29291e4 00000002 be8ef78c c096c5f4
<0>dec0: c096c5a0 c02d5734 c1615548 c02d56d8 b29291e4 dbd0df78 00000000 c026ada0
<0>dee0: 00000000 00000e58 00000000 00000000 00000000 dbd0def8 dc6d03c8 00040976
<0>df00: db2c3100 c1615548 0000000b dc6d03c0 8b9ea054 c028b67c c164b420 c1648c94
<0>df20: db0539c0 00000002 00000000 00040976 00000002 db0539c0 b29291e4 dbd0df78
<0>df40: 00000000 b29291e4 00000002 c026bc90 8b9ea054 00040976 00000000 db0539c0
<4>[<c096bb74>] (sysrq_handle_crash) from [<c096c0fc>] (__handle_
sysrq+0xc4/0x180)
<4>[<c096c0fc>] (__handle_sysrq) from [<c096c5f4>] (write_sysrq_
trigger+0x54/0x64)
<4>[<c096c5f4>] (write_sysrq_trigger) from [<c02d5734>] (proc_reg_
write+0x5c/0x80)
<4>[<c02d5734>] (proc_reg_write) from [<c026ada0>] (__vfs_write+0x28/0x134)
<4>[<c026ada0>] (__vfs_write) from [<c026bc90>] (vfs_write+0xa4/0x1b4)
<4>[<c026bc90>] (vfs_write) from [<c026ce00>] (SyS_write+0x48/0xac)
<4>[<c026ce00>] (SyS_write) from [<c0108bc0>] (ret_fast_syscall+0x0/0x48)
<0>Code: e59f2010 e5823000 f57ff04e e3a02000 (e5c23000)
<4>---[ end trace aa6fef2f8d309328 ]---
<0>Kernel panic - not syncing: Fatal exception
```

15.4.6　缺陷检测 HiChecker

通常认为，故障是已经造成功能和用户体验影响的缺陷，而缺陷是故障的诱因。开发者在开发过程中，经常会在 API 的选择和使用上进行一些不当或者可优化的处理，如果能将这些缺陷及早检测、扫描出来，就能有效消除潜在故障，降低故障发生概率。操作系统需要有机制能够直接对这类缺陷进行检测，这对提升开发效率和体验有重要意义。

HarmonyOS 提供 HiChecker 缺陷检测框架和机制，对应用运行过程中的缺陷进行监控检测，可监控检测包括应用主线程中读写磁盘、主线程中访问网络、应用进程中内存越界及资源泄露等问题，检测到的问题以日志记录或进程崩溃等形式展现出来，以便开发者发现并修改、优化相关问题，提升应用使用体验。缺陷检测功能如表 15-22 所示。

表 15-22　缺陷检测功能

缺陷检测	HarmonyOS 是否支持
磁盘读写检测	是
网络访问检测	是
耗时调用检测	是

续表

缺陷检测	HarmonyOS 是否支持
耗时事件检测	是
Ability 泄露检测	是
资源类型错误检测	是
主动调用垃圾回收方法检测	否
资源泄露检测（cursor、对象、广播、服务等资源的泄露检测）	是
进程异常退出检测	是
堆、栈内存读写越界	是
全局变量读写越界	是
内存泄露	是
使用已释放内存	是

HiChecker 基础框架如图 15-15 所示。

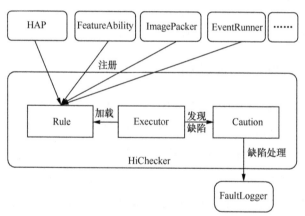

图 15-15　HiChecker 基础框架

HiChecker： 检测模式对外提供主要接口的类，支持 C++ 和 JavaScript 两种接口。

Rule： 缺陷检测规则，包含检测规则（检测项）、告警规则，是 HiChecker 类的一个枚举类型对象。检测规则中包含线程级别的检测规则和进程级别的检测规则，线程级别的检测规则仅对当前调用线程有效。

Caution： 当某一个缺陷检测项条件满足之后，产生告警，并将其告知应用。告警有多种方式，目前包括日志和崩溃两种。

通常在比较耗时的函数中调用 HiChecker 接口，通过注册接口，通知 HiChecker

有耗时调用，同时传入对应的告警提示字符串给 Rule 模块。HiChecker Executor 加载 Rule，开始执行耗时检测，如果耗时超过设定阈值，则进行告警处理。Caution 模块根据告警提示字符串进行提示，同时生成对应的缺陷日志，调用 FaultLogger API 生成缺陷日志。HiChecker 支持的缺陷接口说明如表 15-23 所示。

表 15-23　HiChecker 支持的缺陷接口

接口	类型	接口详细描述
addRule（BigInt rule）: void	JavaScript 接口	接口功能：增加检查规则。 输入参数：rule（即检查规则）。 输出参数：无。 返回值：无
removeRule（BigInt rule）: void	JavaScript 接口	接口功能：移除检查规则。 输入参数：rule（即检查规则）。 输出参数：无。 返回值：无
getRule(): BigInt	JavaScript 接口	接口功能：获取当前检测规则。 输入参数：无。 输出参数：无。 返回值：BigInt 型，当前检测规则，包含线程级别和进程级别规则，以及 Caution 设置
contains（BigInt rule）: boolean	JavaScript 接口	接口功能：检测当前是否已设置某一个检测项。 输入参数：rule（即检查规则）。 输出参数：无。 返回值：true 表示当前已包含 rule 检测规范，false 表示不包含

Caution 对外接口如表 15-24 所示。

表 15-24　Caution 对外接口

接口	类型	接口详细描述
getTriggerRule(): BigInt	JavaScript 接口	接口功能：获取触发当前告警的检测规则。 输入参数：无。 输出参数：无。 返回值：检测规则
getCustomMessage(): String	JavaScript 接口	接口功能：获取告警的自定义信息。 输入参数：无。 输出参数：无。 返回值：触发告警的自定义信息

15.4.7 调优 HiProfiler

性能调优是常见的系统优化，它非常依赖可视化调用链跟踪工具，可将不同深度的关键过程的调用链及时延等信息采集、展示出来，从而找到耗时异常点。例如 Android 提供的系统信息分析工具 Profiler，通过采集系统跟踪文件 SysTrace 进行分析，并以图形展示，有效帮助广大 Android 开发者获得理想的性能。不过大多数调优工具只能用于单设备系统上，而 HarmonyOS 天生就面向丰富的分布式场景，单设备的调优能力满足不了相对复杂的跨设备分布式应用的调试调优。

HarmonyOS 开发了既能应用于单设备调优，又能应用于跨设备调优的分布式性能调优 Profiler，使优化多设备分布式应用的性能就像优化单设备一样。它能准确进行全栈跟踪 JavaScript、C、C++ 等多语言调用链，记录跨线程、跨进程、跨设备等不同粒度的活动，生成规格化的 HiTrace 文件。开发者可以在 IDE 图形化工具中展示、分析分布式应用，也可以用 Web 图形化工具分析，从而有效分析分布式应用的性能瓶颈。

常见的调优包括以下几种。

1. 耗时调优

耗时调优是帮助开发者在程序开发和性能问题定位过程中分析 CPU 占用和程序热点函数的工具。CPU 调优数据主要分为实时数据和离线数据。实时数据是实时采集并显示的，主要是指应用程序随时间推移的 CPU 占用率数据。离线数据是指需要开发者采集数据并将其保存成文件，然后在 IDE 工具中打开文件进行显示和分析的调优数据，主要包括每个 CPU 核上某一时刻运行的线程的信息、每个线程在不同时刻占用的 CPU 核的信息，以及线程某一时刻的函数调用栈信息等。实时数据也会采集并保存到离线数据文件中。

HiTrace 耗时调优数据支持的数据规格在系统调优工具中的图形化示例如图 15-16 所示。

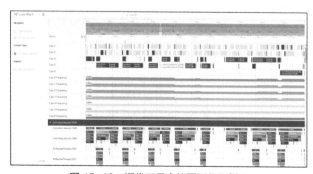

图 15-16　调优工具中的图形化示例 1

HiPerf 热点函数调用栈调优数据在系统调优工具中的图形化示例如图 15-17 所示。

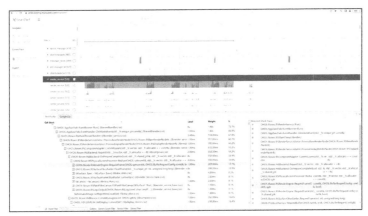

图 15-17　调优工具中的图形化示例 2

耗时调优的关键过程如下。

通过系统或应用程序的 CPU 占用率百分比，开发者可以观察到应用程序在某一时间段内的 CPU 占用负载异常。

如果是系统调优，调优工具会给出占用率高的 CPU 核该段时间内运行的应用程序信息，具体包括该 CPU 核上运行的进程和线程信息，调优数据还可以给出当前时刻该 CPU 核的运行频率信息。如果是应用程序调优，开发者可以直接分析该应用程序的调优数据。

定位到 CPU 占用率高的应用程序线程后，调优工具可以提供该线程的用户态程序打点跟踪数据，帮助开发者定位执行时间长的关键函数；开发者选择 CPU 占用率高的时间段的线程泳道后，调优工具可以提供线程在该段时间内的函数调用栈时间占比权重信息，以便开发者对热点函数进行性能优化。

通过调优工具采集到的 CPU PMU（Performance Monitor Unit，性能监测单元）事件及事件发生时的函数调用栈，开发者可以进行更低层次的程序性能分析。如通过程序运行时间段内的 CPU Cycles、CPU instructions 事件数据，开发者可以分析程序指令执行效率；通过分支预测命中次数事件，开发者可以结合分支跳转概率进行优化；通过 tlb miss、L1/L2/L3 cache miss 次数事件数据，开发者可以利用局部性原理进行代码或数据的优化。

通过函数调用栈，使用 IDE 工具结合调试信息，可以定位到源码代码行。

实现高效的耗时调优数据采集和分析的关键技术包括动态插件化的调优数据采集技术；低开销、长时间的调优数据采集；应用程序 JavaScript 和本地热点函数栈缝合分析技术；丰富的业务子系统 HiTrace 打点数据，满足开发者的系统调优需要。

2. 内存调优

内存调优工具可帮助开发者分析应用内存占用过多、内存泄露、内存使用不均衡等问题，协助开发者快速找到应用分配的内存分类、大小、代码行。

内存调优分析的关键数据关联技术包括筛查内存占用较多的内存对象；筛查数量异常的对象；找出两个时间段的差异对象，找出新增部分；找出内存占用最高的对象；找出关键路径。内存调优的关键技术包括 JavaScript、C++ 跨语言回栈、大量内存分配堆栈的轻量化采集。

3. I/O 调优

I/O 调优是指通过用户态、内核态 I/O 数据的采集，使开发者了解单个应用和系统整体的 I/O 负载（速度和数量）、时延（请求响应时延、读写时延），协助开发者找到应用代码问题和瓶颈，例如找到某一段时间时延高或写入频率异常；找到此时间段内资源使用详情记录；找到调用栈或者函数。

4. 网络调优

网络调优主要用于剖析 HTTP 请求和响应在网络通信过程各个阶段的时延。

网络调优的典型场景如下：开发者在网络应用开发过程中，发现 HTTP 响应时延大，其表现在应用界面上，如网络图像加载慢等；分析调优数据中 HTTP 请求各阶段的时延，包括 HTTP 请求缓存查找、HTTP 请求发送时延、HTTP 重定向时延、HTTP 响应时延等；分析 HTTP 响应内容，分析是否是因为数据太大导致 HTTP 响应慢；通过 HTTP 请求所在线程的函数调用栈，找到对应 HTTP 请求所在的业务代码。

HTTP 调优数据主要包括 HTTP 请求网址 URL；HTTP 请求缓存查找耗时；HTTP 请求发送耗时；HTTP 重定向耗时和 URL；HTTP 请求方法，包括 GET 和 POST；HTTP 响应返回状态码；HTTP 请求 header 和 body；HTTP 响应 header 和 body；HTTP 请求调用栈（根据性能可选）。

HTTP 网络调优的关键技术点是，网络高频收发 HTTP 数据包的场景下，能够高效、低开销地采集数据。

5. 能耗调优

能耗调优是指通过能耗数据的采集，可以解决应用耗电异常、耗电高的问题，准确进行应用能耗的分类（如 CPU、图形、Audio、屏幕、GPS、网络、蓝牙、NFC、射频等），协助开发者快速找到应用耗电根本原因，并定位到函数或者代码行。

能耗调优的典型场景如下：对器件及场景（如 Idle、suspend、wakeup 等）功耗进行分析，依据器件耗电基本原理、PMU 电源树、芯片数据及各子系统打点信息，构建不同器件和场景的耗电模型，实现以最少的参数模拟设备能量消耗；器件耗电分解到进程级别，并可依据 UID、包个数以及进程归属等特征，将进程分解到线程维度、函数维度；端侧依据器件和资源耗电特性，进行异常耗电自动识别，并自动抓取跟踪数据以及相关的日志。

6. 其他专用器件调优

其他专用器件调优是指依据专用部件的调优需求专门构建的能力，如 GPU 调优。

15.5 DFX 特性典型应用场景

HarmonyOS 提供的 DFX 特性，为 HarmonyOS 应用和设备的高效开发、测试提供了基础能力。在应用和设备设计时，若能利用这些特性做好 DFX，则产品能在体验、质量、效率、成本等方面获得良好收益。这些特性也是开发调试调优工具链、构筑产品质量分析等维护运营平台的重要基础。本节通过 3 个典型应用场景来加以说明。

15.5.1 产品可维可测设计

软件工程师常谈论的可维可测，通常是指"可测试性 + 可维护性"的简称。可维可测设计直接关系到产品的质量、成本，并最终影响产品的用户体验。采用较好的可维可测设计，意味着在产品研发阶段可以方便、快捷地调试，定位，解决问题；意味着在产品测试阶段可以高效地测试、拦截、定界定位并准确度量产品质量；意味着在产品商用阶段可以准确识别关键问题、快速解决问题，以提升产品质量和改善用户体验，降低维护和服务成本。若缺乏可维可测设计或采用较差的可维可测设计，产品生命周期的每个阶段可能都是产品团队的"噩梦"。

软件可维可测设计的范围比较广泛，不过其基础是日志设计、事件设计、故障管理设计及基于此的系统度量设计。HarmonyOS 系统提供的一整套基础能力，让开发者能方便地进行 HarmonyOS 应用或设备的可维可测设计。

1. 日志设计

输出日志几乎是软件工程师最熟悉的技能，日志设计的好坏也是软件工程师系统设计能力高低的一个表征。良好的日志设计,能比较好地使软件工程师避免陷入"测试 – 失败 – 加日志 – 测试……"的死循环。不过,日志数量根本不是日志设计好坏的标准,日志过多可能还会影响系统性能和功耗。

第一,日志设计的核心是内容,即输出什么日志。这需要在软件设计之初根据日志使用者、使用场景和功能特性,对日志内容进行系统的梳理、设计。日志内容务求有用,清晰无歧义、简洁完备,既不是多多益善,更不能无的放矢。通常,对于异常状态、异常流程、异常结果都是需要输出日志的,对于程序关键流程也建议添加日志,这样方便开发者调试时能清晰观察程序行为,一旦有异常可以立即从日志中识别出来。特别要注意的是,日志中禁止输出涉及用户隐私安全的信息,如姓名、账号、密码、位置信息等,为此 HiLog 提供格式化控制符 {public}{private},开发者只有明确地标注 public 控制符,对应的变量字符串才会输出,否则输出为空串。这样就避免了无意识输出隐私信息的风险。

第二,要考虑日志对系统的影响。每一条日志都会消耗系统算力、增加系统功耗、影响系统性能,因此打印日志除了要精简有效外,在什么地方以什么日志等级输出日志同样重要。HiLog 提供 5 种日志等级,通常致命错误和故障使用 ERROR 等级,以确保其在任何时候都能输出。告警则使用 WARNING 等级,以确保其在商用版本中能输出。其他信息建议采用 INFO 等级,以确保其只在测试和调试版本上才能输出。另外,建议在异常代码段中添加日志,禁止在频繁执行的流程中添加日志,避免影响系统性能。如果为了调试确实需要增加日志,建议其等级不高于 INFO 等级。

针对系统设计师,HiLog 还提供有效管控整个系统的日志输出的能力。系统设计师可以提前划分并定义好各个日志输出域,并给每个域配置合适的日志输出配额,如果某域输出日志超出配额,该域日志会被"削峰",并被督促改进日志设计质量。HiLog 还提供日志输出的动态开关,使系统设计师可以根据需要制定系统级策略,例如在商用阶段将日志开关关闭来提高系统性能,而为了诊断故障,在征得用户同意后将日志开关打开,以获得详细的日志。

2. 事件设计

事件设计就是对一个软件系统或模块的事件进行定义、检测、处理、分析、度量,它是可维可测设计的核心工作。

HarmonyOS 事件框架提供简便的事件定义能力和 JavaScript、C++、C 等多语言采集接口,如 HiSysEvent、HiAppEvent,并提供事件订阅功能。通过遵照 YAML 文件事件定义规范定义需要的事件，包括名称、类型、参数结构等，然后在恰当的软件流程中检测事件、调用事件采集接口，并注册事件订阅处理接口，这样当某个预先定义的事件发生时，事件就能被采集并被放入事件队列，然后被订阅接口所捕捉并处理。在这之后，事件的转换、存取、落盘等工作，都可以根据需要自行处理。这样就可以在智能运维平台上进行分析、定位、统计度量、预测等质量分析活动。当然，如果觉得这些事情烦琐、耗时，也可以使用 HarmonyOS 提供的全套质量分析服务。

3. 故障管理设计

故障管理设计是指故障预测、检测、定界定位、隔离、恢复、修复等方案的设计，是产品高质量的基础。FMEA 是业界成熟的故障管理通用设计方法。

HarmonyOS 提供全套基础故障的检测框架，针对每一个基础故障都会生成清晰的、规格化的故障特征信息。所以基于这些既有的系统能力，你可以方便、快捷地解决这些故障。

业务故障的完备准确地检测、特征日志生成和快速恢复是故障管理设计的重中之重，应该将业务失效和告警设计成事件，并对这些事件及其特征信息进行检测、采集并上报，从而有效定界定位这些早期和潜在的故障。

15.5.2　调试调优

1. 场景一：分布式调优

在平板计算机和手机多屏协同的反向控制场景下，用户可通过平板计算机虚拟手机界面操作手机，如图 15-18 所示。但是，上述场景中经常存在手机上的视频帧通过 WiFi 传输时丢帧的问题，对此开发者缺少有效的调试调优手段，由于视频帧数量大，只能通过高速摄像机拍摄视频帧进行比对的方式来定位丢失的帧。这既耗费大量人力和时间，也无法准确定位丢帧的根因。现在通过当前调试调优工具，能够帮助开发者发现、修改、优化丢帧问题，从而提升应用使用体验。

下面以图 15-18 为例进行讲解。

第 1 步，进行分布式跟踪解决方案埋点，如图 15-19 所示。

图 15-18　通过平板计算机虚拟手机界面操作手机

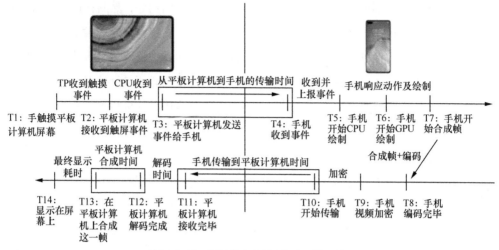

图 15-19 通过分布式跟踪解决丢帧示例

在 T3→T4 阶段,在平板计算机和手机上进行 HiSysEvent 打点,用于记录触摸屏事件。

在 T10→T11 阶段,在手机和平板计算机上部署 HiTrace 打点,用于追踪视频帧。

在 T12→T13 阶段,建立帧时间戳和帧缓冲号的映射,利用帧合成过程已有的跟踪数据,自动分析合成过程中丢弃帧的序号。

在多设备同一视图展示跟踪数据时,基于 TraceID 自动检测丢帧和超阈值传输帧,以便开发者定界定位问题。

第 2 步,通过分布式调优工具,可进行多设备调用链实时跟踪展示,对分布式调用时延进行排序,快速定位分布式性能瓶颈和疑似问题函数,如图 15-20 所示。

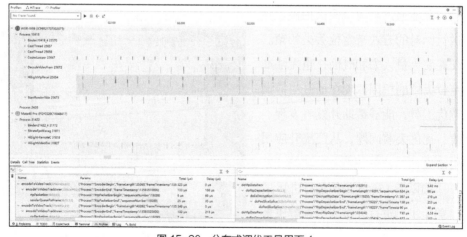

图 15-20 分布式调优工具界面 1

第 3 步，通过分布式调试工具，可自动关联展示分布式时延较长的时间片内所产生的所有故障事件序列图，能够精准定位丢帧、卡顿的具体根因，并精准定位到代码行，如图 15-21 所示。

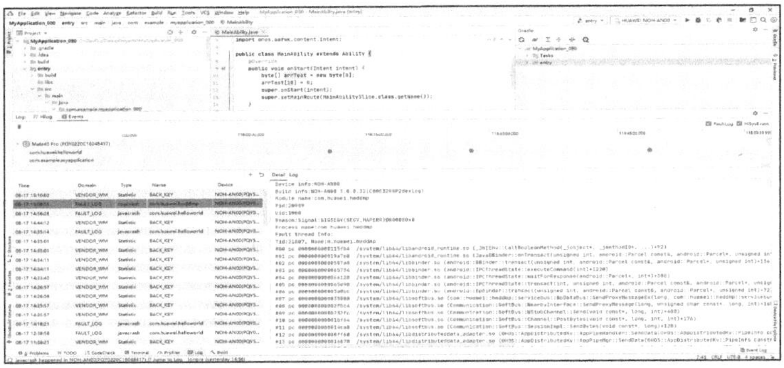

图 15-21 分布式调优工具界面 2

由上述案例可以看出，在分布式场景下，应用开发者只需要在业务流程上做好相应的 DFX，提前预埋对应的打点，包括日志（HiLog）、事件（HiSysEvent）和跟踪文件（HiTrace），分布式调试调优工具就能够帮助开发者快速发现、修改并优化问题。

2. 场景二：耗时调优

使用图形子系统的 HiTrace 打点，可以跟踪图形绘制过程中关键函数的执行时长，定位绘制耗时导致的丢帧、卡顿等问题的根因。

图形子系统的打点模型如图 15-22 所示。

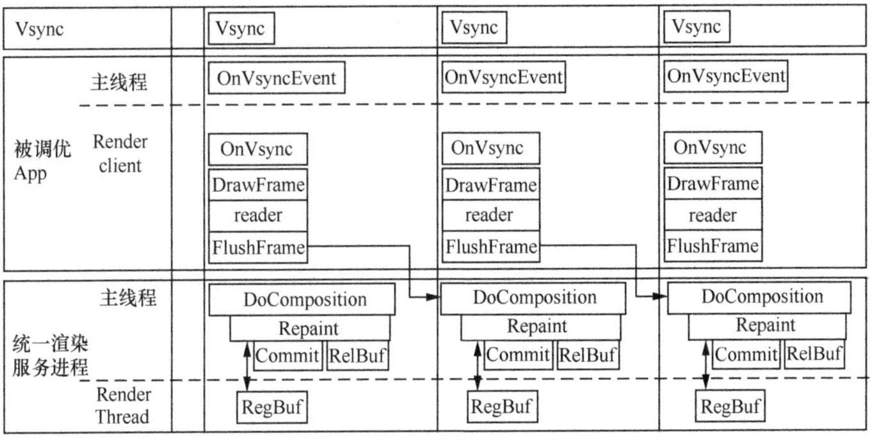

图 15-22 图形子系统的打点模型

第 1 步，应用发现有绘制丢帧现象时，需要从应用端到绘制服务端 render_service 进行分析，如图 15-23 所示。

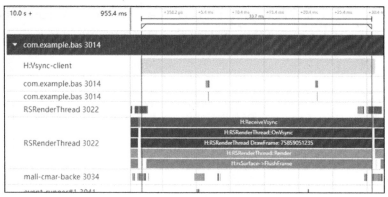

图 15-23　工具分析界面示例 1

第 2 步，render_service 的绘制线程会首先 RequestBuffer，然后进行 Repaint。通过分析可以发现绘制线程的 RequestBuffer 申请缓冲区的过程耗时过长，如图 15-24 所示。

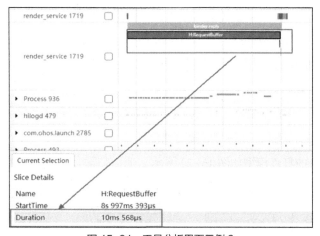

图 15-24　工具分析界面示例 2

第 3 步，根据绘制服务的缓冲区生产者 – 消费者模型，需要分析缓冲区消费者绘制线程的运行状况，如图 15-25 所示。

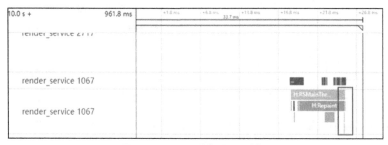

图 15-25　工具分析界面示例 3

放大该图示区域后发现绘制线程的 ReleaseBuffer 函数执行时间较长，表示正在进行绘制，还没有释放缓冲区导致缓冲区不足，如图 15-26 所示。

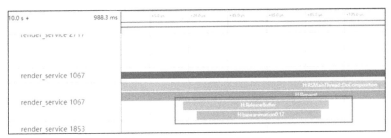

图 15-26　工具分析界面示例 4

第 4 步，进一步分析没有及时完成绘制并释放缓冲区的原因。

3. 场景三：内存调优

第 1 步，使用 hidumper --mem 命令导出内存统计数据，找到占用最多或可疑类别的内存，如图 15-27 所示。

```
130|:/ # hidumper --mem `pidof com.ohos.launcher`
-----------------------------[memory]-----------------------------
                    Pss      Shared     Shared    Private    Private     Swap    SwapPss
                   Total     Clean      Dirty     Clean      Dirty       Total    Total
                   ( kB )    ( kB )     ( kB )    ( kB )     ( kB )      ( kB )   ( kB )
     ark js heap   10012         0          0         0      10012          0        0
     native heap   68844         0       1996         0      68644          0        0
  AnonPage other    2036         8        956         0       2008          0        0
           stack     120         0          0         0        120          0        0
             .db      32         0          0        32          0          0        0
            .hap    6900         0          0      5536       1364          0        0
             .so   15260     66836       8072      1612       2720          0        0
            .ttf    1999      5328          0       304          0          0        0
             dev      44         0         52        44          0          0        0
  FilePage other     165      1248         32         0         28          0        0
------------------------------------------------------------------------------------------
           Total  105412     73420      11108      7528      84896          0        0
```

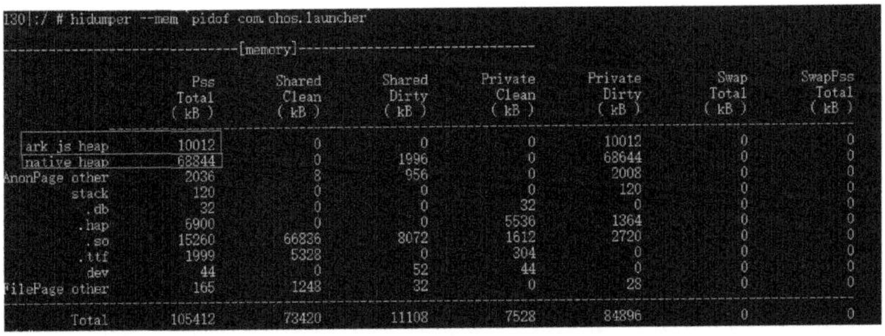

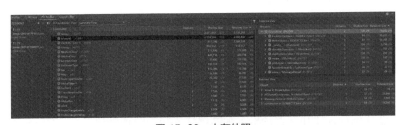

图 15-27　内存统计数据示例

第 2 步，进行 JavaScript 内存分析，ark js heap 表示的是 JavaScript 虚拟机申请的内存，使用命令或 IDE 工具导出这一部分内存的快照。根据对象类型或名称结合代码进一步分析，内存外照如图 15-28 所示。

图 15-28　内存外照

第 3 步，进行本地堆内存分析，此部分内存无法导出快照，需要使用工具实时抓取。内存分配数量统计如图 15-29 所示。

Memory Type	Existing	# Existing	Transient	# Transient	Total Bytes	# Total	Peak Value	Existing / Total
All Heap	6.17 Mb	15177	442.65 Kb	7651	6.60 Mb	22828	4.00 Mb	
Malloc 4.00 Mb	4.00 Mb	1	0 byte	0	4.00 Mb	1	4.00 Mb	
Malloc 382.67 Kb	382.67 Kb	1	0 byte	0	382.67 Kb	1	382.67 Kb	
Malloc 261.83 Kb	261.83 Kb	1	0 byte	0	261.83 Kb	1	261.83 Kb	
Malloc 150.00 Kb	150.00 Kb	1	0 byte	0	150.00 Kb	1	150.00 Kb	
Malloc 90.60 Kb	0 byte	0	90.60 Kb	1	90.60 Kb	1	90.60 Kb	
Malloc 72.00 Kb	72.00 Kb	1	0 byte	0	72.00 Kb	1	72.00 Kb	
Malloc 36.00 Kb	36.00 Kb	1	0 byte	0	36.00 Kb	1	36.00 Kb	
Malloc 25.08 Kb	25.08 Kb	1	0 byte	0	25.08 Kb	1	25.08 Kb	
Malloc 24.00 Kb	24.00 Kb	1	0 byte	0	24.00 Kb	1	24.00 Kb	
Malloc 18.88 Kb	18.88 Kb	1	0 byte	0	18.88 Kb	1	18.88 Kb	
Malloc 14.00 Kb	14.00 Kb	1	0 byte	0	14.00 Kb	1	14.00 Kb	

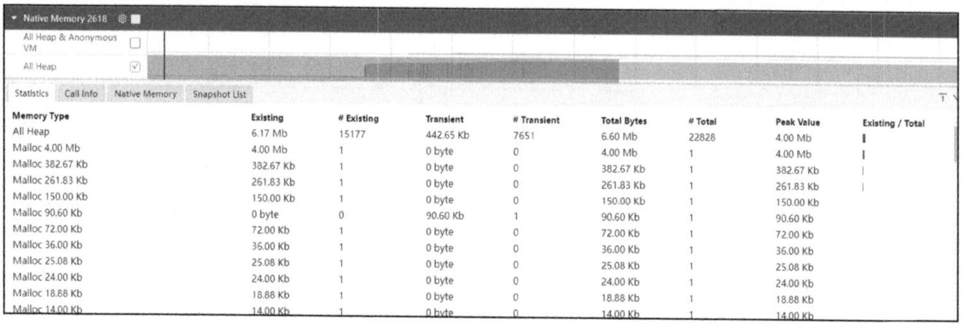

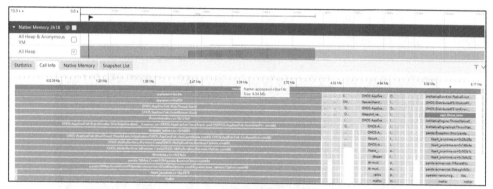

图 15-29　内存分配数量统计

调用链分配统计如图 15-30 所示。

图 15-30　调用链分配统计

15.5.3　质量分析

HarmonyOS 本身集成了丰富的异常事件检测和上传能力，结合云侧大数据平台，能帮助开发者快速发现、定位、解决各类系统和应用问题。

设备和应用开发者也可以将其定义的系统或应用事件上传至云侧大数据平台，无须开发任何代码即可实现可视化数据报告的查看。

典型的质量分析功能如下。

1. 指标精准度量

以应用崩溃事件为例，大数据平台对每台设备上传的崩溃事件按照周期、设备类型等维度进行统计，让开发者轻松识别问题优先级，快速解决问题。图 15-31 所示为崩溃事件统计示例界面。

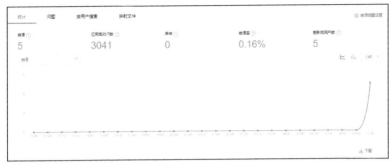

图 15-31　崩溃事件统计示例界面

2. 故障快速分析

故障发生时，事件可携带一定大小的现场日志，对崩溃等常见故障提供初步诊断信息，以便开发者进一步分析故障原因，如图 15-32 所示。

图 15-32　日志示例

15.6　演进与展望

HarmonyOS 当前提供了基础的 DFX 框架和能力，随着产品功能的丰富和生态的快速发展，HarmonyOS 将进一步在预埋点与免插桩、故障自恢复、可维护、可服务、可制造方面提供更加完善的DFX框架，开发更加强大的DFX能力，助力生态合作伙伴、开发者持续取得更大成功。

Chapter 16 / 第 16 章

文件管理原理解析

　　传统终端设备上的非遗失性数据一般都存储在磁盘、磁带、光盘等存储介质上，操作系统提供数据存储的统一逻辑视图，而文件则是操作系统对用户数据的最小抽象单元。

　　用户程序看到的数据，均是以文件的形式对外展示的。文件在存储设备上如何组织、以何种形式呈现给用户，又如何被用户程序以安全、易用且高效的方式访问是操作系统需要解决的问题。

　　本章从 HarmonyOS 文件管理设计目标和总体架构入手，介绍 HarmonyOS 文件管理的关键技术。

16.1　HarmonyOS 文件管理设计背景

随着移动终端设备的崛起，很多用户不只有一台设备，且随着云空间的出现，单纯地把文件存储在某一台设备上，已经无法满足用户日常的使用诉求。例如在手机上拍摄的照片，如果想在另一台设备上查看，就需要通过有线或无线的方式传输到该设备上。

HarmonyOS 从诞生之初就被赋予了面向全场景、分布式的使命，打破了物理设备之间的隔离，使文件不再孤立地属于某一台设备，而是跟随用户，随时在各个设备之间、设备和云之间自由流动。

16.2　设计目标

文件管理作为 HarmonyOS 的基本功能模块之一，其整体设计目标是提供安全、易用、高效、统一的文件管理和访问能力。

安全：文件管理子系统定义了文件不同等级的加密模式。对于用户程序的沙盒文件，通过命名空间机制确保文件访问的安全性；对于公共用户文件，确保用户程序只有在经过用户的授权后才能被访问，且访问遵循范围最小最安全原则。

易用：从用户角度来讲，能够清晰地按照类型对用户数据予以多样化展示；从开发者角度来讲，文件操作接口简单、一致。

高效：文件高效地被组织才能实现快速访问，包括文件的创建、访问、批量复制、移动、删除等，也包括跨端云、跨设备的文件访问。

统一：对外提供统一的文件选择器体验，用户无须关心文件存储在端侧还是云侧，无论通过哪个应用访问，都可以通过统一的访问方式，得到一致的结果（譬如显示顺序、显示数量和排序方式等）。

　　文件管理，以安全、易用、高效、统一为整体目标，针对用户和开发者，设计和实现文件访问、端云协同、全局搜索、存储管理等 4 个维度的能力。文件管理整体能力如图 16-1 所示。

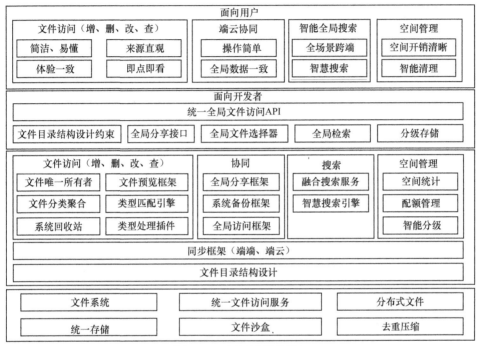

图 16-1　文件管理整体能力

1. 面向用户的设计目标

　　面向用户的设计目标主要体现为使用简单、体验一致。用户访问设备上的文件，包括查看和搜索存放在内置存储设备、外置存储设备，以及在云侧的文件，查看不同类型的文件空间占用情况等。

　　基础文件访问包括文件分类管理，目录及归属清晰；文件来源清晰直观；文件查看简易快捷、访问方式统一；文件单一及批量操作高效；文件删除有据可查、可追溯。

　　端云协同包括端云访问操作简单方便；不同端云文件的访问结果（如顺序、数量、内容等）应一致。

　　智能全局搜索包括可跨设备（端端、端云）搜索文件；搜索包括基于文件名的模糊搜索，基于时间、位置、人物画像等的搜索，基于文件内容的搜索等。

清晰的空间管理包括清晰地展示应用存储空间的状态；"冷数据"自动上云，释放本地存储空间。

2. 面向开发者的设计目标

面向开发者的设计目标主要体现为接口能力归一、低成本接入云和分布式能力。HarmonyOS 为开发者提供统一的文件访问 API，明确的文件存放规则，便捷的用户文件选择和保存能力，以及文件检索能力。

（1）统一全局文件访问 API

沙盒化的设计，为第三方应用提供统一的基于 URI 及 FD 的访问 API；对于公共用户数据，提供基于 Kit 的访问 API；端云、端端访问无差别。

（2）文件目录结构设计约束

明确文件分类规则，不同文件存放于不同目录；提供虚拟视图，统一展示存放在不同目录下的同类型文件。

（3）全局分享接口和全局文件选择器

系统提供统一接口用于文件分享、打开、保存等；针对不同类型文件分别提供一种统一的文件选择器；文件选择器覆盖端云、端端、云盘。

（4）全局检索

提供统一的应用文件注册能力，支持应用快速接入搜索引擎；提供端云、端端的文件搜索能力，支持基于内容、基于分类等的文件索引注入能力。

（5）分级存储

文件全生命周期管理和智能分级。

16.3 总体架构

文件管理子系统不但提供第三方应用、系统应用对文件的访问能力和存储设备的管理能力，还实现对跨设备、跨端云的文件统一访问能力。从数据所有者的角度来看，文件分为 3 类：用户文件、应用文件和系统文件，如图 16-2 所示。

文件管理子系统的总体架构设计围绕应用数据、用户数据、系统数据这 3 类数据的管理和访问展开，同时磁盘作为承载文件的介质，对其进行挂载管理、分区管理等。文件管理子系统总体架构如图 16-3 所示。

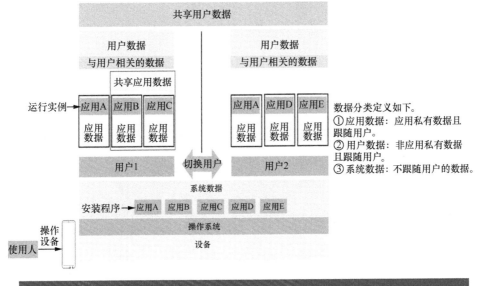

按数据所有者分类，文件可分为应用文件、用户文件、系统文件

图 16-2 文件分类

从对应用文件和用户文件访问、管理及对存储设备管理的角度考虑，文件管理子
系统的总体架构主要包括如下部件。

1. 用户文件管理部件（user_file_service）

用户文件管理部件主要针对图像管理类、音乐管理类、文件管理类等应用，
提供基于相册、专辑、文件夹和文件的元数据管理，文件的创建、访问、删除等基
础能力，还提供基于用户授权的校验能力，基于端云访问框架的跨设备、跨端云的
访问能力等。对于不同类型的文件访问，用户文件管理部件提供与其相对应的 Kit
接口。

2. 文件访问扩展部件（File Access Extension）

文件访问扩展部件为系统应用（包括文件管理器、文件选择器等）提供统一的用
户文件访问框架，包括内置存储设备目录下的用户文件，外接移动磁盘文件，网上邻居、
第三方网盘等位置上的文件。

第三方应用在访问文件时，通过文件管理器、文件选择器等提供的统一视图来完
成对用户文件的访问。

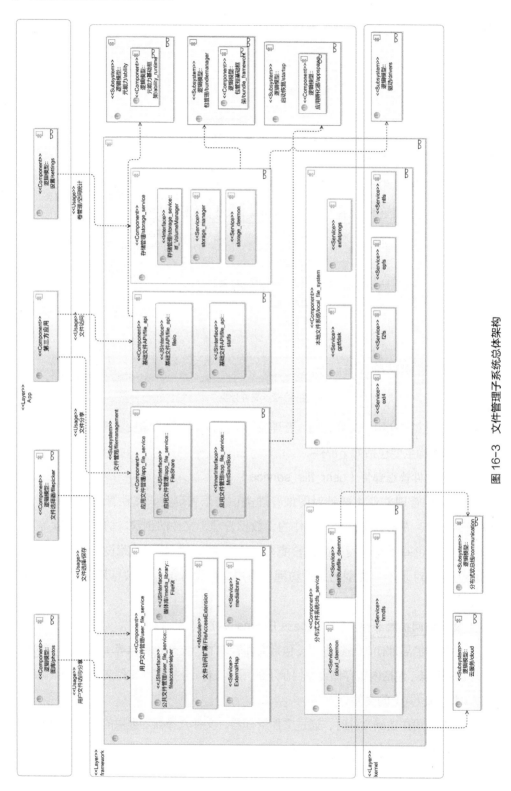

图16-3 文件管理子系统总体架构

3. 应用文件管理部件（app_file_service）

应用文件管理部件提供以应用包名为基本单位的沙盒数据隔离机制及跨沙盒的文件分享机制，保证应用间的数据相互不可见，保证每个应用看到的都是一个完整的存储视图，同时规划应用中不同文件的目录结构，包括跨设备、跨端云的目录结构。

4. 基础文件 API 部件（file_api）

基础文件 API 部件针对应用沙盒内的文件，提供基础的 I/O 能力、目录环境配置等基础文件系统接口，包括基础文件和目录操作的同步和异步接口（含流式接口）、查询文件系统相关信息的接口、本地文件系统及分布式文件系统扩展接口等。

5. 存储管理部件（storage_service）

存储管理部件提供基础的存储管理能力，提供插拔卡挂载管理、文件加解密管理，以及多用户管理、磁盘分区管理、磁盘空间管理等，支撑平台存储管理能力。

6. 本地文件系统部件（local_file_system）

本地文件系统基于物理磁盘的文件系统、内置存储分区文件系统、外置可插拔存储设备文件系统，以及文件系统配套的分区制作、检查、格式化等工具。

16.4 关键技术

16.4.1 用户文件管理

用户文件包含内卡文件和外置可插拔存储设备的文件。用户文件的典型特征包括：归属于设备上的用户，不随应用创建或删除而变更；数据可由应用产生（应用生成的数据，可以放在公共目录下后变成用户数据），亦可由用户产生（用户手动将外置 SD 卡上的数据复制到该设备上）；数据统一存放在某个目录下，公共目录可共享给设备上的其他用户；用户可访问、编辑或组织数据展示形式；可被所有应用访问（应用需具备存储访问权限）。

根据用户文件的整体特征，设计从面向用户和面向开发者两个角度考虑。

● 面向用户要求文件创建来源清晰；文件预览、查看、选择统一、全局一致；文件归属目录合理有序；文件操作高效；文件删除有据可查、可追溯。

● 面向开发者要求接口使用统一、便捷；端云访问无差异；文件操作安全、权限合理。

从面向用户角度考虑，用户访问文件首要因素是安全、统一，不允许应用在用户不感知的情况下随意创建和访问文件；同时在征得用户同意的情况下，提供应用便捷访问用户数据的能力。

1. 公共用户文件访问及管理

公共用户文件访问框架如图 16-4 所示。

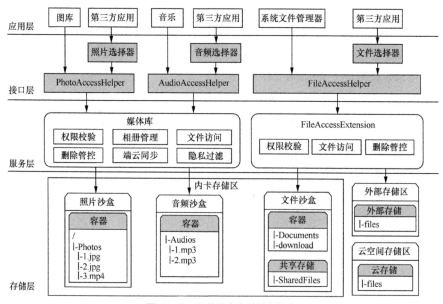

图 16-4　公共用户文件访问框架

对外接口包括图像/视频管理类应用、普通第三方应用。

针对图像/视频管理类应用，提供对应的接口，可用于直接访问媒体文件。接口实现中提供权限校验机制，确保只有应用市场审核通过及用户授权后才能获取访问权限。媒体文件的接口以逻辑视图的方式对外呈现，应用无须关注文件的具体存储位置。

普通第三方应用无须申请媒体文件的访问权限，通过系统提供的通用 Picker 能力，实现对媒体文件的访问。系统 Picker 提供统一的访问视图，应用无须关心文件是在本地还是在云侧。

媒体文件管理服务（MediaLibrary）基于 DataShareExtension 实现，其功能如下。

（1）权限校验

用户程序访问媒体文件或相册时，需要获得用户的授权，权限校验模块会对每个调用接口访问文件的应用进行权限校验，只有在校验通过后才会给予对相关文件或相册的响应，否则提示没有权限。

548

（2）基于相册和专辑的访问和管理

屏蔽实际的物理路径，对外以图像 / 视频相册或音乐专辑等方式呈现，对媒体文件和相册的管理基于分布式数据库来实现，数据库中记录了每个媒体文件或相册的元数据和缩略图信息，以及媒体文件与相册、专辑等的关联关系，结合分布式文件系统及分布式数据库，实现对跨设备、跨端云的文件及元数据的新增、访问、修改及删除操作。

系统提供的相册包括图像 / 视频相册、收藏相册、隐藏相册、回收站相册等系统相册和基于图像计算机视觉分析的人物相册、时间相册、地理位置相册等智能相册。同时，系统也支持用户通过图库等应用创建属于用户自己的相册。

（3）文件所有者记录和校验

每个媒体文件的元数据中都有其创建者信息，用于记录该文件的来源，避免不知道内卡中有些垃圾文件的来源。同时，针对大型文件的创建场景，在创建和写入过程中，文件未完全更新完成时，只有对应的文件所有者才可以看到、打开和编辑文件。

（4）删除管控

为防止文件意外丢失，系统仅对第三方应用提供 Trash 接口。执行 Trash 接口的文件将被放到系统回收站中。针对系统应用，提供回收站内的文件管理能力，包括回收站内文件彻底删除、恢复到原目录、查看文件删除时间等。在文件被删除后，默认 30 天后将其从回收站中清理掉，彻底释放用户空间。

（5）隐私过滤

对于图像等文件，其文件内容中存在一些关键信息，比如拍摄图像的位置信息等。如果应用在未获取到相关权限的情况下，读取图像内容，会自动将位置信息过滤掉，避免用户隐私泄露。

（6）文件扫描

为避免文件内容更新后，元数据信息不能及时更新，导致第三方应用获取的数据有误，系统支持自动文件扫描能力，将元数据信息更新到最新状态。

（7）缩略图管理

系统提供图像、视频等文件的缩略图获取接口，支持跨设备的缩略图获取，支持不同尺寸缩略图的获取。

（8）端云同步能力

系统支持端云同步能力，通过端云同步框架，设备上的图像、视频文件可上传至云侧，设备也可直接访问云侧文件，从而实现文件的跨设备、跨端云访问能力。

2. 文件访问框架

对于非媒体文件的访问，HarmonyOS 提供统一的文件选择器 / 文件管理器等系统应用供用户或第三方应用使用。其中，文件访问框架部件提供统一的访问方式给文件选择器 / 文件管理器，对上屏蔽文件因存储位置不同而造成的访问差异。

文件访问框架部件基于 FileExtension 框架实现，其中客户端对应用层提供统一的 N-API，服务端则由不同的文件提供者提供具体的访问服务。

文件访问框架部件如图 16-5 所示。

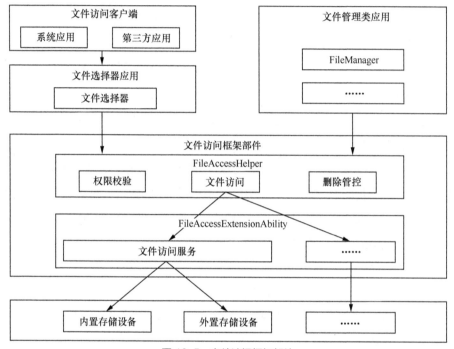

图 16-5　文件访问框架部件

文件访问框架部件提供如下能力。

（1）支持北向应用

系统文件选择器和文件管理器等应用，通过 FileAccessHelper 接口，可以获取到当前已经注册的设备（如内置存储设备、外置存储设备）等，也可以在设备上创建文件、删除文件，获取设备上的文件列表、具体文件信息等。

（2）支持南向扩展

文件访问框架部件支持第三方应用实现自己的服务，允许第三方云盘设备接入文件访问框架。另外，文件访问框架部件也支持应用将沙盒目录或文件接入，第三方云盘或第三方应用只需要完成 Extension 服务端的开发，即可在客户端以一种统一的视图呈现在文件选择器或文件管理器中。

16.4.2　应用文件管理

文件所有者包括应用安装文件、应用资源文件、应用缓存文件等。

设备上应用所使用和存储的数据，以文件、键值对、数据库等形式保存在一个应用专属的目录内。该专属目录称为应用文件目录，该目录下所有数据以不同的文件格式存放，这些文件即应用文件。应用文件目录与一部分系统文件（应用运行必须使用的系统文件）所在的目录组成了一个集合，该集合称为应用沙盒目录，代表应用可见的所有目录范围。因此应用文件目录是在应用沙盒目录内的。系统文件及其目录对于应用是只读的；应用仅能保存文件到应用文件目录下，并根据目录的使用规范和注意事项来选择将数据保存到不同的子目录中。

下面将详细介绍应用沙盒目录、应用文件目录、应用文件访问与管理、应用消盒文件分享等相关内容。

1. 应用沙盒目录

应用沙盒是一种以安全防护为目的的隔离机制，可避免数据受到恶意路径穿越访问。在应用沙盒机制的保护下，应用可见的目录范围为应用沙盒目录。

对于每个应用，系统会在内部存储空间映射出一个该应用专属的应用沙盒目录。

应用沙盒限制了应用可见的数据的最小范围。在应用沙盒目录中，应用仅能看到自己的应用文件以及少量的系统文件。因此，应用的文件也不为其他应用可见，从而保护了应用文件的安全。

应用可以在应用文件目录下保存和处理自己的应用文件；系统文件及其目录对于应用是只读的；而应用若需访问用户文件，则需要通过特定 API 并经过用户的相应授权才能进行访问。

图 16-6 展示了应用沙盒下，应用可访问的文件范围和方式。

应用文件管理提供的功能包括以下 4 种。

应用沙盒文件的隔离：为应用目录提供隔离能力，保证不同应用目录

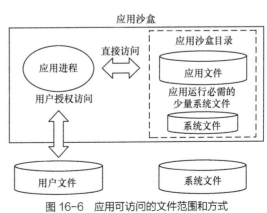

图 16-6　应用可访问的文件范围和方式

之间不可以直接相互访问且用户视图不同，确保文件隔离。

应用沙盒文件的分享：应用之间的目录通过沙盒隔离无法直接相互访问；利用应用文件分享能力，将用户指定文件分享给对应应用使用。

应用沙盒内本地及分布式目录配置和获取：通过配置应用沙盒内默认文件目录，支持应用获取特定目录的路径或 URI（如 Cache 目录、File 目录等）；支持应用配置分布式的目录，分布式设备上的同应用可看到放置在分布式目录下的文件。

应用沙盒内文件访问 API：针对应用沙盒内文件，提供一整套基于路径和 FD 的操作 API，包括打开、关闭、读、写、状态获取等。

2. 应用沙盒目录与应用沙盒路径

在应用沙盒机制的保护下，应用无法获知除自身应用文件目录之外的其他应用或用户的数据目录位置。同时，所有应用的目录可见范围均经过权限隔离与文件路径挂载隔离，形成了独立的路径视图，屏蔽了实际物理路径。

如图 16-7 所示，在普通应用（也称第三方应用）视角下，不仅可见的目录与文件路径数量限制到了最小范围，并且可见的目录与文件路径也与系统进程等其他进程看到的不同。我们将普通应用视角下看到的应用沙盒目录下某个文件或某个具体目录的路径，称为应用沙盒路径。

一般情况下，开发者的 HDC Shell 环境等效于系统进程视角，因此应用沙盒路径与开发者使用 HDC 工具调试时看到的真实物理路径不同。

从实际物理路径推导物理路径与应用沙盒路径并不是 1∶1 的映射关系，应用沙盒路径总是少于系统进程视角可见的物理路径。有些调试进程视角下的物理路径在对应的应用沙盒路径中是无法找到的，而应用沙盒路径总是有其对应的物理路径。

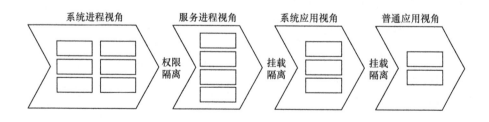

图 16-7　应用沙盒路径

应用沙盒目录如图 16-8 所示，目录通过命名空间技术仅展现给对应应用，其他应用无法感知这些目录的存在。

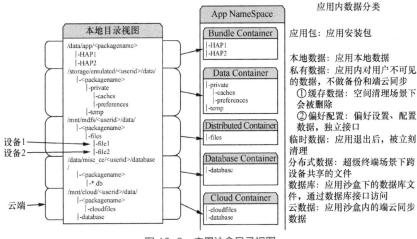

图 16-8 应用沙盒目录视图

3. 应用文件目录与应用文件路径

如前文所述，应用沙盒目录分为两类：应用文件目录和系统文件目录。

系统文件目录对应用的可见范围由 HarmonyOS 预置，开发者无须关注。

这里主要介绍应用文件目录，如图 16-9 所示。应用文件目录下某个文件或某个具体目录的路径称为应用文件路径。应用文件目录下的各个应用文件路径具有不同的属性和特征。

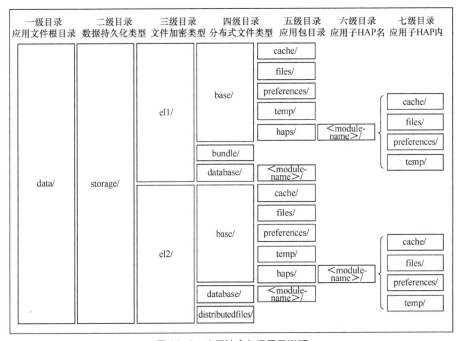

图 16-9 应用沙盒各级目录说明

一级目录 data/：代表应用文件根目录。

二级目录 storage/：代表本应用持久化存储的文件目录。

三级目录 el1/、el2/：代表不同文件加密类型。el1 代表设备级加密区，即设备开机后即可访问的数据区。el2 代表用户级加密区，即设备开机后，至少需要解锁一次对应用户的锁屏界面，才能够访问的加密数据区。如无特殊需要，应用应将数据存放在 el2 目录下，以尽可能保证数据安全。但是对于某些场景，一些应用文件需要在用户解锁前就可被访问，例如时钟、闹钟、壁纸等的文件，此时应用需要将这些文件存放到设备级加密区（el1）。

四级、五级目录：通过 ApplicationContext 可以获取 base 目录下的 files、cache、preferences、temp 等目录的应用文件路径，应用全局信息可以存放在这些目录下。

通过 UIAbilityContext、AbilityStageContext、ExtensionContext 可以获取 HAP 级别应用文件路径。HAP 信息可以存放在这些目录下，存放在此目录的文件会跟随 HAP 的卸载而删除，不会影响 base 目录其他子目录的文件。在开发态下，一个应用包含一个或者多个 HAP。禁止直接使用由图 16-9 中四级目录之前的目录名组成的路径字符串，否则可能导致后续应用版本因应用文件路径变化出现不兼容问题。应通过 Context 属性获取应用文件路径。

应用文件路径详细说明如表 16-1 所示。

表 16-1　应用文件路径详细说明

目录名	Context 属性名称	类型	说明
bundle	bundleCodeDir	安装文件路径	应用安装后的 App 的 HAP 所在目录；随应用卸载而清理
base	NA	本设备文件路径	应用在本设备上存放持久化数据的目录，子目录包含 files/、cache/、temp/ 和 haps/ 等；随应用卸载而清理
database	databaseDir	数据库路径	应用通过分布式数据库服务操作的文件目录；随应用卸载而清理
distributedfiles	distributedFilesDir	分布式文件路径	应用在 el2 目录下存放分布式文件的目录，应用将文件放入该目录可实现分布式跨设备直接访问；随应用卸载而清理
files	filesDir	应用通用文件路径	应用在本设备内部存储上通用的存放默认长期保存文件的目录；随应用卸载而清理

目录名	Context 属性名称	类型	说明
cache	cacheDir	应用缓存文件路径	应用在本设备内部存储上用于缓存下载的文件或可重新生成的缓存文件的目录，应用 cache 目录大小超过阈值或者系统空间达到一定阈值，自动触发清理该目录下的文件；用户通过系统空间管理类应用也可能触发清理该目录。应用需判断文件是否仍存在，并决策是否需重新缓存该文件
preferences	preferencesDir	应用首选项文件路径	应用在本设备内部存储上通过数据库 API 存储配置类或首选项的目录；随应用卸载而清理
temp	tempDir	应用临时文件路径	应用在本设备内部存储上存放仅在应用运行期间产生和需要的文件的目录；应用退出后即清理

对于上述各类应用文件路径，其常见的使用场景如下。

安装文件路径：可以用于存储应用的代码资源数据，主要包括应用安装的 HAP、可重复使用的库文件以及插件资源等。此路径下存储的代码资源数据可以被动态加载。

本设备文件路径是一个父目录，包含数据库路径、分布式文件路径等。

数据库路径：仅用于保存应用的私有数据库数据，主要包括数据库文件等。此路径下仅适用于存储与分布式数据库相关的文件数据。

分布式文件路径：可以用于保存应用分布式场景下的数据，主要包括应用多设备共享文件、应用多设备备份文件、应用多设备群组协助文件等。存储在此路径下的数据，使得应用可以方便地跨设备访问。

应用通用文件路径：可以用于保存应用的任何私有数据，主要包括用户持久性文件、图像、媒体文件以及日志文件等。仅支持本应用查看和访问，且系统不会自动清除。

应用缓存文件路径：可以用于保存应用的缓存数据，主要包括离线数据、图像缓存、数据库备份以及临时文件等。此路径下存储的数据可能会被系统自动清理，因此不建议在此路径下存储重要数据。

应用首选项为应用提供链值型的数据处理能力，支持应用持久化轻量级数据，并对其查询和修改。

应用临时文件路径：可以用于保存应用临时生成的数据，主要包括数据库缓存、图像缓存、临时日志文件，以及下载的应用安装包文件等。此路径下存储使用后即可删除的数据。

16.4.3 存储管理

存储管理部件提供基础的存储管理能力，提供文件系统挂载管理、文件加解密管理、外置存储设备管理、多用户管理、应用及用户数据空间统计等，支撑平台存储管理能力，其架构如图16-10所示。

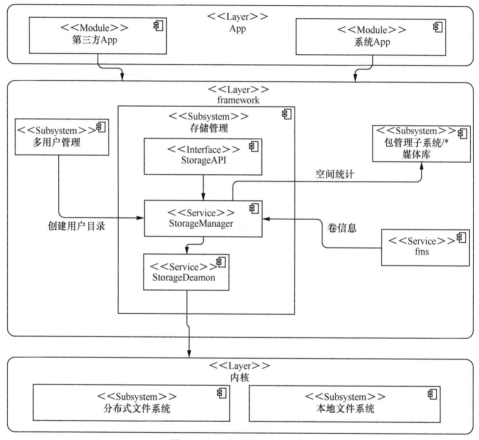

图 16-10　存储管理模块框架

1. 文件系统挂载管理

文件系统挂载管理支持本地文件系统启动挂载；支持响应内核设备上下线消息，进行挂载卸载管理；支持权限管理，负责对接口调用者的权限进行判断。

2. 文件加解密管理

文件加解密管理提供基于 DE、CE 的文件加密能力：保证开机、锁屏、解屏，和新增用户、切换用户、删除用户，以及更换用户锁屏密码后，CE、DE 文件加解密功能正常。

3. 外置存储设备管理

外置存储设备管理支持可插拔设备的文件系统能力。支持监听外置存储设备上下线事件，进行设备的动态挂载、卸载。

4. 多用户管理

多用户管理支持响应多用户的上下线消息，进行多用户文件访问目录的创建和挂载。

5. 应用及用户数据空间统计

应用及用户数据空间统计支持对应用占用空间的统计；支持按照图像、视频、音频、文档等粒度进行用户数据空间占用统计。

[1] HILL M, ADVE S, CEZE L. 21st century computer architecture[EB/OL]. (2016−09−21)[2024−05−17].

[2] CEZE L, HILL M, WENISCH T. Arch2030: a vision of computer architecture research over the next 15 years[EB/OL]. (2016−12−09)[2024−05−17].

[3] 中国电子技术标准化研究院. 智能终端白皮书（2014 年修订版）[EB/OL]. (2016−09−21)[2024−05−17].